Objectif BAC

Term S

Maths

Obligatoire + Spécialité

Philippe ANGOT
Enseignant agrégé de Mathématiques

François DUBOIS
Enseignant agrégé de Mathématiques

hachette
ÉDUCATION

MODE D'EMPLOI

Ce livre reprend à la base toutes les notions du programme de Terminale S (obligatoire et spécialité) et les met en œuvre à travers des exercices simples qu'il est indispensable de maîtriser. Il vous permettra ainsi d'assimiler parfaitement le cours et de savoir l'appliquer dans des exercices de difficulté variée.
Chacun des dix-sept chapitres comporte cinq grandes parties :

LE COURS

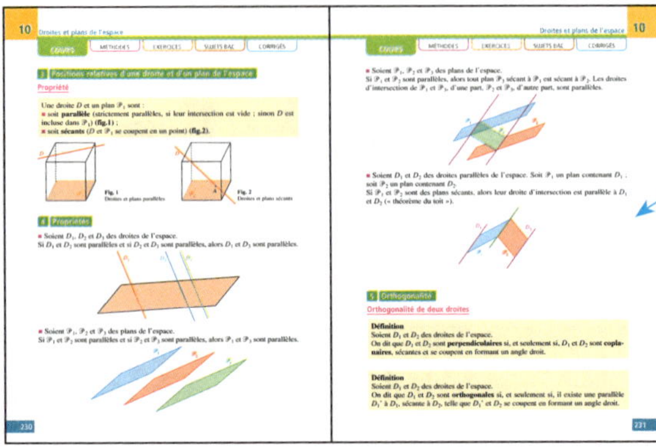

Un cours clair et structuré, avec tout ce qu'il faut savoir

LES MÉTHODES

Chaque méthode correspond à une compétence clé, à maîtriser pour le Bac. Elle est illustrée par un exercice type, corrigé et commenté.

Intitulé de la méthode à acquérir

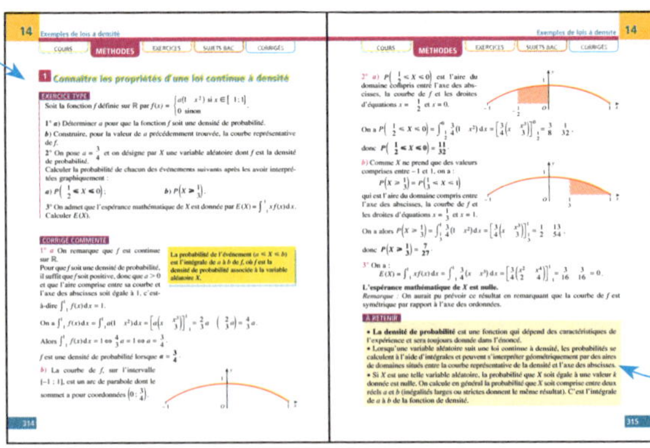

À retenir : le résumé de la méthode à mettre en œuvre pour résoudre l'exercice

Conception graphique
Couverture : Alain Vambacas
Intérieur : Françoise Bouvard

Composition, schémas et mise en pages
SoftOffice

Édition
Emmanuel Meier

I.S.B.N. 978.2.01.170116.9

LES EXERCICES

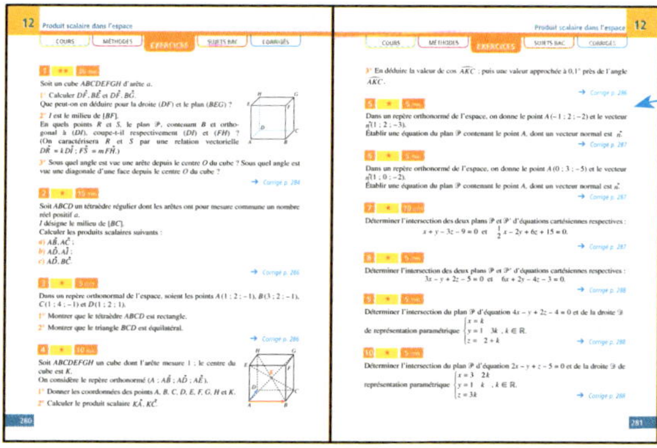

Des exercices progressifs (3 niveaux de difficulté) et minutés pour bien s'entraîner

LES SUJETS TYPES DU BAC

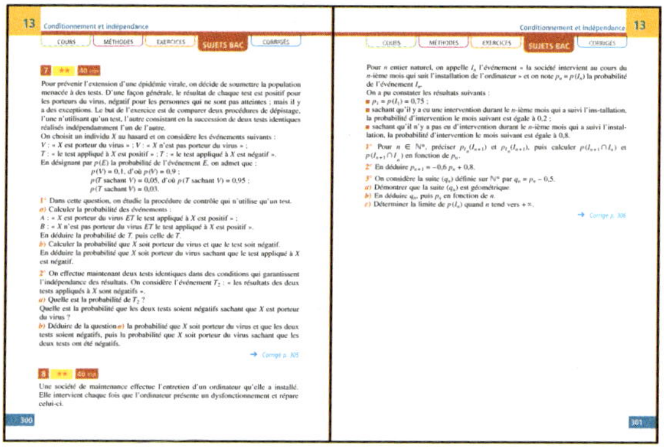

LES CORRIGÉS

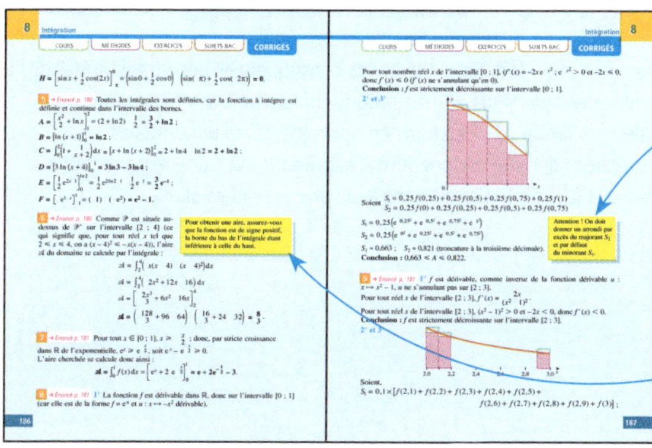

De nombreuses aides (rappels de cours, conseils, pièges à éviter…) complètent utilement les corrigés détaillés

SOMMAIRE

Enseignement obligatoire

5 Continuité ... 105

6 Fonction logarithme ... 121

7 Fonctions trigonométriques ... 143

8 Intégration ... 163

9 Les nombres complexes ... 195

Enseignement de spécialité

Épreuve écrite

■ La **durée de l'épreuve écrite** de mathématiques au bac scientifique est de **4 heures**.

■ Le sujet comporte trois à cinq exercices indépendants notés de 3 à 10 points au maximum, mais le cas le plus fréquent est celui de **quatre exercices** dont le barème est compris **entre 4 et 6 points**.

■ Un seul de ces exercices, noté sur **5 points**, diffère selon que le candidat a choisi l'enseignement de spécialité mathématiques ou non.
– Ceux qui n'ont pas choisi la spécialité *mathématiques* auront à chercher un **exercice** dénommé **« Obligatoire »** pouvant porter sur l'une quelconque des parties du programme communes à tous les élèves.
– Ceux qui auront choisi la spécialité *mathématiques* ne chercheront pas l'exercice dénommé « Obligatoire », mais auront à la place un **exercice** dénommé **« Spécialité »**.

■ La note est globale, affectée du **coefficient 7** pour les élèves n'ayant pas choisi la spécialité *mathématiques*, affectée du **coefficient 9** pour les élèves ayant choisi la spécialité *mathématiques*.

■ L'ensemble de l'épreuve porte sur la plus large partie du programme, ce qui veut dire tous les chapitres sont susceptibles d'apparaître dans les épreuves.

■ Il sera tenu compte dans l'évaluation de la **clarté des démonstrations**, notamment de la présentation de la copie, de l'**acquisition et** de l'**organisation des connaissances**, d'une **attitude critique des résultats trouvés** (en particulier, ne pas laisser cohabiter des résultats contradictoires).

■ L'**autorisation d'utiliser une calculatrice** est indiquée **en tête du sujet**, mais toutes ces dernières années une calculatrice a toujours été autorisée, et même préconisée pour certaines questions. De toute façon, une calculatrice peut être une aide pour procéder à la vérification de certaines réponses.

Conseils

■ Au moment d'aborder l'épreuve de mathématiques, soyez sereins ; **lisez tout d'abord la totalité du sujet** ; ne cédez pas à la panique ou au découragement : il y a certainement de nombreuses questions pour lesquelles vous trouverez une réponse.

■ Si vous butez sur une question, laisser une plage vide et continuez l'exercice : la suite vous éclairera peut-être.

■ Rédigez des **phrases explicatives** et faites référence, lorsqu'il le faut, aux propriétés du cours que vous connaissez. Soyez **clair et complet** : ne laissez pas deviner votre pensée, sans la porter par écrit sur votre copie.

Les auteurs.

Suites (récurrence et limites)

CHAPITRE 1

1 Le principe de récurrence

Propriété

Soient n, un entier naturel quelconque et n_0 est un entier naturel fixé.
$P(n)$ désigne une propriété indexée par l'entier naturel n.

Si les deux propositions suivantes (1) et (2) sont vraies :
(1) [initialisation] $\boldsymbol{P(n_0)}$ **est vraie**,
(2) [transmissibilité / hérédité] pour tout entier naturel k supérieur ou égal à n_0, $\boldsymbol{P(k)}$ **implique** $\boldsymbol{P(k+1)}$,
alors, pour tout entier naturel n supérieur ou égal à n_0, $P(n)$ est vraie.

2 Limite finie d'une suite

Définition

Soit (u_n) une suite ; L désigne un nombre réel.
On dit que la suite (u_n) tend vers le nombre réel L quand n tend vers $+\infty$, si tout intervalle ouvert contenant L contient toutes les valeurs u_n à partir d'un certain rang.

Notation :

- Pour écrire « (u_n) tend vers le nombre réel L quand n tend vers $+\infty$ », on utilisera la notation suivante : $\lim\limits_{n \to +\infty} u_n = L$.
- Une suite qui tend vers un nombre réel est dite **convergente**.

3 Limite infinie d'une suite

A. Définition

Soit (u_n) une suite.
On dit que la suite (u_n) tend vers $+\infty$ quand n tend vers $+\infty$, si tout intervalle ouvert de la forme $]A\,;+\infty[$ contient toutes les valeurs u_n à partir d'un certain rang.

Notation :
Soit (u_n) une suite. On dit que la suite (u_n) tend vers $+\infty$ quand n tend vers $+\infty$, si tout intervalle ouvert de la forme $]A\,;+\infty[$ contient toutes les valeurs u_n à partir d'un certain rang.

B. Définition

Soit (u_n) une suite.
On dit que la suite (u_n) tend vers $-\infty$ quand n tend vers $+\infty$, si tout intervalle ouvert de la forme $]-\infty\,;A[$ contient toutes les valeurs u_n à partir d'un certain rang.

Notation :
Pour écrire « (u_n) tend vers $-\infty$, quand n tend vers $+\infty$ », on utilisera la notation suivante : $\lim\limits_{n\to+\infty} u_n = -\infty$.

4 Limite et comparaison

A. Propriété

Soient (u_n) et (v_n) deux suites.
Si les deux propositions suivantes (1) et (2) sont vraies :
(1) à partir d'un certain rang, $u_n \leqslant v_n$,
(2) (u_n) tend vers $+\infty$, quand n tend vers $+\infty$,
alors (v_n) tend vers $+\infty$, quand n tend vers $+\infty$.

B. Propriété

Soient (u_n) et (v_n) deux suites.
Si les deux propositions suivantes (1) et (2) sont vraies :
(1) à partir d'un certain rang, $u_n \geqslant v_n$,
(2) (u_n) tend vers $-\infty$, quand n tend vers $+\infty$,
alors (v_n) tend vers $-\infty$, quand n tend vers $+\infty$.

C. Propriété

(théorème d'encadrement, connu aussi sous le nom de ***théorème des gendarmes****)*

Soient les suites (u_n), (v_n) et (w_n). Soit L un nombre réel.
Si les deux propositions suivantes (1) et (2) sont vraies :
(1) à partir d'un certain rang, $u_n \leqslant v_n \leqslant w_n$,
(2) (u_n) et (w_n) tendent vers la même limite L, quand n tend vers $+\infty$,
alors (v_n) tend vers L, quand n tend vers $+\infty$.

D. Propriété

Soient (u_n) une suite et L un nombre réel.
Si les deux propositions suivantes (1) et (2) sont vraies :
(1) (u_n) est une suite croissante,
(2) (u_n) tend vers L, quand n tend vers $+\infty$,
alors, pour tout entier naturel n, $u_n \leqslant L$.

5 Limite et opérations

Soient les suites (u_n) et (v_n), et L et M des nombres réels.

A. Somme de deux suites

Si $\lim\limits_{n\to+\infty} u_n = \ldots$	L	L	L	$+\infty$	$-\infty$	$+\infty$
Si $\lim\limits_{n\to+\infty} v_n = \ldots$	M	$+\infty$	$-\infty$	$+\infty$	$-\infty$	$-\infty$
Alors $\lim\limits_{n\to+\infty} (u_n + v_n) = \ldots$	$L + M$	$+\infty$	$-\infty$	$+\infty$	$-\infty$	cas d'indétermination

B. Produit par un nombre réel non nul

Soit a un nombre réel **non nul**.

Si $\lim\limits_{n\to+\infty} u_n = \ldots$	L	$+\infty$	$-\infty$
Si $\lim\limits_{n\to+\infty} (au_n) = \ldots$	aL	$+\infty$ si $a > 0$ $-\infty$ si $a < 0$	$-\infty$ si $a > 0$ $+\infty$ si $a < 0$

C. Produit de deux suites

Soit L un nombre réel **non nul**.

Si $\lim\limits_{n\to+\infty} u_n = \ldots$	L	L	L	$+\infty$	$-\infty$	$+\infty$	0
Si $\lim\limits_{n\to+\infty} v_n = \ldots$	M	$+\infty$	$-\infty$	$+\infty$	$-\infty$	$-\infty$	$-\infty$ ou $+\infty$
Alors $\lim\limits_{n\to+\infty} (u_n v_n) = \ldots$	LM	$+\infty$ si $L > 0$ $-\infty$ si $L < 0$	$-\infty$ si $L > 0$ $+\infty$ si $L < 0$	$+\infty$	$+\infty$	$-\infty$	cas d'indétermination

D. Inverse d'une suite

Soit M un nombre réel **non nul**.

Si $\lim\limits_{n \to +\infty} v_n = \ldots$	M	$+\infty$	$-\infty$	0^+	0^-
Alors $\lim\limits_{n \to +\infty} \dfrac{1}{v_n} = \ldots$	$\dfrac{1}{M}$	0	0	$+\infty$	$-\infty$

Remarque :

La notation 0^+ signifie que la suite (v_n) tend vers 0 et qu'à partir d'un certain rang $v_n > 0$.

La notation 0^- signifie que la suite (v_n) tend vers 0 et qu'à partir d'un certain rang $v_n < 0$.

E. Quotient de deux suites

Soit M un nombre réel **non nul**.

Si $\lim\limits_{n \to +\infty} u_n = \ldots$	L	L $L \neq 0$	L	L	0	(+ ou –) ∞
Si $\lim\limits_{n \to +\infty} v_n = \ldots$	M	0^+ ou 0^-	$+\infty$	$-\infty$	0	(+ ou –) ∞
Alors $\lim\limits_{n \to +\infty} \dfrac{u_n}{v_n} = \ldots$	$\dfrac{L}{M}$	$+\infty$ ou $-\infty$ (*)	0	0	cas d'indétermination	cas d'indétermination

Remarque :

(*) + ou –, selon la règle habituelle du signe d'un quotient.

6 Limite des suites usuelles

■ Les suites suivantes tendent vers $+\infty$:
(n), (n^2), (n^3) et plus généralement (n^k) (k étant un entier naturel non nul fixé), et $(\sqrt{n})$.

■ Les suites suivantes tendent vers 0 :
$\left(\dfrac{1}{n}\right)$, $\left(\dfrac{1}{n^2}\right)$, $\left(\dfrac{1}{n^3}\right)$ et plus généralement $\left(\dfrac{1}{n^k}\right)$ (k étant un entier naturel non nul fixé), et $\left(\dfrac{1}{\sqrt{n}}\right)$.

Propriété

- Soit un nombre réel q tel que $q > 1$.
La suite (q^n) admet pour limite $+\infty$, quand n tend vers $+\infty$.

- Soit un nombre réel q tel que $0 < q < 1$.
La suite (q^n) admet pour limite 0, quand n tend vers $+\infty$.

Conséquence :
Si q est un nombre réel dont la valeur absolue vérifie $|q| < 1$, alors la suite de terme général (q^n) converge vers 0.

7 Suite majorée, minorée, bornée

A. Définition

On dit qu'une suite (u_n) est **majorée**, s'il existe un nombre réel M tel que, pour tout entier naturel n, $u_n \leqslant M$.
On dit qu'une suite (u_n) est **minorée**, s'il existe un nombre réel m tel que, pour tout entier naturel n, $u_n \geqslant m$.
On dit qu'une suite (u_n) est **bornée**, si elle est à la fois majorée et minorée.

B. Définition

Soit (u_n) une suite **croissante**.

- Si la suite (u_n) est majorée, alors (u_n) est une suite convergente.
De plus, si M est un majorant de la suite et L sa limite, alors $L \leqslant M$.

- Si la suite (u_n) n'est pas majorée, alors (u_n) tend vers $+\infty$.

C. Propriété

Soit (u_n) une suite **décroissante**.

- Si la suite (u_n) est minorée, alors (u_n) est une suite convergente.
De plus, si m est un minorant de la suite et L sa limite, alors $m \leqslant L$.

- Si la suite (u_n) n'est pas minorée, alors (u_n) tend vers $-\infty$.

1 Utiliser un raisonnement par récurrence

EXERCICE TYPE

Soit a un nombre réel positif ou nul.

Démontrer que, pour tout entier naturel n, $(1 + a)^n \geqslant 1 + na$.

CORRIGÉ COMMENTÉ

On observe que l'inégalité que l'on demande de démontrer dépend d'un entier naturel n et qu'elle doit être démontrée pour tout entier naturel n.
Pour des questions de commodités de rédaction (sans que cela n'ait de caractère nécessaire), on peut nommer, par exemple, $P(n)$ l'inégalité $(1 + a)^n \geqslant 1 + na$ associée à chaque entier naturel n.
Pour prouver cette proposition au moyen d'un raisonnement par récurrence, on doit prouver que la propriété est vraie au rang 0 (initialisation) et que la propriété est transmissible d'un rang k quelconque au rang suivant $k + 1$.

> L'inégalité $(1 + a)^n \geqslant 1 + na$ est connue sous le nom d'inégalité de Bernoulli. En utilisant un théorème de comparaison, elle peut être utilisée pour prouver que, pour tout nombre réel q tel que $q > 1$, $\lim\limits_{n \to +\infty} q^n = +\infty$.

■ L'initialisation consiste à vérifier que la propriété est vraie au rang $n = 0$.
$P(0)$ est l'inégalité $(1 + a)^0 \geqslant 1 + 0 \times a$.
$(1 + a)^0 = 1$ par convention sur l'exposant nul.
$1 + 0 \times a = 1$.
Les deux termes de l'inégalité étant égaux, on en conclut que l'inégalité $(1 + a)^0 \geqslant 1 + 0 \times a$ est vraie.

■ La transmissibilité (ou hérédité) consiste à prouver que si la propriété $P(k)$ est vraie à un rang k quelconque, **alors** la propriété $P(k + 1)$ est vraie.
On peut rédiger ainsi :
Soit k un entier naturel quelconque. Supposons la propriété $P(k)$ vraie.
$P(k)$ est l'inégalité $(1 + a)^k \geqslant 1 + ka$ (elle constitue ce que l'on nomme *l'hypothèse de récurrence*).
Le but est de prouver $P(k + 1)$ qui est l'inégalité $(1 + a)^{k+1} \geqslant 1 + (k + 1)a$.
Multiplions les deux termes de l'inégalité $(1 + a)^k \geqslant 1 + ka$ ($P(k)$ est vraie) par le nombre réel positif $1 + a$: $(1 + a)(1 + a)^k \geqslant (1 + a)(1 + ka)$.

Ce qui donne en développant le terme de droite :
$(1 + a)^{k+1} \geqslant 1 + ka + a + ka^2$
$(1 + a)^{k+1} \geqslant 1 + (k + 1)a + ka^2$.
Puisque $ka^2 \geqslant 0$, alors $1 + (k + 1)a + ka^2 \geqslant 1 + (k + 1)a$.
Ainsi, $(1 + a)^{k+1} \geqslant 1 + (k + 1)a + ka^2 \geqslant 1 + (k + 1)a$.
Et l'on parvient à $(1 + a)^{k+1} \geqslant 1 + (k + 1)a$, ce qui prouve que la propriété $P(k + 1)$ est vraie.

■ Le principe de récurrence assure ainsi que, pour tout entier naturel n, la propriété $P(n) : (1 + a)^n \geqslant 1 + na$ est vraie.

À RETENIR

- **Pour utiliser un raisonnement par récurrence**, on doit tout d'abord s'assurer que l'on doit bien démontrer une propriété indexée par un entier naturel n. On peut nommer la propriété associée à l'entier naturel n (par exemple, $P(n)$ pour une commodité de rédaction).
  – On vérifie que la propriété est vraie au rang initial n_0 (qui n'est pas systématiquement 0).
  – On vérifie que la propriété est transmissible (ou héréditaire), c'est-à-dire que **si** la propriété $P(k)$ est vraie à un rang k quelconque, **alors** la propriété $P(k + 1)$ est vraie.
  – Si l'initialisation et la transmissibilité sont prouvées, alors le principe de récurrence assure que la propriété $P(n)$ est vraie pour tout entier naturel n, supérieur ou égal à n_0.
- Si le raisonnement par récurrence permet de démontrer de nombreuses propriétés, il convient, avant de l'utiliser, de se demander si une démonstration directe (sans récurrence) n'est pas possible. Car de nombreuses propriétés se démontrent aisément sans recours à une récurrence.

2 Appliquer un théorème de comparaison à une suite de limite infinie

EXERCICE TYPE

Soit la suite de terme général $v_n = n^2 + (-1)^n \times n + 2$ (n désignant un entier naturel).

Démontrer que, pour tout entier naturel n, $v_n \geqslant n(n - 1)$.
En déduire la limite de la suite (v_n).

CORRIGÉ COMMENTÉ

Observons tout d'abord que le terme $(-1)^n$ vaut $+1$ si n est un entier pair et -1 si n est un entier impair.

On en déduit que, pour tou t entier naturel n :

$$(-1)^n \geqslant -1.$$

On multiplie les termes de cette inégalité par l'entier n, qui est de signe positif ou nul, ce qui donne $(-1)^n \times n \geqslant -n$.

> La suite de terme général $(-1)^n$ n'admettant pas de limite, on ne peut pas appliquer les théorèmes « limite et opérations ».

On ajoute n^2 aux termes de cette nouvelle inégalité, ce qui donne :

$$n^2 + (-1)^n \times n \geqslant n^2 - n.$$

Enfin, sachant que $2 \geqslant 0$, on ajoute terme à terme ces inégalités pour obtenir :

$$n^2 + (-1)^n \times n + 2 \geqslant n^2 - n.$$

En factorisant le terme écrit à droite, on parvient à :

$$v_n \geqslant n(n-1).$$

Puisque $\lim\limits_{n \to +\infty} n = +\infty$ et $\lim\limits_{n \to +\infty} (n-1) = +\infty$, on obtient par produit :

$$\lim_{n \to +\infty} n(n-1) = +\infty.$$

Puisque, pour tout entier naturel n, $v_n \geqslant n(n-1)$, on en déduit par comparaison :

$$\lim_{n \to +\infty} v_n = +\infty.$$

À RETENIR

- **L'utilisation d'un théorème de comparaison** est fondée sur une inégalité ; fréquemment, on établira cette inégalité en utilisant les propriétés connues des inégalités (addition d'un même nombre ; multiplication par un même nombre réel non nul, dont le signe est connu) ou des propriétés connues sur le sens de variations de fonctions usuelles (fonction « carré » ; fonction « racine carrée » ; fonction inverse).
- On démontrera que la suite qui minore la suite étudiée admet pour limite $+\infty$ et l'on appliquera alors le théorème de comparaison.

3 Utiliser le théorème d'encadrement

EXERCICE TYPE

Soit la suite de terme général $v_n = \sqrt{n+1} - \sqrt{n}$ (n désignant un entier naturel).

1° Démontrer que, pour tout entier naturel n, $v_n = \dfrac{1}{\sqrt{n+1}+\sqrt{n}}$, puis que pour tout entier naturel n non nul, $0 \leqslant v_n \leqslant \dfrac{1}{2\sqrt{n}}$.

2° En déduire la limite de la suite (v_n).

CORRIGÉ COMMENTÉ

1° Soit n un entier naturel quelconque.

■ On utilise l'identité remarquable :

$$(\sqrt{n+1} - \sqrt{n})(\sqrt{n+1} + \sqrt{n}) = (\sqrt{n+1})^2 - (\sqrt{n})^2$$
$$(\sqrt{n+1} - \sqrt{n})(\sqrt{n+1} + \sqrt{n}) = n + 1 - n$$
$$(\sqrt{n+1} - \sqrt{n})(\sqrt{n+1} + \sqrt{n}) = 1$$

On en déduit : $(\sqrt{n+1} - \sqrt{n}) = \dfrac{1}{(\sqrt{n+1} + \sqrt{n})}$.

■ Soit n un entier naturel non nul.
Par stricte croissance de la fonction racine carrée, $0 < n \leqslant n + 1$ implique :

$$0 < \sqrt{n} \leqslant \sqrt{n+1}.$$

En ajoutant $\sqrt{n}$ aux deux termes de droite, on obtient $0 < 2\sqrt{n} \leqslant \sqrt{n+1} + \sqrt{n}$.
Par décroissance de la fonction inverse sur l'intervalle $]0\,;+\infty[$:

$$0 < \frac{1}{\sqrt{n+1} + \sqrt{n}} \leqslant \frac{1}{2\sqrt{n}}.$$

Ce qui prouve que : $0 \leqslant v_n \leqslant \dfrac{1}{2\sqrt{n}}$.

2° On définit les deux suites de terme général respectif $u_n = 0$ et $w_n = \dfrac{1}{2\sqrt{n}}$, pour tout entier naturel n non nul. La suite (u_n) est constante égale à 0, donc admet pour limite 0.

On connaît $\lim\limits_{n \to +\infty} \dfrac{1}{\sqrt{n}} = 0$; on en déduit que la suite (w_n) admet pour limite 0 (multiplication par un réel positif).

À partir du rang 1, la suite (v_n) est encadrée par deux suites (u_n) et (w_n) convergeant vers la même limite 0.

D'après le théorème d'encadrement, la suite (v_n) est convergente et admet pour limite 0.

> Rédiger comme indiqué dans le corrigé. Éviter surtout d'appliquer directement le terme $\lim\limits_{n \to +\infty} \ldots$ aux trois termes de l'inégalité concluant la question 1°.

À RETENIR

• **L'utilisation du théorème d'encadrement** est fondée sur une double inégalité ; fréquemment, on établira cette inégalité en utilisant les propriétés connues des inégalités (addition d'un même nombre ; multiplication par un même nombre réel non nul, dont le signe est connu) ou des propriétés connues sur le sens de variations de fonctions usuelles (fonction « carré » ; fonction « racine carrée » ; fonction inverse).

• Une fois la double inégalité établie, on démontre que les deux suites qui encadrent la suite que l'on étudie sont convergentes et admettent la même limite. Le théorème s'applique alors et donne la convergence de la suite étudiée et sa limite.

4 Utiliser les théorèmes « limite et opérations »

EXERCICE TYPE

Déterminer l'existence d'une limite pour les suites suivantes :

a) $u_n = 2n^2 + 3n - 5 \quad (n \in \mathbb{N})$;

b) $v_n = 2n + \dfrac{3}{2^n} - 1 \quad (n \in \mathbb{N})$;

c) $w_n = \dfrac{n^2 + 3n - 1}{2n^2 + 3} \quad (n \in \mathbb{N})$.

CORRIGÉ COMMENTÉ

On doit distinguer les cas où les théorèmes permettent d'obtenir la limite et les cas où on est en face d'une indétermination.

a) Dans ce cas, l'application des théorèmes donne la limite :
$\lim\limits_{n \to +\infty} n^2 = +\infty$, donc $\lim\limits_{n \to +\infty} 2n^2 = +\infty$;
$\lim\limits_{n \to +\infty} n = +\infty$, donc $\lim\limits_{n \to +\infty} 3n = +\infty$.
Donc, par somme, $\lim\limits_{n \to +\infty} (2n^2 + 3n) = +\infty$ et enfin par addition de la constante -5 :

$$\lim_{n \to +\infty} (2n^2 + 3n - 5) = +\infty.$$

■ **Conclusion :** $\lim\limits_{n \to +\infty} u_n = +\infty$.

b) Dans ce cas, l'application des théorèmes donne la limite :
$\lim\limits_{n \to +\infty} 2^n = +\infty$ par application du théorème donnant la limite de q^n, lorsque $q > 1$.
$\lim\limits_{n \to +\infty} \dfrac{1}{2^n} = 0$ par le théorème de l'inverse ; d'où $\lim\limits_{n \to +\infty} \dfrac{3}{2^n} = 0$.
Enfin, par somme : $\lim\limits_{n \to +\infty} (2^n + \dfrac{3}{2^n} - 1) = +\infty$.

■ **Conclusion :** $\lim\limits_{n \to +\infty} v_n = +\infty$.

c) On se trouve dans un cas d'indétermination (cas du quotient de fonctions de limite infinie).
Une méthode consiste ici à factoriser n^2 (*terme de plus haut degré*) au numérateur et au dénominateur : pour tout entier naturel n non nul,

$$w_n = \frac{n^2 + 3n - 1}{2n^2 + 3} \Leftrightarrow w_n = \frac{n^2\left(1 + \frac{3}{n} - \frac{1}{n^2}\right)}{n^2\left(2 + \frac{3}{n^2}\right)} \Leftrightarrow w_n = \frac{1 + \frac{3}{n} - \frac{1}{n^2}}{2 + \frac{3}{n^2}}.$$

On utilise les limites usuelles : $\lim\limits_{n \to +\infty} \dfrac{1}{n} = 0$; $\lim\limits_{n \to +\infty} \dfrac{1}{n^2} = 0$.

> Cette transformation fait disparaître l'indétermination.

Par application des théorèmes sur la limite d'une somme de fonctions, on en déduit que :

$$\lim_{n\to+\infty}\left(1+\frac{3}{n}-\frac{1}{n^2}\right)=1 \quad \text{et} \quad \lim_{n\to+\infty}\left(2+\frac{3}{n^2}\right)=2.$$

Enfin, par le théorème du quotient :

$$\lim_{n\to+\infty}\frac{1+\frac{3}{n}-\frac{1}{n^2}}{2+\frac{3}{n^2}}=\frac{1}{2}.$$

■ **Conclusion** : $\lim_{n\to+\infty} w_n = \frac{1}{2}$.

À RETENIR

• **Dans le cas d'une recherche de limite**, il convient en général de chercher en premier lieu si l'application des théorèmes « limites et opérations » conduit simplement au résultat. Il faut savoir reconnaître les quatre cas d'indétermination :

① somme d'une suite de limite $+\infty$ et d'une suite de limite $-\infty$;

② produit d'une suite de limite 0 et d'une suite de limite ∞ ;

③ quotient de suites de limite 0 ;

④ quotient de suites de limite ∞.

• Si l'on est dans l'un de ces cas, on peut essayer de transformer l'expression algébrique, pour aboutir à une forme qui ne soit pas indéterminée.

5 Utiliser le théorème de convergence des suites croissantes, majorées

EXERCICE TYPE

Soit la suite définie par $u_0 = \frac{1}{2}$ et pour tout entier naturel n, $u_{n+1} = \sqrt{u_n}$.

1° Illustrer la construction des premiers termes de la suite ; émettre une conjecture quant au sens de variations de la suite et à l'existence d'une limite.

2° Calculer, à l'aide d'une calculatrice ou d'un logiciel, des valeurs approchées des premiers termes de la suite ; confirmer la conjecture précédente.

3° Démonstration de la conjecture :

a) montrer, en utilisant le sens de variations de la fonction « racine carrée », que, pour tout entier naturel n, $0 \leqslant u_n \leqslant u_{n+1}$;

b) démontrer par récurrence que, pour tout entier naturel n, $u_n \leqslant 1$;

c) démontrer que la suite (u_n) est convergente. (On admettra que la limite est celle conjecturée dans les questions **1°** ou **2°**.)

CORRIGÉ COMMENTÉ

1° On construit la courbe C de la fonction racine carrée. On construit la droite D d'équation $y = x$.
La construction ci-dessous fait apparaître les termes u_0, u_1, u_2 et u_3.
Il semble que la suite (u_n) soit croissante et converge vers l'abscisse du point d'intersection de C et D, c'est-à-dire 1.

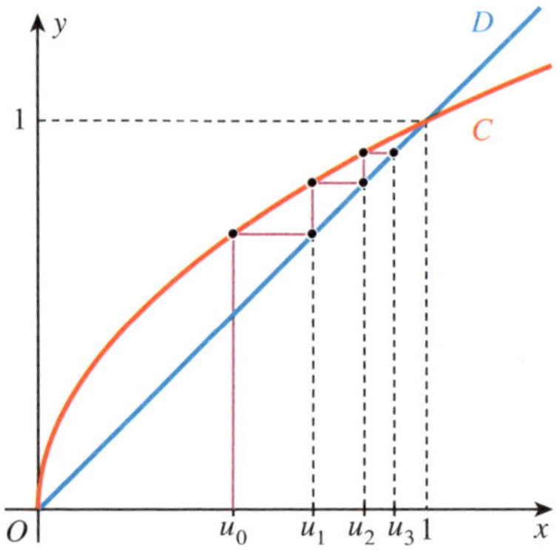

2°

n	0	1	2	3	4	5
u_n	0,5	0,70710678	0,84089642	0,91700404	0,95760328	0,97857206

n	6	7	8	9	10
u_n	0,98922801	0,99459942	0,99729606	0,99864711	0,99932333

Le calcul des premiers termes semble confirmer la conjecture de la question 1°.

3° *a*) Démontrons la propriété par récurrence.
À tout entier naturel n, on associe la propriété $P(n)$ qui est $0 \leqslant u_n \leqslant u_{n+1}$.

■ **Initialisation** : au rang 0, $u_0 = 0{,}5$; $u_1 = \sqrt{0{,}5}$ ($u_1 \approx 0{,}707$). Donc $0 \leqslant u_0 \leqslant u_1$.
Ainsi, $P(0)$ est vraie.

■ **Transmissibilité**
Soit k un entier naturel quelconque ; supposons $0 \leqslant u_k \leqslant u_{k+1}$.
Par stricte croissance de la fonction racine carrée sur l'intervalle $[0 ; +\infty[$ appliquée aux termes de l'inégalité précédente, on obtient $0 \leqslant \sqrt{u_k} \leqslant \sqrt{u_{k+1}}$.
Or, $u_{k+1} = \sqrt{u_k}$ et $u_{k+2} = \sqrt{u_{k+1}}$; ainsi, $0 \leqslant u_{k+1} \leqslant u_{k+2}$.
Donc $P(k+1)$ est vraie.

■ **Conclusion :** par le principe de récurrence, la propriété $P(n)$: $0 \leqslant u_n \leqslant u_{n+1}$ est vraie pour tout entier naturel n.

La démonstration par récurrence apporte une réponse plus rapide que l'étude classique du signe de $u_{n+1} - u_n$.

b) Démontrons la propriété par récurrence.
À tout entier naturel n, on associe la propriété $Q(n)$ qui est $u_n \leqslant 1$.

■ **Initialisation :** au rang 0, $u_0 = 0{,}5$. Donc $Q(0)$ est vraie.

■ **Transmissibilité**
Soit k un entier naturel quelconque ; supposons $u_k \leqslant 1$.
Par stricte croissance de la fonction racine carrée sur l'intervalle $[0\ ;+\infty[$ appliquée aux termes de l'inégalité précédente, on obtient $\sqrt{u_k} \leqslant \sqrt{1}$.
Or, $u_{k+1} = \sqrt{u_k}$. Donc $u_{k+1} \leqslant 1$.
Donc $Q(k+1)$ est vraie.

■ **Conclusion :** par le principe de récurrence, la propriété $Q(n)$: $u_n \leqslant 1$ est vraie pour tout entier naturel n.

c) Le résultat établi à la question 3° *a*) prouve la croissance de la suite (u_n).
Le résultat établi à la question 3° *b*) prouve que la suite (u_n) est majorée par 1.
Puisque la suite (u_n) est croissante et majorée, la suite (u_n) est donc convergente.

Remarque :
Soit L la limite de la suite (u_n) ; on sait que $L \leqslant 1$. Nous admettrons le résultat suggéré par la représentation graphique ou par le calcul des premiers termes, à savoir $L = 1$.

À RETENIR

Le théorème de convergence de suites croissantes majorées (ou décroissantes minorées) donne l'existence d'une limite, mais ne donne pas la valeur de cette limite. Pour l'utiliser, il faudra au préalable avoir étudié le sens de variations de la suite et avoir prouvé l'existence d'un majorant pour une suite croissante, d'un minorant pour une suite décroissante.

Signalons, qu'un majorant ou minorant est un nombre réel qui doit être indépendant de l'entier n.

En pratique, le théorème de convergence des suites croissantes majorées ne présente un intérêt que si l'existence de la limite ne peut pas être prouvée par un moyen plus simple comme les limites et opérations, ou le théorème d'encadrement.

6 Étudier une suite arithmético-géométrique

EXERCICE TYPE

Soit la suite définie par $u_0 = 8$ et pour tout entier naturel n, $u_{n+1} = \frac{1}{2} u_n + 1$.

1° Illustrer graphiquement la construction des premiers termes de la suite.

2° On définit la suite de terme général $v_n = u_n - 2$.
a) Démontrer que la suite (v_n) est une suite géométrique.
b) En déduire une expression de v_n, puis de u_n, en fonction de l'entier n.

3° Montrer que la suite (u_n) est convergente et déterminer sa limite.

CORRIGÉ COMMENTÉ

1°

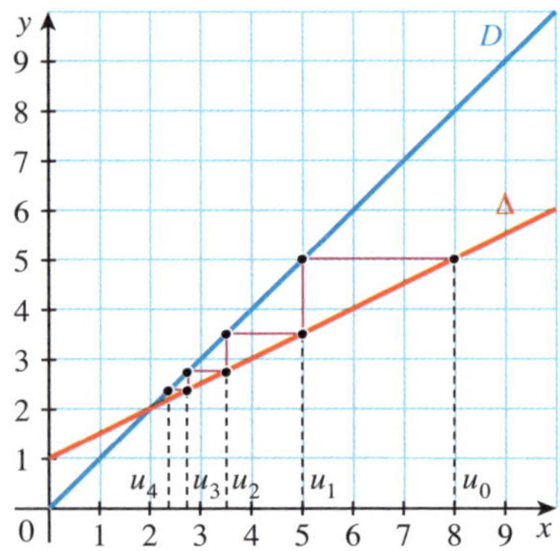

(D) est la d roite d'équation $y = x$.
(Δ) est la droite d'équation $y = \frac{1}{2} x + 1$.

2° *a)* Pour tout entier naturel n,

$$v_{n+1} = u_{n+1} - 2$$
$$v_{n+1} = \frac{1}{2} u_n + 1 - 2$$
$$v_{n+1} = \frac{1}{2} u_n - 1$$
$$v_{n+1} = \frac{1}{2} (u_n - 2)$$
$$v_{n+1} = \frac{1}{2} v_n.$$

La suite (v_n) est une suite géométrique de raison $\frac{1}{2}$.

> Une suite géométrique est définie par une relation de récurrence de la forme $u_{n+1} = qu_n$, q étant constant.

b) $v_0 = u_0 - 2 = 8 - 2 = 6$.
Pour tout entier naturel n, $v_n = v_0 \left(\frac{1}{2}\right)^n$.

$v_n = \dfrac{6}{2^n}$ et $u_n = v_n + 2$,

donc $u_n = \dfrac{6}{2^n} + 2$.

3° $\lim\limits_{n \to +\infty} 2^n = +\infty$ par le théorème de limite d'une suite géométrique de raison q, $q > 1$.

On en déduit successivement $\lim\limits_{n \to +\infty} \dfrac{6}{2^n} = 0$; $\lim\limits_{n \to +\infty} \left(\dfrac{6}{2^n} + 2\right) = 2$.

La suite (u_n) est convergente et sa limite est 2.

À RETENIR

• **On appelle suite arithmético-géométrique** toute suite définie par une relation de récurrence de la forme $u_{n+1} = au_n + b$, a désignant un nombre réel non nul et b un nombre réel.

• Les suites arithmético-géométriques ne sont en général ni des suites arithmétiques, ni des suites géométriques, sauf dans certains cas particuliers :

– si $a = 1$, on est dans le cas d'une suite arithmétique ;

– si $b = 0$, on est dans le cas d'une suite géométrique.

Selon la valeur du terme initial, on peut obtenir une suite stationnaire.

• La représentation graphique des premiers termes nécessite la construction de la droite d'équation $y = ax + b$.

Si $a \neq 1$, on montre que la suite de terme général $v_n = u_n - \omega$, où ω est la solution de l'équation $x = ax + b$, est une suite géométrique ce qui permet d'obtenir une expression de v_n, puis de u_n en fonction de n. En règle générale, suivre l'ordre des questions de l'énoncé.

7 Écrire un algorithme pour déterminer le rang à partir duquel une suite vérifie une condition

EXERCICE TYPE

Soit la suite (v_n) définie par $v_0 = 2{,}5$ et pour tout entier naturel n, $v_{n+1} = \sqrt{1 + v_n^2}$.

1° Démontrer que pour tout entier naturel n, $v_n \geqslant \sqrt{n}$.

2° En déduire que la suite (v_n) admet une limite que l'on déterminera.

3° À l'aide de l'inégalité établie en **1°**, déterminer un rang à partir duquel tous les termes sont supérieurs ou égaux à 50.

4° Soit A un nombre réel positif. Écrire un algorithme permettant de déterminer le plus petit rang à partir duquel $v_n \geqslant A$; le mettre en application pour $A = 50$.

CORRIGÉ COMMENTÉ

1° Démontrons la propriété par récurrence.
À tout entier naturel n, on associe l'inégalité $P(n)$ définie par $v_n \geqslant \sqrt{n}$.

■ **Initialisation :** au rang 0, $v_0 = 2{,}5$ et $\sqrt{0} = 0$.
Donc $P(0)$ est vraie.

■ **Transmissibilité :** soit k un entier naturel quelconque ; supposons $P(k)$ vraie, c'est-à-dire $v_k \geqslant \sqrt{k}$.
Par stricte croissance de la fonction « carré » sur l'intervalle $[0\,;+\infty[$, $v_k^2 \geqslant (\sqrt{k})^2$.
D'où $1 + v_k^2 \geqslant 1 + k$.
Par stricte croissance de la fonction « racine carrée » sur l'intervalle $[0\,;+\infty[$, $\sqrt{1+v_k^2} \geqslant \sqrt{1+k}$, c'est-à-dire $v_{k+1} \geqslant \sqrt{k+1}$, ce qui prouve que $P(k+1)$ est vraie.

■ **Conclusion :** par le principe de récurrence, la propriété $P(n)$: $v_n \geqslant \sqrt{n}$ est vraie pour tout entier naturel n.

2° $\lim\limits_{n \to +\infty} \sqrt{n} = +\infty$, donc par comparaison $\lim\limits_{n \to +\infty} v_n = +\infty$.

3° Pour que $v_n \geqslant 50$, il suffit que $\sqrt{n} \geqslant 50$; inégalité qui est équivalente à $n \geqslant 2\,500$.
À partir du rang $n = 2\,500$, tous les termes de la suite sont supérieurs ou égaux à 50.

4°
Variables
A est un nombre réel.
N est un nombre entier naturel.
V est un nombre réel.
Début
Affecter à N la valeur 0.
Affecter à V la valeur 2,5.
Tant que $V < A$ faire
N prend la valeur $N + 1$
V prend la valeur $\sqrt{1+V^2}$
Fin tant que
Afficher « N= », N
Fin

Pour $A = 50$, l'algorithme donne $N = 2\,494$.

Un algorithme donnant la plus petite valeur de n vérifiant une condition est un *algorithme de seuil*.

1 ★★ 15 min

À l'aide d'un raisonnement par récurrence, démontrer que pour tout entier naturel n non nul, $\sum_{i=1}^{n} i^2 = \frac{n(n+1)(2n+1)}{6}$ (avec la notation $\sum_{i=1}^{n} i^2 = 1^2 + 2^2 + \ldots + n^2$).

→ Corrigé p. 31

2 ★★ 15 min

Soit q un nombre réel distinct de 1. À l'aide d'un raisonnement par récurrence, démontrer que pour tout entier naturel n :

$$\sum_{i=0}^{n} q^i = \frac{1-q^{n+1}}{1-q} \text{ (avec la notation } \sum_{i=0}^{n} q^i = 1 + q + q^2 + \ldots q^n).$$

→ Corrigé p. 32

3 ★★ 15 min

Prouver les inégalités suivantes et déterminer la limite de la suite (v_n) par comparaison à une suite de limite infinie.

1° Pour tout entier naturel n, $v_n = 2n^2 + (-1)^n \times n + 3$.
Prouver que pour tout entier naturel n, $v_n \geqslant n(2n-1)$ et déterminer la limite de la suite (v_n).

2° Pour tout entier naturel n, $v_n = -2n(4 + \cos n + \sin n)$.
Prouver que pour tout entier naturel n, $v_n \leqslant -4n$ et déterminer la limite de la suite (v_n).

→ Corrigé p. 33

4 ★★ 15 min

Déterminer la limite de la suite (v_n) en utilisant le théorème d'encadrement.

1° Pour tout entier naturel n, $v_n = \frac{n + (-1)^n}{n+2}$.

2° Pour tout entier naturel n, $v_n = \frac{3 + 2\cos n + \sin n}{n^2 + 1}$.

→ Corrigé p. 33

5 ★ 30 min

Déterminer la limite de la suite (v_n) en utilisant les théorèmes « limite et opérations ».

1° Pour tout entier naturel n, $v_n = n^2 + 5n - 3$.

2° Pour tout entier naturel n, $v_n = n^3 - 5n + 4$.

3° Pour tout entier naturel n, $v_n = \frac{n+1}{n+7}$.

4° Pour tout entier naturel n, $v_n = \dfrac{2n - 3}{n^2 + 4}$.

5° Pour tout entier naturel n, $v_n = \dfrac{n^2 - 3n + 1}{n + 2}$.

6° Pour tout entier naturel n, $v_n = \dfrac{1}{1 + \sqrt{n}} \times (n^2 + n - 2)$.

7° Pour tout entier naturel n, $v_n = \dfrac{\dfrac{1}{\sqrt{n}} + \dfrac{2}{n}}{\dfrac{1}{n^2 + 1}}$.

→ Corrigé p. 34

6 ★★ 20 min

Déterminer la limite des suites ci-dessous.

1° Pour tout entier naturel n, $v_n = 2^n + \dfrac{1}{2^n}$.

2° Pour tout entier naturel n, $v_n = 3^n - 5 \times 2^n$.

3° Pour tout entier naturel n, $v_n = \dfrac{2^n - 1}{2^n + 4}$.

4° Pour tout entier naturel n, $v_n = \displaystyle\sum_{i=0}^{n} \frac{1}{10^i}$.

→ Corrigé p. 35

7 ★★ 30 min

Soit la suite définie par $u_0 = 1$ et pour tout entier naturel n, $u_{n+1} = \sqrt{1 + u_n}$.

1° Illustrer la construction des premiers termes de la suite ; émettre une conjecture quant au sens de variations de la suite et à l'existence d'une limite.

2° Calculer, à l'aide d'une calculatrice ou d'un logiciel, des valeurs approchées des premiers termes de la suite ; confirmer la conjecture précédente.

3° Démonstration de la conjecture.

a) Montrer, en utilisant un raisonnement par récurrence, que pour tout entier naturel n, $0 \leqslant u_n \leqslant u_{n+1}$.

b) Soit a la solution de l'équation $x = \sqrt{1 + x}$. Démontrer par récurrence que, pour tout entier naturel n, $u_n \leqslant a$.

c) Démontrer que la suite (u_n) est convergente.

→ Corrigé p. 36

8 ★★★ 30 min

Soit la suite définie pour tout entier naturel n ($n \neq 0$), par $u_n = \displaystyle\sum_{i=1}^{n} \frac{1}{i^2}$ (en notant $\displaystyle\sum_{i=1}^{n} \frac{1}{i^2} = \frac{1}{1^2} + \frac{1}{2^2} + \ldots + \frac{1}{n^2}$).

1° Étudier le sens de variations de la suite (u_n).

2° Démontrer que pour tout entier naturel n non nul, $u_n \leqslant 2 - \frac{1}{n}$.

3° En déduire la convergence de la suite (u_n).

→ Corrigé p. 38

9 ★ 20 min

Soit la suite définie par $u_0 = 2$ et pour tout entier naturel n, $u_{n+1} = \frac{1}{2} u_n + 4$.

1° Illustrer graphiquement la construction des premiers termes de la suite.

2° On définit la suite de terme général $v_n = u_n - 8$.
a) Démontrer que la suite (v_n) est une suite géométrique.
b) En déduire une expression de v_n, puis de u_n, en fonction de l'entier n.

3° Montrer que la suite (u_n) est convergente et déterminer sa limite.

→ Corrigé p. 39

10 ★★ 25 min

On considère la suite (u_n) définie par $u_0 = 8$ et la relation de récurrence :
pour tout entier naturel n, $u_{n+1} = -\frac{3}{4} u_n + 7$.

1° Illustrer sur une figure le processus récurrent de génération des termes de la suite sur les premiers termes.

2° *a)* Déterminer l'abscisse a du point d'intersection des droites (D) et (D') d'équations $y = x$ et $y = -\frac{3}{4}x + 7$.
b) On définit la suite (v_n) de terme général $v_n = u_n - a$.
Montrer que la suite (v_n) est une suite géométrique.
c) Déterminer une expression explicite de v_n, puis de u_n, en fonction de n.

3° En déduire le sens de variations de la suite (u_n), un majorant et un minorant de la suite (u_n) et la limite de la suite (u_n).

→ Corrigé p. 40

11 ★ 15 min

Une population de micro-organismes est estimée à 10^6 à l'instant 0. Chaque heure, la population augmente de 1 % et perd 1 000 individus.
Soit n un entier naturel. On désigne par u_n le nombre de bactéries après n heures.

1° Écrire une relation de récurrence liant u_{n+1} et u_n.

2° Soit k un nombre réel strictement supérieur à 1. Écrire un programme permettant de déterminer l'heure n durant laquelle la population dépasse pour la première fois ku_0. Le mettre en application pour $k = 4$.

→ Corrigé p. 41

12 ★ **20 min**

Soit la suite définie par $u_0 = 2$ et, pour tout entier naturel n, $u_{n+1} = \frac{3}{2} u_n + 3$.

1° Illustrer graphiquement la construction des premiers termes de la suite.

2° On définit la suite de terme général $v_n = u_n + 6$.
a) Démontrer que la suite (v_n) est une suite géométrique.
b) En déduire une expression de v_n, puis de u_n, en fonction de l'entier n.

3° Déterminer la limite de la suite (u_n).

→ *Corrigé p. 42*

13 ★★ **50 min**

Soit la suite définie par $u_0 = 0$ et, pour tout entier naturel n, $u_{n+1} = \sqrt{2 + u_n}$.

1° Illustrer la construction des premiers termes de la suite ; émettre une conjecture quant au sens de variations de la suite et à l'existence d'une limite.

2° Calculer, à l'aide d'une calculatrice ou d'un logiciel, des valeurs approchées des premiers termes de la suite ; confirmer la conjecture précédente.

3° Démonstration de la conjecture.
a) Montrer, en utilisant un raisonnement par récurrence que, pour tout entier naturel n, $0 \leqslant u_n \leqslant u_{n+1}$.
b) Soit a la solution de l'équation $x = \sqrt{2 + x}$. Démontrer par récurrence que, pour tout entier naturel n, $u_n \leqslant a$.
c) Démontrer que la suite (u_n) est convergente.

4° Écrire un algorithme permettant de déterminer le plus petit entier naturel n tel que $a - u_n \leqslant 10^{-6}$.

→ *Corrigé p. 43*

1 → *Énoncé p. 27* À tout entier naturel n non nul, on associe la propriété $P(n)$ qui est l'égalité $\sum_{i=1}^{n} i^2 = \frac{n(n+1)(2n+1)}{6}$.

- **Initialisation**

$P(1)$ désigne l'égalité $\sum_{i=1}^{1} i^2 = \frac{1(1+1)(2 \times 1+1)}{6}$.

Calculons séparément chacun des termes :

par convention $\sum_{i=1}^{1} i^2 = 1^2$, donc $\sum_{i=1}^{1} i^2 = 1$ et $\frac{1(1+1)(2 \times 1+1)}{6} = \frac{2 \times 3}{6} = 1$.

$P(1)$ est donc vérifiée.

- **Transmissibilité**

Soit k un entier naturel non nul quelconque. Supposons $P(k)$ vraie, c'est-à-dire :

$$\sum_{i=1}^{k} i^2 = \frac{k(k+1)(2k+1)}{6}.$$

But : il s'agit de prouver que $P(k+1)$ est vraie, à savoir :

$$\sum_{i=1}^{k+1} i^2 = \frac{(k+1)(k+1+1)(2(k+1)+1)}{6}$$

(obtenue en remplaçant k par $k+1$ dans l'égalité).

Dans le cas où la formule n'est pas simple, il peut être utile d'écrire ce que l'on cherche à démontrer, en faisant bien attention de pas le considérer comme conclusion avant de l'avoir prouvé.

- **Démonstration**

$$\sum_{i=1}^{k} i^2 = 1^2 + 2^2 + \ldots + k^2 \text{ et } \sum_{i=1}^{k+1} i^2 = 1^2 + 2^2 + \ldots + k^2 + (k+1)^2.$$

En utilisant l'hypothèse de récurrence $P(k)$,

$$\sum_{i=1}^{k+1} i^2 = 1^2 + 2^2 + \ldots + k^2 + (k+1)^2 = \frac{k(k+1)(2k+1)}{6} + (k+1)^2.$$

On factorise à gauche par $(k+1)$:

$$\sum_{i=1}^{k+1} i^2 = (k+1)\left[\frac{k(2k+1)}{6} + (k+1)\right]$$

$$\sum_{i=1}^{k+1} i^2 = (k+1)\left[\frac{k(2k+1) + 6(k+1)}{6}\right]$$

et après développement : $\sum_{i=1}^{k+1} i^2 = (k+1) \times \frac{2k^2 + 7k + 6}{6}$.

Développons $(k+1+1)(2(k+1)+1) = (k+2)(2k+3) = 2k^2 + 7k + 6$.

On obtient ainsi :

$$\sum_{i=1}^{k+1} i^2 = \frac{(k+1)(k+2)(2k+3)}{6} = \frac{(k+1)(k+1+1)(2(k+1)+1)}{6}.$$

Ce qui prouve que $P(k+1)$ est vraie.

■ **Conclusion**

Par le principe de récurrence, on a prouvé que la propriété $P(n)$:

$$\sum_{i=1}^{n} i^2 = \frac{n(n+1)(2n+1)}{6}$$ est vraie pour tout entier naturel n non nul.

2 → *Énoncé p. 27* Soit q un nombre réel distinct de 1.

À tout entier naturel n, on associe l'égalité $\sum_{i=0}^{n} q^i = \frac{1-q^{n+1}}{1-q}$ que l'on nomme $P(n)$.

■ **Initialisation :** $P(0)$ désigne l'égalité $\sum_{i=0}^{0} q^i = \frac{1-q^{0+1}}{1-q}$.

Calculons chacun des termes de cette égalité :

par convention, $\sum_{i=0}^{0} q^i = q^0 = 1$ et $\frac{1-q^{0+1}}{1-q} = \frac{1-q}{1-q} = 1$.

L'égalité $P(0)$ est donc vérifiée.

■ **Transmissibilité**

Soit k un entier naturel quelconque. Supposons $P(k)$ vraie, c'est-à-dire :

$$\sum_{i=0}^{k} q^i = \frac{1-q^{k+1}}{1-q}.$$

But : il s'agit, à partir de l'hypothèse $P(k)$, de démontrer $P(k+1)$, qui est l'égalité

$$\sum_{i=0}^{k+1} q^i = \frac{1-q^{k+1+1}}{1-q} \qquad \sum_{i=0}^{k+1} q^i = \sum_{i=0}^{k} q^i + q^{k+1}.$$

On applique l'hypothèse de récurrence $P(k)$. Ce qui donne :

$$\sum_{i=0}^{k+1} q^i = \frac{1-q^{k+1}}{1-q} + q^{k+1}.$$

On écrit cette somme sous la forme d'un quotient :

$$\sum_{i=0}^{k+1} q^i = \frac{1-q^{k+1}+q^{k+1}(1-q)}{1-q}.$$

On développe :

$$\sum_{i=0}^{k+1} q^i = \frac{1-q^{k+1}+q^{k+1}-q^{k+2}}{1-q} \qquad \sum_{i=0}^{k+1} q^i = \frac{1-q^{k+2}}{1-q}.$$

On reconnaît l'égalité $P(k+1)$.

■ **Conclusion**

Par le principe de récurrence, on a prouvé que la propriété $P(n)$: $\sum_{i=0}^{n} q^i = \frac{1-q^{n+1}}{1-q}$ est vraie pour tout entier naturel n.

3 → Énoncé p. 27 **1°** Pour tout entier naturel n, $(-1)^n \geqslant -1$.
En multipliant par n qui est positif ou nul, $(-1)^n \times n \geqslant -n$.
En ajoutant $2n^2$, $2n^2 + (-1)^n \times n \geqslant 2n^2 - n$.
Sachant que $3 \geqslant 0$, on obtient $2n^2 + (-1)^n \times n + 3 \geqslant 2n^2 - n$, c'est-à-dire $v_n \geqslant n(2n-1)$.
$\lim\limits_{n\to+\infty} n = +\infty$ et $\lim\limits_{n\to+\infty} (2n-1) = +\infty$, donc, par produit, $\lim\limits_{n\to+\infty} n(2n-1) = +\infty$.
Par comparaison, on en déduit $\lim\limits_{n\to+\infty} v_n = +\infty$.

2° Pour tout entier naturel n, $-1 \leqslant \cos n \leqslant 1$ et $-1 \leqslant \sin n \leqslant 1$.
Par somme, on obtient l'encadrement : $2 \leqslant 4 + \cos n + \sin n \leqslant 6$, puis par produit par $-2n$, de signe négatif ou nul, $-4n \geqslant -2n(4 + \cos n + \sin n) \geqslant -12n$.
Pour déterminer la limite, on ne retiendra que l'inégalité $-4n \geqslant -2n(4 + \cos n + \sin n)$ et la comparaison de la suite (v_n) à la suite de terme général $(-4n)$: $v_n \leqslant -4n$ pour tout entier naturel n.
$\lim\limits_{n\to+\infty} -4n = -\infty$, donc $\lim\limits_{n\to+\infty} v_n = -\infty$.

4 → Énoncé p. 27 **1°** Pour tout entier naturel n, $-1 \leqslant (-1)^n \leqslant 1$.
On en déduit $n - 1 \leqslant n + (-1)^n \leqslant n + 1$.
En divisant par $n+2$ qui est positif, $\dfrac{n-1}{n+2} \leqslant \dfrac{n+(-1)^n}{n+2} \leqslant \dfrac{n+1}{n+2}$.

Puis, $\dfrac{n+2-3}{n+2} \leqslant \dfrac{n+(-1)^n}{n+2} \leqslant \dfrac{n+2-1}{n+2}$

$$1 + \frac{-3}{n+2} \leqslant v_n \leqslant 1 + \frac{-1}{n+2}$$

$\lim\limits_{n\to+\infty} (n+2) = +\infty$, donc $\lim\limits_{n\to+\infty} \dfrac{-3}{n+2} = 0$ et $\lim\limits_{n\to+\infty} \dfrac{-1}{n+2} = 0$;
d'où $\lim\limits_{n\to+\infty} \left(1 + \dfrac{-3}{n+2}\right) = 1$ et $\lim\limits_{n\to+\infty} \left(1 + \dfrac{-1}{n+2}\right) = 1$.
La suite (v_n) est encadrée par deux suites de même limite 1, donc d'après le théorème d'encadrement $\lim\limits_{n\to+\infty} v_n = 1$.

2° Pour tout entier naturel n, $-1 \leqslant \cos n \leqslant 1$, donc $-2 \leqslant 2\cos n \leqslant 2$ et $-1 \leqslant \sin n \leqslant 1$.
En additionnant terme à terme, on obtient $0 \leqslant 3 + 2\cos n + \sin n \leqslant 6$.
En divisant par $n^2 + 1$ qui est positif, $0 \leqslant \dfrac{3 + 2\cos n + \sin n}{n^2+1} \leqslant \dfrac{6}{n^2+1}$.
Ainsi, la suite (v_n) est encadrée par la suite de terme général $u_n = 0$ et la suite de terme général $w_n = \dfrac{6}{n^2+1}$.
$\lim\limits_{n\to+\infty} u_n = 0$; $\lim\limits_{n\to+\infty} (n^2+1) = +\infty$, donc $\lim\limits_{n\to+\infty} w_n = 0$.
La suite (v_n) est encadrée par deux suites de limite 0, donc la suite (v_n) est convergente et sa limite est 0.

> Dans le cas de suites sans limites, comme $(-1)^n$, $\cos n$, $\sin n$ on procèdera par encadrement ou comparaison.

5 → Énoncé p. 27 **1°** $\lim\limits_{n\to+\infty} n^2 = +\infty$; $\lim\limits_{n\to+\infty} 5n = +\infty$.

Par somme, $\lim\limits_{n\to+\infty} (n^2 + 5n - 3) = +\infty$.

$\lim\limits_{n\to+\infty} v_n = +\infty$.

2° On observe une forme indéterminée (somme d'une suite de limite $+\infty$ et d'une suite de limite $-\infty$).

On peut écrire v_n ainsi : pour tout entier naturel n, $v_n = n^3 - 5n + 4 = n(n^2 - 5) + 4$.

$\lim\limits_{n\to+\infty} n^2 = +\infty$, donc $\lim\limits_{n\to+\infty} (n^2 - 5) = +\infty$; $\lim\limits_{n\to+\infty} n = +\infty$;

par produit $\lim\limits_{n\to+\infty} n(n^2 - 5) = +\infty$.

$\lim\limits_{n\to+\infty} v_n = +\infty$.

3° On observe une forme indéterminée (quotient de suites de limite $+\infty$).

On peut écrire v_n ainsi : pour tout entier naturel n, $v_n = \dfrac{n + 7 - 6}{n + 7} = 1 - \dfrac{6}{n + 7}$,

$\lim\limits_{n\to+\infty} (n + 7) = +\infty$, donc $\lim\limits_{n\to+\infty} \dfrac{6}{n + 7} = 0$.

$\lim\limits_{n\to+\infty} v_n = 1$.

4° On observe une forme indéterminée (quotient de suites de limite $+\infty$).

On peut écrire v_n ainsi : pour tout entier naturel n non nul :

$$v_n = \frac{n(2 - \frac{3}{n})}{n^2(1 + \frac{4}{n^2})} = \frac{1}{n} \times \frac{2 - \frac{3}{n}}{1 + \frac{4}{n^2}}.$$

$\lim\limits_{n\to+\infty} \dfrac{1}{n} = 0$, donc $\lim\limits_{n\to+\infty} \left(2 - \dfrac{3}{n}\right) = 2$; $\lim\limits_{n\to+\infty} \dfrac{1}{n^2} = 0$, donc $\lim\limits_{n\to+\infty} \left(1 + \dfrac{4}{n^2}\right) = 1$.

Par quotient, $\lim\limits_{n\to+\infty} \dfrac{2 - \frac{3}{n}}{1 + \frac{4}{n^2}} = 2$.

Par produit, $\lim\limits_{n\to+\infty} v_n = 0$.

5° On observe une forme indéterminée (quotient de suites de limite $+\infty$).

On peut écrire v_n ainsi : pour tout entier naturel n non nul :

$$v_n = \frac{n^2(1 - \frac{3}{n} + \frac{1}{n^2})}{n(1 + \frac{2}{n})} = n \times \frac{1 - \frac{3}{n} + \frac{1}{n^2}}{1 + \frac{2}{n}}.$$

$\lim\limits_{n\to+\infty} \dfrac{1}{n} = 0$ et $\lim\limits_{n\to+\infty} \dfrac{1}{n^2} = 0$; d'où $\lim\limits_{n\to+\infty} \left(1 - \dfrac{3}{n} + \dfrac{1}{n^2}\right) = 1$ et $\lim\limits_{n\to+\infty} \left(1 + \dfrac{2}{n}\right) = 1$;

par quotient $\lim\limits_{n\to+\infty} \dfrac{1 - \frac{3}{n} + \frac{1}{n^2}}{1 + \frac{2}{n}} = 1$.

Enfin, par produit par n, $\lim_{n\to+\infty} v_n = +\infty$.

6° On observe une forme indéterminée (produit d'une suite de limite 0 et d'une suite de limite $+\infty$).

Ne pas conclure à une limite nulle : il s'agit d'une forme *a priori* indéterminée.

Pour tout entier naturel n :

$$v_n = \frac{1}{1+\sqrt{n}} \times (n^2 + n - 2) = \frac{1}{\sqrt{n}\left(\frac{1}{\sqrt{n}} + 1\right)} \times n\left(n + 1 - \frac{2}{n}\right)$$

$$= \frac{1}{\left(\frac{1}{\sqrt{n}} + 1\right)} \times \sqrt{n}\left(n + 1 - \frac{2}{n}\right).$$

$\lim_{n\to+\infty} \frac{1}{\sqrt{n}} = 0$, donc $\lim_{n\to+\infty} \frac{1}{\frac{1}{\sqrt{n}}+1} = 1$; $\lim_{n\to+\infty} \sqrt{n} = +\infty$; $\lim_{n\to+\infty} \frac{1}{n} = 0$,

donc $\lim_{n\to+\infty} \left(n + 1 - \frac{2}{n}\right) = +\infty$.

Par produit, $\lim_{n\to+\infty} v_n = +\infty$.

7° On observe une forme indéterminée (quotient de suites de limite 0).

Pour tout entier naturel n,

$$v_n = \frac{\frac{1}{\sqrt{n}} + \frac{2}{n}}{\frac{1}{n^2+1}} = \frac{\frac{1}{\sqrt{n}}\left(1 + \frac{2}{\sqrt{n}}\right)}{\frac{1}{n^2} \times \frac{1}{1+\frac{1}{n^2}}} = \frac{n^2}{\sqrt{n}} \times \frac{1+\frac{2}{\sqrt{n}}}{\frac{1}{1+\frac{1}{n^2}}} = n\sqrt{n} \times \frac{1+\frac{2}{\sqrt{n}}}{\frac{1}{1+\frac{1}{n^2}}}$$

$\lim_{n\to+\infty} \frac{1}{\sqrt{n}} = 0$, donc $\lim_{n\to+\infty} (1 + \frac{2}{\sqrt{n}}) = 1$; $\lim_{n\to+\infty} \frac{1}{n^2}$, donc $\lim_{n\to+\infty} \frac{1}{1+\frac{1}{n^2}} = 1$;

par quotient $\lim_{n\to+\infty} \frac{1+\frac{2}{\sqrt{n}}}{\frac{1}{1+\frac{1}{n^2}}} = 1$.

$\lim_{n\to+\infty} n\sqrt{n} = +\infty$; par produit $\lim_{n\to+\infty} v_n = +\infty$.

Bien connaître $\lim_{n\to+\infty} q^n$ dans les cas $q > 1$ et $0 < q < 1$.

6 → Énoncé p. 28 1° $\lim_{n\to+\infty} 2^n = +\infty$ (théorème de limite de q^n, lorsque $q > 1$) ; donc $\lim_{n\to+\infty} \frac{1}{2^n} = 0$. Par somme, $\lim_{n\to+\infty} v_n = +\infty$.

2° On observe une forme indéterminée (somme d'une suite de limite $+\infty$ et d'une suite de limite $-\infty$).

Pour tout entier naturel n, $v_n = 3^n - 5 \times 2^n = 3^n\left(1 - 5 \times \frac{2^n}{3^n}\right) = 3^n\left(1 - 5 \times \left(\frac{2}{3}\right)^n\right)$.

$\lim_{n\to+\infty}\left(\frac{2}{3}\right)^n = 0$ (théorème de limite de q^n, lorsque $0 < q < 1$) ;

donc $\lim_{n\to+\infty}\left(1 - 5\times\left(\frac{2}{3}\right)^n\right) = 1$;

$\lim_{n\to+\infty} 3^n = +\infty$ (théorème de limite de q^n, lorsque $q > 1$) ;

donc, par produit $\lim_{n\to+\infty} v_n = +\infty$.

3° On observe une forme indéterminée (quotient de suites de limite $+\infty$).

Pour tout entier naturel n, $v_n = \frac{2^n - 1}{2^n + 4} = \frac{2^n\left(1 - \frac{1}{2^n}\right)}{2^n\left(1 + \frac{4}{2^n}\right)} = \frac{1 - \frac{1}{2^n}}{1 + \frac{4}{2^n}}$.

$\lim_{n\to+\infty} 2^n = +\infty$ (théorème de limite de q^n, lorsque $q > 1$), donc $\lim_{n\to+\infty}\frac{1}{2^n} = 0$.

$\lim_{n\to+\infty}\left(1 - \frac{1}{2^n}\right) = 1$; $\lim_{n\to+\infty}\left(1 + \frac{4}{2^n}\right) = 1$; par quotient $\lim_{n\to+\infty} v_n = 1$.

4° On utilise la formule donnant la somme des termes consécutifs d'une suite géométrique.

Pour tout entier naturel n, $v_n = \sum_{i=0}^{n}\frac{1}{10^i} = \sum_{i=0}^{n}\left(\frac{1}{10}\right)^i = \frac{1 - \left(\frac{1}{10}\right)^{n+1}}{1 - \frac{1}{10}}$.

$v_n = \frac{1 - \left(\frac{1}{10}\right)^{n+1}}{\frac{9}{10}} = \frac{10}{9}\times\left(1 - \left(\frac{1}{10}\right)^{n+1}\right)$ (théorème de limite de q^n, lorsque $0 < q < 1$). Donc, $\lim_{n\to+\infty}\left(1 - \left(\frac{1}{10}\right)^n\right) = 1$.

$\lim_{n\to+\infty} v_n = \frac{10}{9}$.

7 → Énoncé p. 28 **1°**

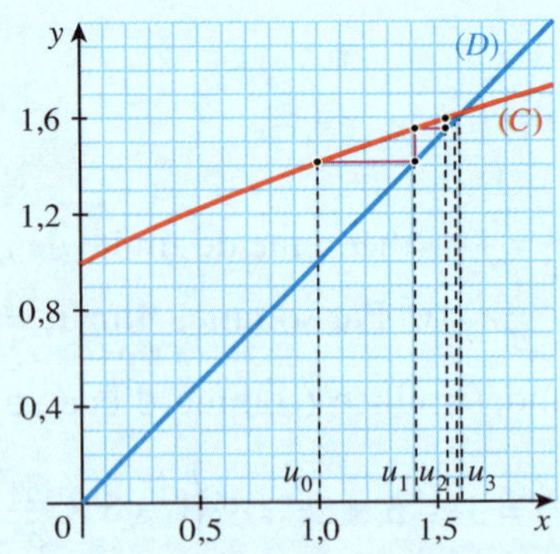

(C) est la courbe représentative de la fonction $f : x \mapsto \sqrt{1+x}$.
(D) est la droite d'équation $y = x$.
Il semble que la suite (u_n) soit croissante ; elle paraît converger vers l'abscisse a du point d'intersection de (D) et (C).

2° Valeurs approchées de u_n obtenues sur un tableur.

n	0	1	2	3	4	5
u_n	1	1,41421	1,55377	1,59805	1,61185	1,61612

n	6	7	8	9	10
u_n	1,61744	1,61785	1,61798	1,61802	1,61803

L'hypothèse de croissance semble vraie et la convergence vers le nombre a semble confirmée.

3° *a)* À tout entier naturel n, on associe l'inégalité $P(n)$ définie par $0 \leqslant u_n \leqslant u_{n+1}$.

■ **Initialisation**

$P(0)$ est l'inégalité $0 \leqslant u_0 \leqslant u_1$, qui est vraie d'après la valeur approchée de u_1 calculée.

■ **Transmissibilité**

Soit k un entier naturel quelconque ; supposons $P(k)$ vraie.
Par hypothèse de récurrence, $0 \leqslant u_k \leqslant u_{k+1}$.
Par addition de 1, on obtient : $1 \leqslant 1 + u_k \leqslant 1 + u_{k+1}$.
Par stricte croissance de la fonction « racine carrée » sur l'intervalle $[0\ ;+\infty[$, $1 \leqslant \sqrt{1+u_k} \leqslant \sqrt{1+u_{k+1}}$. Donc $0 \leqslant u_{k+1} \leqslant u_{k+2}$. L'inégalité $P(k+1)$ est vraie.

■ **Conclusion**

Par le principe de récurrence, l'inégalité $0 \leqslant u_n \leqslant u_{n+1}$ est vraie pour tout entier naturel n.

b) Observons tout d'abord que si l'équation admet une solution, alors celle-ci est nécessairement positive.
Pour tout nombre réel x de l'intervalle $[0\ ;+\infty[$, $x = \sqrt{1+x} \Leftrightarrow x^2 = \left(\sqrt{1+x}\right)^2$, car les nombres sont positifs ou nuls.
$x = \sqrt{1+x} \Leftrightarrow x^2 = 1 + x \Leftrightarrow x^2 - x - 1 = 0$.
Le discriminant de l'équation $x^2 - x - 1 = 0$ est $\Delta = 5$.
Dans $\mathbb{R}$, cette équation admet deux solutions $x_1 = \dfrac{1-\sqrt{5}}{2}$ et $x_2 = \dfrac{1+\sqrt{5}}{2}$, dont une seule est positive.
Donc $a = \dfrac{1+\sqrt{5}}{2}$.
À tout entier naturel n, on associe l'inégalité $Q(n)$ définie par $u_n \leqslant a$.

■ **Initialisation**
$Q(0)$ est l'inégalité $u_0 \leqslant a$ qui est vraie.

■ **Transmissibilité**
Soit k un entier naturel quelconque ; supposons $Q(k)$ vraie.
Par hypothèse de récurrence, $u_k \leqslant a$. D'où : $1 + u_k \leqslant 1 + a$.
Et par stricte croissance de la fonction « racine carrée » sur $[0 ; +\infty[$,
$\sqrt{1 + u_k} \leqslant \sqrt{1 + a}$.
Or, $a = \sqrt{1 + a}$; donc $u_{k+1} \leqslant a$.
L'inégalité $Q(k+1)$ est donc vraie.

On évitera de remplacer a par sa valeur, ce qui conduit à des calculs compliqués.

■ **Conclusion**
Par le principe de récurrence, l'inégalité $u_n \leqslant a$ est vraie pour tout entier naturel n.

c) La suite (u_n) est croissante d'après le résultat établi à la question 3° et majorée d'après le résultat établi à la question 4°. La suite (u_n) est donc convergente.
Remarque : On admettra que (u_n) converge vers a.

8 → Énoncé p. 28 1° Pour tout entier naturel n, $u_{n+1} = \sum_{i=1}^{n+1} \frac{1}{i^2} = \sum_{k=1}^{n} \frac{1}{i^2} + \frac{1}{(n+1)^2}$,
donc $u_{n+1} = u_n + \frac{1}{(n+1)^2}$.

Ainsi, $u_{n+1} - u_n = \frac{1}{(n+1)^2}$; $u_{n+1} - u_n$ est de signe positif pour tout entier naturel n non nul.
La suite (u_n) est donc croissante.

2° À tout entier naturel n non nul, on associe l'inégalité $P(n)$ définie par $u_n \leqslant 2 - \frac{1}{n}$.

■ **Initialisation**
$P(1)$ est l'inégalité $u_1 \leqslant 2 - \frac{1}{1}$.

Par convention, $u_1 = \sum_{i=1}^{1} \frac{1}{i^2} = \frac{1}{1^2} = 1$; et $2 - \frac{1}{1} = 1$.

Donc $P(1)$ est vraie.

■ **Transmissibilité**
Soit k un entier naturel non nul quelconque ; supposons $P(k)$ vraie.

Par hypothèse de récurrence, $u_k \leqslant 2 - \frac{1}{k}$.

But : il s'agit de démontrer $P(k+1)$: $u_{k+1} \leqslant 2 - \frac{1}{k+1}$.

$u_k \leqslant 2 - \frac{1}{k} \Leftrightarrow u_k + \frac{1}{(k+1)^2} \leqslant 2 - \frac{1}{k} + \frac{1}{(k+1)^2}$ en additionnant $\frac{1}{(k+1)^2}$ aux termes de l'inégalité.

D'où $u_{k+1} \leqslant 2 - \frac{1}{k} + \frac{1}{(k+1)^2}$.

Prouvons que $2 - \frac{1}{k} + \frac{1}{(k+1)^2} \leqslant 2 - \frac{1}{k+1}$; étudions pour cela le signe de la différence $\left(2 - \frac{1}{k+1}\right) - \left(2 - \frac{1}{k} + \frac{1}{(k+1)^2}\right)$.

$$\left(2 - \frac{1}{k+1}\right) - \left(2 - \frac{1}{k} + \frac{1}{(k+1)^2}\right) = \frac{1}{k} - \frac{1}{k+1} - \frac{1}{(k+1)^2}$$

$$\left(2 - \frac{1}{k+1}\right) - \left(2 - \frac{1}{k} + \frac{1}{(k+1)^2}\right) = \frac{(k+1)^2 - k(k+1) - k}{k(k+1)^2}$$

$$\left(2 - \frac{1}{k+1}\right) - \left(2 - \frac{1}{k} + \frac{1}{(k+1)^2}\right) = \frac{k^2 + 2k + 1 - k^2 - k - k}{k(k+1)^2} = \frac{1}{k(k+1)^2}.$$

Cette différence est de signe positif, donc : $2 - \frac{1}{k} + \frac{1}{(k+1)^2} \leqslant 2 - \frac{1}{k+1}$.

Ainsi, $u_{k+1} \leqslant 2 - \frac{1}{k} + \frac{1}{(k+1)^2} \leqslant 2 - \frac{1}{k+1}$.

Donc $P(k+1)$, c'est-à-dire $u_{k+1} \leqslant 2 - \frac{1}{k+1}$ est vraie.

■ **Conclusion**

Par le principe de récurrence, l'inégalité $P(n)$ définie par $u_n \leqslant 2 - \frac{1}{n}$ est vraie pour tout entier naturel n non nul.

3° Observons que l'inégalité $P(n)$ définie par $u_n \leqslant 2 - \frac{1}{n}$ ne constitue pas directement une majoration de la suite (u_n) par un nombre réel, car $2 - \frac{1}{n}$ dépend de l'entier n.

Puisque n est un entier naturel non nul, n et par suite $\frac{1}{n}$ sont positifs, donc $2 - \frac{1}{n} \leqslant 2$.

Pour tout entier naturel n non nul, $u_n \leqslant 2$.

La suite (u_n) est majorée par 2 et croissante d'après la question 1°, donc la suite (u_n) est convergente.

Une suite est majorée lorsque tous ses termes sont inférieurs à **un nombre constant**.

9 → Énoncé p. 29 1°

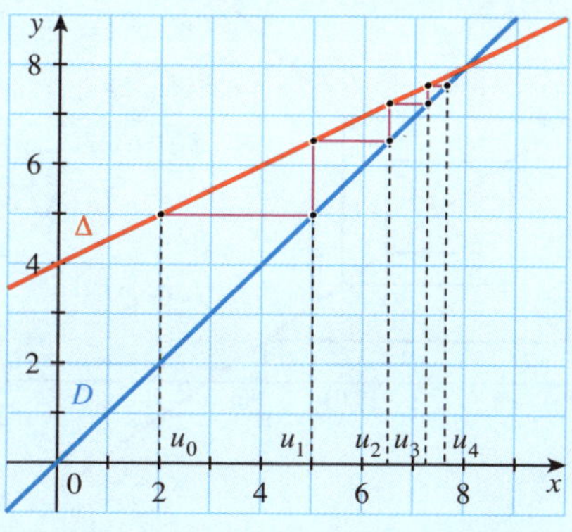

D est la droite d'équation $y = x$;
Δ est la droite d'équation $y = \frac{1}{2}x + 4$.

2° a) Pour tout entier naturel n,

$$v_{n+1} = u_{n+1} - 8$$
$$v_{n+1} = \frac{1}{2}u_n + 4 - 8$$
$$v_{n+1} = \frac{1}{2}u_n - 4$$
$$v_{n+1} = \frac{1}{2}(u_n - 8)$$
$$v_{n+1} = \frac{1}{2}v_n.$$

La suite (v_n) est une suite géométrique de raison $\frac{1}{2}$.

b) $v_0 = u_0 - 8 = 2 - 8 = -6$.
Pour tout entier naturel n, $v_n = v_0\left(\frac{1}{2}\right)^n$

$$v_n = -\frac{6}{2^n}$$

et $u_n = v_n + 8$

$$u_n = -\frac{6}{2^n} + 8.$$

3° $\lim\limits_{n\to+\infty} 2^n = +\infty$ par le théorème de limite d'une suite géométrique de raison q, $q > 1$.
On en déduit successivement $\lim\limits_{n\to+\infty} \frac{-6}{2^n} = 0$; $\lim\limits_{n\to+\infty} \left(-\frac{6}{2^n} + 8\right) = 8$.
La suite (u_n) est convergente et sa limite est 8.

10 → Énoncé p. 29 **1°**

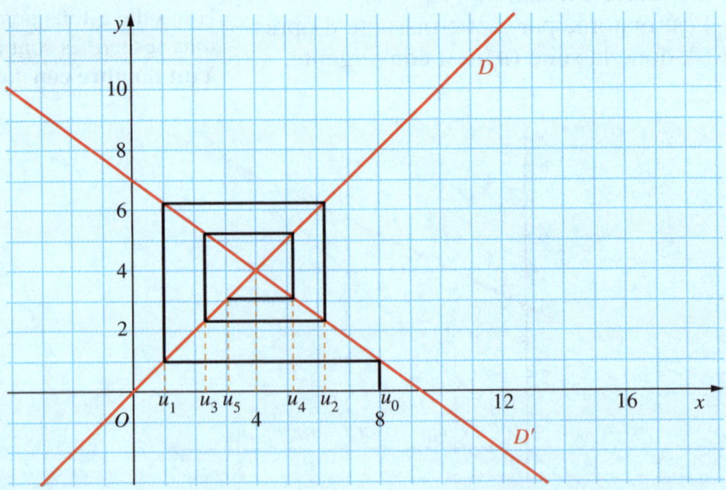

2° *a)* $x = -\frac{3}{4}x + 7 \Leftrightarrow \frac{7}{4}x = 7 \Leftrightarrow x = 4$. D et D' se coupent en un point d'abscisse $a = 4$.

b) Soit $v_n = u_n - 4$.

Pour tout $n \in \mathbb{N}$, $v_{n+1} = u_{n+1} - 4$

$$v_{n+1} = -\frac{3}{4}u_n + 7 - 4$$
$$v_{n+1} = -\frac{3}{4}u_n + 3$$
$$v_{n+1} = -\frac{3}{4}(u_n - 4)$$
$$v_{n+1} = -\frac{3}{4}v_n.$$

Une suite géométrique est définie par une relation de récurrence de la forme $u_{n+1} = qu_n$, q étant constant.

La suite (v_n) est donc une suite géométrique de raison $-\frac{3}{4}$.

c) $v_0 = u_0 - 4 = 4$. Donc : $v_n = 4 \times \left(-\frac{3}{4}\right)^n$.

$u_n = 4 + v_n$; $u_n = 4 + 4 \times \left(-\frac{3}{4}\right)^n$.

3° La suite (u_n) n'est ni croissante, ni décroissante.

En effet, $u_{n+1} - u_n = 4 + 4 \times \left(-\frac{3}{4}\right)^{n+1} - 4 - 4 \times \left(-\frac{3}{4}\right)^n = 4 \times \left(-\frac{3}{4}\right)^n \left(-\frac{7}{4}\right)$ n'est pas de signe constant.

La suite de terme général $\left(\frac{3}{4}\right)^n$ tend vers 0 en décroissant.

Donc, pour tout $n \in \mathbb{N}$, $0 \leqslant \left(\frac{3}{4}\right)^n \leqslant 1$. Or, $\left|\left(-\frac{3}{4}\right)^n\right| = \left(\frac{3}{4}\right)^n$.

Donc $-1 \leqslant \left(-\frac{3}{4}\right)^n \leqslant 1$. Par suite : $-4 \leqslant 4 \times \left(-\frac{3}{4}\right)^n \leqslant 4$.

D'où $0 \leqslant u_n \leqslant 8$.

La suite (u_n) est majorée par 8 et minorée par 0.

Remarque : On peut prouver que (u_n) est minorée par 1.

$\lim\limits_{n \to +\infty} \left(-\frac{3}{4}\right)^n = 0$ (suite du type q^n avec $|q| < 1$).

Donc $\lim\limits_{n \to +\infty} u_n = 4$.

11 → Énoncé p. 29 **1°** Pour tout entier naturel n, $u_{n+1} = u_n + \frac{1}{100}u_n - 1\,000$.

Pour tout entier naturel n, $u_{n+1} = 1{,}01u_n - 1\,000$.

2°

Variables

K est un nombre réel.

N est un nombre entier naturel.
U est un nombre réel.
Début
Affecter à N la valeur 0.
Affecter à U la valeur 10^6.
Affecter à K la valeur k.
Tant que $U < 10^6 K$ faire
N prend la valeur $N + 1$
U prend la valeur $1{,}01\ U - 1\ 000$
Fin tant que
Afficher « N= », N
Fin
Application : pour $k = 4$, on obtient $N = 148$.

12 → Énoncé p. 30 **1°**

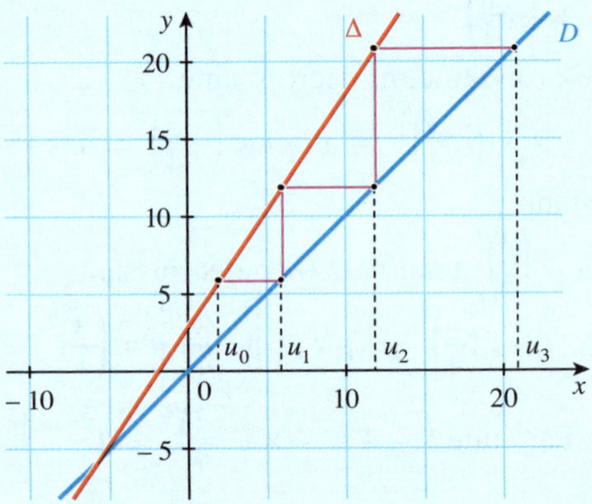

2° a) Pour tout entier naturel n, $v_{n+1} = u_{n+1} + 6$

$$v_{n+1} = \frac{3}{2} u_n + 3 + 6$$

$$v_{n+1} = \frac{3}{2} u_n + 9$$

$$v_{n+1} = \frac{3}{2} (u_n + 6)$$

$$v_{n+1} = \frac{3}{2} v_n.$$

On conclut que la suite (v_n) est une suite géométrique de raison $\frac{3}{2}$.

b) Pour tout entier naturel n, $v_n = v_0 \times \left(\frac{3}{2}\right)^n$ avec $v_0 = u_0 + 6 = 8$.

Ainsi, $v_n = 8 \times \left(\frac{3}{2}\right)^n$ et $u_n = -6 + 8 \times \left(\frac{3}{2}\right)^n$.

3° $\frac{3}{2} > 1$, donc $\lim_{n \to +\infty} \left(\frac{3}{2}\right)^n = +\infty$. Par suite, $\lim_{n \to +\infty} \left[-6 + 8 \times \left(\frac{3}{2}\right)^n\right] = +\infty$.

13 → *Énoncé p. 30* **1°**

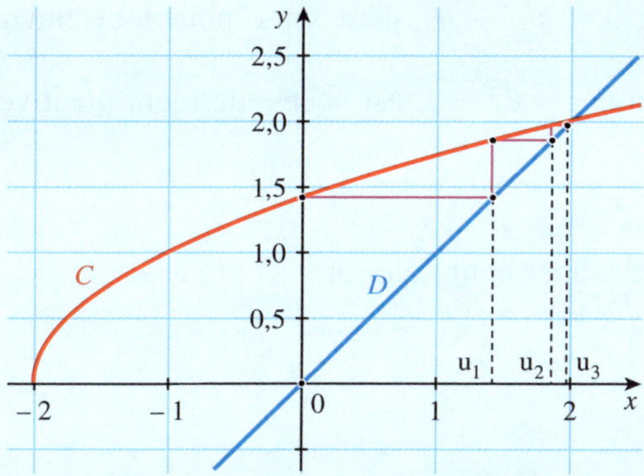

$(D) : y = x$

$(C) : y = \sqrt{2 + x}$

L'illustration graphique permet d'émettre la conjecture suivante : la suite (u_n) est croissante ; elle est convergente et sa limite paraît être l'abscisse de l'intersection de la droite d'équation $y = x$ et de la courbe représentative de la fonction $f(x) = \sqrt{2 + x}$.

2°

n	u_n
0	0
1	1,41421356
2	1,84775907
3	1,96157056
4	1,99036945
5	1,99759091

n	u_n
6	1,99939764
7	1,9998494
8	1,99996235
9	1,99999059
10	1,99999765

La suite paraît être croissante et converger vers 2.

3° *a)* À tout entier naturel n, on associe la propriété $P(n)$ qui est l'inégalité :

$$0 \leqslant u_n \leqslant u_{n+1}.$$

■ **Initialisation**

$u_0 = 0$; $u_1 = \sqrt{2}$. L'inégalité : $0 \leqslant u_0 \leqslant u_1$ est vérifiée.

■ **Transmissibilité**

Soit k un entier naturel ; supposons la propriété $P(k)$ vraie.
$0 \leqslant u_k \leqslant u_{k+1}$ implique $2 \leqslant 2 + u_k \leqslant 2 + u_{k+1}$.
Par stricte croissance de la fonction racine carrée sur l'intervalle $[0\ ;+\infty[$, on en déduit : $\sqrt{2} \leqslant \sqrt{2+u_k} \leqslant \sqrt{2+u_{k+1}}$.
Puisque $\sqrt{2} \geqslant 0$; $u_{k+1} = \sqrt{2+u_k}$, $u_{k+2} = \sqrt{2+u_{k+1}}$ on a donc établi $0 \leqslant u_{k+1} \leqslant u_{k+2}$, qui est la propriété $P(k+1)$.

■ **Conclusion**

Par le principe de récurrence, l'inégalité $0 \leqslant u_n \leqslant u_{n+1}$ est vraie pour tout entier naturel n.

b) Observons qu'une solution de l'équation $x = \sqrt{2+x}$ est nécessairement positive ou nulle.
Pour tout nombre réel x positif ou nul :

$$x = \sqrt{2+x} \Leftrightarrow x^2 = 2 + x \Leftrightarrow x^2 - x - 2 = 0.$$

L'équation du second degré $x^2 - x - 2 = 0$ admet pour solutions -1 et 2.
Seul $a = 2$ est solution de l'équation $x = \sqrt{2+x}$.
À tout entier naturel n, on associe l'inégalité $u_n \leqslant 2$.

■ **Initialisation**

$u_0 = 0$, donc $u_0 \leqslant 2$ est vérifiée.

■ **Transmissibilité**

Soit k un entier naturel quelconque, supposons la propriété $u_k \leqslant 2$ vraie.
Alors, $2 + u_k \leqslant 4$; par stricte croissance de la fonction racine carrée sur l'intervalle $[0\ ;+\infty[$, on en déduit : $\sqrt{2+u_k} \leqslant \sqrt{4}$, c'est-à-dire $u_{k+1} \leqslant 2$.

■ **Conclusion**

Pour tout entier naturel n, $u_n \leqslant 2$.

c) D'après le résultat du 3° *a*), la suite (u_n) est croissante et d'après le 3° *b*) elle est majorée par 2.
Donc, la suite (u_n) est convergente.

> Le théorème de convergence des suites croissantes majorée ne donne pas la valeur de la limite.

4°

Variables

N est un nombre entier naturel.
U est un nombre réel.

Début

Affecter à N la valeur 0.
Affecter à U la valeur 0.

Tant que $2 - U < 10^{-6}$ faire

N prend la valeur $N + 1$
U prend la valeur $\sqrt{2 + U}$
Fin tant que
Afficher « *N*= »
Fin

La mise en œuvre de l'algorithme donne $n = 11$.

CHAPITRE 2

Limites de fonctions

1 Limite finie ou infinie d'une fonction à l'infini

A. Fonction de limite finie en $+\infty$ ou $-\infty$

■ Propriétés

Soit f une fonction numérique et ℓ un nombre réel.

On dit que la fonction **f tend vers ℓ quand x tend vers $+\infty$** lorsque tout intervalle ouvert I contenant ℓ contient toutes les valeurs de $f(x)$ dès que x est suffisamment grand.

On écrit alors :

$$\lim_{x \to +\infty} f(x) = \ell \quad .$$

Autrement dit :

■ Pour tout intervalle ouvert I contenant ℓ, il existe un réel x_0 tel que, $x \geqslant x_0$ entraîne $f(x) \in \mathrm{I}$.

■ De même, on dit que **f tend vers ℓ quand x tend vers $-\infty$** lorsque tout intervalle ouvert contenant ℓ contient toutes les valeurs de $f(x)$ dès que x négatif est suffisamment grand en valeur absolue.

On écrit alors :

$$\lim_{x \to -\infty} f(x) = \ell \quad .$$

Autrement dit :

■ Pour tout intervalle ouvert I contenant ℓ, il existe un réel x_0 tel que $x \leqslant x_0$ entraîne $f(x) \in \mathrm{I}$.

Dans un repère orthogonal du plan, lorsque $\lim\limits_{x \to -\infty} f(x) = \ell$ ou $\lim\limits_{x \to +\infty} f(x) = \ell$, **la droite d'équation $y = \ell$ est asymptote** à la courbe représentative de f.

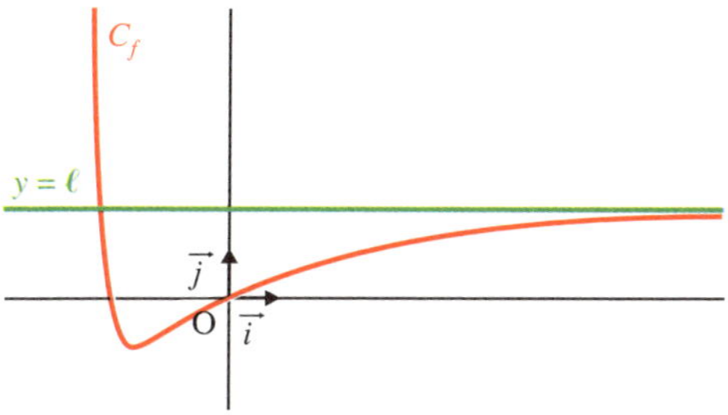

La droite d'équation $y = \ell$ est asymptote à C_f en $+\infty$.

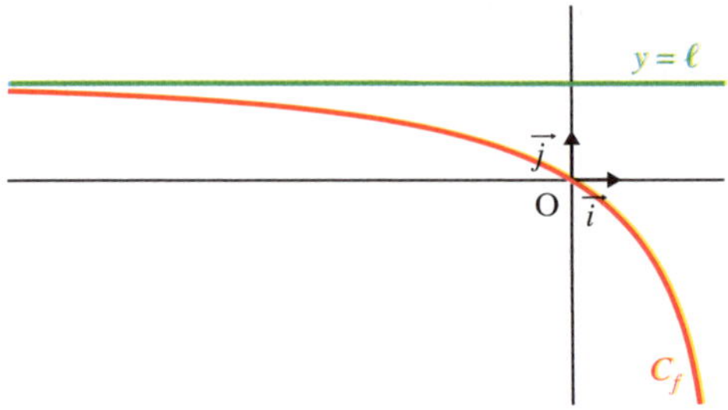

La droite d'équation $y = \ell$ est asymptote à C_f en $-\infty$.

B. Fonction de limite infinie en $+\infty$ ou $-\infty$

■ **Propriétés**

Soit f une fonction numérique et A un nombre réel (aussi grand que l'on veut).
On dit que la fonction f **tend vers** $+\infty$ **quand** x **tend vers** $+\infty$ lorsque toutes les valeurs de $f(x)$ sont supérieures à A dès que x est suffisamment grand.
On écrit alors :

$$\lim_{x \to +\infty} f(x) = +\infty .$$

Autrement dit :
Il existe un réel x_0 tel que, $x \geqslant x_0$ entraîne $f(x) > A$.

■ Soit f une fonction numérique et B un nombre réel négatif (dont la valeur absolue est aussi grande que l'on veut).
On dit que la fonction f **tend vers** $-\infty$ **quand** x **tend vers** $+\infty$ lorsque toutes les valeurs de $f(x)$ sont inférieures à B dès que x est suffisamment grand.
On écrit alors :

$$\lim_{x \to +\infty} f(x) = -\infty .$$

■ On définirait de même $\lim_{x \to -\infty} f(x) = -\infty$ et $\lim_{x \to -\infty} f(x) = -\infty$.

C. Limite infinie d'une fonction en un point

■ Soit f une fonction numérique et A un nombre réel (aussi grand que l'on veut).
Si toutes les valeurs de $f(x)$ sont supérieures à A, dès que x est suffisamment proche d'un réel a, on dit que f **tend vers** $+\infty$ **quand** x **tend vers** a.
On écrit alors :

$$\lim_{x \to a} f(x) = +\infty .$$

Remarques :

- On définirait de même $\lim_{x \to a} f(x) = -\infty$.
- Parfois, le comportement de $f(x)$ est différent selon que x est plus petit ou plus grand que a. On est alors amené à distinguer les limites « à gauche » et « à droite » de f en a, notée $\lim_{\substack{x \to a \\ x < a}} f(x)$ et $\lim_{\substack{x \to a \\ x > a}} f(x)$.
- Dans un repère orthogonal du plan, lorsque la limite de la fonction f en un réel a est infinie, la droite d'équation $x = a$ est **asymptote** à la courbe représentative de f.

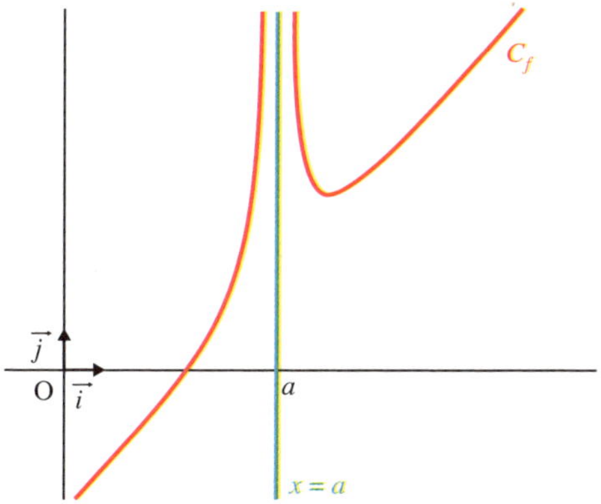

La droite d'équation $x = a$ est asymptote à C_f.

2 Limites des fonctions usuelles

A. Limites à l'infini des fonctions usuelles

- $\lim_{x \to +\infty} x^2 = +\infty$, $\lim_{x \to +\infty} x^3 = +\infty$.

Plus généralement, $\lim_{x \to +\infty} x^n = +\infty \ (n \in \mathbb{N}^*)$.

- $\lim_{x \to +\infty} \frac{1}{x} = 0$, $\lim_{x \to +\infty} \frac{1}{x^2} = 0$, $\lim_{x \to +\infty} \frac{1}{x^3} = 0$.

Plus généralement, $\lim_{x \to +\infty} \frac{1}{x^n} = 0 \ (n \in \mathbb{N}^*)$.

- $\lim_{x \to +\infty} \sqrt{x} = +\infty$.

- $\lim_{x \to -\infty} x^2 = +\infty$, $\lim_{x \to -\infty} x^3 = -\infty$.

Plus généralement, $\begin{cases} \lim\limits_{x\to-\infty} x^n = +\infty \text{ si } n \text{ pair} \\ \lim\limits_{x\to-\infty} x^n = -\infty \text{ si } n \text{ impair} \end{cases} \quad (n \in \mathbb{N}^*)$.

- $\lim\limits_{x\to-\infty} \frac{1}{x} = 0$, $\lim\limits_{x\to-\infty} \frac{1}{x^2} = 0$, $\lim\limits_{x\to-\infty} \frac{1}{x^3} = 0$.

Plus généralement, $\lim\limits_{x\to-\infty} \frac{1}{x^n} = 0 \ (n \in \mathbb{N}^*)$.

B. Limites en un réel *a* des fonctions usuelles

- $\lim\limits_{x\to a} \frac{1}{|x-a|} = +\infty$, $\lim\limits_{x\to a} \frac{1}{(x-a)^2} = +\infty$.

Plus généralement, $\lim\limits_{x\to a} \frac{1}{(x-a)^n} = +\infty$ si n est pair $(n \in \mathbb{N}^*)$.

- $\lim\limits_{\substack{x\to a \\ x<a}} \frac{1}{(x-a)} = -\infty$ et $\lim\limits_{\substack{x\to a \\ x>a}} \frac{1}{(x-a)} = +\infty$.

Plus généralement :

$$\lim\limits_{\substack{x\to a \\ x<a}} \frac{1}{(x-a)^n} = -\infty \text{ et } \lim\limits_{\substack{x\to a \\ x>a}} \frac{1}{(x-a)^n} = +\infty \text{ si } n \text{ est impair } (n \in \mathbb{N}^*).$$

Remarque :
Pour la plupart des fonctions f usuelles (c'est-à-dire polynôme, rationnelle, racine carrée, sin, cos…) on admettra que : si f est définie en un réel a alors $\lim\limits_{x\to a} f(x) = f(a)$.
On dira alors que f est continue en a (cette notion sera étudiée au chapitre 3).

3 Opérations sur les limites

Soient f et g deux fonctions ; soient ℓ et ℓ' des nombres réels.
Dans les tableaux qui suivent, α peut désigner un nombre réel, ou $-\infty$ ou $+\infty$.

A. Somme de deux fonctions

Si $\lim\limits_{x\to\alpha} f(x) = \dots$	ℓ	ℓ	ℓ	$+\infty$	$-\infty$	$+\infty$
Si $\lim\limits_{x\to\alpha} g(x) = \dots$	ℓ'	$+\infty$	$-\infty$	$+\infty$	$-\infty$	$-\infty$
Alors $\lim\limits_{x\to\alpha} (f+g)(x) = \dots$	$\ell + \ell'$	$+\infty$	$-\infty$	$+\infty$	$-\infty$	cas d'indétermination

B. Produit par un nombre réel non nul

Soit k un nombre réel non nul.

Si $\lim\limits_{x\to\alpha} f(x) = \ldots$	ℓ	$+\infty$	$-\infty$
Si $\lim\limits_{x\to\alpha} (kf)(x) = \ldots$	$k\ell$	$+\infty$ si $k > 0$ $-\infty$ si $k < 0$	$-\infty$ si $k > 0$ $+\infty$ si $k < 0$

C. Produit de deux fonctions

Si $\lim\limits_{x\to\alpha} f(x) = \ldots$	ℓ	$\ell \neq 0$	$\ell \neq 0$	$+\infty$	$-\infty$	$+\infty$	0
Si $\lim\limits_{x\to\alpha} g(x) = \ldots$	$\ell' \neq 0$	$+\infty$	$-\infty$	$+\infty$	$-\infty$	$-\infty$	$-\infty$ ou $+\infty$
Alors $\lim\limits_{x\to\alpha} (fg)(x) = \ldots$	$\ell\ell'$	$+\infty$ si $\ell > 0$ $-\infty$ si $\ell < 0$	$-\infty$ si $\ell > 0$ $+\infty$ si $\ell < 0$	$+\infty$	$+\infty$	$-\infty$	cas d'indé- termination

D. Inverse d'une fonction

Si $\lim\limits_{x\to\alpha} f(x) = \ldots$	$\ell \neq 0$	$+\infty$	$-\infty$	0^+	0^-
Alors $\lim\limits_{x\to\alpha} \left(\dfrac{1}{f}\right)(x) = \ldots$	$\dfrac{1}{\ell}$	0	0	$+\infty$	$-\infty$

Remarques :

- La notation 0^+ signifie que la fonction f tend vers 0 et que pour x proche de α, $f(x) > 0$.
- La notation 0^- signifie que la fonction f tend vers 0 et que pour x proche de α, $f(x) < 0$.

E. Quotient de deux fonctions

Si $\lim\limits_{x\to\alpha} f(x) = \ldots$	ℓ	$\ell \neq 0$	ℓ	ℓ	0	$-\infty$ ou $+\infty$
Si $\lim\limits_{x\to\alpha} g(x) = \ldots$	ℓ'	0^+ ou 0^-	$+\infty$	$-\infty$	0	$-\infty$ ou $+\infty$
Alors $\lim\limits_{x\to\alpha} \left(\dfrac{f}{g}\right)(x) = \ldots$	$\dfrac{\ell}{\ell'}$	$+\infty$ ou $-\infty$ (*)	0	0	cas d'indé- termination	cas d'indé- termination

Remarque (*) :
$-\infty$ ou $+\infty$, selon la règle habituelle du signe d'un quotient.

F. Composée de deux fonctions

■ f et g étant deux fonctions numériques, on appelle **composée de f par g**, la fonction qui à x associe $g(f(x))$.

■ α et β désignent des nombres réels, ou $-\infty$ ou $+\infty$.
ℓ désigne un nombre réel, ou $-\infty$ ou $+\infty$.

Si $\lim\limits_{x \to \alpha} f(x) = \beta$ et si $\lim\limits_{y \to \beta} g(y) = \ell$, alors $\lim\limits_{x \to \beta} g(f(x)) = \ell$.

4 Limites et comparaison

A. Théorème de minoration – majoration

Soient f, g et h des fonctions définies sur un intervalle du type $[a\ ;+\infty[$.
Si, pour tout $x \geqslant a$ on a $f(x) \geqslant g(x)$ et si $\lim\limits_{x \to +\infty} g(x) = +\infty$, alors :

$$\lim_{x \to +\infty} f(x) = +\infty.$$

Si, pour tout $x \geqslant a$ on a $f(x) \leqslant h(x)$ et si $\lim\limits_{x \to +\infty} h(x) = -\infty$, alors :

$$\lim_{x \to +\infty} f(x) = -\infty.$$

Il existe des théorèmes analogues pour les limites en $-\infty$ et en a ($a \in \mathbb{R}$).

B. Théorème d'encadrement (ou « théorème des gendarmes »)

Soient f, g et h des fonctions définies sur un intervalle du type $[a\ ;+\infty[$ et ℓ un nombre réel.
Si, pour tout $x \geqslant a$ on a $g(x) \leqslant f(x) \leqslant h(x)$ et si $\lim\limits_{x \to +\infty} g(x) = \lim\limits_{x \to +\infty} h(x) = \ell$, alors :

$$\lim_{x \to +\infty} f(x) = \ell.$$

Il existe des théorèmes analogues pour les limites en $-\infty$ et en a ($a \in \mathbb{R}$).

1 Déterminer la limite d'une fonction à l'aide des propriétés sur les opérations

EXERCICE TYPE

Déterminer les limites des fonctions f suivantes aux bornes de leur ensemble de définition :

a) $f(x) = x^3 - 2x^2 - 4x - 1$; ***b)*** $f(x) = \dfrac{x^2 - x + 5}{2x - 3}$; ***c)*** $f(x) = \sqrt{x + \dfrac{1}{x}}$.

CORRIGÉ COMMENTÉ

> Une transformation d'écriture n'est nécessaire qu'en présence d'une forme indéterminée.

a) f est une fonction polynôme définie sur $\mathbb{R}$.
On étudiera alors le comportement de $f(x)$ en $-\infty$ et en $+\infty$.
Remarquons tout d'abord que $\lim\limits_{x \to -\infty} x^3 = -\infty$ et $\lim\limits_{x \to -\infty} -4x = +\infty$.
Cette fonction présente donc une forme indéterminée en $-\infty$.
Pour $x \neq 0$, factorisons par x^3 :

$$f(x) = x^3\left(1 - \frac{2}{x} - \frac{4}{x^2} - \frac{1}{x^3}\right).$$

On sait que $\lim\limits_{x \to -\infty} \dfrac{2}{x} = \lim\limits_{x \to -\infty} \dfrac{4}{x^2} = \lim\limits_{x \to -\infty} \dfrac{1}{x^3} = 0$ (fonctions usuelles), donc, d'après le théorème sur la limite d'une somme de fonctions,

$$\lim_{x \to +\infty}\left(1 - \frac{2}{x} - \frac{4}{x^2} - \frac{1}{x^3}\right) = 1\,.$$

Et, comme $\lim\limits_{x \to -\infty} x^3 = -\infty$, d'après le théorème sur la limite d'un produit :

$$\boldsymbol{\lim_{x \to -\infty} f(x) = -\infty}.$$

La situation est identique en $+\infty$.
On sait que $\lim\limits_{x \to +\infty} \dfrac{2}{x} = \lim\limits_{x \to +\infty} \dfrac{4}{x^2} = \lim\limits_{x \to +\infty} \dfrac{1}{x^3} = 0$, donc, d'après les théorèmes

sur les limites et les opérations, $\lim\limits_{x \to +\infty}\left(1 - \dfrac{2}{x} - \dfrac{4}{x^2} - \dfrac{1}{x^3}\right) = 1$, et comme

$\lim\limits_{x \to +\infty} x^3 = +\infty$, alors $\boldsymbol{\lim\limits_{x \to +\infty} f(x) = +\infty}$.

b) $2x - 3 = 0$ pour $x = \dfrac{3}{2}$, donc l'ensemble de définition de f est $\mathbb{R} \setminus \left\{\dfrac{3}{2}\right\}$.
On étudiera alors le comportement de $f(x)$ en $-\infty$, en $+\infty$ et en $\dfrac{3}{2}$.
Pour la détermination des limites à l'infini, on factorise le numérateur par x^2 et le dénominateur par x.

Pour $x \neq 0$, $f(x) = \dfrac{x^2\left(1 - \dfrac{1}{x} + \dfrac{5}{x^2}\right)}{x\left(2 - \dfrac{3}{x}\right)} = x\left(\dfrac{1 - \dfrac{1}{x} + \dfrac{5}{x^2}}{2 - \dfrac{3}{x}}\right)$.

$\lim\limits_{x\to-\infty} \dfrac{1}{x} = \lim\limits_{x\to-\infty} \dfrac{5}{x^2} = \lim\limits_{x\to-\infty} \dfrac{3}{x} = 0$, alors d'après les théorèmes sur les limites et les opérations, $\lim\limits_{x\to-\infty} \left(\dfrac{1 - \dfrac{1}{x} + \dfrac{5}{x^2}}{2 - \dfrac{3}{x}}\right) = \dfrac{1}{2}$.

Comme $\lim\limits_{x\to-\infty} x = -\infty$, par produit de limites on a $\boldsymbol{\lim\limits_{x\to-\infty} f(x) = -\infty}$.

Pour les mêmes raisons, $\lim\limits_{x\to+\infty} \left(\dfrac{1 - \dfrac{1}{x} + \dfrac{5}{x^2}}{2 - \dfrac{3}{x}}\right) = \dfrac{1}{2}$ et $\lim\limits_{x\to+\infty} x = +\infty$, donc, par produit :

$$\boldsymbol{\lim_{x\to-\infty} f(x) = +\infty}.$$

Pour étudier le comportement de $f(x)$ en $\dfrac{3}{2}$, on utilise l'expression :

$$f(x) = \frac{x^2 - x + 5}{2x - 3}.$$

$\lim\limits_{x\to3/2} \left(x^2 - x + 5\right) = \dfrac{9}{4} - \dfrac{3}{2} + 5 = \dfrac{23}{4}$; ce réel est strictement positif.

Le dénominateur $2x - 3$ s'annule en $\dfrac{3}{2}$.

D'après les théorèmes sur les limites des quotients de fonctions, $f(x)$ tend vers l'infini. Reste à déterminer le signe.

Comme $2x - 3$ change de signe en $\dfrac{3}{2}$, il faut distinguer deux cas ; nous obtiendrons ainsi des limites à droite et à gauche différentes.

En effet :

$\lim\limits_{\substack{x\to3/2 \\ x<3/2}} 2x - 3 = 0^-$ et donc, par quotient de limites $\boldsymbol{\lim\limits_{\substack{x\to3/2 \\ x<3/2}} f(x) = -\infty}$;

$\lim\limits_{\substack{x\to3/2 \\ x>3/2}} 2x - 3 = 0^+$ et donc, par quotient de limites $\boldsymbol{\lim\limits_{\substack{x\to3/2 \\ x>3/2}} f(x) = +\infty}$.

c) $f(x)$ existe si, et seulement si, $x + \dfrac{1}{x} \geqslant 0$.

Or, $x + \dfrac{1}{x} = \dfrac{x^2 + 1}{x}$ qui est du signe de x et n'est pas défini en 0. Donc f est définie sur $]0\,;+\infty[$.

On étudiera le comportement de $f(x)$ en 0 et en $+\infty$.

Pour déterminer la limite en 0 et compte tenu de l'ensemble de définition, on se restreint au cas où $x > 0$.

On a, d'une part, $\lim\limits_{\substack{x \to 0 \\ x > 0}} \frac{1}{x} = +\infty$, d'où $\lim\limits_{\substack{x \to 0 \\ x > 0}} \left(x + \frac{1}{x}\right) = +\infty$.

On sait, d'autre part, que $\lim\limits_{x \to +\infty} \sqrt{x} = +\infty$, alors, d'après le théorème sur la limite d'une fonction composée, $\mathbf{\lim\limits_{x \to 0} f(x) = +\infty}$.

On a $\lim\limits_{x \to +\infty} \frac{1}{x} = 0$, alors par somme de limites, $\lim\limits_{x \to +\infty} \left(x + \frac{1}{x}\right) = +\infty$.

Comme $\lim\limits_{x \to +\infty} \sqrt{x} = +\infty$, la limite d'une fonction composée donne :

$$\mathbf{\lim\limits_{x \to +\infty} f(x) = +\infty.}$$

À RETENIR

• Les théorèmes sur **les limites et les opérations de fonctions** (somme, produit, quotient) sont identiques à ceux, vus dans le chapitre précédent, sur les limites de suites.
Les méthodes appliquées sont donc les mêmes : on cherche en premier lieu si l'application des théorèmes conduit simplement au résultat.

• Dans le cas où l'on rencontre une **indétermination**, il faut **transformer l'expression algébrique** pour aboutir à une forme dont on pourra trouver la limite.
Si la variable tend vers l'infini, on met en général les « termes dominants » en facteur.

• Lorsque l'on reconnaît une **composée de deux fonctions**, on peut, pour en étudier la limite, utiliser le théorème sur les limites de composées.
C'est en général le cas lorsque l'on a des racines carrées, des sinus et cosinus, ou des logarithmes et exponentielles d'expressions rationnelles.

• Les théorèmes indiquent parfois que la fonction tend vers l'infini, sans précision de signe. Il faut alors faire une étude de signe et l'on est quelquefois amené à distinguer deux cas.

2 Déterminer des limites par minoration, majoration ou encadrement

EXERCICE TYPE

1° Montrer que, pour tout réel $x \geqslant 1$, $\frac{1}{2} \leqslant \frac{x}{x+1} \leqslant 1$.

2° En déduire les limites suivantes :

a) $\lim\limits_{x \to +\infty} \frac{x\sqrt{x}}{x+1}$; ***b***) $\lim\limits_{x \to +\infty} \frac{x}{\sqrt{x}(x+1)}$.

CORRIGÉ COMMENTÉ

1° On démontre ici séparément les deux inégalités.

> Les inégalités ou encadrements utiles seront toujours indiqués dans les énoncés.

Pour cela, on calcule $\dfrac{x}{x+1} - 1 = \dfrac{-1}{x+1}$ et

$\dfrac{x}{x+1} - \dfrac{1}{2} = \dfrac{x-1}{2(x+1)}$.

- Si $x \geqslant 1$, alors $x + 1 > 0$, donc $\dfrac{-1}{x+1} < 0$. On en déduit que $\boldsymbol{\dfrac{x}{x+1} \leqslant 1}$.
- Si $x \geqslant 1$, alors $x - 1 \geqslant 0$ et $x + 1 > 0$, donc $\dfrac{x-1}{2(x+1)} \geqslant 0$.

On en déduit que $\boldsymbol{\dfrac{1}{2} \leqslant \dfrac{x}{x+1}}$.

Remarque :

On pouvait également étudier les variations de la fonction $f : x \mapsto \dfrac{x}{x+1}$ sur l'intervalle $[1\,;+\infty[$.

2° *a)* En multipliant chaque membre de l'encadrement précédent par $\sqrt{x}$ qui est positif, on obtient :

$$\text{pour tout } x \geqslant 1,\ \frac{\sqrt{x}}{2} \leqslant \frac{x\sqrt{x}}{x+1} \leqslant \sqrt{x}.$$

Un examen rapide de chaque terme en présence permet de conjecturer que la limite cherchée sera égale à $+\infty$.

Pour le prouver, seule l'inégalité de gauche suffit. On utilisera le théorème de minoration.

On rédigera ainsi :

$$\text{pour tout } x \geqslant 1,\ \frac{\sqrt{x}}{2} \leqslant \frac{x\sqrt{x}}{x+1} \text{ et } \lim_{x \to +\infty} \frac{\sqrt{x}}{2} = +\infty.$$

D'après le théorème de minoration, $\boldsymbol{\lim\limits_{x \to +\infty} \dfrac{x\sqrt{x}}{x+1} = +\infty}$.

b) Cette fois, on divise chaque membre de l'encadrement trouvé au 1° par $\sqrt{x}$ qui est strictement positif.

$$\text{Pour tout } x \geqslant 1,\ \frac{1}{2\sqrt{x}} \leqslant \frac{x}{\sqrt{x}(x+1)} \leqslant \frac{1}{\sqrt{x}}.$$

Une étude rapide de chaque terme permet de supposer que la limite cherchée sera égale à 0.

Pour le justifier, on devra utiliser le théorème d'encadrement.

On a alors :

$$\text{pour tout } x \geqslant 1,\ \frac{1}{2\sqrt{x}} \leqslant \frac{x}{\sqrt{x}(x+1)} \leqslant \frac{1}{\sqrt{x}}.$$

De plus $\lim\limits_{x \to +\infty} \dfrac{1}{2\sqrt{x}} = 0$ et $\lim\limits_{x \to +\infty} \dfrac{1}{\sqrt{x}} = 0$.

D'après le théorème d'encadrement (ou théorème des gendarmes),

$$\boldsymbol{\lim_{x \to +\infty} \frac{x}{\sqrt{x}(x+1)} = 0}.$$

À RETENIR

• Les théorèmes de comparaison déjà vus pour les suites s'appliquent également aux fonctions.
Ils nécessitent de faire apparaître **des inégalités ou des encadrements** à l'aide d'expressions en général plus simples, ou du moins dont on peut facilement déterminer la limite.
• Lorsque l'on doit démontrer qu'une fonction tend vers **l'infini, une seule inégalité suffit**. On applique alors un théorème de majoration-minoration.
• Mais lorsqu'on cherche à déterminer une **limite finie**, c'est le **théorème d'encadrement** (dit aussi « théorème des gendarmes ») qu'il faut utiliser.
• Des indications sur les inégalités ou encadrements à obtenir sont en général **toujours fournies dans les énoncés**.

3 Interpréter graphiquement des limites

EXERCICE TYPE

On désigne par f la fonction admettant la représentation graphique ci-contre.
Par lecture graphique, déterminer l'ensemble de définition de f ainsi que les limites de f aux bornes de son ensemble de définition.
(Les droites en pointillés matérialisent les asymptotes à la courbe de f.)

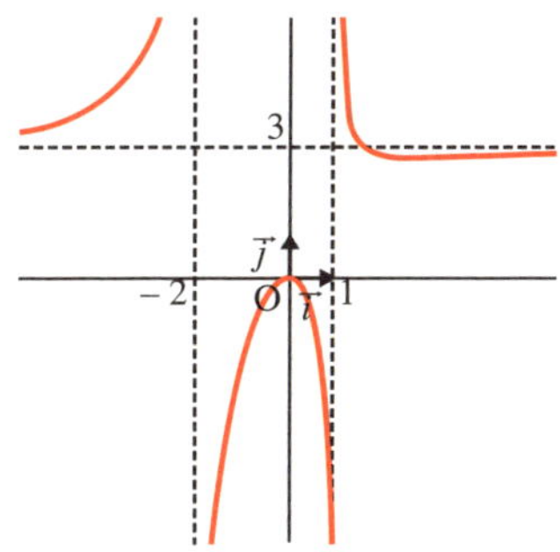

CORRIGÉ COMMENTÉ

Penser à repérer et à exploiter les asymptotes parallèles aux axes du repère.

■ Comme il est presque toujours impossible de représenter la totalité d'une courbe, c'est le cas en particulier lorsqu'il y a des « branches infinies », certaines conventions graphiques sont appliquées. Les éventuelles valeurs où la fonction n'est pas définie sont clairement matérialisées. Ici, la présence de deux asymptotes parallèles à l'axe des ordonnées indique que la fonction n'est pas définie en –2 et en 1.
Son ensemble de définition est donc $\boldsymbol{D_f =]-\infty\,;\,-2[\,\cup\,]-2\,;\,1[\,\cup\,]1\,;\,+\infty[}$.

■ La présence d'une asymptote parallèle à l'axe des abscisses traduit l'existence de limites finies à l'infini.

Ici, la droite d'équation $y = 3$ est asymptote à la courbe de f en $-\infty$ et en $+\infty$.
On en déduit donc : $\lim\limits_{x \to +\infty} f(x) = 3$ et $\lim\limits_{x \to +\infty} f(x) = 3$.

■ La présence d'une asymptote parallèle à l'axe des ordonnées traduit l'existence de limites infinies pour certaines valeurs du réel x.
La droite d'équation $x = -2$ est asymptote.
La fonction tend vers l'infini quand x tend vers -2.
On voit cependant que la situation est différente selon que $x < -2$ ou $x > -2$.
On a en effet : $\lim\limits_{\substack{x \to -2 \\ x < -2}} f(x) = +\infty$ et $\lim\limits_{\substack{x \to -2 \\ x > -2}} f(x) = -\infty$.
De même, la droite d'équation $x = 1$ est asymptote à la courbe de f et on doit également distinguer deux cas :

$$\text{on a } \lim\limits_{\substack{x \to 1 \\ x < 1}} f(x) = -\infty \text{ et } \lim\limits_{\substack{x \to 1 \\ x > 1}} f(x) = +\infty.$$

À RETENIR

- La présence d'**asymptotes** parallèles aux axes du repère permet de trouver certaines **limites** d'une fonction.
- Si la droite d'équation $y = \ell$ est asymptote à la courbe d'une fonction f en $-\infty$ (« à gauche de la figure ») ou en $+\infty$ (« à droite du graphique »), alors $\lim\limits_{x \to -\infty} f(x) = \ell$ ou $\lim\limits_{x \to +\infty} f(x) = \ell$.
- Si c'est la droite d'équation $x = a$ qui est asymptote à une courbe, alors la limite en a de la fonction (éventuellement à droite ou à gauche) est infinie.
- Inversement, la connaissance de certaines limites permet de justifier l'existence d'asymptotes.

On construira alors ces droites sur le graphique qui serviront de « guide » pour tracer avec précision la courbe de la fonction.

1 ★ **10 min**

Déterminer les limites en $-\infty$ et en $+\infty$ des fonctions f suivantes :

a) $f(x) = -x^4 + 3x^3 - x^2 + x - 1$;

b) $f(x) = -2x^3 + 3x^2 - 7x - 6$.

→ Corrigé p. 62

2 ★ **10 min**

Déterminer les limites en $-\infty$ et en $+\infty$ des fonctions f ci-dessous.
Préciser l'existence éventuelle d'asymptotes liées à ces limites.

1° $f(x) = \dfrac{3x^2 + x - 1}{x^4 + x^2 + 1}$.

2° $f(x) = \dfrac{2x^2 + x - 1}{x^2 + 1}$.

3° $f(x) = \dfrac{x^4 - x^3 + x^2 - 1}{-x^3 + x + 2}$.

→ Corrigé p. 62

3 ★ **5 min**

Déterminer, lorsqu'elles existent, les limites en -2 des fonctions f ci-dessous.
Préciser l'existence éventuelle d'asymptotes.

1° $f(x) = \dfrac{x^2 + 2x - 1}{(x + 2)^2}$.

2° $f(x) = \dfrac{x^3 - 4x + 1}{x + 2}$.

→ Corrigé p. 63

4 ★ **5 min**

On pose $f(x) = \dfrac{x^2 + 2}{x^2 + 4x}$.

Déterminer, lorsqu'elles existent, les limites de f en -4 et en 0.

→ Corrigé p. 64

5 ★ **15 min**

Déterminer, pour les fonctions f suivantes, les limites aux bornes de leurs ensembles de définition :

a) $f(x) = \dfrac{x^2 + 2x + 2}{-x^2 + 3x + 4}$;

b) $f(x) = -x + 1 + \dfrac{1}{x + 2}$.

→ Corrigé p. 65

6 ★★ 10 min

À l'aide de composées, déterminer les limites suivantes :

a) $\lim\limits_{x\to+\infty} \sqrt{\dfrac{x^2-1}{4x}}$;

b) $\lim\limits_{x\to+\infty} \sin\left(\dfrac{\pi x-3}{2x+1}\right)$;

c) $\lim\limits_{x\to-\infty} \cos\left(\dfrac{1}{x}\right)$;

d) $\lim\limits_{x\to+\infty} \left(\sqrt{\dfrac{4x^2-3x+1}{2x^2+4}}\right)$.

→ Corrigé p. 66

7 ★★ 10 min

1° Démontrer que, pour tout $x > 0$, $0 \leqslant \sqrt{x+1} - \sqrt{x} \leqslant \dfrac{1}{2\sqrt{x}}$.

2° En déduire $\lim\limits_{x\to+\infty} \left(\sqrt{x+1} - \sqrt{x}\right)$.

→ Corrigé p. 67

8 ★ 5 min

1° Démontrer que, pour tout réel x, $-2 \leqslant \cos x + \sin x \leqslant 2$.

2° En déduire, $\lim\limits_{x\to+\infty} \dfrac{\cos x + \sin x}{x^2}$.

→ Corrigé p. 67

9 ★★ 5 min

Déterminer les limites en $+\infty$ et en $-\infty$ des fonctions f suivantes :

a) $f(x) = x + \sin x$;

b) $f(x) = \dfrac{x\cos x}{x^2+1}$.

→ Corrigé p. 68

10 ★ 5 min

On désigne par f la fonction admettant la représentation graphique ci-contre.
Par lecture graphique, déterminer l'ensemble de définition de f et déterminer les limites de f aux bornes de son ensemble de définition.
(Les droites en vert matérialisent les asymptotes à la courbe de f.)

→ Corrigé p. 69

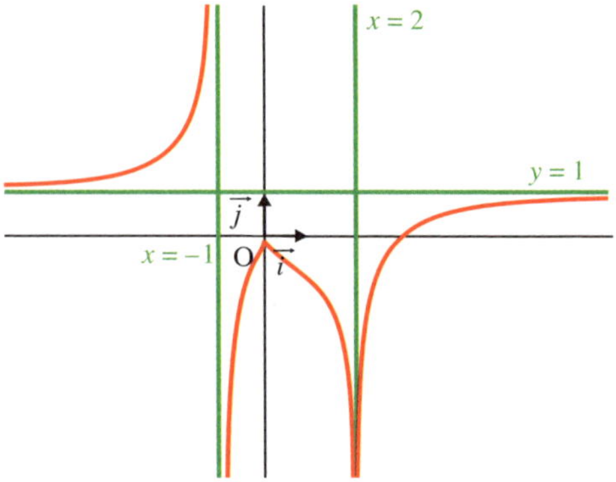

11 ★★ 20 min

Soit la fonction f définie sur $\mathbb{R}\backslash\{-2\,;2\}$ par $f(x) = \dfrac{2x^2}{x^2-4}$.

1° Étudier les limites de f aux bornes de son ensemble de définition.
Préciser l'existence éventuelle d'asymptotes.

2° Étudier les variations de f et dresser son tableau de variations complet.

3° Construire, dans un repère orthonormé $(O\,;\vec{i}\,,\vec{j})$, la courbe représentative de la fonction f.

→ Corrigé p. 69

12 ★★★ 15 min

1° Démontrer que, pour tout réel x, on a $1 \leqslant 2-\cos x \leqslant 3$, puis $\dfrac{1}{3} \leqslant \dfrac{1}{2-\cos x} \leqslant 1$.

2° Soit f la fonction définie sur $]0\,;+\infty[$ par $f(x) = \dfrac{2-\cos x}{x}$.
Étudier la fonction de f en $+\infty$.

3° Soit g la fonction définie sur $\mathbb{R}$ par $g(x) = \dfrac{x}{2-\cos x}$.
Étudier la fonction de g en $+\infty$, puis en $-\infty$.

→ Corrigé p. 71

1 → *Énoncé p. 59* ***a***) Mettons x^4 en facteur dans $f(x) = -x^4 + 3x^3 - x^2 + x - 1$.

Pour $x \neq 0$, $f(x) = x^4\left(-1 + \frac{3}{x} - \frac{1}{x^2} + \frac{1}{x^3} - \frac{1}{x^4}\right)$.

■ On a alors :

$$\lim_{x\to-\infty} \frac{3}{x} = \lim_{x\to-\infty} -\frac{1}{x^2} = \lim_{x\to-\infty} -\frac{1}{x^3} = \lim_{x\to-\infty} -\frac{1}{x^4} = 0.$$

Par opération (somme) sur les limites :

$$\lim_{x\to-\infty}\left(-1 + \frac{3}{x} - \frac{1}{x^2} + \frac{1}{x^3} - \frac{1}{x^4}\right) = -1.$$

Comme $\lim\limits_{x\to-\infty} x^4 = +\infty$, alors, par produit de limites : $\boldsymbol{\lim\limits_{x\to-\infty} f(x) = -\infty}$.

■ Pour les mêmes raisons, $\lim\limits_{x\to+\infty}\left(-1 + \frac{3}{x} - \frac{1}{x^2} + \frac{1}{x^3} - \frac{1}{x^4}\right) = -1$ et, comme $\lim\limits_{x\to+\infty} x^4 = +\infty$, alors, par produit : $\boldsymbol{\lim\limits_{x\to+\infty} f(x) = -\infty}$.

b) Mettons x^3 en facteur dans $f(x) = -2x^3 + 3x^2 - 7x - 6$.

Pour tout $x \neq 0$, $f(x) = x^3\left(-2 + \frac{3}{x} - \frac{7}{x^2} - \frac{6}{x^3}\right)$.

■ On a :

$$\lim_{x\to-\infty} \frac{3}{x} = \lim_{x\to-\infty} -\frac{7}{x^2} = \lim_{x\to-\infty} \frac{6}{x^3} = 0,$$

donc, par opérations sur les limites, on a :

$$\lim_{x\to-\infty}\left(-2 + \frac{3}{x} - \frac{7}{x^2} - \frac{6}{x^3}\right) = -2.$$

Comme $\lim\limits_{x\to-\infty} x^3 = -\infty$, alors, par produit : $\boldsymbol{\lim\limits_{x\to-\infty} f(x) = +\infty}$.

■ De même : $\lim\limits_{x\to+\infty}\left(-2 + \frac{3}{x} - \frac{7}{x^2} - \frac{6}{x^3}\right) = -2$ et $\lim\limits_{x\to+\infty} x^3 = +\infty$,

donc, par produit : $\boldsymbol{\lim\limits_{x\to+\infty} f(x) = -\infty}$.

2 → *Énoncé p. 59* **1°** Pour $x \neq 0$.

$$f(x) = \frac{x^2\left(3 + \frac{1}{x} - \frac{1}{x^2}\right)}{x^4\left(1 + \frac{1}{x^2} + \frac{1}{x^4}\right)} = \frac{1}{x^2}\left(\frac{3 + \frac{1}{x} - \frac{1}{x^2}}{1 + \frac{1}{x^2} + \frac{1}{x^4}}\right).$$

■ Par opérations sur les limites : $\lim\limits_{x\to-\infty}\left(\dfrac{3 + \frac{1}{x} - \frac{1}{x^2}}{1 + \frac{1}{x^2} + \frac{1}{x^4}}\right) = 3$;

comme $\lim\limits_{x\to-\infty} \frac{1}{x^2} = 0$, par produit, on trouve : $\boldsymbol{\lim\limits_{x\to-\infty} f(x) = 0}$.

■ De même : $\lim\limits_{x\to+\infty}\left(\dfrac{3+\dfrac{1}{x}-\dfrac{1}{x^2}}{1+\dfrac{1}{x^2}+\dfrac{1}{x^4}}\right)=3$ et $\lim\limits_{x\to+\infty}\dfrac{1}{x^2}=0$, d'où $\boldsymbol{\lim\limits_{x\to+\infty} f(x)=0}$.

La droite d'équation $y = 0$ (axe des abscisses) est asymptote à la courbe représentative de f en $-\infty$ et en $+\infty$.

2° Pour tout $x \neq 0$, $f(x)=\dfrac{x^2\left(2+\dfrac{1}{x}-\dfrac{1}{x^2}\right)}{x^2\left(1+\dfrac{1}{x^2}\right)}=\dfrac{2+\dfrac{1}{x}-\dfrac{1}{x^2}}{1+\dfrac{1}{x^2}}$.

■ Comme $\lim\limits_{x\to-\infty}\dfrac{1}{x}=\lim\limits_{x\to-\infty}\dfrac{1}{x^2}=0$, alors, par opérations sur les limites (ici, somme et quotient) : $\boldsymbol{\lim\limits_{x\to-\infty} f(x)=2}$.

■ De même : $\lim\limits_{x\to+\infty}\dfrac{1}{x}=\lim\limits_{x\to+\infty}\dfrac{1}{x^2}=0$, donc $\boldsymbol{\lim\limits_{x\to+\infty} f(x)=2}$.

La droite d'équation $y = 2$ est asymptote à la courbe représentative de f en $-\infty$ et en $+\infty$.

3° Pour tout $x \neq 0$ et $x \in D_f$:

$$f(x)=\frac{x^4\left(1-\dfrac{1}{x}+\dfrac{1}{x^2}-\dfrac{1}{x^4}\right)}{x^3\left(-1+\dfrac{1}{x^2}+\dfrac{2}{x^3}\right)}=x\left(\frac{1-\dfrac{1}{x}+\dfrac{1}{x^2}-\dfrac{1}{x^4}}{-1+\dfrac{1}{x^2}+\dfrac{2}{x^3}}\right).$$

■ Par opérations sur les limites :

$$\lim_{x\to-\infty}\left(\frac{1-\dfrac{1}{x}+\dfrac{1}{x^2}-\dfrac{1}{x^4}}{-1+\dfrac{1}{x^2}+\dfrac{2}{x^3}}\right)=-1.$$

Comme $\lim\limits_{x\to-\infty} x=-\infty$, alors, par produit : $\boldsymbol{\lim\limits_{x\to-\infty} f(x)=+\infty}$.

■ De même : $\lim\limits_{x\to+\infty}\left(\dfrac{1-\dfrac{1}{x}+\dfrac{1}{x^2}-\dfrac{1}{x^4}}{-1+\dfrac{1}{x^2}+\dfrac{2}{x^3}}\right)=-1$ et $\lim\limits_{x\to+\infty} x=+\infty$;

alors, par produit : $\boldsymbol{\lim\limits_{x\to+\infty} f(x)=-\infty}$.

3 → Énoncé p. 59 1° $\lim\limits_{x\to-2}(x^2+2x-1)=4-4-1=-1$ et $\lim\limits_{x\to-2}(x+2)^2=0^+$, $(x+2)^2 \geqslant 0$, pour tout $x \in \mathbb{R}$ alors, par quotient de limites :

$$\boldsymbol{\lim_{x\to-2} f(x)=-\infty}.$$

La droite d'équation $x = -2$ est asymptote à la courbe représentative de f.

2° $\lim_{x \to -2} (x^3 - 4x + 1) = -8 + 8 + 1 = 1$ et $\lim_{x \to -2} (x + 2) = 0$.
$(x + 2)$ s'annule en -2 en changeant de signe en -2.
Distinguons alors deux cas :
$\lim_{\substack{x \to -2 \\ x < -2}} (x + 2) = 0^-$, d'où par quotient de limites :

$\lim_{\substack{x \to -2 \\ x < -2}} f(x) = -\infty$ et $\lim_{\substack{x \to -2 \\ x > -2}} (x + 2) = 0^+$, d'où par quotient de limites : $\lim_{\substack{x \to -2 \\ x > -2}} f(x) = +\infty$.

La droite d'équation $x = -2$ est asymptote à la courbe représentative de f.

Lorsque le dénominateur s'annule et change de signe, on doit distinguer deux cas.

4 → Énoncé p. 59 Dans $f(x) = \dfrac{x^2 + 2}{x^2 + 4x}$, le dénominateur s'annule en changeant de de signe en -4 et en 0. Il est utile, pour la suite, de préciser le signe du dénominateur en fonction de x. $x^2 + 4x$ est un polynôme du second degré de racines -4 et 0.
Son signe est donné par ce tableau :

x	$-\infty$		-4		0		$+\infty$
$x^2 + 4x$		$+$	0	$-$	0	$+$	

- En -4 : $\lim_{x \to -4} (x^2 + 2) = 16 + 2 = 18$.

D'après le tableau de signes, on a :

$$\lim_{\substack{x \to -4 \\ x < -4}} (x^2 + 4x) = 0^+ \ (x^2 + 4x > 0, \text{ si } x < -4).$$

Donc, par quotient : $\lim_{\substack{x \to -4 \\ x < -4}} f(x) = +\infty$.

D'après le tableau de signes, on a aussi : $\lim_{\substack{x \to -4 \\ x > -4}} (x^2 + 4x) = 0^-$.

Donc, par quotient : $\lim_{\substack{x \to -4 \\ x > -4}} f(x) = -\infty$.

- En 0 : $\lim_{x \to 0} (x^2 + 2) = 2$.

D'après le tableau de signes, on a : $\lim_{\substack{x \to 0 \\ x < 0}} x^2 + 4x = 0^-$.

Donc, par quotient : $\lim_{\substack{x \to 0 \\ x < 0}} f(x) = -\infty$.

D'après le tableau, on a aussi : $\lim_{\substack{x \to 0 \\ x > 0}} (x^2 + 4x) = 0^+$.

Donc, par quotient : $\lim_{\substack{x \to 0 \\ x > 0}} f(x) = +\infty$.

5 → Énoncé p. 59 *a)* f est définie lorsque $x^2 - 3x - 4 \neq 0$.
Or, $x^2 - 3x - 4 = 0$ pour $x = -1$ ou $x = 4$.
La fonction f est donc définie sur $\mathbb{R} \setminus \{-1\,;4\}$.

Il peut être utile, pour savoir où l'on doit chercher les limites, d'écrire l'ensemble de définition sous forme d'intervalle ou de réunion d'intervalles. Ici, $\mathbb{R}\setminus\{-1\,;4\} =]-\infty\,;-1[\cup]-1\,;4[\cup]4\,;+\infty[$.

■ Pour l'étude des limites à l'infini, mettons x^2 en facteur : pour tout $x \neq 0$,

$$f(x) = \frac{x^2\left(1 + \frac{2}{x} + \frac{2}{x^2}\right)}{x^2\left(-1 + \frac{3}{x} + \frac{4}{x^2}\right)} = \frac{1 + \frac{2}{x} + \frac{2}{x^2}}{-1 + \frac{3}{x} + \frac{4}{x^2}}.$$

Comme $\lim\limits_{x\to-\infty} \frac{2}{x} = \lim\limits_{x\to-\infty} \frac{3}{x} = \lim\limits_{x\to-\infty} \frac{2}{x^2} = \lim\limits_{x\to-\infty} \frac{4}{x^2} = 0$, on a, par opérations sur les limites, $\mathbf{\lim\limits_{x\to-\infty} f(x) = -1}$.

De même, on a $\lim\limits_{x\to+\infty} \frac{2}{x} = \lim\limits_{x\to+\infty} \frac{3}{x} = \lim\limits_{x\to+\infty} \frac{2}{x^2} = \lim\limits_{x\to+\infty} \frac{4}{x^2} = 0$, alors par opérations sur les limites, $\mathbf{\lim\limits_{x\to+\infty} f(x) = -1}$.

■ Le dénominateur est un trinôme du second degré qui s'annule en –1 et en 4. Son signe est donné dans le tableau suivant :

x	$-\infty$		-1		4		$+\infty$
$-x^2 + 3x + 4$		$-$	0	$+$	0	$-$	

En –1 : $\lim\limits_{x\to-1} (x^2 + 2x + 2) = 1$.

D'après le tableau de signes, on a $\lim\limits_{\substack{x\to-1\\x<-1}} (-x^2 + 3x + 4) = 0^-$, d'où, par quotient, $\mathbf{\lim\limits_{\substack{x\to-1\\x<-1}} f(x) = -\infty}$.

D'après le tableau, on a aussi $\lim\limits_{\substack{x\to-1\\x>-1}} (-x^2 + 3x + 4) = 0^+$, d'où, par quotient, $\mathbf{\lim\limits_{\substack{x\to-1\\x>-1}} f(x) = +\infty}$.

En 4 : on a $\lim\limits_{x\to4} (x^2 + 2x + 2) = 26$.

D'après le tableau de signes, on a $\lim\limits_{\substack{x\to4\\x<4}} (-x^2 + 3x + 4) = 0^+$, d'où, par quotient, $\mathbf{\lim\limits_{\substack{x\to4\\x<4}} f(x) = +\infty}$.

D'après le tableau, on a aussi $\lim\limits_{\substack{x\to4\\x>4}} (-x^2 + 3x + 4) = 0^-$, d'où, par quotient, $\mathbf{\lim\limits_{\substack{x\to4\\x>4}} f(x) = -\infty}$.

b) f est définie lorsque $x \neq -2$. On a donc $D_f = \mathbb{R} \setminus \{-2\}$.

■ f ne présente pas de forme indéterminée à l'infini.
En effet, $\lim\limits_{x \to -\infty} -x + 1 = +\infty$ et $\lim\limits_{x \to -\infty} x + 2 = -\infty$, d'où $\lim\limits_{x \to -\infty} \dfrac{1}{x+2} = 0$.
Alors, par somme, $\mathbf{\lim\limits_{x \to -\infty} f(x) = +\infty}$.
De même, $\lim\limits_{x \to +\infty} -x + 1 = -\infty$ et $\lim\limits_{x \to +\infty} \dfrac{1}{x+2} = 0$, alors $\mathbf{\lim\limits_{x \to +\infty} f(x) = -\infty}$.

■ En -2, on a $\lim\limits_{x \to -2} (-x + 1) = 3$.
$x + 2$ s'annule et change de signe en -2.
On a $\lim\limits_{\substack{x \to -2 \\ x < -2}} (x + 2) = 0^-$, d'où $\lim\limits_{\substack{x \to -2 \\ x < -2}} \dfrac{1}{x+2} = -\infty$ et, par somme, $\mathbf{\lim\limits_{\substack{x \to -2 \\ x < -2}} f(x) = -\infty}$.
On a de même, $\lim\limits_{\substack{x \to -2 \\ x > -2}} (x + 2) = 0^+$, d'où $\lim\limits_{\substack{x \to -2 \\ x > -2}} \dfrac{1}{x+2} = +\infty$ et, par somme,

$\mathbf{\lim\limits_{\substack{x \to -2 \\ x > -2}} f(x) = +\infty}$.

6 → Énoncé p. 60 *a*) Pour tout $x \neq 0$, on a $\dfrac{x^2 - 1}{4x} = \dfrac{x}{4} - \dfrac{1}{4x}$.

Comme $\lim\limits_{x \to +\infty} \dfrac{x}{4} = +\infty$ et $\lim\limits_{x \to +\infty} \dfrac{1}{4x} = 0$, on en déduit $\lim\limits_{x \to +\infty} \dfrac{x^2 - 1}{4x} = +\infty$.

Comme $\lim\limits_{x \to +\infty} \sqrt{x} = +\infty$, on a, par composition, $\mathbf{\lim\limits_{x \to +\infty} \sqrt{\dfrac{x^2 - 1}{4x^2}} = +\infty}$.

b) Pour tout $x \neq 0$ et $x \in D_f$, on a $\dfrac{\pi x - 3}{2x + 1} = \dfrac{x\left(\pi - \dfrac{3}{x}\right)}{x\left(2 + \dfrac{1}{x}\right)} = \dfrac{\pi - \dfrac{3}{x}}{2 + \dfrac{1}{x}}$.

Comme $\lim\limits_{x \to +\infty} \dfrac{1}{x} = 0$, on a, par opérations sur les limites $\lim\limits_{x \to +\infty} \dfrac{\pi x - 3}{2x + 1} = \dfrac{\pi}{2}$.
La fonction sinus est une fonction usuelle (donc continue sur $\mathbb{R}$; voir Chapitre 3).

On a donc $\lim\limits_{x \to \frac{\pi}{2}} \sin(x) = \sin\left(\dfrac{\pi}{2}\right) = 1$.

On en déduit, par composition, $\lim\limits_{x \to +\infty} \sin\left(\dfrac{\pi x - 3}{2x + 1}\right) = 1$.

> Pour la plupart des fonctions f étudiées en Terminale, si f est définie en un réel a, alors $\lim\limits_{x \to a} f(x) = f(a)$.

c) On a $\lim\limits_{x \to -\infty} \dfrac{1}{x} = 0$ et, comme la fonction cosinus est une fonction usuelle, $\lim\limits_{x \to 0} \cos(x) = \cos(0) = 1$.
Alors, par composition, $\mathbf{\lim\limits_{x \to -\infty} \cos\left(\dfrac{1}{x}\right) = 1}$.

d) Pour tout $x \neq 0$ et $x \in D_f$, $\dfrac{4x^2 - 3x + 1}{2x^2 + 4} = \dfrac{4 - \frac{3}{x} + \frac{1}{x^2}}{2 + \frac{4}{x^2}}$.

On a alors, par opérations sur les limites, $\lim\limits_{x \to +\infty} \dfrac{4 - \frac{3}{x} + \frac{1}{x^2}}{2 + \frac{4}{x^2}} = 2$.

La fonction racine carrée étant une fonction usuelle, $\lim\limits_{x \to 2} \sqrt{x} = \sqrt{2}$.

On en déduit, par composition, $\mathbf{\lim\limits_{x \to +\infty} \sqrt{\dfrac{4x^2 - 3x + 1}{2x^2 + 4}} = \sqrt{2}}$.

7 → Énoncé p. 60 **1°** Pour $x > 0$, transformons $\sqrt{x+1} - \sqrt{x}$ à l'aide de l'expression conjuguée :

$$\sqrt{x+1} - \sqrt{x} = \frac{\left(\sqrt{x+1} - \sqrt{x}\right)\left(\sqrt{x+1} + \sqrt{x}\right)}{\sqrt{x+1} + \sqrt{x}}$$
$$= \frac{(x+1) - x}{\sqrt{x+1} + \sqrt{x}} = \frac{1}{\sqrt{x+1} + \sqrt{x}}.$$

Pour $x > 0$, on a $x + 1 \geqslant x$, donc $\sqrt{x+1} \geqslant \sqrt{x}$, d'où $\sqrt{x+1} + \sqrt{x} \geqslant 2\sqrt{x}$ et $\dfrac{1}{\sqrt{x+1} + \sqrt{x}} \leqslant \dfrac{1}{2\sqrt{x}}$.

De plus, $\dfrac{1}{\sqrt{x+1} + \sqrt{x}} \geqslant 0$ ce qui donne bien l'encadrement demandé.

> Le but est d'encadrer la fonction *f* par deux fonctions dont on pourra trouver facilement la limite.

2° Nous sommes placés ici dans les conditions exactes du théorème d'encadrement.
Il suffit en effet de poser $g(x) = 0$; $f(x) = \sqrt{x+1} - \sqrt{x}$ et $h(x) = \dfrac{1}{2\sqrt{x}}$.

En effet, pour tout $x > 0$, on a : $0 \leqslant \sqrt{x+1} - \sqrt{x} \leqslant \dfrac{1}{2\sqrt{x}}$, soit $g(x) \leqslant f(x) \leqslant h(x)$.

De plus $\lim\limits_{x \to +\infty} 0 = \lim\limits_{x \to +\infty} \left(\dfrac{1}{2\sqrt{x}}\right) = 0$, alors d'après le théorème on a :

$$\mathbf{\lim_{x \to +\infty} \left(\sqrt{x+1} - \sqrt{x}\right) = 0.}$$

8 → Énoncé p. 60 Pour tout réel x, $-1 \leqslant \cos x \leqslant 1$ et $-1 \leqslant \sin x \leqslant 1$; alors, en ajoutant membre à membre les encadrements : $-2 \leqslant \cos x + \sin x \leqslant 2$.

Si $x \neq 0$, on en déduit $\dfrac{-2}{x^2} \leqslant \dfrac{\cos x + \sin x}{x^2} \leqslant \dfrac{2}{x^2}$ en divisant par x^2 qui est strictement positif.

Comme $\lim\limits_{x \to +\infty} \dfrac{-2}{x^2} = \lim\limits_{x \to +\infty} \dfrac{2}{x^2} = 0$, d'après le théorème d'encadrement :

$$\lim_{x \to +\infty} \frac{\cos x + \sin x}{x^2} = 0 .$$

9 → *Énoncé p. 60* *a)* La fonction sinus n'admettant pas de limite à l'infini, nous ne pouvons pas appliquer les propriétés relatives aux opérations.
Nous allons ici utiliser un théorème de comparaison.

- En $+\infty$:

une construction de la courbe sur calculatrice ou à l'aide d'un logiciel semble montrer que la limite cherchée est $+\infty$.
Pour le prouver, nous avons donc besoin de minorer $f(x)$ lorsque x est assez grand.
Pour tout $x \in \mathbb{R}$, on a $-1 \leqslant \sin x$, d'où $x - 1 \leqslant f(x)$.
Comme $\lim\limits_{x \to +\infty} (x - 1) = +\infty$, on en déduit, en appliquant le théorème de minoration, que $\lim\limits_{x \to +\infty} f(x) = +\infty$.

- En $-\infty$:

ici, il semble que la limite de f soit $-\infty$. Nous devons alors majorer $f(x)$.
Pour tout $x \in \mathbb{R}$, on a $\sin x \leqslant 1$, d'où $f(x) \leqslant x + 1$.
Comme $\lim\limits_{x \to -\infty} (x + 1) = -\infty$, on a, par majoration, $\lim\limits_{x \to -\infty} f(x) = -\infty$.

> Lorsque l'on veut montrer que $f(x)$ tend vers $+\infty$, il faut la minorer par une fonction qui tend vers $+\infty$.
> À l'inverse, lorsque l'on doit montrer que $f(x)$ tend vers $-\infty$, il faut la majorer par une fonction qui tend vers $-\infty$.

b) Pour les mêmes raisons que précédemment, nous chercherons à utiliser un théorème de comparaison. Cette fois, une représentation graphique semble montrer que les limites cherchées sont nulles.
Nous devons donc encadrer $f(x)$:
pour tout $x \in \mathbb{R}$, on a $-1 \leqslant \cos x \leqslant 1$.
Nous devons ensuite multiplier chaque membre de l'encadrement par x. Pour cela, il faut connaître le signe de x.
On doit alors distinguer deux cas.

> Lorsque l'on multiplie ou que l'on divise les membres d'un encadrement par une expression, on doit connaître son signe.

- Pour tout $x \geqslant 0$, on a $-x \leqslant x \cos x \leqslant x$, puis $\dfrac{-x}{x^2 + 1} \leqslant f(x) \leqslant \dfrac{x}{x^2 + 1}$ ($x^2 + 1 > 0$ pour tout x).

Si de plus $x > 0$, on peut écrire, $\dfrac{-1}{x + \dfrac{1}{x}} \leqslant f(x) \leqslant \dfrac{1}{x + \dfrac{1}{x}}$.

Comme $\lim\limits_{x \to +\infty} x + \dfrac{1}{x} = +\infty$, on a $\lim\limits_{x \to +\infty} \dfrac{-1}{x + \dfrac{1}{x}} = \lim\limits_{x \to +\infty} \dfrac{1}{x + \dfrac{1}{x}} = 0$.

Le théorème d'encadrement permet d'affirmer que $\lim\limits_{x \to +\infty} f(x) = 0$.

■ Pour tout $x \leqslant 0$, on a $x \leqslant x \cos x \leqslant -x$ (ici, on permute les termes, car on multiplie par un réel négatif).
On en déduit, pour $x < 0$: $\dfrac{1}{x + \dfrac{1}{x}} \leqslant f(x) \leqslant \dfrac{-1}{x + \dfrac{1}{x}}$.

Comme $\lim\limits_{x \to -\infty} x + \dfrac{1}{x} = -\infty$, on a $\lim\limits_{x \to -\infty} \dfrac{1}{x + \dfrac{1}{x}} = \lim\limits_{x \to -\infty} \dfrac{-1}{x + \dfrac{1}{x}} = 0$, d'où :

$$\lim_{x \to -\infty} f(x) = 0.$$

10 → *Énoncé p. 60* La fonction f est définie sur $D_f = \mathbb{R} \setminus \{-1\,;2\}$.
Par lecture graphique, on trouve les limites suivantes :

■ la droite d'équation $y = 1$ est asymptote à la courbe en $-\infty$ et en $+\infty$;
on en déduit, $\lim\limits_{x \to -\infty} f(x) = 1$ et $\lim\limits_{x \to +\infty} f(x) = 1$;

■ la droite d'équation $x = -1$ est asymptote à la courbe de f ;
on lit $\lim\limits_{\substack{x \to -1 \\ x < -1}} f(x) = +\infty$ et $\lim\limits_{\substack{x \to -1 \\ x > -1}} f(x) = -\infty$;

■ la droite d'équation $x = 2$ est asymptote à la courbe de f et on a $\lim\limits_{x \to 2} f(x) = -\infty$.

11 → *Énoncé p. 61* **1°** Pour tout $x \neq 0$ et $x \in D_f$, on a $f(x) = \dfrac{2x^2}{x^2\left(1 - \dfrac{4}{x^2}\right)} = \dfrac{2}{1 - \dfrac{4}{x^2}}$.

Comme $\lim\limits_{x \to -\infty} \dfrac{4}{x^2} = 0$, on a, par opérations, $\lim\limits_{x \to -\infty} f(x) = 2$.
De même, $\lim\limits_{x \to +\infty} \dfrac{4}{x^2} = 0$, d'où, par opérations $\lim\limits_{x \to +\infty} f(x) = 2$.
La droite d'équation $y = 2$ est asymptote à la courbe représentative de la fonction f en $-\infty$ et en $+\infty$.

■ $x^2 - 4$ est un trinôme du second degré qui s'annule et change de signe en -2 et en 2.
Son signe est donné dans le tableau suivant :

x	$-\infty$		-2		2		$+\infty$
$x^2 - 4$		+	0	−	0	+	

En -2 :
on a $\lim\limits_{x \to -2} 2x^2 = 8$;

d'après le tableau, $\lim\limits_{\substack{x \to -2 \\ x < -2}} (x^2 - 4) = 0^+$, d'où, par quotient, $\lim\limits_{\substack{x \to -2 \\ x < -2}} f(x) = +\infty$;

d'après le tableau, $\lim\limits_{\substack{x \to -2 \\ x > -2}} (x^2 - 4) = 0^-$, d'où, par quotient, $\mathbf{\lim\limits_{\substack{x \to -2 \\ x > -2}} f(x) = -\infty}$.

La droite d'équation $x = -2$ est asymptote à la courbe représentative de la fonction f.

En 2 :

on a $\lim\limits_{x \to 2} 2x^2 = 8$;

d'après le tableau, $\lim\limits_{\substack{x \to 2 \\ x < 2}} (x^2 - 4) = 0^-$, d'où, par quotient, $\mathbf{\lim\limits_{\substack{x \to 2 \\ x < 2}} f(x) = -\infty}$;

d'après le tableau, $\lim\limits_{\substack{x \to 2 \\ x > 2}} (x^2 - 4) = 0^+$, d'où, par quotient, $\mathbf{\lim\limits_{\substack{x \to 2 \\ x > 2}} f(x) = +\infty}$.

La droite d'équation $x = 2$ est asymptote à la courbe représentative de f.

2° f est dérivable sur son ensemble de définition comme quotient de fonctions dérivables.

Pour tout $x \in D_f$,

$$f'(x) = \frac{4x(x^2 - 4) - 2x^2 \times 2x}{(x^2 - 4)^2} = \frac{-16x}{(x^2 - 4)^2}.$$

> On utilise la formule de dérivation d'un quotient vue en Première : $\left(\frac{u}{v}\right)' = \frac{u'v - uv'}{v^2}$.

Comme $(x^2 - 4)^2 > 0$, $f'(x)$ est du signe de $-16x$, c'est-à-dire du signe contraire de x.

Donc : si $x \in \,]-\infty\,; -2[\, \cup \,]-2\,; 0[$, alors $f'(x) > 0$;

si $x \in \,]0\,; 2[\, \cup \,]2\,; +\infty[$, alors $f'(x) < 0$.

f est donc strictement croissante sur $]-\infty\,; -2[$ et sur $]-2\,; 0[$ et strictement décroissante sur $]0\,; 2[$ et sur $]2\,; +\infty[$.

On en déduit le tableau de variations complet de f :

x	$-\infty$		-2		0		2		$+\infty$
$f'(x)$		+	‖	+	0	−	‖	−	
$f(x)$	2	↗	$+\infty$ ‖ $-\infty$	↗	0	↘	$-\infty$ ‖ $+\infty$	↘	2

3° On construit ensuite dans un repère orthonormé, les trois asymptotes d'équations $y = 2$, $x = -2$ et $x = 2$, puis la courbe représentative de f.

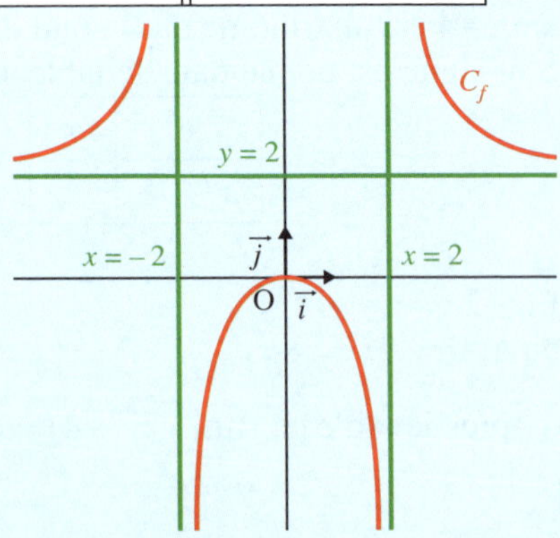

12 → *Énoncé p. 61* 1° Pour tout réel x, on a : $-1 \leqslant \cos x \leqslant 1$ qui équivaut à $-1 \leqslant -\cos x \leqslant 1$, puis, en ajoutant 2, à $\mathbf{1 \leqslant 2 - \cos x \leqslant 3}$.

Les réels 1, $2 - \cos x$ et 3 sont positifs et sont donc rangés dans l'ordre contraire de leurs inverses, ce qui donne $\boldsymbol{\frac{1}{3} \leqslant \frac{1}{2 - \cos x} \leqslant 1}$.

On utilise ici la stricte décroissance de la fonction inverse sur $]0\,;+\infty[$.

2° On a $1 \leqslant 2 - \cos x \leqslant 3$, d'où, en divisant par $x > 0$, on obtient :

$$\frac{1}{x} \leqslant \frac{2 - \cos x}{x} \leqslant \frac{3}{x}, \text{ c'est-à-dire } \frac{1}{x} \leqslant f(x) \leqslant \frac{3}{x}.$$

Comme $\lim\limits_{x \to +\infty} \frac{1}{x} = \lim\limits_{x \to +\infty} \frac{3}{x} = 0$, on en déduit, d'après le théorème d'encadrement, que $\boldsymbol{\lim\limits_{x \to +\infty} f(x) = 0}$.

3° Pour tout réel x, on a démontré que $\frac{1}{3} \leqslant \frac{1}{2 - \cos x}$.

Alors, si x est strictement positif, on a, en multipliant l'inégalité par x :

$$\frac{x}{3} \leqslant \frac{x}{2 - \cos x}, \text{ soit } \frac{x}{3} \leqslant g(x).$$

Comme $\lim\limits_{x \to +\infty} \frac{x}{3} = +\infty$, on en déduit, d'après le théorème de minoration, que $\boldsymbol{\lim\limits_{x \to +\infty} g(x) = +\infty}$.

En revanche, pour x négatif, on obtient, après multiplication par x : $\frac{x}{3} \geqslant \frac{x}{2 - \cos x}$ (le sens change, car $x < 0$).

Comme $\lim\limits_{x \to -\infty} \frac{x}{3} = -\infty$, on en déduit, d'après le théorème de majoration, que $\boldsymbol{\lim\limits_{x \to -\infty} g(x) = -\infty}$.

CHAPITRE 3

Calculs de dérivées

1 Nombre dérivé et fonctions dérivées – Rappels

A. Nombre dérivé en un point

Soit f une fonction numérique définie sur un intervalle I contenant le réel a.
On dit que la fonction f est **dérivable** en a si le rapport $\frac{f(a+h)-f(a)}{h}$ admet une limite finie L lorsque h tend vers 0.
Le réel L s'appelle le **« nombre dérivé de f en a »** et se note $f'(a)$.

B. Interprétation graphique

■ Si f est dérivable en a, la tangente à la courbe (C) au point A de coordonnées $(a\,;f(a))$ a pour équation :

$$y = f'(a)(x-a) + f(a) \; .$$

C. Fonction dérivée

■ On dit que f **est dérivable sur un intervalle I**, si f est dérivable en tout réel a de I.
On peut alors définir la fonction dérivée de f, notée f', par :

$$\begin{aligned} f' : \mathrm{I} &\to \mathbb{R} \\ a &\mapsto f'(a) \end{aligned}$$

D. Dérivées des fonctions usuelles

Fonction f	**Ensemble de définition de f**	**Fonction dérivée f'**	**Ensemble de dérivabilité de f**
$f : x \mapsto k$ (k : constante)	$\mathbb{R}$	$f' : x \mapsto 0$	$\mathbb{R}$
$f : x \mapsto x^n$ (n entier relatif, $n \neq 0$)	$\mathbb{R}$ si $n > 0$ $\mathbb{R}^*$ si $n < 0$	$f' : x \mapsto nx^{n-1}$	$\mathbb{R}$ si $n > 0$ $\mathbb{R}^*$ si $n < 0$
$f : x \mapsto \sqrt{x}$	$[0\,;+\infty[$	$f' : x \mapsto \frac{1}{2\sqrt{x}}$	$]0\,;+\infty[$

E. Opérations sur les fonctions dérivables

u et v désignent des fonctions dérivables sur un intervalle I. k désigne un nombre réel.

Propriété	Dérivée
La fonction $f = u + v$ dérivable sur I	$(u + v)' = u' + v'$
La fonction $f = ku$ dérivable sur I	$(ku)' = ku'$
La fonction $f = uv$ dérivable sur I	$(uv)' = u'v + uv'$

u et v désignent des fonctions dérivables sur un intervalle I et pour tout réel x de I, $v(x) \neq 0$.

Propriété	Dérivée
La fonction $f = \frac{1}{v}$ dérivable sur I	$\left(\frac{1}{v}\right)' = -\frac{v'}{v^2}$
La fonction $f = \frac{u}{v}$ dérivable sur I	$\left(\frac{u}{v}\right)' = \frac{u'v - uv'}{v^2}$

2 Dérivées de fonctions composées

A. Dérivée de la fonction $x \mapsto \sqrt{u(x)}$

Soit u une fonction dérivable et **strictement positive** sur un intervalle I.
La fonction $x \mapsto \sqrt{u(x)}$ est dérivable sur I ; sa dérivée est la fonction :

$$x \mapsto \frac{u'(x)}{2\sqrt{u(x)}}.$$

Remarques :

- Sur l'intervalle I, on a $\left(\sqrt{u}\right)' = \frac{u'}{2\sqrt{u}}$.
- En particulier, la fonction $x \mapsto \sqrt{ax + b}$ est dérivable sur tout intervalle I, où $ax + b > 0$ et sa dérivée est la fonction $x \mapsto \frac{a}{2\sqrt{ax + b}}$.

B. Dérivée de la fonction $x \mapsto (u(x))^n$, où n est un entier relatif non nul

Soit n un entier relatif non nul. Soit u une fonction dérivable sur un intervalle I et qui ne s'annule pas sur I lorsque n est négatif.

La fonction $x \mapsto (u(x))^n$ est dérivable sur I ; sa dérivée est la fonction :

$$x \mapsto nu'(x)(u(x))^{n-1}.$$

Remarques :

- Sur l'intervalle I, on a $(u^n)' = nu'u^{n-1}$.
- Si n est un **entier naturel** non nul et si u est dérivable et ne s'annule pas sur I, alors $\frac{1}{u^n}$ est dérivable sur I et $\left(\frac{1}{u^n}\right)' = \frac{-nu'}{u^{n+1}}$.

(Il suffit d'appliquer la formule générale en remplaçant n par $-n$.)

C. Dérivée de la fonction $x \mapsto f(ax+b)$

Soit f une fonction dérivable sur un intervalle I et soient a et b deux nombres réels.

La fonction $x \mapsto f(ax+b)$ est dérivable sur tout intervalle, où $ax + b \in \mathrm{I}$; sa dérivée est la fonction $x \mapsto af'(ax+b)$, où f' est la fonction dérivée de f.

D. Autres fonctions composées

- Les dérivées des fonctions composées $x \mapsto \mathrm{e}^{u(x)}$ et $x \mapsto \ln(u(x))$, où u est une fonction dérivable sur un intervalle, seront vues à l'occasion de l'étude des fonctions exponentielle (chapitre 4) et logarithme (chapitre 6).

E. Approche du cas général

- On admettra que si f et u sont deux fonctions dérivables et sous réserve d'existence, la fonction $x \mapsto f(u(x))$ est dérivable et sa dérivée est la fonction $x \mapsto u'(x)\,f'(u(x))$.

Remarque :

Cette formule n'est pas au programme de Terminale S. La connaître peut cependant constituer un bon aide-mémoire pour retrouver les autres.

1 Calculer la dérivée de fonctions composées

EXERCICE TYPE

Calculer la fonction dérivée de chacune des fonctions f suivantes :

a) $f(x) = \sqrt{3x^2 + 1}$; ***b***) $f(x) = \left(\frac{2x-1}{x+2}\right)^4$; ***c***) $f(x) = \frac{1}{(x^4 + x^2 + 1)^3}$.

CORRIGÉ COMMENTÉ

> Même si l'énoncé ne le demande pas explicitement, il est conseillé de justifier rapidement la dérivabilité.

a) f est définie sur $\mathbb{R}$ et $f = \sqrt{u}$ avec $u : x \mapsto 3x^2 + 1$; u est strictement positive et dérivable sur $\mathbb{R}$ et $u'(x) = 6x$.
La fonction f est donc dérivable sur $\mathbb{R}$
et $f'(x) = \frac{u'(x)}{2\sqrt{u(x)}} = \frac{6x}{2\sqrt{3x^2+1}} = \boldsymbol{\frac{3x}{\sqrt{3x^2+1}}}$.

b) f est définie sur $\mathbb{R} \setminus \{-2\}$ et $f = u^4$ avec $u : x \mapsto \frac{2x-1}{x+2}$.

u est dérivable sur $\mathbb{R} \setminus \{-2\}$ et $u'(x) = \frac{2(x+2) - (2x-1)}{(x+2)^2} = \frac{5}{(x+2)^2}$.

La fonction f est donc dérivable sur $\mathbb{R} \setminus \{-2\}$

et $f'(x) = 4u'(x)\big(u(x)\big)^3 = 4\left(\frac{5}{(x+2)^2}\right)\left(\frac{2x-1}{x+2}\right)^3 = \frac{20(2x-1)^3}{(x+2)^5}$.

c) f est définie sur $\mathbb{R}$ et $f = \frac{1}{u^3}$ avec $u : x \mapsto x^4 + x^2 + 1$; u ne s'annule pas et est dérivable sur $\mathbb{R}$; $u'(x) = 4x^3 + 2x$.
La fonction f est donc dérivable sur $\mathbb{R}$

et $f'(x) = -\frac{3u'(x)}{\big(u(x)\big)^4} = -\frac{3(4x^3 + 2x)}{(x^4 + x^2 + 1)^4} = \boldsymbol{\frac{-12x^3 - 6x}{(x^4 + x^2 + 1)^4}}$.

À RETENIR

- Les formules de dérivation de certaines fonctions composées viennent s'ajouter aux formules de dérivation vues en Première qu'il faut bien entendu parfaitement connaître.
- Dans le cas où la fonction que l'on veut dériver apparaît sous la forme $\sqrt{u}$ ou u^n, il est conseillé de bien définir u, de vérifier les conditions d'existence et de dérivabilité, puis de calculer $u'(x)$ avant d'appliquer la formule de dérivation de la composée.

2 Étudier les variations d'une fonction

EXERCICE TYPE

Étudier les variations de la fonction f définie sur $\mathbb{R}$ par $f(x) = \sqrt{x^2+8} - x$.

CORRIGÉ COMMENTÉ

> Les variations d'une fonction sont données par le signe de sa dérivée.

La fonction f est bien définie sur $\mathbb{R}$, car, pour tout réel x, $x^2 + 8 > 0$.

Pour la même raison f est dérivable sur $\mathbb{R}$ et

$$f'(x) = \frac{2x}{2\sqrt{x^2+8}} - 1 = \frac{x}{\sqrt{x^2+8}} - 1.$$

Pour pouvoir déterminer le signe de $f'(x)$, il faut en transformer l'expression en réduisant au même dénominateur : $f'(x) = \dfrac{x - \sqrt{x^2+8}}{\sqrt{x^2+8}}$.

Comme $\sqrt{x^2+8} > 0$ pour tout réel, $f'(x)$ est du signe de $x - \sqrt{x^2+8}$.

Si $x < 0$, alors $x - \sqrt{x^2+8} < 0$, car c'est la somme de deux réels strictement négatifs.
Si $x \geqslant 0$, on peut par exemple remarquer que $x = \sqrt{x^2}$.

Or, $\sqrt{x^2} < \sqrt{x^2+8}$ par stricte croissance de la fonction racine carrée, donc $x - \sqrt{x^2+8} < 0$ sur $[0\,;+\infty[$.

Dans tous les cas, on a : $x - \sqrt{x^2+8} < 0$, ce qui prouve que $f'(x) < 0$ pour tout x de $\mathbb{R}$; ***f*** **est donc strictement décroissante sur** $\mathbb{R}$.

À RETENIR

- **Le sens de variations d'une fonction sur un intervalle** où elle est dérivable est donné par le signe de sa dérivée sur cet intervalle.
- **La méthode pour étudier les variations d'une fonction** est bien connue depuis la classe de Première : calcul de la fonction dérivée, étude de son signe par les méthodes habituelles (tableaux, comparaison, utilisation des variations des fonctions de référence…), énoncé des variations de la fonction.
- Seules les fonctions changent, mais nous disposons des théorèmes adaptés à leur étude (fonctions composées, par exemple).

1 ★ 5 min

Calculer la dérivée de chacune des fonctions f suivantes :
a) $f(x) = \sqrt{4x^2 + 3}$; *b)* $f(x) = (x^2 + 3x)^3$; *c)* $f(x) = \dfrac{1}{(x^2 + 1)^5}$.

→ Corrigé p. 80

2 ★ 10 min

Calculer la dérivée de chacune des fonctions f suivantes (on précisera bien pour chacune d'elles les ensembles de définition et de dérivabilité) :

a) $f(x) = \sqrt{\dfrac{x}{2} + 1}$;

b) $f(x) = \dfrac{1}{(x^2 - 1)^4}$;

c) $f(x) = \sqrt{\dfrac{x + 1}{x - 2}}$.

→ Corrigé p. 80

3 ★★ 5 min

u est une fonction dérivable sur $\mathbb{R}$ de dérivée u'.
Exprimer la dérivée des fonctions f suivantes à l'aide de la fonction u' :
a) $f : x \mapsto u(3x - 1)$;
b) $g : x \mapsto u(-x)$;
c) $h : x \mapsto u(-x)u(x)$.

→ Corrigé p. 81

4 ★★★ 15 min

(D'après *BAC*) Étudier les variations de la fonction f définie sur [0 ;1[par :

$$f(x) = \sqrt{\frac{x^3}{1 - x}}.$$

→ Corrigé p. 81

5 ★★ 15 min

(D'après BAC) Étudier les variations des fonctions f_0 et f_1 définies sur $]-1 ; +\infty[$ par :

$$f_0(x) = \sqrt{1 + x^3} \; ; \; f_1(x) = \frac{x^3}{\sqrt{1 + x^3}}.$$

→ Corrigé p. 82

6 ★★★ **20 min**

Soit f une fonction dérivable sur $\mathbb{R}$ vérifiant la condition :

$$(C)\ \begin{cases} f(-x)f'(x) = 1 \\ f(0) = -4 \end{cases} \quad \text{pour tout nombre réel } x.$$

On considère la fonction g définie sur $\mathbb{R}$ par $g(x) = f(x)\,f(-x)$.

1° Montrer que f ne s'annule pas sur $\mathbb{R}$.

2° Calculer la fonction dérivée de la fonction g.

3° En déduire que la fonction g est constante et trouver sa valeur.

→ *Corrigé p. 82*

1 → *Énoncé p. 78* *a)* f est définie sur $\mathbb{R}$ et $f = \sqrt{u}$ avec $u : x \mapsto 4x^2 + 3$;
u est strictement positive et dérivable sur $\mathbb{R}$ et $u'(x) = 8x$.
La fonction f est donc dérivable sur $\mathbb{R}$

et $f'(x) = \dfrac{u'(x)}{2\sqrt{u(x)}} = \dfrac{8x}{2\sqrt{4x^2 + 3}} = \boldsymbol{\dfrac{4x}{\sqrt{4x^2 + 3}}}$.

b) f est définie sur $\mathbb{R}$ et $f = u^3$ avec $u : x \mapsto x^2 + 3x$;
u est dérivable sur $\mathbb{R}$ et $u'(x) = 2x + 3$.
La fonction f est donc dérivable sur $\mathbb{R}$
et $f'(x) = 3u'(x)(u(x))^2 = \boldsymbol{3(2x + 3)(x^2 + 3x)^2}$.

Il était également possible de développer $f(x)$, mais les calculs auraient été beaucoup plus longs.

c) f est définie sur $\mathbb{R}$ et $f = \dfrac{1}{u^5}$ avec $u : x \mapsto x^2 + 1$;
u ne s'annule pas et est dérivable sur $\mathbb{R}$; $u'(x) = 2x$.
La fonction f est donc dérivable sur $\mathbb{R}$

et $f'(x) = -\dfrac{5u'(x)}{[u(x)]^6} = -\dfrac{5 \times 2x}{(x^2 + 1)^6} = \boldsymbol{\dfrac{-10x}{(x^2+1)^6}}$.

2 → *Énoncé p. 78* *a)* $f = \sqrt{u}$ avec $u : x \mapsto \dfrac{x}{2} + 1$.

On a $\dfrac{x}{2} + 1 > 0 \Leftrightarrow x > -2$; u est donc strictement positive et dérivable sur $]-2\,;+\infty[$;

f est donc dérivable sur $]-2\,;+\infty[$ et $f'(x) = \dfrac{u'(x)}{2\sqrt{u(x)}} = \dfrac{\frac{1}{2}}{2\sqrt{\frac{x}{2} + 1}} = \boldsymbol{\dfrac{1}{4\sqrt{\frac{x}{2}+1}}}$.

b) $f = \dfrac{1}{u^4}$ avec $u : x \mapsto x^2 - 1$;
u ne s'annule pas et est dérivable sur $\mathbb{R}\setminus\{-1\,;1\}$ et $u'(x) = 2x$.
La fonction f est dérivable sur $\mathbb{R}\setminus\{-1\,;1\}$

et $f'(x) = -\dfrac{4u'(x)}{[u(x)]^5} = -\dfrac{4 \times 2x}{(x^2 - 1)^5} = -\boldsymbol{\dfrac{8x}{(x^2-1)^5}}$.

c) $f = \sqrt{u}$ avec $u : x \mapsto \dfrac{x+1}{x-2}$.

On a $\dfrac{x+1}{x-2} > 0 \Leftrightarrow x \in]-\infty\,;-1[\, \cup\,]2\,;+\infty[$ (voir tableau de signes).
u est donc strictement positive et dérivable sur $]-\infty\,;-1[\, \cup\,]2\,;+\infty[$.

On a $u'(x) = \dfrac{(x-2)-(x+1)}{(x-2)^2} = \dfrac{-3}{(x-2)^2}$.

D'où $f'(x) = \dfrac{\frac{-3}{(x-2)^2}}{2\sqrt{\frac{x+1}{x-2}}}$.

3 → *Énoncé p. 78* ***a***) f est dérivable sur $\mathbb{R}$ et pour tout $x \in \mathbb{R}, f'(x) = 3u'(3x - 1)$.

b) g est dérivable sur $\mathbb{R}$ et pour tout $x \in \mathbb{R}$, :

$$g'(x) = -u'(-x).$$

c) h est dérivable sur $\mathbb{R}$ et, pour tout $x \in \mathbb{R}$:

$$h'(x) = (-u'(-x))\,u(x) + u(-x)\,u'(x) = \boldsymbol{-u'(-x)\,u(x) + u(-x)\,u'(x)}.$$

> On utilisera ici la dérivée de la fonction $x \mapsto u(ax + b)$ qui est la fonction $x \mapsto au'(ax + b)$.

4 → *Énoncé p. 78* La fonction f est définie sur $[0\,;\,1[$ par $f(x) = \sqrt{\dfrac{x^3}{1-x}}$.

En effet, $f(x)$ existe, si, et seulement si, $1 - x \neq 0$ et $\dfrac{x^3}{1-x} \geqslant 0$.

On pose $q(x) = \dfrac{x^3}{1-x}$ et on étudie le signe de ce quotient.

Valeurs de x	$-\infty$		0		1		$+\infty$
Signe de x^3		$-$	0	$+$		$+$	
Signe de $1 - x$		$+$		$+$	0	$-$	
Signe de $q(x)$		$-$	0	$+$	‖	$-$	

D'après le tableau, f est donc bien définie sur $[0\,;\,1[$.
La fonction f est dérivable sur $]0\,;\,1[$ comme composée de fonctions dérivables.
Pour tout $0 < x < 1$:

$$f'(x) = \frac{3x^2(1-x)+x^3}{(1-x)^2}\,\frac{1}{2\sqrt{\dfrac{x^3}{1-x}}} = \frac{3x^2 - 2x^3}{2(1-x)^2\sqrt{\dfrac{x^3}{1-x}}} = \frac{x^2(3-2x)}{2(1-x)^2\sqrt{\dfrac{x^3}{1-x}}}.$$

$f'(x)$ est du signe de $3 - 2x$, donc $f'(x) > 0$ pour tout x de $]0\,;\,1[$.
f est donc strictement croissante sur $[0\,;\,1[$.
On peut préciser la limite de f en 1 :

$$\lim_{\substack{x\to 1\\ x<1}} 1 - x = 0^+, \text{ donc } \lim_{\substack{x\to 1\\ x<1}} \frac{x^3}{1-x} = +\infty.$$

Comme $\lim\limits_{x\to+\infty} \sqrt{x} = +\infty$, alors, par composition $\lim\limits_{x\to 1} f(x) = +\infty$.
On obtient alors le tableau de variations suivant :

x	0		1
$f'(x)$		$+$	‖
$f(x)$	0	↗	$+\infty$ ‖

5 → Énoncé p. 78 Sur $]-1;+\infty[$, $1+x^3>0$, donc f_0 et f_1 sont bien définies et dérivables sur cet intervalle, d'après le théorème sur les dérivées des fonctions du type $\sqrt{u}$.

■ Pour tout $x>-1$, $f_0'(x)=\dfrac{3x^2}{2\sqrt{1+x^3}}$.

Sur $]-1\,;+\infty[$, f_0' est strictement positive, sauf en 0, où elle s'annule.

f_0 est donc strictement croissante sur $]-1\,;+\infty[$.

■ Pour tout $x>-1$:

$$f_1'(x)=\frac{3x^2\sqrt{1+x^3}-x^3\left(\dfrac{3x^2}{2\sqrt{1+x^3}}\right)}{1+x^3}=\frac{\dfrac{6x^2\left(\sqrt{1+x^3}\right)^2-3x^5}{2\sqrt{1+x^3}}}{1+x^3}$$

$$=\frac{6x^2+6x^5-3x^5}{2(1+x^3)\sqrt{1+x^3}}=\frac{6x^2+3x^5}{2(1+x^3)\sqrt{1+x^3}}$$

Donc $f_1'(x)=\dfrac{3x^2(2+x^3)}{2(1+x^3)\sqrt{1+x^3}}$.

Sur $]-1\,;+\infty[$, $1+x^3>0$ et $2+x^3>0$, donc f_1' est strictement positive, sauf en 0, où elle s'annule.

f_1 est donc strictement croissante sur $]-1\,;+\infty[$.

6 → Énoncé p. 79 **1°** S'il existait un réel x_0 tel que $f(x_0)=0$, alors, en remplaçant x par $-x_0$ dans la première relation, on trouverait $f(x_0)\,f'(-x_0)=1$ ce qui est impossible (car en contradiction avec $f(x_0)=0$).

> On raisonnera par l'absurde en supposant que f s'annule au moins une fois.

Donc **f ne s'annule pas sur $\mathbb{R}$.**

2° g est dérivable sur $\mathbb{R}$ et, pour tout réel x :

$$g'(x)=f'(x)\,f(-x)+f(x)(-f'(-x))=f'(x)\,f(-x)-f(x)f'(-x).$$

Or, d'après la condition (C), on a, $f'(x)\,f(-x)=1$.

Ceci étant vrai pour tout nombre réel, on a également, en remplaçant x par $-x$, $f'(-x)\,f(x)=1$.

On en déduit $g'(x)=1-1=0$.

3° g' est la fonction nulle, donc g est une fonction constante.

Pour tout réel x, $g(x)=g(0)=f(-0)f(0)=(f(0))^2=4^2=16$.

CHAPITRE 4

La fonction exponentielle

1 Définition et premières propriétés

A. Définition de la fonction exponentielle

Il existe une unique fonction f définie et dérivable sur $\mathbb{R}$ telle que $f' = f$ et $f(0) = 1$.
Cette fonction est appelée **fonction exponentielle**.

Notation :
La fonction exponentielle se note **exp**.

B. Conséquences de la définition

- exp est définie et dérivable sur $\mathbb{R}$, et, pour tout $x \in \mathbb{R}$:
$$\exp'(x) = \exp(x).$$
- $\exp(0) = 1$.
- exp est strictement positive sur $\mathbb{R}$ (c'est-à-dire : pour tout $x \in \mathbb{R}$, $\exp(x) > 0$).

C. Le nombre e

L'image du réel 1 par la fonction exponentielle est noté e.
On a donc $\exp(1) = \mathrm{e}$.
On peut montrer que e est un nombre **irrationnel** et que **$\mathrm{e} \approx 2{,}718$**.

2 Relation fonctionnelle caractéristique

Pour tous réels x et y, on a :
$$\exp(x + y) = \exp(x) \times \exp(y).$$

Notation e^x *:*
On en déduit que, pour tout entier naturel n :
$$\exp(n) = \exp(n \times 1) = [\exp(1)]^n = \mathrm{e}^n.$$
On convient alors de noter, pour tout réel x :
$$\exp(x) = \mathrm{e}^x, \text{ où } \mathrm{e} = \exp(1).$$

Propriétés

Pour tous réels x et y :

- $\mathrm{e}^{x+y} = \mathrm{e}^x \times \mathrm{e}^y$;
- $\mathrm{e}^{-x} = \dfrac{1}{\mathrm{e}^x}$;
- $\mathrm{e}^{x-y} = \dfrac{\mathrm{e}^x}{\mathrm{e}^y}$;
- $\mathrm{e}^{nx} = (\mathrm{e}^x)^n$ (avec $n \in \mathbb{Z}$) ;
- $\sqrt{\mathrm{e}^x} = \mathrm{e}^{\frac{1}{2}x}$.

3 Étude de la fonction exponentielle

A. Limite

Limites de la fonction exp aux bornes de son ensemble de définition :

On a : ■ $\lim\limits_{x \to -\infty} \mathrm{e}^x = 0$; ■ $\lim\limits_{x \to +\infty} \mathrm{e}^x = +\infty$.

■ Comparaison de e^x avec x en 0 et en $+\infty$:

On a : ■ $\lim\limits_{x \to -\infty} x\mathrm{e}^x = 0$; ■ $\lim\limits_{x \to +\infty} \dfrac{\mathrm{e}^x}{x} = +\infty$.

■ Conséquence de la dérivabilité de exp en 0 :

On a : ■ $\lim\limits_{x \to 0} \dfrac{\mathrm{e}^x - 1}{x} = 1$.

B. Sens de variations

La fonction exp est strictement croissante sur $\mathbb{R}$.
On peut en dresser le tableau de variations suivant :

x	$-\infty$	$+\infty$
$\exp'(x)$	+	
exp	0 ↗	$+\infty$

C. Courbe représentative

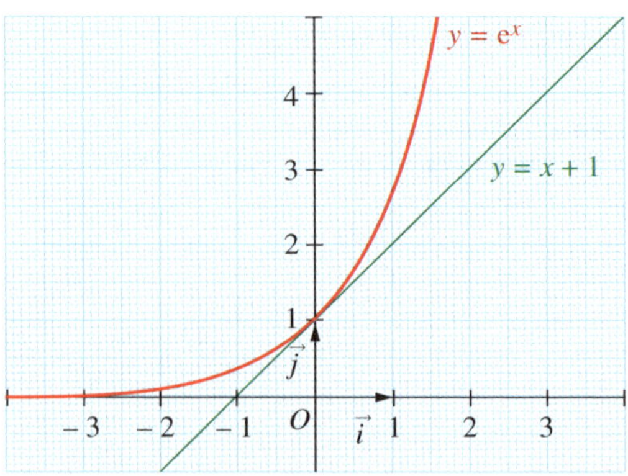

L'axe des abscisses est asymptote à la courbe de la fonction exponentielle en $-\infty$.
La droite d'équation $y = x + 1$ est tangente à la courbe au point d'abscisse 0.

4 Autres propriétés

A. Équations et inéquations

Pour tous réels x et y :

$$\mathbf{e^x = e^y \Leftrightarrow x = y}$$
$$\mathbf{e^x < e^y \Leftrightarrow x < y.}$$

En particulier :

$$e^x < 1 \Leftrightarrow x < 0$$
$$e^x > 1 \Leftrightarrow x > 0.$$

Ces propriétés permettent de résoudre certaines équations et inéquations comportant des exponentielles.

B. Dérivée de e^u

u étant une fonction numérique, la fonction $\exp(u) = e^u$ est définie sur tout intervalle I sur lequel u est définie.
Si u est une fonction dérivable sur I, alors la fonction $\exp(u)$ est dérivable sur I et :
$\exp'(u) = u'\exp(u)$ (qui s'écrit aussi $(e^u)' = u'e^u$).

1 Utiliser la relation fonctionnelle et ses conséquences pour transformer des écritures

EXERCICE TYPE

Écrire le plus simplement possible les expressions suivantes, définies pour tout réel x :

a) $e^{2x-1} \times e^{3-x}$;

b) $\dfrac{e^{1-x}}{e^{2+3x}}$;

c) $(e^{2x} - e^{-x})^2$;

d) $\sqrt{\dfrac{e^{x+3}}{e^{1-x}}}$.

CORRIGÉ COMMENTÉ

a) On applique ici la relation fonctionnelle fondamentale ($e^x \times e^y = e^{x+y}$) :
pour tout $x \in \mathbb{R}$, $e^{2x-1} \times e^{3-x} = e^{(2x-1)+(3-x)}$
$= \mathbf{e^{x+2}}$.

> Les règles de calcul sur l'exponentielle sont identiques aux règles de calcul sur les puissances.

b) On utilise la propriété algébrique $\dfrac{e^x}{e^y} = e^{x-y}$:
pour tout $x \in \mathbb{R}$, $\dfrac{e^{1-x}}{e^{2+3x}} = e^{(1-x)-(2+3x)} = e^{-x-3x+1-2}$
$= \mathbf{e^{-4x-1}}$.

c) On développe d'abord, en utilisant un produit remarquable, puis on simplifie en utilisant les propriétés algébriques :
pour tout $x \in \mathbb{R}$, $(e^{2x} - e^{-x})^2 = (e^{2x})^2 + (e^{-x})^2 - 2\,e^{2x} \times e^{-x}$
$= \mathbf{e^{4x} + e^{-2x} - 2e^{x}}$.

d) On a, pour tout $x \in \mathbb{R}$, $\sqrt{\dfrac{e^{x+3}}{e^{1-x}}} = \sqrt{e^{x+3-(1-x)}} = \sqrt{e^{2x+2}} = e^{\frac{1}{2}(2x+2)}$
$= \mathbf{e^{x+1}}$.

À RETENIR

- L'utilisation de la relation fonctionnelle et de ses conséquences permet de transformer l'écriture d'une expression contenant des exponentielles.
- Ces relations sont identiques, dans la forme, aux formules de calculs sur les puissances, mais avec un exposant qui peut prendre ici n'importe quelle valeur réelle.

2 Résoudre des équations et inéquations comportant des exponentielles

EXERCICE TYPE

Résoudre, dans $\mathbb{R}$, les équations et inéquations suivantes :

a) $e^{2x+3} = e^{-x+5}$; *b*) $e^{x^2+x-2} = 1$;

c) $e^{4x} + 3e^{2x} - 4 = 0$; *d*) $e^{x^2-3} > e^{2x}$;

e) $e^{x(x^2-1)} \geqslant 1$; *f*) $e^{3x} + e^{2x} - 2\,e^{x} \leqslant 0$.

CORRIGÉ COMMENTÉ

Se ramener à $e^x = e^y$ pour les équations et $e^x \leqslant e^y$ pour les inéquations.

La fonction exponentielle étant définie sur $\mathbb{R}$, toutes les expressions ci-dessus sont définies sur $\mathbb{R}$.

a) Pour cet exemple, on utilise directement l'équivalence :

$$e^x = e^y \text{ équivaut à } x = y.$$

Ce qui donne :

$e^{2x+3} = e^{-x+5}$ équivaut successivement à :

$$2x + 3 = -x + 5,$$
$$3x = 2,$$
$$x = \frac{2}{3}.$$

L'ensemble des solutions est $\boldsymbol{S_1 = \left\{\frac{2}{3}\right\}}$.

b) Ici, on utilise l'équivalence précédente, en remarquant que $e^0 = 1$.

Ce qui donne :

$e^{x^2+x-2} = 1$ équivaut successivement à :

$$e^{x^2+x-2} = e^0,$$
$$x^2 + x - 2 = 0.$$

On est ramené à une équation du second degré dans $\mathbb{R}$. 1 est une racine évidente ; l'autre est -2. L'ensemble des solutions est $\boldsymbol{S_2 = \{-2\,;1\}}$.

c) Pour résoudre cette équation, on effectuera un changement d'inconnue.

Posons $X = e^{2x}$.

Alors $X^2 = (e^{2x})^2 = e^{2\times 2x} = e^{4x}$.

L'équation $e^{4x} + 3e^{2x} - 4 = 0$ équivaut alors à :

$$\begin{cases} X = e^{2x} \\ X^2 + 3X - 4 = 0 \end{cases}$$

L'équation $X^2 + 3X - 4 = 0$ se résout immédiatement dans $\mathbb{R}$: $X_1 = 1$ est une racine évidente ; l'autre est $X_2 = -4$.

La résolution se poursuit ainsi :

$$\begin{cases} X = e^{2x} \\ X = 1 \text{ ou } X = -4 \end{cases}$$

ou encore : $e^{2x} = 1$ ou $e^{2x} = -4$.

■ L'équation $e^{2x} = 1$ s'écrit $e^{2x} = e^0$,

soit : $2x = 0$

d'où : $x = 0$.

■ L'équation $e^{2x} = -4$ n'a pas de solution, car $e^{2x} > 0$ pour tout réel x.

L'ensemble des solutions de l'équation $e^{4x} + 3e^{2x} - 4 = 0$ est $\boldsymbol{S_3 = \{0\}}$.

d) Dans cet exemple, on utilise l'équivalence suivante :

$$e^x > e^y \text{ équivaut à } x > y$$

qui traduit la stricte croissance de l'exponentielle sur $\mathbb{R}$.

On obtient donc :

$$e^{x^2-3} > e^{2x} \text{ équivaut à } x^2 - 3 > 2x, \text{ ou encore à } x^2 - 2x - 3 > 0.$$

On est ramené à la résolution d'une inéquation du second degré dans $\mathbb{R}$;
le polynôme $x^2 - 2x - 3$ admet -1 pour racine évidente ; l'autre racine est 3.
Il est positif à l'extérieur de l'intervalle des racines.
Il est négatif dans l'intervalle des racines.

Par conséquent, l'ensemble des solutions de l'inéquation $e^{x^2-3} > e^{2x}$ est :

$$\boldsymbol{S_4 =]-\infty\,;-1[\ \cup\ ]3\,;+\infty[.}$$

e) On utilise l'équivalence précédente en écrivant $1 = e^0$:

$e^{x(x^2-1)} \geqslant 1$ équivaut à $e^{x(x^2-1)} \geqslant e^0$, ou encore à $x(x^2 - 1) \geqslant 0$.

Étudions le signe de $x(x^2 - 1)$ dans un tableau :

x	$-\infty$		-1		0		1		$+\infty$
Signe de x		$-$	|	$-$	0	$+$	|	$+$	
Signe de $x^2 - 1$		$+$	0	$-$	|	$-$	0	$+$	
Signe de $x(x^2 - 1)$		$-$	0	$+$	0	$-$	0	$+$	

Le signe de $x^2 - 1$ est celui d'un polynôme du second degré admettant 1 et -1 pour racines (cas où le coefficient de x^2 est positif).

La dernière ligne du tableau nous prouve que :

$$x(x^2 - 1) \geqslant 0 \text{ si, et seulement si, } x \in [-1\,; 0] \cup [1\,; +\infty[.$$

L'ensemble des solutions de l'inéquation $e^{x(x^2-1)} \geqslant 1$ est donc :

$$\boldsymbol{S_2 = [-1\,; 0] \cup [1\,; +\infty[.}$$

f) Dans ce cas, on procède à un changement d'inconnue.
On remarque tout d'abord que : $e^{3x} + e^{2x} - 2e^x = e^x(e^{2x} + e^x - 2)$.
Comme $\forall x \in \mathbb{R}$, $e^x > 0$, on peut simplifier l'inéquation par e^x :

$$e^{3x} + e^{2x} - 2e^x \leqslant 0 \Leftrightarrow e^{2x} + e^x - 2 \leqslant 0.$$

Posons maintenant $X = e^x$.
Alors $X^2 = (e^x)^2$ et $e^{2x} + e^x - 2 \leqslant 0$ équivaut à :

$$X = e^x \text{ et } X^2 + X - 2 \leqslant 0.$$

Le polynôme $P(X) = X^2 + X - 2$ admet 1 et -2 pour racines, est de signe négatif entre les racines et positif en dehors.
$X^2 + X - 2 \leqslant 0$ si, et seulement si, $X \in [-2 ; 1]$.
Comme $X = e^x$, $e^{2x} + e^x - 2 \leqslant 0$ équivaut à $-2 \leqslant e^x \leqslant 1$.

- L'inéquation $-2 \leqslant e^x \leqslant 0$ n'a pas de solution, car, pour tout réel x, e^x est strictement positif.
- L'inégalité $e^x \geqslant 0$ est vérifiée pour tout réel x.
- $e^x \leqslant 1$ équivaut à $e^x \leqslant e^0$, ou encore à $x \leqslant 0$.

Par conséquent, l'ensemble des solutions de l'inéquation $e^{3x} + e^{2x} - 2\,e^x \leqslant 0$ est $\mathbf{S_6 =]-\infty ; 0]}$.

À RETENIR

- **Pour résoudre une équation** comportant des exponentielles, on essaie de se ramener, à l'aide des relations fonctionnelles, à une égalité de la forme $e^x = e^y$.
- **Pour résoudre une inéquation**, on cherchera à obtenir une inégalité du type $e^x \leqslant e^y$.
- On pourra parfois être amenés à effectuer un changement d'inconnue.
- Le fait que l'exponentielle soit à valeurs strictement positives permet de conclure immédiatement à l'absence de solution dans certains cas.

3 Calculer des limites de fonctions comportant des exponentielles

EXERCICE TYPE

Déterminer les limites des fonctions f suivantes :

a) $f(x) = e^{-3x+1}$ en $-\infty$ et en $+\infty$;

b) $f(x) = \dfrac{e^{2x} - 1}{e^x + 2}$ en $+\infty$;

c) $f(x) = e^x - 4x$ en $+\infty$;

d) $f(x) = e^{-x} + 2x$ en $-\infty$;

e) $f(x) = \dfrac{e^x}{x+1}$ en $+\infty$.

CORRIGÉ COMMENTÉ

a) La fonction *f* est la composée d'une fonction affine par la fonction exponentielle. On doit d'abord chercher la limite de « l'exposant ».

On a $\lim\limits_{x \to -\infty} -3x + 1 = +\infty$ et $\lim\limits_{x \to +\infty} e^x = +\infty$, alors $\boldsymbol{\lim\limits_{x \to -\infty} f(x) = +\infty}$.

De même, $\lim\limits_{x \to +\infty} -3x + 1 = -\infty$ et $\lim\limits_{x \to -\infty} e^x = 0$, alors $\boldsymbol{\lim\limits_{x \to +\infty} f(x) = 0}$.

b) On a $\lim\limits_{x \to +\infty} e^{2x} - 1 = +\infty$ et $\lim\limits_{x \to +\infty} e^x + 2 = +\infty$.

La fonction présente une forme indéterminée en $+\infty$.
Pour lever l'indétermination, on doit mettre en facteur les termes « dominants » au numérateur et au dénominateur :

$$f(x) = \frac{e^{2x}(1 - e^{-2x})}{e^x(1 + 2e^{-x})} = e^x\left(\frac{1 - e^{-2x}}{1 + 2e^{-x}}\right) \text{ (rappelons que } \frac{1}{e^x} = e^{-x}\text{)}.$$

On a $\lim\limits_{x \to +\infty} e^{-x} = \lim\limits_{x \to +\infty} e^{-2x} = 0$, alors $\lim\limits_{x \to +\infty}\left(\frac{1 - e^{-2x}}{1 + 2e^{-x}}\right) = 1$.

Comme $\lim\limits_{x \to +\infty} e^x = +\infty$, on trouve, par produit de limites, $\boldsymbol{\lim\limits_{x \to +\infty} f(x) = +\infty}$.

c) On a $\lim\limits_{x \to +\infty} e^x = +\infty$ et $\lim\limits_{x \to +\infty} 4x = +\infty$.

La fonction présente une forme indéterminée en $+\infty$.

Factorisons par e^x : $f(x) = e^x\left(1 - 4\frac{x}{e^x}\right)$.

On sait que $\lim\limits_{x \to +\infty} \frac{e^x}{x} = +\infty$, alors $\lim\limits_{x \to +\infty} \frac{x}{e^x} = 0$ et donc $\lim\limits_{x \to +\infty}\left(1 - 4\frac{x}{e^x}\right) = 1$.

Comme $\lim\limits_{x \to +\infty} e^x = +\infty$, on trouve, par produit de limites, $\boldsymbol{\lim\limits_{x \to +\infty} f(x) = +\infty}$.

d) $\lim\limits_{x \to -\infty} e^{-x} = +\infty$ et $\lim\limits_{x \to -\infty} 2x = -\infty$.

La fonction présente une forme indéterminée en $-\infty$.
Factorisons par e^{-x} : $f(x) = e^{-x}(1 + 2xe^x)$.
On sait que $\lim\limits_{x \to -\infty} xe^x = 0$, alors $\lim\limits_{x \to -\infty} (1 + 2xe^x) = 1$

et, comme $\lim\limits_{x \to -\infty} e^{-x} = +\infty$, alors, par produit de limites, $\boldsymbol{\lim\limits_{x \to -\infty} f(x) = +\infty}$.

> Les démonstrations de $\lim\limits_{x \to +\infty} \frac{e^x}{x} = +\infty$ et de $\lim\limits_{x \to -\infty} xe^x = 0$ sont à connaître. Ces limites sont connues sous le nom de « croissances comparées ».

e) Lorsque x tend vers $+\infty$, numérateur et dénominateur tendent vers $+\infty$.
La fonction présente donc une forme indéterminée en $+\infty$.
On peut lever l'indétermination en factorisant le numérateur et le dénominateur par e^x, mais il est également possible de transformer différemment l'écriture de $f(x)$ pour faire apparaître une expression dont on connaît la limite.

Ici, $f(x) = \frac{e^x}{x+1} = \frac{x}{x+1} \times \frac{e^x}{x}$. $\lim\limits_{x \to +\infty} \frac{x}{x+1} = 1$ et on sait que $\lim\limits_{x \to +\infty} \frac{e^x}{x} = +\infty$; alors, par produit de limites, $\mathbf{\lim\limits_{x \to +\infty} f(x) = +\infty}$.

À RETENIR

- **Pour déterminer une limite comportant une exponentielle**, on applique les règles opératoires habituelles sur les limites en prenant en compte que $\lim\limits_{x \to -\infty} e^x = 0$ et $\lim\limits_{x \to +\infty} e^x = +\infty$.
- Lorsque l'on est en présence d'une **forme indéterminée**, il faut se ramener, par transformation d'écriture, aux limites démontrées dans le cours, c'est-à-dire $\lim\limits_{x \to +\infty} \frac{e^x}{x} = +\infty$ et $\lim\limits_{x \to -\infty} xe^x = 0$.

4 Déterminer la dérivée de fonctions s'exprimant avec une exponentielle

EXERCICE TYPE

Déterminer une expression de la dérivée de chacune des fonctions suivantes :

a) $f(x) = e^{-x}$; ***b***) $f(x) = e^{2x-3}$; ***c***) $f(x) = e^{-x^2}$;

d) $f(x) = x^2 e^{3x}$; ***e***) $f(x) = \frac{e^x}{x+1}$.

CORRIGÉ COMMENTÉ

a) La fonction f est définie et dérivable sur $\mathbb{R}$.
On applique la formule de la dérivée d'une fonction du type e^u.
Ici, $u(x) = -x$; d'où $u'(x) = -1$ et donc $f'(x) = u'(x)e^{u(x)}$, c'est-à-dire :

$$\mathbf{f'(x) = -e^{-x}}.$$

> La dérivée d'une fonction de la forme e^u, où u est une fonction dérivable, est $u'e^u$.

b) La fonction f est définie et dérivable sur $\mathbb{R}$.
Ici, $u(x) = 2x - 3$; d'où $u'(x) = 2$ et donc $f'(x) = u'(x)e^{u(x)}$, c'est-à-dire :

$$\mathbf{f'(x) = 2e^{2x-3}}.$$

c) La fonction f est définie et dérivable sur $\mathbb{R}$.
Ici, $u(x) = -x^2$; d'où $u'(x) = -2x$ et donc $f'(x) = u'(x)e^{u(x)}$, c'est-à-dire :

$$\mathbf{f'(x) = -2xe^{-x^2}}.$$

d) $f(x) = x^2e^{3x}$. La fonction f est définie et dérivable sur $\mathbb{R}$.
On dérive f comme un produit :

$$f'(x) = 2xe^{3x} + x^2 \times 3e^{3x} \text{ et donc } f'(x) = (3x^2 + 2x)e^{3x}.$$

e) La fonction f est définie et dérivable sur $\mathbb{R} \setminus \{-1\}$.
On dérive f comme un quotient :

$$f'(x) = \frac{e^x \times (x+1) - e^x \times 1}{(x+1)^2} \text{ et donc } \boldsymbol{f'(x) = \frac{x\,e^x}{(x+1)^2}}.$$

À RETENIR

Pour dériver une fonction comportant des exponentielles, il faut appliquer les formules générales de dérivation et connaître la dérivée de e^u.

5 Étudier des fonctions s'exprimant avec une exponentielle

EXERCICE TYPE

Étudier la fonction f définie et dérivable sur $\mathbb{R}$ par $f(x) = xe^x$ (limites aux bornes, sens de variations, courbe représentative).

CORRIGÉ COMMENTÉ

■ **Limites aux bornes**

On connaît $\lim\limits_{x \to +\infty} e^x = +\infty$; par conséquent, $\boldsymbol{\lim\limits_{x \to +\infty} xe^x = +\infty}$.

Pour la limite en $-\infty$, on applique directement ce résultat connu : $\boldsymbol{\lim\limits_{x \to -\infty} xe^x = 0}$.

On en déduit que l'axe des abscisses est asymptote à la courbe (C) de f en $-\infty$.

■ **Sens de variation**

On dérive f en appliquant la formule du produit de fonctions dérivables avec $u : x \mapsto x$ et $v : x \mapsto e^x$.

$$f'(x) = 1 \times e^x + x \times e^x = (1 + x)e^x.$$

Signe de la dérivée :

Comme e^x est strictement positive, alors $f'(x)$ est du même signe que $x + 1$, c'est-à-dire :

$f'(x)$ positif si $x > -1$,
$f'(x)$ négatif si $x < -1$,
$f'(-1) = 0$.

> Lors d'une étude de signe, on doit se souvenir que, pour tout réel x, $e^x > 0$.

Tableau de variations :

x	$-\infty$		-1		$+\infty$
$f'(x)$		$-$		$+$	
f	0	↘	$-e^{-1}$	↗	$+\infty$

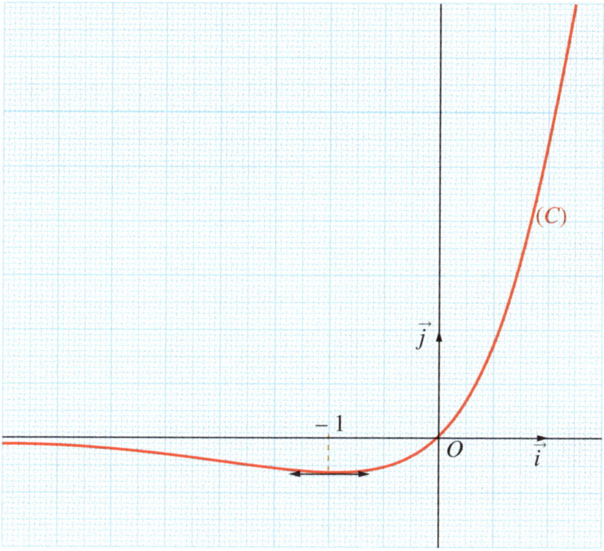

À RETENIR

Pour étudier une fonction s'exprimant avec une exponentielle, on applique les méthodes générales d'étude de fonctions, en tenant compte des spécificités de l'exponentielle : limites, dérivée.

1 ★ 5 min

Écrire le plus simplement possible les expressions suivantes, définies pour tout réel x :

a) $e^{2x-3} \times e^{1-3x}$;

b) $\dfrac{e^{x+1} \times 5\,e^{2+4x}}{e^{3x-4}}$;

c) $\dfrac{\sqrt{e^{3x-1} \times e^{5+3x}}}{e^{2x-3}}$.

→ Corrigé p. 97

2 ★ 10 min

Écrire le plus simplement possible les expressions suivantes, définies pour tout réel x :

a) $(e^{x} + e^{-x})^2$;

b) $\left(\dfrac{e^{x} + e^{-x}}{2}\right)^2 - \left(\dfrac{e^{x} - e^{-x}}{2}\right)^2$;

c) $(e^{x} + e^{-x}) \times (e^{x} - e^{-x})$.

→ Corrigé p. 97

3 ★ 5 min

Montrer que, pour tout réel x, on a :

$$\frac{e^{x}-1}{e^{x}+1} = \frac{1-e^{-x}}{1+e^{-x}} = 1 - \frac{2}{e^{x}+1}.$$

→ Corrigé p. 97

4 ★ 15 min

Résoudre dans $\mathbb{R}$ les équations suivantes :

a) $(e^{x})^3 = e^{x+1}e^{x-2}$;

b) $e^{x^2+1} = e^{-2x}$;

c) $e^{2x} + 5e^{x} - 6 = 0$;

d) $e^{4x} + (3 - e)\,e^{2x} = 3e$.

→ Corrigé p. 97

5 ★ 15 min

Résoudre dans $\mathbb{R}$ les inéquations suivantes :

a) $e^{2x-1} \leqslant (e^{x})^3$;

b) $e^{\frac{1}{x+1}} > 1$;

c) $e^{x+1} \geqslant \dfrac{1}{e}$;

d) $e^2 e^{x(x^2-4)} \geqslant e^{x^2-2}$.

→ Corrigé p. 98

6 ★ 5 min

Déterminer, en fonction du réel x le signe des expressions suivantes :

a) $A(x) = e^{2x} - e^{x+1}$;

b) $B(x) = \left(\dfrac{1}{e^{x}} - e^{x}\right)(e^{x} - e)$.

→ Corrigé p. 98

7 ★ 10 min

Déterminer les limites en $-\infty$ et en $+\infty$ des fonctions f suivantes :

a) $f(x) = 4e^{1-3x}$;

b) $f(x) = e^{x} - 2e^{2x}$;

c) $f(x) = \sqrt{4 + e^{-x}}$;

d) $f(x) = \dfrac{1 + e^{x}}{2 + e^{-x}}$.

→ Corrigé p. 99

8 ★★ 10 min

Déterminer les limites des fonctions f suivantes :

a) $f(x) = e^{3x} - 2e^{1+x}$ en $+\infty$;

b) $f(x) = \dfrac{1 - 2e^{-x}}{3 + e^{-x}}$ en $-\infty$;

c) $f(x) = e^{-\frac{1}{x}}$ en 0.

→ Corrigé p. 99

9 ★★ 15 min

Déterminer les limites des fonctions f suivantes :

a) $f(x) = e^{x} - 2x + 1$ en $+\infty$;

b) $f(x) = (x + 2)e^{-x}$ en $+\infty$;

c) $f(x) = xe^{4x}$ en $-\infty$;

d) $f(x) = \dfrac{e^{2x}}{x + 2}$ en $+\infty$.

→ Corrigé p. 100

10 ★★ 15 min

On rappelle que $\lim\limits_{x \to 0} \dfrac{e^{x} - 1}{x} = 1$. En déduire les limites des fonctions f suivantes :

a) $f(x) = \dfrac{e^{-x} - 1}{x}$ en 0 ;

b) $f(x) = \dfrac{e^{2x} - e^{x}}{x}$ en 0 ;

c) $f(x) = x\left(e^{\frac{1}{x}} - 1\right)$ en $+\infty$.

→ Corrigé p. 100

11 ★ 10 min

Calculer la dérivée de chacune des fonctions f ci-dessous.

1° $f(x) = e^{x^2 - x}$ sur $\mathbb{R}$;

2° $f(x) = (2 - x)e^{-x}$ sur $\mathbb{R}$;

3° $f(x) = \dfrac{e^{x}}{1 + e^{x}}$ sur $\mathbb{R}$;

4° $f(x) = x e^{\frac{1}{x}}$ sur $\mathbb{R} \setminus \{0\}$.

→ Corrigé p. 101

12 ★★ 15 min

Étudier la fonction définie sur $\mathbb{R}$ par $f(x) = e^{x} - x$ (limites, variations, courbe).

→ Corrigé p. 101

13 ★★ 15 min

Étudier la fonction définie sur $\mathbb{R}$ par $f(x) = (x + 1)e^{-x}$ (limites, variations, courbe).

→ Corrigé p. 102

14 ★★ **20 min**

Soit la fonction f définie pour tout nombre réel x par $f(x) = (1 + x)e^{-x}$.
Le plan est rapporté à un repère orthonormal $(O ; \vec{i}, \vec{j})$ d'unité graphique 1 cm.

1° Étudier le signe de $f(x)$ sur $\mathbb{R}$.

2° Déterminer la limite de la fonction f en $-\infty$.

3° Déterminer la limite de la fonction f en $+\infty$.

4° On note f' la fonction dérivée de f. Calculer, pour tout nombre réel x, $f'(x)$.
En déduire les variations de la fonction f sur $\mathbb{R}$.

5° Tracer la courbe représentative de f sur l'intervalle $[-2 ; 5]$.

→ *Corrigé p. 103*

15 ★★★ **20 min**

1° On considère la fonction f définie sur $]0 ; +\infty[$ par $f(x) = \dfrac{x}{e^x - 1}$.
a) Déterminer la limite de la fonction f en 0.
b) Déterminer la limite de la fonction f en $+\infty$.

2° Soit la suite (u_n) définie pour tout entier n supérieur ou égal à 1 par :

$$u_n = \frac{1}{n}\left[1 + e^{\frac{1}{n}} + e^{\frac{2}{n}} + \cdots + e^{\frac{n-1}{n}}\right].$$

Démontrer que $1 + e^{\frac{1}{n}} + e^{\frac{2}{n}} + \cdots + e^{\frac{n-1}{n}} = \dfrac{1 - e}{1 - e^{\frac{1}{n}}}$, puis en déduire que :

$$u_n = (e - 1)\, f\left(\frac{1}{n}\right).$$

3° Déduire des questions précédentes que la suite (u_n) converge vers $e - 1$.

→ *Corrigé p. 104*

1 → Énoncé p. 94 ***a)*** Pour tout $x \in \mathbb{R}$, $e^{2x-3} \times e^{1-3x} = e^{2x-3+1-3x} = \mathbf{e^{-x-2}}$.

b) Pour tout $x \in \mathbb{R}$:

$$\frac{e^{x+1} \times 5e^{2+4x}}{e^{3x-4}} = 5e^{(x+1)+(2+4x)-(3x-4)} = 5e^{x+1+2+4x-3x+4} = \mathbf{5e^{2x+7}}.$$

c) Pour tout $x \in \mathbb{R}$:

$$\frac{\sqrt{e^{3x-1} \times e^{5+3x}}}{e^{2x-3}} = \frac{\sqrt{e^{3x-1+5+3x}}}{e^{2x-3}} = \frac{\sqrt{e^{6x+4}}}{e^{2x-3}} = \frac{e^{3x+2}}{e^{2x-3}} = e^{3x+2-(2x-3)} = \mathbf{e^{x+5}}.$$

2 → Énoncé p. 94 On développe les expressions proposées à l'aide des produits remarquables :

> On remarquera que, pour tout réel x, on a $e^x \times e^{-x} = 1$.

a) pour tout $x \in \mathbb{R}$, $(e^x + e^{-x})^2 = e^{2x} + e^{-2x} + 2e^x e^{-x}$
$= \mathbf{e^{2x} + e^{-2x} + 2}$;

b) pour tout $x \in \mathbb{R}$,

$$\left(\frac{e^x + e^{-x}}{2}\right)^2 - \left(\frac{e^x - e^{-x}}{2}\right)^2 = \left(\frac{e^{2x} + e^{-2x} + 2e^x e^{-x}}{4}\right) - \left(\frac{e^{2x} + e^{-2x} - 2e^x e^{-x}}{4}\right)$$

$$\frac{4e^x e^{-x}}{4} = \mathbf{1}.$$

c) $(e^x + e^{-x}) \times (e^x - e^{-x}) = (e^x)^2 - (e^{-x})^2 = \mathbf{e^{2x} - e^{-2x}}$.

3 → Énoncé p. 94 Factorisons par e^x :

pour tout $x \in \mathbb{R}$, $\dfrac{e^x - 1}{e^x + 1} = \dfrac{e^x(1 - e^{-x})}{e^x(1 + e^{-x})} = \mathbf{\dfrac{1 - e^{-x}}{1 + e^{-x}}}$.

Reprenons l'expression initiale pour en transformer l'écriture :

$$\frac{e^x - 1}{e^x + 1} = \frac{e^x + 1 - 2}{e^x + 1} = \frac{e^x + 1}{e^x + 1} - \frac{2}{e^x + 1} = \mathbf{1 - \frac{2}{e^x + 1}}.$$

> Il était également possible de multiplier le numérateur et le dénominateur par e^{-x}.

4 → Énoncé p. 94 ***a)*** $(e^x)^3 = e^{x+1}e^{x-2} \Leftrightarrow e^{3x} = e^{x+1+x-2} \Leftrightarrow e^{3x} = e^{2x-1}$
$\Leftrightarrow 3x = 2x - 1 \Leftrightarrow x = -1$.

L'ensemble des solutions est $\boldsymbol{S = \{-1\}}$.

b) On obtient $x^2 + 1 = -2x$ soit $x^2 + 2x + 1 = 0$.
L'ensemble des solutions est $\boldsymbol{S = \{-1\}}$.

> On conduira les calculs pour aboutir à une égalité de la forme $e^a = e^b$ équivalente à $a = b$.

c) En posant $X = e^x$, on se ramène à $X^2 + 5X - 6 = 0$ qui admet comme solutions $X_1 = 1$ et $X_2 = -6$.

- $e^x = 1$ équivaut à $x = 0$;
- $e^x = -6$ n'a pas de solution, car, pour tout $x \in \mathbb{R}$, $e^x > 0$.

L'ensemble des solutions est $\boldsymbol{S = \{0\}}$.

d) En posant $X = e^{2x}$, on se ramène à $X^2 + (3 - e)X - 3e = 0$ qui admet comme solutions $X_1 = -3$ et $X_2 = e$.

- $e^{2x} = -3$ n'a pas de solution, car, pour tout $x \in \mathbb{R}$, $e^{2x} > 0$.
- $e^{2x} = e$ équivaut à $2x = 1$, soit $x = \frac{1}{2}$.

L'ensemble des solutions est $\boldsymbol{S = \left\{\frac{1}{2}\right\}}$.

5 → Énoncé p. 94 *a)* Pour tout $x \in \mathbb{R}$:
$e^{2x-1} \leqslant (e^x)^3 \Leftrightarrow e^{2x-1} \leqslant e^{3x} \Leftrightarrow 2x - 1 \leqslant 3x \Leftrightarrow x \geqslant -1$.
L'ensemble des solutions est $\boldsymbol{S = [-1\,;+\infty[}$.

b) L'inéquation est définie lorsque $x + 1 \neq 0$ c'est-à-dire dans $\mathbb{R}\setminus\{-1\}$.
Pour tout $x \in \mathbb{R}\setminus\{-1\}$:

$$e^{\frac{1}{x+1}} > 1 \Leftrightarrow \frac{1}{x+1} > 0 \Leftrightarrow x+1 > 0 \Leftrightarrow x > -1.$$

L'ensemble des solutions est $\boldsymbol{S =]-1\,;+\infty[}$.

c) Pour tout $x \in \mathbb{R}$, $e^{x+1} \geqslant \frac{1}{e} \Leftrightarrow e^{x+1} \geqslant e^{-1} \Leftrightarrow x + 1 \geqslant -1 \Leftrightarrow x \geqslant -2$.
L'ensemble des solutions est $S = [-2\,;+\infty[$.

d) Pour tout $x \in \mathbb{R}$:
$e^2 e^{x(x^2-4)} \geqslant e^{x^2-2} \Leftrightarrow e^{x^3-4x+2} \geqslant e^{x^2-2}$
$\Leftrightarrow x^3 - 4x + 2 \geqslant x^2 - 2 \Leftrightarrow x^3 - x^2 - 4x + 4 \geqslant 0$

On factorise : $x^3 - x^2 - 4x + 4 = x^2(x-1) - 4(x-1)$,
$x^3 - x^2 - 4x + 4 = (x-1)(x^2-4)$.

Faisons un tableau de signes :
$x^2 - 4$ est négatif dans l'intervalle $]-2\,;2[$, positif en dehors des racines.

x	$-\infty$		-2		1		2		$+\infty$
Signe de $x - 1$		$-$		$-$	0	$+$		$+$	
Signe de $x^2 - 4$		$+$	0	$-$		$-$	0	$+$	
Signe de $(x-1)(x^2-4)$		$-$	0	$+$	0	$-$	0	$+$	

$x^3 - x^2 - 4x + 4 \geqslant 0$ si, et seulement si, $x \in [-2\,;1] \cup [2\,;+\infty[$.
L'ensemble des solutions est $\boldsymbol{S = [-2\,;1] \cup [2\,;+\infty[}$.

On conduira les calculs pour aboutir à une inégalité de la forme $e^a < e^b$ équivalente à $a < b$.

6 → Énoncé p. 94 *a)* Pour tout $x \in \mathbb{R}$:

$$A(x) = e^{2x} - e^{x+1} = e^x(e^x - e).$$

Comme $e^x > 0$ pour tout réel x, $A(x)$ est du signe de $e^x - e = e^x - e^1$.
La fonction exponentielle étant strictement croissante sur $\mathbb{R}$, on a :

On factorisera chacune des expressions données, puis on dressera un tableau de signes.

$e^x - e < 0 \Leftrightarrow x < 1$ et $e^x - e > 0 \Leftrightarrow x > 1$.
On en déduit :

$$\boldsymbol{A(x) < 0 \text{ sur }]-\infty\,;1[,\ A(1) = 0 \text{ et } A(x) > 0 \text{ sur }]1\,;+\infty[.}$$

b) Pour tout $x \in \mathbb{R}$, $B(x) = (e^{-x} - e^x)(e^x - e)$.
Alors :
- $e^{-x} - e^x < 0 \Leftrightarrow -x < x \Leftrightarrow x > 0$ et $e^{-x} - e^x > 0 \Leftrightarrow x < 0$;
- $e^x - e < 0 \Leftrightarrow x < 1$ et $e^x - e > 0 \Leftrightarrow x > 1$.

Dressons alors un tableau de signes :

x	$-\infty$		0		1		$+\infty$
Signe de $(e^{-x} - e^x)$		+	0	–		–	
Signe de $(e^x - e)$		–		–	0	+	
Signe de $B(x)$		–	0	+	0	–	

On en déduit :
$\boldsymbol{B(x) < 0}$ **sur** $\boldsymbol{]-\infty\,;0[\,\cup\,]1\,;+\infty[}$ **;** $\boldsymbol{B(x) > 0}$ **sur** $\boldsymbol{]0\,;1[}$ **et** $\boldsymbol{B(0) = B(1) = 0}$.

7 → Énoncé p. 95 *a*) On a $\lim\limits_{x\to-\infty} 1 - 3x = +\infty$ et $\lim\limits_{x\to+\infty} e^x = +\infty$, alors, d'après la propriété donnant la limite de la composée de deux fonctions, on a $\boldsymbol{\lim\limits_{x\to-\infty} f(x) = +\infty}$.

On a $\lim\limits_{x\to+\infty} 1 - 3x = -\infty$ et $\lim\limits_{x\to-\infty} e^x = 0$, alors, par composition, $\boldsymbol{\lim\limits_{x\to+\infty} f(x) = 0}$.

b) On a $\lim\limits_{x\to-\infty} e^x = \lim\limits_{x\to-\infty} e^{2x} = 0$, alors $\boldsymbol{\lim\limits_{x\to-\infty} f(x) = 0}$.

On a $\lim\limits_{x\to+\infty} e^x = \lim\limits_{x\to+\infty} e^{2x} = +\infty$. La fonction présente une forme indéterminée en $+\infty$.
Factorisons par e^{2x} : pour tout $x \in \mathbb{R}$, $f(x) = e^{2x}(e^{-x} - 1)$.
Comme $\lim\limits_{x\to+\infty} e^{-x} = 0$, on trouve $\lim\limits_{x\to+\infty} e^{-x} - 1 = -1$, puis $\lim\limits_{x\to+\infty} f(x) = -\infty$.

c) On a $\lim\limits_{x\to-\infty} e^{-x} = +\infty$, alors, par composition, $\boldsymbol{\lim\limits_{x\to-\infty} f(x) = +\infty}$.

On a $\lim\limits_{x\to+\infty} e^{-x} = 0$, alors, par composition, $\boldsymbol{\lim\limits_{x\to-\infty} f(x) = 2}$.

d) On a $\lim\limits_{x\to-\infty} 1 + e^x = 1$ et $\lim\limits_{x\to-\infty} 2 + e^{-x} = +\infty$, alors, par quotient, $\boldsymbol{\lim\limits_{x\to-\infty} f(x) = 0}$.

On a $\lim\limits_{x\to+\infty} 1 + e^x = +\infty$ et $\lim\limits_{x\to+\infty} 2 + e^{-x} = 2$, alors, par quotient, $\boldsymbol{\lim\limits_{x\to+\infty} f(x) = +\infty}$.

8 → Énoncé p. 95 *a*) La fonction présente une forme indéterminée en $+\infty$.
Factorisons par e^{3x} : pour tout $x \in \mathbb{R}$, $f(x) = e^{3x}(1 - 2e^{1-2x})$.
Alors, $\lim\limits_{x\to+\infty} e^{1-2x} = 0$, car $\lim\limits_{x\to+\infty} 1 - 2x = -\infty$; d'où $\lim\limits_{x\to+\infty} 1 - e^{1-2x} = 1$.
Comme $\lim\limits_{x\to+\infty} e^{3x} = +\infty$, alors, par produit, $\boldsymbol{\lim\limits_{x\to+\infty} f(x) = +\infty}$.

b) La fonction présente une forme indéterminée en $-\infty$.

Factorisons par e^{-x}. Pour tout $x \in \mathbb{R}$, $f(x) = \dfrac{e^{-x}(e^x - 2)}{e^{-x}(3e^x + 1)} = \dfrac{e^x - 2}{3e^x + 1}$.

Comme $\lim\limits_{x \to -\infty} e^x = 0$, par opérations sur les limites, on trouve $\mathbf{\lim\limits_{x \to -\infty} f(x) = -2}$.

c) On a $\lim\limits_{\substack{x \to 0 \\ x<0}} \dfrac{1}{x} = -\infty$ donc $\lim\limits_{\substack{x \to 0 \\ x<0}} -\dfrac{1}{x} = +\infty$, alors, par composition, $\lim\limits_{\substack{x \to 0 \\ x<0}} f(x) = +\infty$.

On a $\lim\limits_{\substack{x \to 0 \\ x>0}} \dfrac{1}{x} = +\infty$, donc $\lim\limits_{\substack{x \to 0 \\ x>0}} -\dfrac{1}{x} = -\infty$, alors, par composition, $\lim\limits_{\substack{x \to 0 \\ x>0}} f(x) = 0$.

9 → Énoncé p. 95 *a*) La fonction présente une forme indéterminée en $+\infty$.

Factorisons par $f(x) = e^x$:

pour tout $x \in \mathbb{R}$, $f(x) = e^x\left(1 - \dfrac{2x}{e^x} + e^{-x}\right)$.

> On transformera l'expression de $f(x)$ pour être conduit à une forme dont la limite est connue.

On a $\lim\limits_{x \to +\infty} \dfrac{e^x}{x} = +\infty$, d'où $\lim\limits_{x \to +\infty} \dfrac{x}{e^x} = 0$ et $\lim\limits_{x \to +\infty} e^{-x} = 0$,

d'où $\lim\limits_{x \to +\infty} \left(1 - \dfrac{2x}{e^x} + e^{-x}\right) = 1$. Par produit, $\mathbf{\lim\limits_{x \to +\infty} f(x) = +\infty}$.

b) Pour tout $x \in \mathbb{R}$, $f(x) = \dfrac{x}{e^x} + 2e^{-x}$.

On a $\lim\limits_{x \to +\infty} \dfrac{e^x}{x} = +\infty$, d'où $\lim\limits_{x \to +\infty} \dfrac{x}{e^x} = 0$ et $\lim\limits_{x \to +\infty} e^{-x} = 0$, d'où $\mathbf{\lim\limits_{x \to +\infty} f(x) = 0}$.

c) Pour tout $x \in \mathbb{R}$, $f(x) = \dfrac{1}{4}(4xe^{4x})$.

On a $\lim\limits_{x \to -\infty} 4x = -\infty$ et $\lim\limits_{x \to -\infty} xe^x = 0$ d'après le cours, d'où, par composition, $\lim\limits_{x \to -\infty} 4xe^{4x} = 0$ et donc $\mathbf{\lim\limits_{x \to -\infty} f(x) = 0}$.

d) Pour tout $x \in \mathbb{R}$, on a $f(x) = \dfrac{2x}{x+2} \times \dfrac{e^{2x}}{2x}$.

On a, d'une part, $\lim\limits_{x \to +\infty} \dfrac{2x}{x+2} = \lim\limits_{x \to +\infty} \dfrac{2}{1 + \dfrac{2}{x}} = 2$.

D'autre part, $\lim\limits_{x \to +\infty} 2x = +\infty$ et $\lim\limits_{x \to +\infty} \dfrac{e^x}{x} = +\infty$, alors, $\lim\limits_{x \to +\infty} \dfrac{e^{2x}}{2x} = +\infty$.

On en déduit, $\mathbf{\lim\limits_{x \to +\infty} f(x) = +\infty}$.

10 → Énoncé p. 95 *a*) Une méthode possible consiste ici à factoriser par e^{-x} pour se ramener à la limite connue :

pour tout $x \neq 0$, $f(x) = e^{-x}\left(\dfrac{1 - e^x}{x}\right)$.

Comme $\lim\limits_{x \to 0} e^{-x} = 1$ et $\lim\limits_{x \to 0} \dfrac{1 - e^x}{x} = -1$, on a $\mathbf{\lim\limits_{x \to 0} f(x) = -1}$.

b) Factorisons par e^x : pour tout $x \neq 0, f(x) = e^x\left(\frac{e^x - 1}{x}\right)$.

Comme $\lim\limits_{x \to 0} e^x = 1$ et $\lim\limits_{x \to 0} \frac{e^x - 1}{x} = 1$, on a $\lim\limits_{x \to 0} f(x) = 1$.

c) On remarque que, pour tout $x \neq 0, f(x) = \dfrac{e^{\frac{1}{x}} - 1}{\frac{1}{x}} = \dfrac{e^X - 1}{X}$ en posant $X = \frac{1}{x}$.

On a alors $\lim\limits_{x \to +\infty} \frac{1}{x} = 0$, d'où, par composition, $\lim\limits_{x \to +\infty} f(x) = 1$.

11 → *Énoncé p. 95* 1° On utilise la formule de dérivation de e^u : $f'(x) = (2x - 1)e^{x^2 - x}$.

2° On dérive f comme un produit :

$$f'(x) = -e^{-x} + (2 - x)(-e^{-x}) = (x - 3)e^{-x}.$$

3° On dérive f comme un quotient :

$$f'(x) = \frac{e^x \times (1 + e^x) - e^x \times e^x}{(1 + e^x)^2} = \frac{e^x + e^{2x} - e^{2x}}{(1 + e^x)^2} = \frac{e^x}{(1 + e^x)^2}.$$

4° On dérive f comme un produit :

$$f'(x) = 1 \times e^{\frac{1}{x}} + x\left(-\frac{1}{x^2} e^{\frac{1}{x}}\right) = e^{\frac{1}{x}} - \frac{1}{x} e^{\frac{1}{x}} = \frac{x - 1}{x} e^{\frac{1}{x}}.$$

On utilisera essentiellement le théorème de dérivation de la composée $x \mapsto e^{u(x)}$, applicable à une fonction u dérivable, éventuellement combiné aux théorèmes de dérivation usuels (somme, produit, quotient).

12 → *Énoncé p. 95* ■ **Limites aux bornes**

On connaît $\lim\limits_{x \to -\infty} e^x = 0$, d'où $\lim\limits_{x \to -\infty} f(x) = +\infty$.

La fonction présente une forme indéterminée en $+\infty$.

Factorisons par e^x : pour tout $x \in \mathbb{R}$, $f(x) = e^x\left(1 - \frac{x}{e^x}\right)$.

On connaît $\lim\limits_{x \to +\infty} \frac{e^x}{x} = +\infty$, d'où $\lim\limits_{x \to +\infty} \frac{x}{e^x} = 0$ et donc $\lim\limits_{x \to +\infty} 1 - \frac{x}{e^x} = 1$.

Par produit, $\lim\limits_{x \to +\infty} f(x) = +\infty$.

■ **Sens de variations**

Calcul de la dérivée : $f'(x) = e^x - 1$.

Signe de la dérivée : la fonction exponentielle étant strictement croissante sur $\mathbb{R}$, on a :

$$e^x < 1 \Leftrightarrow x < 0 \text{ et } e^x > 1 \Leftrightarrow x > 0.$$

On en déduit, $f'(x) < 0$ sur $]-\infty ; 0[$, $f(0) = 0$ et $f'(x) > 0$ sur $]0 ; +\infty[$.

Tableau de variations :

x	$-\infty$		0		$+\infty$
$f'(x)$		$-$	0	$+$	
$f(x)$	$+\infty$	↘	1	↗	$+\infty$

Courbe représentative

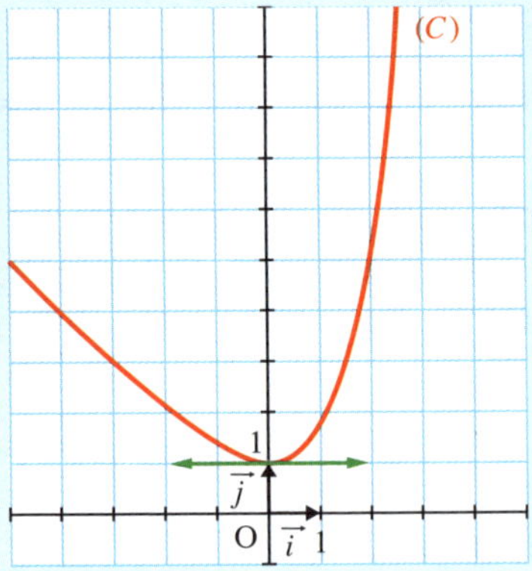

13 → Énoncé p. 95 Limites aux bornes

On connaît $\lim\limits_{x\to+\infty} e^{x} = +\infty$, d'où $\lim\limits_{x\to-\infty} e^{-x} = +\infty$.

Comme $\lim\limits_{x\to-\infty} (x+1) = -\infty$, alors $\boldsymbol{\lim\limits_{x\to-\infty} f(x) = -\infty}$.

Pour le cas de $+\infty$, on a une forme indéterminée.
On lève cette indétermination, en écrivant $f(x) = xe^{-x} + e^{-x}$.

On connaît $\lim\limits_{x\to+\infty} \dfrac{e^{x}}{x} = +\infty$, d'où $\lim\limits_{x\to+\infty} xe^{-x} = 0$.

Comme $\lim\limits_{x\to-\infty} e^{x} = 0$, alors $\lim\limits_{x\to+\infty} e^{-x} = 0$.

Donc $\boldsymbol{\lim\limits_{x\to+\infty} f(x) = 0}$.

Sens de variations

Calcul de la dérivée : $f'(x) = 1 \times e^{-x} + (x+1) \times (-e^{-x}) = -xe^{-x}$.
Signe de la dérivée : Comme e^{-x} est strictement positive, alors $f(x)$ est du même signe que $-x$.
Tableau de variations :

x	$-\infty$		0		$+\infty$
$f'(x)$		+	0	−	
$f(x)$	$-\infty$	↗	1	↘	$-\infty$

■ **Courbe représentative**

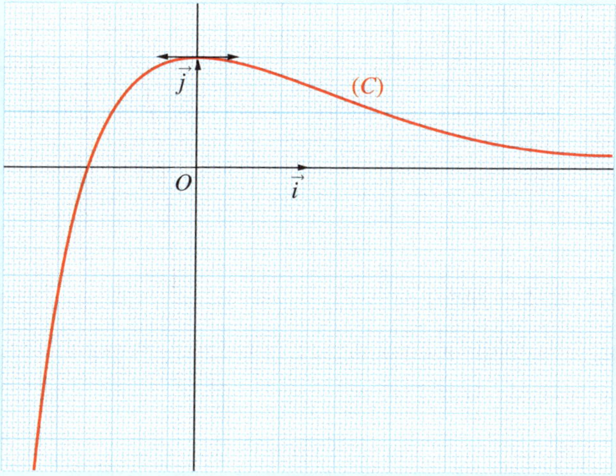

14 → *Énoncé p. 96* 1° Pour tout $x \in \mathbb{R}$, $f(x)$ est du signe de $1 + x$, car $e^{-x} > 0$.
On en déduit :

$$\boldsymbol{f(x) < 0 \text{ lorsque } x < -1,\ f(-1) = 0 \text{ et } f(x) > 0 \text{ lorsque } x > -1.}$$

2° On a $\lim\limits_{x \to -\infty} (1 + x) = -\infty$ et $\lim\limits_{x \to -\infty} e^{-x} = +\infty$, d'où, $\boldsymbol{\lim\limits_{x \to -\infty} f(x) = -\infty}$.

3° La fonction f présente une forme indéterminée en $+\infty$.
On a, pour tout réel x, $f(x) = \dfrac{1}{e^x} + \dfrac{x}{e^x}$.
On a $\lim\limits_{x \to +\infty} \dfrac{1}{e^x} = 0$ et on sait que $\lim\limits_{x \to +\infty} \dfrac{e^x}{x} = +\infty$, d'où $\lim\limits_{x \to +\infty} \dfrac{x}{e^x} = 0$.
Donc $\boldsymbol{\lim\limits_{x \to +\infty} f(x) = 0}$.

4° On dérive f comme un produit :
pour tout réel x, $f'(x) = 1 \times e^{-x} + (1 + x) \times (-e^{-x}) = e^{-x} - e^{-x} - xe^{-x} = \boldsymbol{-xe^{-x}}$.
$f'(x)$ est du signe de $-x$ sur $\mathbb{R}$, c'est-à-dire strictement positif sur $]-\infty\ ; 0[$ et strictement négatif sur $]0\ ; +\infty[$.
On en déduit les variations de f que l'on peut résumer dans le tableau suivant :

x	$-\infty$		0		$+\infty$
$f'(x)$		$+$	0	$-$	
$f(x)$	$-\infty$	↗	1	↘	0

5° On remarque que la droite d'équation $y = 1$ est tangente à la courbe au point d'abscisse 0 et que l'axe des abscisses est asymptote à la courbe en $+\infty$.

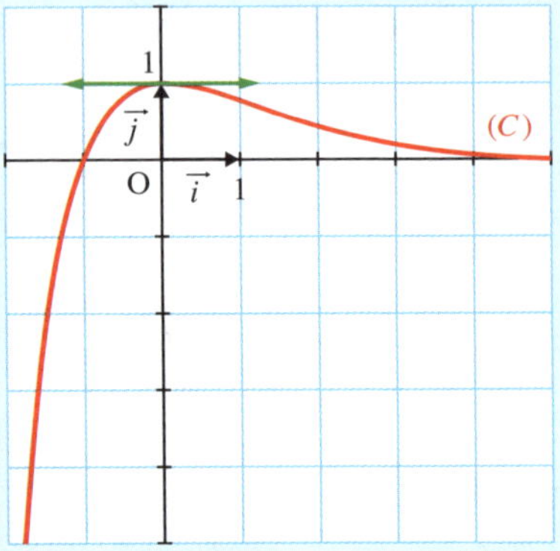

15 → *Énoncé p. 96* **1°** ***a)*** On sait que :

$\lim\limits_{x \to 0} \dfrac{e^x - 1}{x} = 1$ (définition du nombre dérivé de la fonction exponentielle en 0 ; voir le cours). Alors, par inverse, $\boldsymbol{\lim\limits_{x \to 0} f(x) = 1}$.

b) La fonction f présente une forme indéterminée en $+\infty$.

Transformons $f(x)$: pour tout $x > 0$, $f(x) = \dfrac{1}{\dfrac{e^x}{x} - \dfrac{1}{x}}$.

On sait que $\lim\limits_{x \to +\infty} \dfrac{e^x}{x} = +\infty$ et $\lim\limits_{x \to +\infty} \dfrac{1}{x} = 0$, alors, par somme, $\lim\limits_{x \to +\infty} \dfrac{e^x}{x} - \dfrac{1}{x} = +\infty$ et par inverse, $\boldsymbol{\lim\limits_{x \to +\infty} f(x) = 0}$.

2° Pour tout entier $n \geqslant 1$, $1 + e^{\frac{1}{n}} + e^{\frac{2}{n}} + \cdots + e^{\frac{n-1}{n}} = 1 + \left(e^{\frac{1}{n}}\right)^1 + \left(e^{\frac{1}{n}}\right)^2 + \cdots + \left(e^{\frac{1}{n}}\right)^{n-1}$.

On reconnaît ici la somme des n premiers termes consécutifs de la suite géométrique $(v_i)_{i \in \mathbb{N}}$ de terme général $v_i = e^{\frac{i}{n}}$, de raison $e^{\frac{1}{n}}$ et de premier terme 1.

On a donc : $v_0 + v_1 + v_2 + \ldots + v_{n-1}$

$$= 1 + e^{\frac{1}{n}} + e^{\frac{2}{n}} + \cdots + e^{\frac{n-1}{n}} = \frac{1 - \left(e^{\frac{1}{n}}\right)^n}{1 - e^{\frac{1}{n}}} = \frac{1 - e}{1 - e^{\frac{1}{n}}}.$$

> La somme des n premiers termes consécutifs d'une suite géométrique de premier terme u_0 et de raison q différente de 1 est $u_0 + u_1 + \ldots + u_{n-1} = u_0\left(\dfrac{1 - q^n}{1 - q}\right)$.

On en déduit ensuite :

$$u_n = \frac{1}{n}\left(\frac{1 - e}{1 - e^{\frac{1}{n}}}\right) = \frac{1}{n}\left(\frac{e - 1}{e^{\frac{1}{n}} - 1}\right) = (e - 1)\frac{\frac{1}{n}}{e^{\frac{1}{n}} - 1} = \boldsymbol{(e - 1)\, f\left(\frac{1}{n}\right)}.$$

3° On sait que $\lim\limits_{n \to +\infty} \dfrac{1}{n} = 0$ et on a vu que $\lim\limits_{x \to 0} f(x) = 1$, alors, par composition :

$$\lim_{n \to +\infty} f\left(\frac{1}{n}\right) = 1.$$

On en déduit alors $\lim\limits_{n \to +\infty} u_n = e - 1$. **La suite (u_n) converge bien vers e – 1.**

CHAPITRE

5 Continuité

1 Notion de continuité

A. Continuité d'une fonction en un point

On dit qu'une fonction f est **continue en un réel *a*** appartenant à son ensemble de définition lorsque la limite de f en a existe et vaut $f(a)$.

Autrement dit :
f est continue en a si, et seulement si, $\lim\limits_{x \to a} f(x) = f(a)$

si, et seulement si, $\lim\limits_{h \to 0} f(a+h) = f(a)$.

B. Continuité d'une fonction sur un intervalle

On dit qu'une fonction f est **continue sur un intervalle I** inclus dans son ensemble de définition lorsque f est continue en tout réel a appartenant à I.

Graphiquement :
Si une fonction f est continue sur un intervalle I , alors sa courbe représentative se trace « sans lever le crayon » sur cet intervalle (tracé continu).

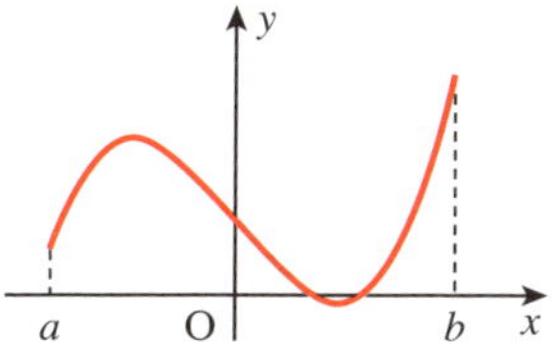

f est continue sur $[a\,;\,b]$

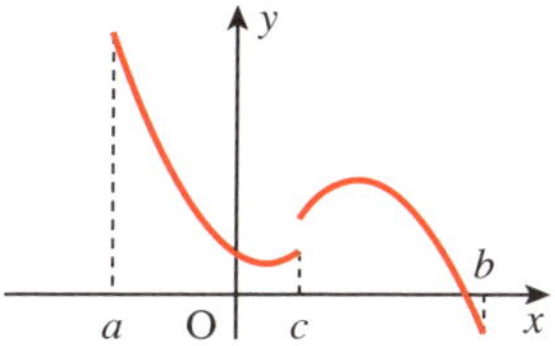

f n'est pas continue sur $[a\,;\,b]$
(car f n'est pas continue en c)

■ On conviendra que, dans les tableaux de variations, les flèches obliques traduisent la continuité et la stricte monotonie de la fonction sur l'intervalle considéré.

■ **Continuité des fonctions usuelles**
On admettra que :

Les fonctions polynômes, rationnelles, trigonométriques, logarithmes, exponentielles, $x \mapsto \sqrt{x}$ et $x \mapsto |x|$ ainsi que toutes les fonctions obtenues par somme, produit, quotient et composée des précédentes sont continues sur tout intervalle inclus dans leur ensemble de définition.

C. Dérivabilité et continuité

■ On admettra la propriété suivante :
Si une fonction f est dérivable en un réel a, alors f est continue en a.

Et plus généralement :
Si f est dérivable sur un intervalle I, alors f est continue sur I.

■ La réciproque de cette propriété est fausse, une fonction continue en un réel a n'étant pas nécessairement dérivable en a. (La fonction valeur absolue, par exemple, est continue, mais pas dérivable en 0.)

2 Applications

A. Théorème des valeurs intermédiaires

Soient f une fonction définie et continue sur un intervalle I, et a et b deux réels de I. Pour tout réel k compris entre $f(a)$ et $f(b)$, il existe un réel c compris entre a et b tel que $f(c) = k$.

■ Autrement dit, tout réel compris entre $f(a)$ et $f(b)$ admet au moins un antécédent compris entre a et b par la fonction f.

■ Ce théorème permet, entre autre, de prouver l'existence de solution de l'équation $f(x) = k$ dans un intervalle donné.

B. Cas des fonctions continues strictement monotones

■ Dans le cas où la fonction est strictement monotone, le théorème des valeurs intermédiaires admet le corollaire suivant :

Si f est une fonction continue strictement monotone sur $[a\ ;\ b]$, alors, pour tout réel k compris entre $f(a)$ et $f(b)$, l'équation $f(x) = k$ admet une solution **unique** dans $[a\ ;\ b]$.

■ Ce résultat, plus utilisé que le théorème des valeurs intermédiaires lui-même, permet de déterminer le nombre exact de solutions d'une équation et de les localiser.

■ Ce corollaire peut s'étendre à un intervalle quelconque (ouvert, semi-ouvert, borné ou non). On remplace alors $f(a)$ et $f(b)$ par les limites de f aux bornes de l'intervalle.

■ On pourra toujours se ramener à la résolution d'une équation du type $f(x) = 0$. Dans ce cas, la condition d'existence de solution sera « $f(a)$ et $f(b)$ sont de signes contraires » ou encore « $f(a)\,f(b) < 0$ ».

■ Les théorèmes précédents permettent d'affirmer l'existence de solutions, mais pas d'en donner la valeur.

Ces éventuelles solutions ne sont d'ailleurs pas toujours exprimables à l'aide d'opérations algébriques ou de radicaux. Dans tous les cas, on pourra en donner une valeur approchée obtenue à l'aide d'un algorithme (dichotomie) ou d'un tableau de valeurs lu sur la calculatrice (balayage).

C. Algorithme de dichotomie

Étant donné une fonction f continue et strictement monotone sur un intervalle $[a\ ;\ b]$ telle que $f(a)$ et $f(b)$ soient de signes contraires. L'équation $f(x) = 0$ admet une unique solution dont on peut déterminer un encadrement par dichotomie.

Principe de cette méthode :

- on calcule le milieu $m = \dfrac{a+b}{2}$ de l'intervalle $[a\ ;\ b]$;
- si $f(m)$ et $f(a)$ sont de même signe, la solution se trouve dans $[m\ ;\ b]$: on affecte à a la valeur de m ;
- dans le cas contraire, la solution se trouve dans $[a\ ;\ m]$: on affecte à b la valeur de m ;
- on réitère le processus tant que $b - a$ est supérieur à la précision p voulue.

On obtient alors l'algorithme suivant :

```
Variables
        a, b, p, m : nombres réels
        f : fonction
Début algorithme
        Saisir f, a, b, p
        Tant que b – a > p faire
        |       m prend la valeur (a + b)/2
        |       Si f(a) f(m) > 0 alors
        |       |       a prend la valeur m
        |       |       sinon
        |       |       b prend la valeur m
        |       Fin si
        Fin Tant que
        Afficher a, b
Fin algorithme
```

1 Appliquer le théorème des « valeurs intermédiaires »

EXERCICE TYPE

Montrer que l'équation $x^5 + 2x^3 - 4x = 1$ admet au moins une solution dans $\mathbb{R}$.

CORRIGÉ COMMENTÉ

L'énoncé ne demande pas de résoudre l'équation, mais uniquement de justifier l'existence de solution.

Pour répondre à cette question, aucune étude de fonction n'est nécessaire.
Nous allons en effet appliquer le théorème des valeurs intermédiaires.
Posons tout d'abord $f(x) = x^5 + 2x^3 - 4x$.
Il suffit alors de trouver deux réels dont les images encadrent la valeur 1.
On remarque tout d'abord que $f(0) = 0$.
$f(1)$ est négatif et ne convient pas, mais $f(2) = 32 + 16 - 8 = 40$.
Alors : f est une fonction polynôme, donc continue sur l'intervalle $[0 ; 2]$.
Le réel 1 est compris entre $f(0)$ et $f(2)$, donc d'après le théorème des valeurs intermédiaires, l'équation $f(x) = 1$ admet au moins une solution dans $[0 ; 2]$ et donc a fortiori dans $\mathbb{R}$.

Remarques :

- Les valeurs 0 et 2 ont été prises intuitivement et pour la simplicité des calculs. D'innombrables autres valeurs (et même une infinité) auraient pu conduire au résultat.
- Il était possible de poser $f(x) = x^5 + 2x^3 - 4x - 1$ et d'étudier alors l'existence des solutions de l'équation $f(x) = 0$.
- Rien ne permet d'affirmer qu'il n'y a qu'une seule solution. Nous avons simplement démontré qu'il y en avait au moins une.

À RETENIR

• **Le théorème dit « des valeurs intermédiaires »** permet de démontrer qu'une fonction prend au moins une fois une valeur donnée, c'est-à-dire de justifier l'existence de solution pour une équation du type $f(x) = k$.
Il suffit pour cela que la fonction soit continue sur l'intervalle considéré (ce qui est le cas pour la plupart des fonctions étudiées en Terminale) et que l'on trouve deux réels dont les images encadrent k.
• Si l'intervalle est donné, il suffit de calculer les images des bornes (ou éventuellement les limites).
• S'il n'y a aucune indication d'intervalle, l'image de 0 (si elle existe) est simple à calculer, et en général des considérations de signe ou d'ordre de grandeur permettent de trouver rapidement une autre valeur (en général, entière).
• Il est bien entendu conseillé d'utiliser la calculatrice et sa fonction « tableau » pour la recherche des ces valeurs.

2 Déterminer le nombre de solutions d'une équation du type $f(x) = k$

EXERCICE TYPE

1° Étudier les variations de la fonction f définie sur $\mathbb{R}$ par :

$$f(x) = x^3 - 3x + 1.$$

2° En déduire le nombre de solutions de l'équation $x^3 - 3x + 1 = 0$.

CORRIGÉ COMMENTÉ

1° f est une fonction polynôme, donc dérivable sur $\mathbb{R}$.
Pour tout x réel, $f'(x) = 3x^2 - 3 = 3(x-1)(x+1)$.
$f'(x) = 0$ pour $x = -1$ et $x = 1$.
$f'(x) > 0$ si $x \in \,]-\infty\,;1] \cup \,]1\,;+\infty[$, et $f'(x) < 0$ si $x \in \,]-1\,;1[$ (d'après la règle du signe d'un trinôme du second degré).
Donc **f est strictement croissante sur $]-\infty\,;-1]$ et sur $[1\,;+\infty[$, et strictement décroissante sur $[-1\,;1]$**.
Pour $x \neq 0$, $f(x) = x^3\left(1 - \dfrac{3}{x^2} + \dfrac{1}{x^3}\right)$.
Alors, en utilisant les théorèmes sur les limites et les opérations, $\lim\limits_{x \to -\infty}\left(1 - \dfrac{3}{x^2} + \dfrac{1}{x^3}\right) = 1$ et $\lim\limits_{x \to -\infty} x^3 = -\infty$, donc $\lim\limits_{x \to -\infty} f(x) = -\infty$, et $\lim\limits_{x \to +\infty}\left(1 - \dfrac{3}{x^2} + \dfrac{1}{x^3}\right) = 1$ et $\lim\limits_{x \to +\infty} x^3 = +\infty$, donc $\lim\limits_{x \to +\infty} f(x) = +\infty$.
On peut alors dresser le tableau de variations de la fonction f :

x	$-\infty$		-1		1		$+\infty$
$f'(x)$		+	0	−	0	+	
$f(x)$	$-\infty$	↗	3	↘	-1	↗	$+\infty$

2° L'équation étudiée est $f(x) = 0$.
f est une fonction polynôme, donc continue sur $\mathbb{R}$.
D'après le tableau de variations : f est continue et strictement croissante sur $]-\infty\,;-1]$.
Comme 0 appartient à $]-\infty\,;3]$, alors l'équation $f(x) = 0$ admet une unique solution dans $]-\infty\,;-1]$.
f est continue et strictement décroissante sur $[-1\,;1]$.
Comme 0 est compris entre $f(-1) = 3$ et $f(1) = -1$, alors l'équation $f(x) = 0$ admet une unique solution dans $[-1\,;1]$.

> Pour la question 2°, traiter séparément chaque intervalle où la fonction est strictement monotone.

f est continue et strictement croissante sur $[1 ; +\infty[$.
Comme 0 appartient à $[-1 ; +\infty[$, alors l'équation $f(x) = 0$ admet une unique solution dans $[1 ; +\infty[$.
On peut donc affirmer que l'équation $x^3 - 3x + 1 = 0$ admet exactement trois solutions dans $\mathbb{R}$.

À RETENIR

- **Le corollaire du théorème des valeurs intermédiaires** permet de prouver l'existence d'une unique solution à une équation du type $f(x) = k$ sur un intervalle donné.
- Pour déterminer le nombre de solutions d'une telle équation, on doit appliquer une ou plusieurs fois cette propriété, sur chaque intervalle qui en vérifie les hypothèses.
- La fonction doit être continue et strictement monotone sur l'intervalle considéré (une étude préalable des variations est donc nécessaire).
- Enfin, le réel k doit être compris entre les images ou les limites des bornes de l'intervalle.

3 Déterminer une valeur approchée d'une équation du type $f(x) = k$

EXERCICE TYPE

Montrer que l'équation $x^3 + x + 1 = 0$ admet une unique solution α dans $[-2 ; 2]$ et déterminer une valeur approchée de α à 10^{-2} près par défaut.

CORRIGÉ COMMENTÉ

Soit f la fonction polynôme définie par $f(x) = x^3 + x + 1$.
f est définie et dérivable sur $[-2 ; 2]$; $f'(x) = 3x^2 + 1$.
$f'(x) > 0$ sur $[-2 ; 2]$, donc f est strictement croissante sur cet intervalle.
$f(-2) = -9$ et $f(2) = 11$.

> La recherche d'une valeur approchée de la solution α doit se faire à l'aide de la calculatrice.

Les hypothèses du théorème d'existence et d'unicité d'une solution sont donc satisfaites. En effet, f est continue et strictement croissante sur $[-2 ; 2]$. 0 est compris entre $f(-2)$ et $f(2)$, donc l'équation $f(x) = 0$ admet une unique solution dans $[-2 ; 2]$. Notons α cette solution.
Pour donner une valeur approchée de α à 10^{-2} près, il suffit de trouver un intervalle d'amplitude inférieure ou égale à 10^{-2} et tel que 0 soit compris entre l'image de ses bornes. Comme f est *a fortiori* continue et strictement croissante sur cet intervalle, il contiendra α.

Procédons par étapes, en utilisant la calculatrice pour faire un balayage de l'intervalle [–2 ; 2].
Programmons une machine (par exemple, la Casio Graph 25) afin de faire un balayage de l'intervalle [–2 ; 2] par pas de 0,1 :

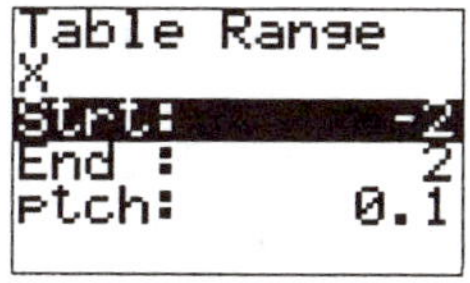

En faisant défiler le tableau de valeurs, on note que $f(-0,7) < 0$ et $f(-0,6) > 0$:

Ce qui prouve que $-0,7 < \alpha < -0,6$.
Effectuons maintenant un balayage de l'intervalle [–0,7 ; –0,6] par pas de 0,01 :

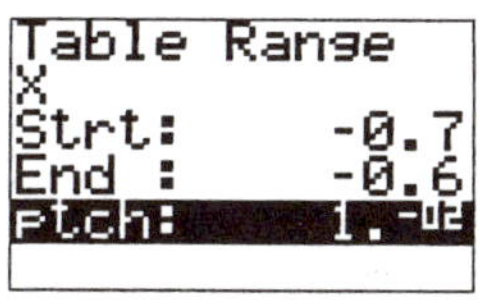

On note cette fois que $f(-0,69) < 0$ et $f(-0,68) > 0$:

On peut donc affirmer que $-0,69 < \alpha < -0,68$.
–0,69 est une valeur approchée de α à 10^{-2} près par défaut.
Il est également possible d'utiliser l'algorithme de dichotomie si on l'a implémenté sur sa calculatrice.
On entre $a = -2$, $b = 2$ et $p = 0,01$ pour une précision à 10^{-2}.
L'algorithme renvoie les valeurs –0,6875 et –0,6796875 ce qui signifie que $-0,6875 < \alpha < -0,6796875$.
On peut alors prendre **–0,68 comme valeur approchée de α à 10^{-2} près**.

Remarques :

■ Les deux encadrement obtenus diffèrent légèrement, mais ne sont pas incompatibles, car leur intersection n'est pas vide.

■ Toute valeur comprise dans l'un des deux intervalles peut être prise comme valeur approchée de la solution avec la précision voulue.

À RETENIR

- **Pour déterminer une valeur approchée d'une solution** α de l'équation $f(x) = k$, il suffit de déterminer deux réels x_1 et x_2 tels que $f(x_1) < k < f(x_2)$.
- Si f est strictement croissante, on en déduira : $x_1 < \alpha < x_2$.
- Si f est strictement décroissante, on en déduira : $x_1 > \alpha > x_2$.
- Les valeurs de x_1 et de x_2 seront obtenues soit à la calculatrice par balayage de l'intervalle de départ, soit à l'aide de l'algorithme de dichotomie sur calculatrice ou sur ordinateur.
- Enfin, tout réel compris entre x_1 et x_2 pourra être pris pour valeur approchée de α à la précision demandée.

1 ★ 5 min

Démontrer que l'équation $x^4 + 3x^2 - 5x + 1 = 4$ admet au moins une solution dans $\mathbb{R}$.

→ Corrigé p. 115

2 ★ 5 min

Démontrer que l'équation $\sqrt{x-3} = \frac{8}{x^2}$ admet au moins une solution dans $[3\ ;+\infty[$.

→ Corrigé p. 115

3 ★ 5 min

Démontrer que l'équation $\cos x = \frac{x^2}{2}$ admet au moins une solution dans $\mathbb{R}$.

→ Corrigé p. 115

4 ★ 15 min

Soit la fonction polynôme définie sur $\mathbb{R}$ par $f(x) = x^3 - 3x^2 - 9x + 10$.

1° Étudier les variations de la fonction f.

2° Déterminer le nombre de solutions de l'équation $f(x) = 0$.

→ Corrigé p. 115

5 ★ 10 min

Montrer que l'équation $-\frac{1}{3}x^3 + x^2 + 3 = 0$ admet une et une seule solution dans $\mathbb{R}$.

→ Corrigé p. 116

6 ★ 10 min

Montrer que l'équation $x^3 + 2x^2 + 1 = 0$ admet une unique solution α dans $[-3\ ;-2]$ et déterminer une valeur approchée de α à 10^{-2} près par défaut obtenue par balayage.

→ Corrigé p. 117

7 ★ 10 min

Soit f la fonction définie sur $[1\ ;2]$ par $f(x) = x^4 - x^2 + 1$.

1° Étudier les variations de f.

2° Montrer que l'équation $f(x) = 3$ admet une solution et une seule, α, dans l'intervalle $]1\ ;2[$.

3° Donner une valeur approchée de α à10^{-2} près obtenue à l'aide d'un algorithme de dichotomie.

→ Corrigé p. 117

8 ★★ **20 min**

On considère la fonction polynôme P, définie pour tout x réel par :

$$P(x) = 2x^3 - 3x^2 - 1.$$

1° ***a***) Étudier les variations de P.

b) Montrer que l'équation $P(x) = 0$ admet une solution réelle et une seule α. Donner une valeur approchée de α à 10^{-2} près.

c) En déduire, suivant les valeurs du réel x, le signe de $P(x)$.

On considère la fonction numérique f définie sur $\mathbb{R} \setminus \{-1\}$ par :

$$f(x) = \frac{1-x}{1+x^3}.$$

2° ***a***) Déterminer les limites de f aux bornes de son ensemble de définition.

b) À l'aide de la question **1°**, étudier les variations de f et dresser son tableau de variations.

→ *Corrigé p. 118*

9 ★★ **25 min**

Partie 1

Soit g la fonction définie sur $[0\ ;+\infty[$ par $g(x) = e^x - xe^x + 1$.

1° Déterminer la limite de g en $+\infty$.

2° Étudier les variations de la fonction g.

3° Donner le tableau de variations de g.

4° ***a***) Démontrer que l'équation $g(x) = 0$ admet sur $[0\ ;+\infty[$ une unique solution. On notera α cette solution.

b) À l'aide de la calculatrice, déterminer un encadrement d'amplitude 10^{-2} de α.

c) Démontrer que $e^{\alpha} = \frac{1}{\alpha - 1}$.

5° Déterminer le signe de $g(x)$ suivant les valeurs de x.

Partie 2

Soit A la fonction définie et dérivable sur $[0\ ;+\infty[$ telle que $A(x) = \frac{4x}{e^x + 1}$.

1° Démontrer que pour tout réel x positif ou nul, $A'(x)$ a le même signe que $g(x)$, où g est la fonction définie dans la **partie 1**.

2° En déduire les variations de la fonction A sur $[0\ ;+\infty[$.

→ *Corrigé p. 119*

1 → Énoncé p. 113 Posons $f(x) = x^4 + 3x^2 - 5x + 1$.
On remarque que $f(-1) = 10$ et que $f(0) = 1$.
f est une fonction polynôme, définie et continue sur $\mathbb{R}$.
Comme 4 est compris entre $f(-1)$ et $f(0)$ alors, d'après le théorème des valeurs intermédiaires, **l'équation $f(x) = 4$ admet au moins une solution entre –1 et 0, donc a fortiori dans $\mathbb{R}$**.

2 → Énoncé p. 113 La méthode étudiée ne permet de résoudre que des équations du type $f(x) = k$. Il faut donc transformer l'équation donnée.
Pour tout $x > 3$, $\sqrt{x-3} = \dfrac{8}{x^2} \Leftrightarrow x^2\sqrt{x-3} = 8$.
Posons $f(x) = x^2\sqrt{x-3}$. Il faut alors résoudre l'équation $f(x) = 8$.
On remarque $f(3) = 0$ et que $f(4) = 16$.
f est obtenue par composée et produit de fonctions polynômes et racine carrée. Elle est continue sur son ensemble de définition, c'est-à-dire $[3\ ;+\infty[$.
Comme 8 est compris entre $f(3)$ et $f(4)$, alors, d'après le théorème des valeurs intermédiaires, **l'équation $f(x) = 8$ admet au moins une solution entre 3 et 4, donc a fortiori dans $[3\ ;+\infty[$.**

> La fonction f proposée n'est pas la seule qui puisse convenir.
> On aurait pu, par exemple, prendre $f(x) = \sqrt{x-3} - \dfrac{8}{x^2}$. Mais, dans ce cas, on devait s'intéresser à l'équation $f(x) = 0$.

3 → Énoncé p. 113 Démontrons que l'équation $\cos x = \dfrac{x^2}{2}$ admet au moins une solution dans $\mathbb{R}$.
Pour tout x de $\mathbb{R}$, $\cos x = \dfrac{x^2}{2} \Leftrightarrow \cos x - \dfrac{x^2}{2} = 0$.
Posons $f(x) = \cos x - \dfrac{x^2}{2}$; il faut alors résoudre l'équation $f(x) = 0$.
On remarque que $f(0) = 1$ et que $f\left(\dfrac{\pi}{2}\right) = -\dfrac{\pi^2}{8}$.
f est une différence de deux fonctions continues sur $\mathbb{R}$, elle est donc continue sur $\mathbb{R}$.
Comme 0 est compris entre $f(0)$ et $f\left(\dfrac{\pi}{2}\right)$, alors, d'après le théorème des valeurs intermédiaires, **l'équation $f(x) = 0$ admet au moins une solution entre 0 et $\dfrac{\pi}{2}$, donc a fortiori dans $\mathbb{R}$.**

> La continuité doit être rapidement justifiée en invoquant les fonctions usuelles et les opérations sur les fonctions continues.

4 → Énoncé p. 113 **1°** f est dérivable sur $\mathbb{R}$ en tant que fonction polynôme et $f'(x) = 3x^2 - 6x - 9$.
-1 et 3 sont racines de $f'(x)$, ainsi $f'(x) = 3(x+1)(x-3)$.
La règle du signe du trinôme du second degré donne :

$$f'(x) > 0 \text{ si } x \in]-\infty\ ; -1[\ \cup\ ]3\ ; +\infty[\text{ et } f'(x) < 0 \text{ si } x \in]-1\ ; 3[.$$

Pour tout $x \neq 0$, $f(x) = x^3\left(1 - \frac{3}{x} - \frac{9}{x^2} + \frac{10}{x^3}\right)$.

À l'aide des théorèmes sur les limites et les opérations, on montre que :

$$\lim_{x \to -\infty} f(x) = -\infty \text{ et } \lim_{x \to +\infty} f(x) = +\infty.$$

On peut alors dresser le tableau de variations de f :

x	$-\infty$		-1		3		$+\infty$
$f'(x)$		$+$	0	$-$	0	$+$	
$f(x)$	$-\infty$	↗	15	↘	-17	↗	$+\infty$

2° f est une fonction polynôme, donc continue sur $\mathbb{R}$.
D'après le tableau de variations :
f est continue et strictement croissante sur $]-\infty ; -1]$.
Comme 0 est compris entre $\lim_{x \to -\infty} f(x) = -\infty$ et $f(-1) = 15$, alors l'équation $f(x) = 0$ admet une unique solution dans $]-\infty ; -1]$.
f est continue et strictement décroissante sur $[-1 ; 3]$.
Comme 0 est compris entre $f(-1) = 15$ et $f(3) = -17$, alors l'équation $f(x) = 0$ admet une unique solution dans $[-1 ; 3]$.
f est continue et strictement croissante sur $[3 ; +\infty[$.
Comme 0 est compris entre $f(3) = -17$ et $\lim_{x \to +\infty} f(x) = +\infty$, alors l'équation admet une unique solution dans $[1 ; +\infty[$.
On peut donc affirmer que l'équation $f(x) = 0$ admet exactement trois solutions dans $\mathbb{R}$.

5 → *Énoncé p. 113* Posons $f(x) = -\frac{1}{3}x^3 + x^2 + 3$.

Une étude de f sans difficulté conduit au tableau de variations suivant :

x	$-\infty$		0		2		$+\infty$
$f'(x)$		$-$	0	$+$	0	$-$	
$f(x)$	$+\infty$	↘	3	↗	$\frac{13}{3}$	↘	$-\infty$

f est une fonction polynôme, donc continue sur $\mathbb{R}$.
D'après le tableau de variations : sur l'intervalle $]-\infty ; 2]$, le minimum de f est 3 strictement positif. f ne peut donc s'annuler sur cet intervalle.
L'équation $f(x) = 0$ n'a pas de solution sur $]-\infty ; 2]$.

Par contre, f est continue et strictement décroissante sur $[2\ ;+\infty[$.
Comme 0 est compris entre $f(2) = \frac{13}{3}$ et $\lim_{x\to+\infty} f(x) = -\infty$, alors l'équation $f(x) = 0$ admet une unique solution dans $[2\ ;+\infty[$.
L'équation $f(x) = 0$ admet donc une solution unique dans $\mathbb{R}$.

Le théorème des valeurs intermédiaires a pour but d'assurer l'existence de solution d'une équation dans un intervalle.
On ne doit donc pas l'appliquer sur les intervalles $]-\infty\ ;0]$ et $[0\ ;2]$ où il n'y a pas de solution.

6 → Énoncé p. 113 Posons $f(x) = x^3 + 2x^2 + 1$.
f est dérivable sur $[-3\ ;-2]$ et $f'(x) = 3x^2 + 4x = x(3x + 4)$.
$f'(x) = 0$ pour $x = 0$ et $x = -\frac{4}{3}$.
L'intervalle $[-3\ ;-2]$ étant inclus dans l'intervalle $\left]-\infty\ ;-\frac{4}{3}\right]$, $f'(x) > 0$ sur $[-3\ ;-2]$ et donc f est strictement croissante sur cet intervalle.
$f(-3) = -8$ et $f(-2) = 1$.
f est donc continue et strictement croissante sur $[-3\ ;-2]$.
0 est compris entre $f(-3)$ et $f(-2)$, donc l'équation $f(x) = 0$ admet une unique solution dans l'intervalle $[-3\ ;-2]$. Soit α cette solution.
La calculatrice donne :
$f(-2,3) = -0,587$ et $f(-2,2) = 0,032$, donc $-2,3 < \alpha < -2,2$.
$f(-2,21) \approx -0,025$ et $f(-2,20) \approx 0,032$, donc $-2,21 < \alpha < -2,20$.
$-2,21$ est une valeur approchée de α à 10^{-2} près par défaut.

7 → Énoncé p. 113 ***a)*** f est dérivable sur $[1\ ;2]$ et $f'(x) = 4x^3 - 2x = 2x(2x^2 - 1)$.
$2x$ et $(2x^2 - 1)$ sont strictement positifs sur $[1\ ;2]$, donc $f'(x) > 0$ sur $[1\ ;2]$ et f est strictement croissante sur cet intervalle.

b) $f(1) = 1$ et $f(2) = 16 - 4 + 1 = 13$.
f est donc continue et strictement croissante sur $[1\ ;2]$.
3 est compris entre $f(1)$ et $f(2)$, donc l'équation $f(x) = 3$ admet une unique solution dans l'intervalle $[1\ ;2]$ et même dans $]1\ ;2[$, car ni 1 ni 2 ne sont solutions.

c) L'équation $f(x) = 3$ est équivalente à l'équation $f(x) - 3 = 0$.
On cherche donc une valeur approchée de la solution sur $[1\ ;2]$ de l'équation $g(x) = 0$, où g est la fonction telle que $g(x) = f(x) - 3 = x^4 - x^2 - 2$.
Soit α cette solution.
On entre l'expression de g, puis $a = 1$ et $b = 2$ dans un algorithme de dichotomie.
L'algorithme renvoie les valeurs 1,4140625 et 1,421875.
On a, par exemple : **1,42 est une valeur approchée de α à 10^{-2} près**.
Remarque : l'équation $f(x) = 0$ est une équation bicarrée. On peut la résoudre par calcul en posant $X = x^2$; la solution comprise entre 1 et 2 est $\sqrt{2}$. Le résultat trouvé à la question ***c)*** est donc cohérent.

8 → Énoncé p. 114 **1°** *a*) Une étude de P sans difficulté conduit au tableau suivant :

x	$-\infty$		0		1		$+\infty$
$P'(x)$		$+$	0	$-$	0	$+$	
P	$-\infty$	↗	-1	↘	-2	↗	$+\infty$

b) Sur $]-\infty\,;1]$, $P(x) < -1$, donc l'équation $P(x) = 0$ n'a pas de solution sur $]-\infty\,;1]$.
f est continue et strictement croissante sur $[1\,;+\alpha[$.
0 est compris entre $P(1)$ et $\lim\limits_{x\to+\infty} P(x)$, donc l'équation $P(x) = 0$ admet une unique solution dans $[1\,;+\infty[$.
En conclusion, l'équation $P(x) = 0$ admet une et une seule solution α dans $\mathbb{R}$.

$$\left.\begin{array}{l} P(1{,}67) \approx -0{,}051 \\ P(1{,}68) \approx 0{,}016 \end{array}\right\} \text{ donc } 1{,}67 < \alpha < 1{,}68.$$

Alors **$\alpha = 1{,}67$ à 10^{-2} près.**

c) D'après le tableau de variations de P :
$P(x) < 0$ sur $]-\infty\,;\alpha[$, $P(\alpha) = 0$ et $P(x) > 0$ sur $]\alpha\,;+\infty[$.

2° *a*) Pour $x \neq 0$, $f(x) = \dfrac{1}{x^2} \times \dfrac{\dfrac{1}{x} - 1}{\dfrac{1}{x^3} + 1}$,

d'où par opérations sur les limites : $\lim\limits_{x\to-\infty} f(x) = 0$ et $\lim\limits_{x\to+\infty} f(x) = 0$.

$\lim\limits_{x\to-1} 1 - x = 2$ et $\lim\limits_{x\to-1} x^3 + 1 = 0^-$, donc, par quotient, $\lim\limits_{x\to-1} f(x) = -\infty$.

$\lim\limits_{x\to-1} 1 - x = 2$ et $\lim\limits_{\substack{x\to-1\\x>-1}} x^3 + 1 = 0^+$, donc, par quotient, $\lim\limits_{\substack{x\to-1\\x>-1}} f(x) = +\infty$.

b) f est dérivable sur $\mathbb{R}\setminus\{-1\}$, car c'est une fonction rationnelle, et $f'(x) = \dfrac{P(x)}{(1 + x^3)^2}$ est du signe de $P(x)$.

x	$-\infty$		-1		α		$+\infty$
$f'(x)$		$-$	‖	$-$	0	$+$	
f	0	↘	$-\infty$ ‖ $+\infty$	↘	$f(\alpha)$	↗	0

La valeur exacte de α est inconnue. On doit donc conserver l'expression littérale de ce réel dans les écritures d'intervalles ou dans le tableau de variations.
Il serait incorrect d'utiliser une valeur approchée telle que 1,67 par exemple.

9 → *Énoncé p. 114* **Partie 1**

1° Pour tout $x \geqslant 0$, on a $g(x) = (1-x)e^x + 1$.

Alors $\lim\limits_{x \to +\infty} (1-x) = -\infty$ et $\lim\limits_{x \to +\infty} e^x = +\infty$, d'où $\lim\limits_{x \to +\infty} (1-x)e^x = -\infty$ et $\mathbf{\lim\limits_{x \to +\infty} f(x) = -\infty}$.

2° g est dérivable sur $[0\ ;+\infty[$ et, pour tout $x \geqslant 0$, $g'(x) = e^x - e^x - xe^x = -xe^x$.
$g'(x)$ a le même signe que $-x$, donc $g'(0) = 0$ et $g'(x) < 0$ sur $]0\ ;+\infty[$.
La fonction g est donc strictement décroissante sur $[0\ ;+\infty[$.

3° On déduit des questions précédentes le tableau de variations de g :

x	0		$+\infty$
$g'(x)$		$+$	0
$g(x)$	2 ↘		$-\infty$

4° *a*) g est continue, car dérivable et strictement décroissante sur $[0\ ;+\infty[$.
De plus, $g(0)$ et $\lim\limits_{x \to +\infty} g(x)$ sont de signes opposés.
D'après le corollaire du théorème des valeurs intermédiaires, **l'équation $g(x) = 0$ admet une solution unique α dans l'intervalle $[0\ ;+\infty[$.**

b) On trouve, à l'aide de la calculatrice :
$g(1{,}27) \approx 0{,}04$ et $g(1{,}28) \approx -0{,}007$ ce qui prouve que $\mathbf{1{,}27 < \alpha < 1{,}28}$.

c) $g(\alpha) = 0 \Leftrightarrow (1-\alpha)e^\alpha + 1 = 0 \Leftrightarrow (1-\alpha)e^\alpha = -1 \Leftrightarrow e^\alpha = \dfrac{-1}{1-\alpha}$ et donc :

$$\mathbf{e^\alpha = \frac{1}{\alpha - 1}}.$$

5° On sait que g est strictement décroissante sur $[0\ ;+\infty[$ et que $g(\alpha) = 0$.
On en déduit : $\mathbf{g(x) > 0}$ **sur $[0\ ;\alpha[$; $g(x) = 0$ et $g(x) < 0$ sur $[\alpha\ ;+\infty[$.**

Partie 2

1° Pour tout réel x positif ou nul :

$$A'(x) = \frac{4(e^x+1) - 4xe^x}{(e^x+1)^2} = \frac{4(e^x - xe^x + 1)}{(e^x+1)^2} = \frac{4g(x)}{(e^x+1)^2}.$$

Comme $(e^x+1)^2$ est toujours strictement positif, **$A'(x)$ a le même signe que $g(x)$ sur $[0\ ;+\infty[$.**

2° On déduit alors de la première partie que :
A **est strictement croissante sur $[0\ ;\alpha[$ et strictement décroissante sur $[\alpha\ ;+\infty[$.**

CHAPITRE 6

Fonction logarithme

1 Définition

La **fonction logarithme népérien** est la fonction, notée **ln**, définie dans l'intervalle $]0\ ;+\infty[$ telle que pour tout nombre réel a strictement positif :

$$b = \ln a \Leftrightarrow a = e^{b}.$$

Conséquences :

- $\ln 1 = 0$
- $\ln e = 1$
- Pour tout nombre réel a strictement positif, $e^{\ln a} = a$.
- Pour tout nombre réel b, $\ln(e^{b}) = b$.
- On dit que les fonctions exponentielle et logarithme népérien sont réciproques l'une de l'autre.

Dans un repère orthonormé, la courbe (C) de la fonction exponentielle et la courbe (C') de la fonction logarithme népérien sont symétriques l'une de l'autre par rapport à la droite (D) d'équation $y = x$.

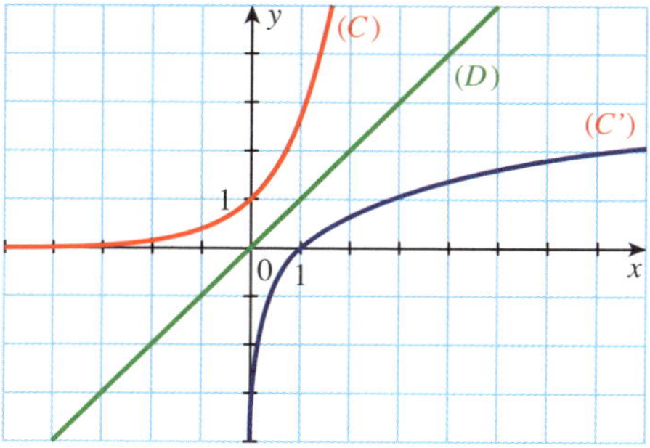

2 Propriétés algébriques

A. Propriété fondamentale

Quels que soient les nombres réels a et b strictement positifs :

$$\ln(ab) = \ln a + \ln b.$$

B. Propriétés

Quels que soient les nombres réels a et b strictement positifs, quel que soit l'entier relatif n, on a :

- $\ln\left(\frac{1}{b}\right) = -\ln b$;
- $\ln\left(\frac{a}{b}\right) = \ln a - \ln b$;
- $\ln(a^n) = n\ln a$;
- $\ln\sqrt{a} = \frac{1}{2}\ln a$.

3 Étude de la fonction logarithme népérien

A. Propriété

La **fonction logarithme népérien** est **dérivable sur l'intervalle]0 ; +∞[** et, pour tout nombre réel x strictement positif, $\ln'(x) = \frac{1}{x}$.

- La dérivée de la fonction logarithme est la fonction inverse sur l'intervalle]0 ; +∞[.
- La primitive* s'annulant en 1 de la fonction inverse sur l'intervalle]0 ; +∞[est la fonction logarithme népérien. (* Voir le chapitre *Primitives*.)

B. Propriété

La **fonction logarithme népérien** est **strictement croissante sur l'intervalle]0 ; +∞[**.

Conséquence du sens de variations :

Quels que soient les nombres réels a et b strictement positifs,

$\ln a = \ln b \Leftrightarrow a = b$; $\ln a < \ln b \Leftrightarrow a < b$.

Pour tout nombre réel x strictement positif, $\ln x > 0 \Leftrightarrow x > 1$

$\ln x < 0 \Leftrightarrow 0 < x < 1$.

C. Propriété

- $\lim\limits_{x \to +\infty} \ln x = +\infty$;
- $\lim\limits_{x \to 0^+} \ln x = -\infty$.

Autres limites :

- $\lim\limits_{x \to +\infty} \frac{\ln x}{x} = 0$;
- $\lim\limits_{x \to 0} \frac{\ln(1+x)}{x} = 1$ (cette limite représente le nombre dérivé en 1 de la fonction logarithme népérien).

D. Propriété

Soit u une fonction définie et dérivable sur un intervalle I, telle que, pour tout nombre réel x de l'intervalle I, $u(x) > 0$.
Alors, la fonction $f : x \mapsto \ln(u(x))$ est définie sur l'intervalle I, dérivable, et pour tout nombre réel x de l'intervalle I, $f'(x) = \dfrac{u'(x)}{u(x)}$.

4 Fonction logarithme décimal

A. Définition

La **fonction logarithme décimal** est la fonction, notée **log**, définie sur l'intervalle $]0\,;+\infty[$ telle que, pour tout nombre réel x strictement positif :

$$\log x = \frac{\ln x}{\ln 10}.$$

B. Propriétés

$$\log 10 = 1$$

Quels que soient les nombres réels a et b strictement positifs, quel que soit l'entier relatif n :

$$\log(ab) = \log a + \log b\ ; \qquad \log\left(\frac{a}{b}\right) = \log a - \log b\ ;$$

$$\log(a^n) = n \log a$$

et, en particulier : $\log(10^n) = n$.

1 Utiliser les propriétés algébriques du logarithme

EXERCICE TYPE

1° Exprimer en fonction de $\ln 2$ et $\ln 5$:

$A = \ln 100$; $B = \ln\left(\frac{25}{8}\right)$; $C = \ln(2{,}5 \times 10^{-6})$.

2° Soient a et b des nombres réels strictement positifs. Exprimer en fonction de $\ln a$ et $\ln b$:

$A = \ln(a^3b^4)$; $B = \ln\left(\frac{a^2}{b^3}\right)$; $C = \ln\left(a^2\sqrt{ab}\right)$.

CORRIGÉ COMMENTÉ

1° Les nombres 100 ; $\frac{25}{8}$; $2{,}5 \times 10^{-6}$ peuvent être exprimés en fonction de puissances de 2 et de 5.

$100 = 2^2 \times 5^2$; $\frac{25}{8} = \frac{5^2}{2^3}$;

$2{,}5 \times 10^{-6} = 5^2 \times 10^{-7} = 5^2 \times (2 \times 5)^{-7} = 2^{-7} \times 5^{-5}$.

> On utilise exclusivement les propriétés algébriques du logarithme (voir propriétés algébriques p.121).

On applique ensuite les propriétés algébriques liées au produit, quotient et puissances :

$A = \ln 100 = \ln(2^2 \times 5^2) = \ln(2^2) + \ln(5^2) = 2\ln 2 + 2\ln 5$

$\boldsymbol{A = 2\ln 2 + 2\ln 5}$;

$B = \ln\left(\frac{25}{8}\right) = \ln\left(\frac{5^2}{2^3}\right) = \ln(5^2) - \ln(2^3) = 2\ln 5 - 3\ln 2$

$\boldsymbol{B = 2\ln 5 - 3\ln 2}$;

$C = \ln(2{,}5 \times 10^{-6}) = \ln(2^{-7} \times 5^{-5}) = \ln(2^{-7}) + \ln(5^{-5}) = -7\ln 2 - 5\ln 5$

$\boldsymbol{C = -7\ln 2 - 5\ln 5}$.

2° On applique les propriétés algébriques du logarithme liées au produit, quotient, puissances et racine carrée :

$A = \ln(a^3b^4) = \ln(a^3) + \ln(b^4) = 3\ln a + 4\ln b$

$\boldsymbol{A = 3\ln a + 4\ln b}$.

$B = \ln\left(\frac{a^2}{b^3}\right) = \ln(a^2) - \ln(b^3) = 2\ln a - 3\ln b$

$\boldsymbol{B = 2\ln a - 3\ln b}$.

$C = \ln\left(a^2\sqrt{ab}\right) = \ln(a^2) + \ln\sqrt{ab} = 2\ln a + \frac{1}{2}\ln(ab) = 2\ln a + \frac{1}{2}(\ln a + \ln b)$

$\boldsymbol{C = \frac{5}{2}\ln a + \frac{1}{2}\ln b}$.

À RETENIR

- **Pour exprimer le logarithme d'un nombre x** en fonction du logarithme de nombres a et b, on exprime x en fonction de a et b en faisant apparaître des produits, quotient, puissances ou racines carrées. Ce qui permet d'appliquer les propriétés algébriques du logarithme.
- **Remarque :** une expression de x sous forme d'une somme ne conduirait à rien puisqu'il n'existe pas d'expression du logarithme d'une somme.

2 Résoudre une équation comprenant des logarithmes

EXERCICE TYPE

Résoudre, dans $\mathbb{R}$, les équations ci-dessous.

1° $\ln(x-1) + \ln(x+6) = \ln(10-x)$.

2° $\ln(x+2) = 1 + \ln(x-3)$.

3° $(\ln x)^2 - 6\ln x + 5 = 0$.

CORRIGÉ COMMENTÉ

La fonction ln n'étant définie que sur $]0\,;+\infty[$, il convient, avant toute chose, de déterminer l'ensemble des réels x pour lesquels l'équation a un sens. Nous l'appellerons « ensemble de définition de l'équation ».

> Il est obligatoire de déterminer l'existence de chaque terme avant tout calcul, puis de conduire les calculs pour aboutir à une égalité de la forme $\ln a = \ln b$, équivalente à $a = b$.

1° ■ Pour que l'équation ait un sens, il faut que toutes les expressions « à l'intérieur » des logarithmes soient strictement positives, c'est-à-dire :

$$x-1>0, \text{ qui équivaut à } x>1\,;$$
$$x+6>0, \text{ qui équivaut à } x>-6\,;$$
$$10-x>0, \text{ qui équivaut à } x<10.$$

Ces trois inégalités sont vérifiées si, et seulement si, $1 < x < 10$.
L'équation est donc définie sur $\boldsymbol{D =]1\,;10[}$.

■ L'étape suivante consiste à transformer l'équation afin d'utiliser la propriété « $\ln x = \ln x' \Leftrightarrow x = x'$ ».
Pour cela, utilisons les propriétés algébriques :
Pour tout $x \in D$, $\ln(x-1) + \ln(x+6) = \ln(10-x)$
équivaut à :

$$\ln[(x-1)(x+6)] = \ln(10-x),$$

c'est-à-dire :

$$\ln(x^2 + 5x - 6) = \ln(10 - x).$$

Cette égalité entre logarithmes équivaut à :

$$x^2 + 5x - 6 = 10 - x,$$

c'est-à-dire :

$$x^2 + 6x - 16 = 0.$$

■ Il ne reste plus qu'à résoudre cette équation du second degré, en utilisant, par exemple, son discriminant :
$\Delta = 100$, l'équation a deux solutions : $x = -8$ ou $x = 2$.
-8 et 2 sont deux solutions possibles. Mais -8 ne convient pas, car $-8 \notin D$.
Comme $2 \in D$, 2 est la seule solution de l'équation proposée.
Ainsi, on a $\boldsymbol{S = \{2\}}$.

2° La démarche est analogue à celle de l'équation précédente.
Pour que l'équation ait un sens, il faut que :

$$x + 2 > 0, \text{ soit } x > -2$$

et :

$$x - 3 > 0, \text{ soit } x > 3.$$

Ainsi, $\boldsymbol{D =]3\,;+\infty[}$.
Pour obtenir une égalité entre logarithmes, il faut remarquer que $1 = \ln e$.
Ainsi, $\ln(x + 2) = 1 + \ln(x - 3)$ équivaut successivement à :

$$\ln(x + 2) = \ln e + \ln(x - 3),$$

$$\ln(x + 2) = \ln\big(e(x - 3)\big).$$

D'où $x + 2 = e(x - 3)$, puis :

$$x - ex = -3e - 2,$$

c'est-à-dire:

$$x = \frac{-3e - 2}{1 - e} = \frac{3e + 2}{e - 1}.$$

La calculatrice nous donne $\dfrac{3e + 2}{e - 1} \approx 5{,}9$;

par conséquent, $\dfrac{3e + 2}{e - 1} \in D$.

Donc $\boldsymbol{S = \left\{\dfrac{3e + 2}{e - 1}\right\}}$.

3° Cette équation, qui ne comporte que des « $\ln x$ » est définie sur $]0\,;+\infty[$. Donc $\boldsymbol{D =]0\,;+\infty[}$.
Il s'agit, cette fois, d'une équation « du second degré en ln ».
Pour la résoudre, nous allons procéder par changement de variable.
En effet, si on pose $X = \ln x$, l'équation est équivalente à :

$$\begin{cases} X = \ln x \\ X^2 - 6X + 5 = 0. \end{cases}$$

L'équation $X^2 - 6X + 5 = 0$ a pour solutions $X = 1$ ou $X = 5$.
L'équation proposée est donc équivalente à :

$$\begin{cases} \ln x = 1 \\ \text{ou} \\ \ln x = 5 \end{cases} \quad \text{soit} \quad \begin{cases} \ln x = \ln \mathrm{e} \\ \text{ou} \\ \ln x = \ln \mathrm{e}^5 \end{cases} ;$$

$$\text{d'où} \quad \begin{cases} x = \mathrm{e} \\ \text{ou} \\ x = \mathrm{e}^5. \end{cases}$$

Donc $\boldsymbol{S = \{\mathrm{e} \,;\, \mathrm{e}^5\}}$.

À RETENIR

• **Lorsque l'on résout une équation comportant des logarithmes**, on doit, avant toute chose, en déterminer les conditions d'existence (ensemble de définition).
• **La suite dépend de la nature de l'équation proposée :**
– soit on utilise les propriétés algébriques pour se ramener à une égalité entre logarithmes ($\ln x = \ln x'$) ;
– soit, lorsque l'équation est polynomiale, on procède par changement de variable en posant $X = \ln x \, (x > 0)$.
• Dans tous les cas, on utilise la propriété $\ln x = \ln x' \Leftrightarrow x = x'$ pour « enlever les logarithmes » et pouvoir conclure (sans oublier les conditions d'existence trouvées au début).

3 Résoudre une inéquation comprenant des logarithmes

EXERCICE TYPE

Résoudre, dans $\mathbb{R}$, les inéquations ci-dessous.

1° $\ln(x + 2) + \ln(x + 4) \geqslant \ln(x + 8)$.

2° $\ln(2x^2 + 3x + 1) < 0$.

3° $(\ln x)^2 + 3(\ln x) + 2 > 0$.

CORRIGÉ COMMENTÉ

La démarche pour les inéquations est strictement identique à celle suivie pour la résolution des équations.

1° L'inéquation a un sens si $x + 2 > 0$, $x + 4 > 0$ et $x + 8 > 0$.

Il est obligatoire de déterminer l'existence de chaque terme avant tout calcul, puis de conduire les calculs pour aboutir à une égalité de la forme $\ln a < \ln b$, équivalente à $a < b$.

Elle est donc définie sur $\boldsymbol{D =]-2\,;+\infty[}$.
Dans ces conditions :

$$\ln(x+2) + \ln(x+4) \geqslant \ln(x+8)$$

équivaut successivement à :

$$\ln[(x+2)(x+4)] \geqslant \ln(x+8),$$
$$\ln(x^2+6x+8) \geqslant \ln(x+8),$$
$$x^2+6x+8 \geqslant x+8, \quad \text{car ln est strictement croissante sur }]0\,;+\infty],$$
$$x^2+5x \geqslant 0,$$
$$x(x+5) \geqslant 0.$$

$x(x+5) \geqslant 0$ si, et seulement si, $x \leqslant -5$ ou $x \geqslant 0$.
Compte tenu des conditions $\left(x \in]-2\,;+\infty[\right)$, $x \leqslant -5$ ne peut être vérifiée.
Finalement, $\boldsymbol{S = [0\,;+\infty[}$.

2° Il faut que $2x^2+3x+1 > 0$. Or, $2x^2+3x+1$ admet pour racines -1 et $-\frac{1}{2}$.
L'expression est strictement positive « à l'extérieur » des racines.

Donc $\boldsymbol{D =]-\infty\,;-1[\cup \left]-\frac{1}{2}\,;+\infty\right[}$.

Pour obtenir une inégalité entre logarithmes, il faut remarquer que $0 = \ln 1$.
L'inéquation est donc équivalente successivement à :

$$\ln(2x^2+3x+1) < \ln 1,$$
$$2x^2+3x+1 < 1, \quad \text{car ln est strictement croissante sur }]0\,;+\infty],$$
$$2x^2+3x < 0,$$
$$x(2x+3) < 0$$

$x(2x+3) < 0$ si, et seulement si, $-\frac{3}{2} < x < 0$, ou encore $x \in \left]-\frac{3}{2}\,;0\right[$.
$\left(x \text{ est dans l'intervalle des racines de } 2x^2+3x = x(2x+3).\right)$

L'ensemble S des solutions sera alors $S = D \cap \left]-\frac{3}{2}\,;0\right[$;
c'est-à-dire $\boldsymbol{S = \left]-\frac{3}{2}\,;-1\right[\cup \left]-\frac{1}{2}\,;0\right[}$.

3° Ici, $\boldsymbol{D =]0\,;+\infty[}$, car l'inéquation ne comporte que des « $\ln x$ ». Comme pour les équations de ce type, nous allons procéder par changement de variable, en posant $X = \ln x$.

Donc : $(\ln x)^2 + 3(\ln x) + 2 > 0$ équivaut à $\begin{cases} x > 0 \\ X = \ln x \\ X^2+3X+2 > 0. \end{cases}$

X^2+3X+2 admet deux racines : -2 et -1.
Alors $X^2+3X+2 > 0$ si, et seulement si, $X < -2$ ou $X > -1$.

L'inéquation équivaut alors à $\begin{cases} x > 0 \\ \ln x < -2 \text{ ou } \ln x > -1, \end{cases}$

ou encore $\begin{cases} x > 0 \\ \ln x < \ln[(e)^{-2}] \text{ ou } \ln x > \ln[(e)^{-1}], \end{cases}$

c'est-à-dire $\begin{cases} x > 0 \\ x < e^{-2} \text{ ou } x > e^{-1}. \end{cases}$

Finalement, $\boldsymbol{S =]0\ ;\ e^{-2}[\ \cup\ ]e^{-1}\ ;\ +\infty[}$.

À RETENIR

• **Pour résoudre une inéquation comprenant des logarithmes**, on doit :
– déterminer les conditions d'existence ;
– utiliser les propriétés algébriques pour se ramener à une inéquation entre logarithmes ($\ln x \leqslant \ln x'$, par exemple) ou, selon les cas, faire un changement de variable en posant $X = \ln x$;
– déterminer l'ensemble des solutions en tenant compte des conditions trouvées au début.

• Il est quelquefois possible de factoriser l'expression proposée (s'il s'agit, par exemple, d'un polynôme en $\ln x$), puis d'en déterminer le signe à l'aide d'un tableau.

• Dans tous les cas, on utilise la stricte croissance de la fonction ln pour « enlever » les logarithmes et conclure.

4 Déterminer la limite d'une fonction comprenant des logarithmes

EXERCICE TYPE

Déterminer les limites des fonctions f suivantes :

a) $f(x) = \ln\left(\frac{2x-1}{x+2}\right)$ en $+\infty$, puis en $\frac{1}{2}$;

b) $f(x) = x\ln x - x^2$ en $+\infty$;

c) $f(x) = x\ln\left(1+\frac{1}{x}\right)$ en $+\infty$. $\left(\text{On pourra poser } X = \frac{1}{x}.\right)$

CORRIGÉ COMMENTÉ

a) ■ **Étude en** $+\infty$

$$\lim_{x\to+\infty} \frac{2x-1}{x+2} = \lim_{x\to+\infty} \frac{2-\frac{1}{x}}{1+\frac{2}{x}} = 2$$

(limite d'une fonction rationnelle),

Comme dans tous les exercices de limites, on mentionnera les cas d'indétermination qui nécessiteront une nouvelle écriture de l'expression donnée.

donc $\lim\limits_{x\to+\infty} \ln\left(\frac{2x-1}{x+2}\right) = \ln 2$ (limite d'une fonction composée).

■ **Étude en $\frac{1}{2}$**

f est définie sur $]-\infty\,;-2[\,\cup\,\left]\frac{1}{2}\,;+\infty\right[$.

$\lim\limits_{\substack{x\to\frac{1}{2}\\ x>\frac{1}{2}}} \frac{2x-1}{x+2} = 0^+$, d'où $\lim\limits_{\substack{x\to\frac{1}{2}\\ x>\frac{1}{2}}} f(x) = -\infty$ (limite d'une fonction composée).

b) On trouve une indétermination du type « ∞ – ∞ ».
On transforme donc l'écriture de $f(x)$:

$$f(x) = x^2\left(\frac{\ln x}{x} - 1\right).$$

Or, $\lim\limits_{x\to+\infty} \frac{\ln x}{x} = 0$ (limite démontrée en cours et faisant partie des limites à connaître),

donc : $\lim\limits_{x\to+\infty}\left(\frac{\ln x}{x} - 1\right) = -1$, et $\lim\limits_{x\to+\infty} f(x) = -\infty$ (par opérations sur les limites).

c) On trouve une indétermination du type « ∞ × 0 », car :

$$\lim_{x\to+\infty} \ln\left(1+\frac{1}{x}\right) = \ln 1 = 0.$$

Posons $X = \frac{1}{x}$. Il suffit alors de chercher la limite quand X tend vers 0 ($X > 0$) de $\frac{1}{X}\ln(1 + X)$.

Or, $\lim\limits_{x\to 0} \frac{\ln(1+X)}{X} = 1$ (limite à connaître), d'où $\lim\limits_{x\to+\infty} f(x) = 1$.

À RETENIR

- **Pour déterminer la limite d'une fonction comprenant des logarithmes**, on utilise, dans de nombreux cas, le théorème relatif aux limites des fonctions composées.
- Dans les cas d'indétermination, on est amené à utiliser les limites du cours, soit directement, soit après avoir transformé l'écriture de $f(x)$ (en mettant, par exemple, x ou $\frac{1}{x}$ en facteur).
- Il est également possible d'utiliser un changement de variable, mais, dans ce cas, l'énoncé apporte toutes les indications nécessaires. Dans tous les cas, une parfaite connaissance des limites données dans le cours est indispensable.

5 Calculer la dérivée d'une fonction de la forme $f : x \mapsto \ln(u(x))$

EXERCICE TYPE

Calculer sur l'intervalle I la dérivée des fonctions suivantes :

1° $f : x \mapsto \ln(x+5)$, $\quad I =]-5 ; +\infty[$;

2° $f : x \mapsto \ln(-2x+4)$, $\quad I =]-\infty ; 2[$;

3° $f : x \mapsto \ln(x^2+1)$, $\quad I = \mathbb{R}$.

CORRIGÉ COMMENTÉ

Toutes les fonctions sont du type $f : x \mapsto \ln(u(x))$. On s'assurera au préalable que la fonction u est dérivable et à valeurs strictement positives sur l'intervalle I.

> On vérifiera tout d'abord la dérivabilité de la fonction u et on s'assurera que $u(x)$ est strictement positive.

1° Pour tout x élément de l'intervalle $I =]-5 ; +\infty[$, $x > -5$, donc $x + 5 > 0$.
La fonction $u : x \mapsto x + 5$ est dérivable sur I comme fonction affine ;
pour tout x de I, $u'(x) = 1$.
f est donc dérivable sur I et pour tout x de I, $f'(x) = \dfrac{1}{x+5}$.

2° Pour tout x élément de l'intervalle $I =]-\infty ; 2[$, $x < 2$, donc $-2x > -4$; d'où $-2x + 4 > 0$.
La fonction $u : x \mapsto -2x + 4$ est dérivable sur I comme fonction affine ; pour tout x de I, $u'(x) = -2$.
f est donc dérivable sur I et pour tout x de I, $f'(x) = \dfrac{-2}{-2x+4}$.
D'où $f'(x) = \dfrac{1}{x-2}$.

3° Pour tout réel x, $x^2 \geqslant 0$; d'où $x^2 + 1 > 0$.
La fonction $u : x \mapsto x^2 + 1$ est dérivable sur I comme fonction polynôme ;
pour tout x de I, $u'(x) = 2x$.
f est donc dérivable sur I et pour tout x de I, $f'(x) = \dfrac{2x}{x^2+1}$.

À RETENIR

• **Lorsque l'on reconnaîtra une fonction du type $f : x \mapsto \ln(u(x))$** dont on devra calculer la dérivée, on s'assurera que la fonction u est dérivable sur l'intervalle considéré et que les valeurs prises par u sont strictement positives. Ensuite, on appliquera la formule donnant la dérivée de ce type de fonctions, à savoir $f' : x \mapsto \dfrac{u'(x)}{u(x)}$.

1 ★ 5 min

Exprimer les nombres suivants en fonction de $\ln 2$, $\ln 3$, $\ln 5$:
$A = \ln 30$; $B = \ln 1{,}2$; $C = \ln 0{,}03$; $D = \ln\left(25\sqrt{6}\right)$.

→ Corrigé p. 135

2 ★ 5 min

Soient a, b et c des nombres réels strictement positifs. Exprimer les nombres suivants en fonction de $\ln a$, $\ln b$ et $\ln c$:
$A = \ln(a^2bc^3)$; $B = \ln\left(\frac{ab}{c^2}\right)$; $C = \ln\left(a^2\sqrt{\frac{b}{c}}\right)$.

→ Corrigé p. 135

3 ★ 10 min

Résoudre, dans $\mathbb{R}$, l'équation : $2\ln x + \ln(x-1) = \ln(-2x^2+5x-3)$.

→ Corrigé p. 135

4 ★ 10 min

Résoudre, dans $\mathbb{R}$, l'équation : $1 + \ln(x+3) = \ln(x^2+2x-3)$.

→ Corrigé p. 135

5 ★★ 10 min

Résoudre, dans $\mathbb{R}$, l'équation : $(\ln x)^3 + 3(\ln x)^2 - 4(\ln x) = 0$.

→ Corrigé p. 136

6 ★★ 15 min

1° Résoudre, dans $\mathbb{R}$, l'équation : $x^4 - 10x^2 + 9 = 0$. (On pourra poser $X = x^2$.)

2° En déduire la résolution, dans $\mathbb{R}$, des équations :
a) $(\ln x)^4 - 10(\ln x)^2 + 9 = 0$;
b) $\ln(10 - x^2) = 2\ln 3 - \ln x^2$.

→ Corrigé p. 136

7 ★ 10 min

Résoudre, dans $\mathbb{R}$, l'inéquation : $\ln(x+3) + \ln(x-4) \leqslant 2\ln(x-1)$.

→ Corrigé p. 137

8 ★ 10 min

Résoudre, dans $\mathbb{R}$, l'inéquation : $\ln(x^2 - 4e^2) < 1 + \ln(3x)$.

→ Corrigé p. 137

9 ★★ 10 min

Résoudre, dans $\mathbb{R}$, l'inéquation : $(\ln x)^2 + 2\ln x - 15 \leqslant 0$.

→ Corrigé p. 137

10 ★ 10 min

Calculer la dérivée de la fonction f dans l'intervalle I.

1° $f : x \mapsto \ln(3x - 10)$, $I = \left]\frac{10}{3} ; +\infty\right[$.

2° $f : x \mapsto \ln(-5x + 15)$, $I =]-\infty ; 3[$.

3° $f : x \mapsto \ln(x^2 + x + 1)$, $I = \mathbb{R}$.

→ Corrigé p. 137

11 ★★ 20 min

Déterminer la dérivée de chacune des fonctions f suivantes :

a) $f(x) = \dfrac{2\ln x + 1}{2x}$;

b) $f(x) = \dfrac{x}{x - \ln x}$;

c) $f(x) = \ln\left(\dfrac{5x + 9}{x + 5}\right)$;

d) $f(x) = x[\ln(x + 1) - \ln x]$;

e) $f(x) = x(\ln x)^2$;

f) $f(x) = 100\left(\dfrac{\ln x}{x}\right)^4$.

→ Corrigé p. 138

12 ★★ 15 min

Déterminer les limites de chacune des fonctions f suivantes :

a) $f(x) = 2x - 1 + \ln\left(\dfrac{x}{x + 1}\right)$ en $+\infty$;

b) $f(x) = \dfrac{2\ln x + 1}{2x}$ en $+\infty$;

c) $f(x) = x\ln\left(\dfrac{x + 1}{x}\right)$ en 0 ($x > 0$) ;
(On pourra poser $X = \sqrt{x}$.)

d) $f(x) = \dfrac{\ln x}{\sqrt{x}}$ en $+\infty$.

→ Corrigé p. 138

13 ★★ 40 min

Soit la fonction g définie sur $]-3\ ;\ 3[$ par $g(x) = \ln\left(\dfrac{3+x}{3-x}\right)$.

1° Étudier la parité de la fonction g.

2° *a)* Calculer les limites de g en -3 et en 3.
b) Étudier le sens de variations de g sur $[0\ ;\ 3[$; dresser son tableau de variations sur $]-3\ ;\ 3[$.

3° Soit $(O\ ;\ \vec{i}, \vec{j})$ un repère orthonormal d'unité graphique 1 centimètre. Soit (C) la courbe représentative de g dans ce repère.
a) Déterminer une équation de la tangente (T) à (C) au point d'abscisse 0.
b) Tracer la courbe (C) et sa tangente (T).

→ Corrigé p. 139

14 ★★★ 30 min

1° Montrer que, pour tout réel x positif, on a :

$$x - \frac{x^2}{2} \leqslant \ln(1+x) \leqslant x$$

(on pourra pour cela étudier le sens de variation de deux fonctions sur l'intervalle $[0\ ;\ +\infty[$).

2° En déduire la limite de la suite (u_n) de terme général :

$$u_n = \left(1 + \frac{1}{n}\right)^n$$

(on pourra d'abord déterminer la limite de la suite (v_n) de terme général $v_n = \ln(u_n)$).

→ Corrigé p. 140

1 → Énoncé p. 132 $A = \ln 30 = \ln(2 \times 3 \times 5)$
$A = \ln 2 + \ln 3 + \ln 5$;
$B = \ln 1{,}2 = \ln\left(\frac{6}{5}\right) = \ln 6 - \ln 5 = \ln(2 \times 3) - \ln 5$
$B = \ln 2 + \ln 3 - \ln 5$;
$C = \ln 0{,}03 = \ln(3 \times 10^{-2}) = \ln 3 - 2\ln 10 = \ln 3 - 2\ln(2 \times 5)$
$C = \ln 3 - 2\ln 2 - 2\ln 5$;
$D = \ln\left(25\sqrt{6}\right) = \ln(5^2) + \ln\sqrt{2 \times 3} = 2\ln 5 + \frac{1}{2}\ln(2 \times 3)$
$D = 2\ln 5 + \frac{1}{2}\ln 2 + \frac{1}{2}\ln 3.$

2 → Énoncé p. 132 $A = \ln(a^2bc^3) = 2\ln a + \ln b + 3\ln c$;
$B = \ln\left(\frac{ab}{c^2}\right) = \ln(ab) - \ln(c^2) = \ln a + \ln b - 2\ln c$;
$C = \ln\left(a^2\sqrt{\frac{b}{c}}\right) = \ln(a^2) + \ln\left(\sqrt{\frac{b}{c}}\right) = 2\ln a + \frac{1}{2}\ln\left(\frac{b}{c}\right) = 2\ln a + \frac{1}{2}\ln b - \frac{1}{2}\ln c.$

3 → Énoncé p. 132 L'équation est définie si $x > 0$, $x - 1 > 0$ et $-2x^2 + 5x - 3 > 0$, c'est-à-dire $x > 0$, $x > 1$ et $1 < x < \frac{3}{2}$.
($-2x^2 + 5x - 3$ admet 1 et $\frac{3}{2}$ pour racines et est donc positif pour tout x dans l'intervalle des racines.)
Finalement, $\boldsymbol{D = \left]1\,;\frac{3}{2}\right[}$.
L'équation est successivement équivalente à :

$$\ln[x^2(x-1)] = \ln(-2x^2 + 5x - 3)$$
$$\ln(x^3 - x^2) = \ln(-2x^2 + 5x - 3),$$

d'où : $x^3 - x^2 = -2x^2 + 5x - 3$,
soit : $x^3 + x^2 - 5x + 3 = 0$.
Cette équation admet 1 pour solution évidente.
Une factorisation prouve qu'elle n'a que deux solutions : 1 et -3.
$-3 \notin D$; $1 \notin D$, donc **l'équation n'a pas de solution : $S = \varnothing$.**

> Il est indispensable de déterminer, avant tout calcul, l'ensemble de définition commun à tous les termes de l'équation initiale. Les transformations d'écritures se déroulent dans un ensemble qui doit être spécifié.

4 → Énoncé p. 132 L'équation est définie si :
$x > -3$ et $x^2 + 2x - 3 = (x-1)(x+3)$ est strictement positif.
On trouve $\boldsymbol{D =]1\,;+\infty[}$.
L'équation est successivement équivalente à :

$$\ln e + \ln(x+3) = \ln(x^2 + 2x - 3),$$
$$\ln(e(x+3)) = \ln(x^2 + 2x - 3),$$

soit : $e(x+3) = x^2 + 2x - 3$,
et donc : $x^2 + x(2 - e) - 3 - 3e = 0$.

Cette équation du second degré a deux solutions : -3 et $e + 1$.
Seul $e + 1$ appartient à D, donc $\boldsymbol{S = \{e + 1\}}$.

5 → *Énoncé p. 132* Ici, $\boldsymbol{D =]0\ ;+\infty[}$.
En posant $X = \ln x$, l'équation est équivalente à :

$$\begin{cases} X = \ln x \\ X^3 + 3X^2 - 4X = 0. \end{cases}$$

$X^3 + 3X^2 - 4X = 0$ a pour solutions -4, 0 et 1. Ainsi, on trouve :

$$\begin{cases} \ln x = -4 \\ \text{ou } \ln x = 0 \\ \ln x = 1, \end{cases} \quad \text{et donc} \quad \begin{cases} x = e^{-4} \\ \text{ou } x = 1 \\ x = e\ ; \end{cases} \quad \boldsymbol{S = \{e^{-4}\ ;1\ ;e\}}.$$

6 → *Énoncé p. 132* **1°** En posant $X = x^2$, l'équation $x^4 - 10x^2 + 9 = 0$ est équivalente à :

$$\begin{cases} X = x^2 \\ X^2 - 10X + 9 = 0, \end{cases} \quad \text{soit} \quad \begin{cases} X = x^2 \\ X = 1 \text{ ou } X = 9, \end{cases} \quad \text{donc} \quad \begin{cases} x^2 = 1 \\ \text{ou} \\ x^2 = 9\ ; \end{cases}$$

c'est-à-dire : $\begin{cases} x = -1 \text{ ou } x = 1 \\ \text{ou} \\ x = -3 \text{ ou } x = 3. \end{cases}$

Donc $\boldsymbol{S_1 = \{-3\ ;-1\ ;1\ ;3\}}$.

2° ***a)*** En posant $X = \ln x$, on retrouve l'équation précédente.
Alors $X \in S_1$, l'ensemble des solutions est donc :

$$\boldsymbol{S_2 = \{e^{-3}\ ;e^{-1}\ ;e\ ;e^3\}}.$$

b) L'équation a un sens si $10 - x^2 > 0$ et $x^2 > 0$.
On trouve alors $\boldsymbol{D =]\sqrt{10}\ ;0[\cup]0\ ;\sqrt{10}[}$.
Dans ces conditions :

$$\ln(10 - x^2) = 2\ln 3 - \ln x^2$$

équivaut à : $\ln(10 - x^2) + \ln x^2 = \ln 9,$

soit : $\ln\left(x^2(10 - x^2)\right) = \ln 9,$

ou bien : $\ln(10x^2 - x^4) = \ln 9,$

alors : $10x^2 - x^4 = 9,$

donc : $x^4 - 10x^2 + 9 = 0.$

D'après la réponse à la question **1°**, cette équation a pour solutions : $-3\ ;-1\ ;1\ ;3$.
Comme elles appartiennent toutes à D, on trouve :

$$\boldsymbol{S_3 = S_1 = \{-3\ ;-1\ ;1\ ;3\}}.$$

7 → Énoncé p. 132 L'inéquation est définie pour $x > -3$, $x > 4$ et $x > 1$.
D'où $\boldsymbol{D =]4\ ;+\infty[}$.
$\ln(x+3) + \ln(x-4) < 2\ln(x-1)$ équivaut successivement à :

$$\ln[(x+3)(x-4)] < \ln(x-1)^2,$$

soit : $(x+3)(x-4) < (x-1)^2$,
car ln est strictement croissante sur $]0\ ;+\infty[$.
D'où, après calculs, $x - 13 < 0$, soit :

$$x < 13.$$

On en déduit que $\boldsymbol{S =]4\ ;13[}$.

Il est indispensable de déterminer, avant tout calcul, l'ensemble de définition commun à tous les termes de l'inéquation initiale. On n'oubliera pas de rappeler que c'est la stricte croissance du logarithme, qui permet pour deux réels a et b strictement positifs, d'utiliser :

$$\ln a < \ln b \Rightarrow a < b.$$

8 → Énoncé p. 132 Il faut que $x > 0$ et $x^2 > 4e^2$, ce qui revient à $x > 2e$.
L'inéquation est donc définie sur $\boldsymbol{D =]2e\ ;+\infty[}$.
Dans ce cas, on a :

$$\ln(x^2 - 4e^2) < \ln(3ex), \text{ car } \ln e + \ln 3x = \ln(3ex),$$

qui équivaut à : $$x^2 - 4e^2 < 3ex,$$
car ln est strictement croissante sur $]0\ ;+\infty[$,
soit : $$x^2 - 3ex - 4e^2 < 0.$$
Les racines de $x^2 - 3ex - 4e^2$ étant $4e$ et $-e$, il faut donc que $x \in]-e\ ;4e[$.
Compte tenu des conditions, l'ensemble des solutions est $\boldsymbol{S =]2e\ ;4e[}$.

9 → Énoncé p. 133 Ici, $\boldsymbol{D =]0\ ;+\infty[}$.
Posons $X = \ln x$.
Alors $(\ln x)^2 + 2\ln x - 15 \leqslant 0 \Leftrightarrow \begin{cases} x > 0 \text{ et } X = \ln x \\ X^2 + 2X - 15 \leqslant 0. \end{cases}$
$X^2 + 2X - 15 \leqslant 0$ si, et seulement si, $-5 \leqslant X \leqslant 3$.
L'inéquation est équivalente à :

$$\begin{cases} x > 0 \text{ et } X = \ln x \\ -5 \leqslant X \leqslant 3\ ; \end{cases} \quad \text{d'où} \quad \begin{cases} x > 0 \\ -5 \leqslant \ln x \leqslant 3, \end{cases} \quad \text{soit} \quad \begin{cases} x > 0 \\ e^{-5} \leqslant x \leqslant e^3. \end{cases}$$

On trouve alors $\boldsymbol{S =]e^{-5}\ ;e^3[}$.

10 → Énoncé p. 133 **1°** Pour tout x élément de l'intervalle $I = \left]\frac{10}{3}\ ;+\infty\right[$, $x > \frac{10}{3}$, donc $3x - 10 > 0$.
La fonction $u : x \mapsto 3x - 10$ est dérivable sur I comme fonction affine ; pour tout x de I, $u'(x) = 3$.
f est donc dérivable sur I et pour tout x de I, $\boldsymbol{f'(x) = \dfrac{3}{3x-10}}$.

On utilisera essentiellement le théorème de dérivation de la composée $x \mapsto \ln(u(x))$, applicable à une fonction u dérivable et à valeurs strictement positives, éventuellement combiné aux théorèmes de dérivation usuels (somme, produit, quotient).

2° Pour tout x élément de l'intervalle $I =]-\infty\ ;\ 3[$, $x < 3$, donc $-5x > -15$; d'où $-5x + 15 > 0$.
La fonction $u : x \mapsto -5x + 15$ est dérivable sur I comme fonction affine ; pour tout x de I, $u'(x) = -5$.
f est donc dérivable sur I et pour tout x de I, $f'(x) = \dfrac{-5}{-5x+15}$. D'où $\boldsymbol{f'(x) = \dfrac{1}{x-3}}$.

3° Le discriminant du polynôme du second degré est $u : x \mapsto x^2 + x + 1$ est :

$$\Delta = 1^2 - 4 \times 1 \times 1 = -3.$$

Comme $\Delta < 0$, le signe de $x^2 + x + 1$ est celui du coefficient $a = 1$ de x^2, c'est-à-dire strictement positif.
La fonction $u : x \mapsto x^2 + x + 1$ est dérivable sur I comme fonction polynôme ; pour tout x de I, $u'(x) = 2x + 1$.
f est donc dérivable sur I et pour tout x de I, $\boldsymbol{f'(x) = \dfrac{2x+1}{x^2+x+1}}$.

11 → Énoncé p. 133 Toutes les fonctions proposées sont dérivables sur leur ensemble de définition D_f par opérations sur les fonctions dérivables.

a) $D_f =]0\ ;+\infty[$, $\boldsymbol{f'(x) = \dfrac{1-2\ln x}{2x^2}}$;

b) $D_f =]0\ ;+\infty[$, $\boldsymbol{f'(x) = \dfrac{1-\ln x}{(x-\ln x)^2}}$;

c) $D_f =]-\infty\ ;-5[\cup \left]-\dfrac{9}{5}\ ;+\infty\right[$; $\boldsymbol{f'(x) = \dfrac{\frac{16}{(x+5)^2}}{\frac{5x+9}{x+5}} = \dfrac{16}{(5x+9(x+5)}}$;

d) $D_f =]0\ ;+\infty[$, $\boldsymbol{f'(x) = \ln(x+1) - \ln(x) - \dfrac{1}{x+1}}$;

e) $D_f =]0\ ;+\infty[$, $\boldsymbol{f'(x) = (\ln x)^2 + 2\ln x}$;

f) $D_f =]0\ ;+\infty[$, $\boldsymbol{f'(x) = 400\dfrac{(\ln x)^3}{x^5}(1-\ln x)}$.

12 → Énoncé p. 133 *a)* $\lim\limits_{x\to+\infty} \dfrac{x}{x+1} = \lim\limits_{x\to+\infty} \dfrac{1}{1+\frac{1}{x}} = 1$

(limite à l'infini d'une fonction rationnelle), alors

$\lim\limits_{x\to+\infty} \ln\left(\dfrac{x}{x+1}\right) = \ln 1 = 0$ par composition.

Comme $\lim\limits_{x\to+\infty} 2x - 1 = +\infty$, on en déduit :

$$\boldsymbol{\lim_{x\to+\infty} f(x) = +\infty.}$$

On veillera à bien connaître les cas d'indétermination, de façon à conclure directement avec les théorèmes lorsqu'il n'y a pas d'indétermination, sinon à transformer l'expression de $f(x)$ pour être conduit à une forme dont la limite est connue.

b) $f(x) = \dfrac{2\ln x + 1}{2x} = \dfrac{\ln x}{x} + \dfrac{1}{2x}$.

Or, $\lim\limits_{x \to +\infty} \dfrac{\ln x}{x} = 0$ (voir le cours) et $\lim\limits_{x \to +\infty} \dfrac{1}{2x} = 0$, donc $\boldsymbol{\lim\limits_{x \to +\infty} f(x) = 0}$.

c) Ici, il faut écrire $f(x) = x\big(\ln(x+1) - \ln x\big) = x\ln(x+1) - x\ln x$.

$\lim\limits_{x \to 0} \ln(x+1) = \ln 1 = 0$, donc $\lim\limits_{x \to 0} x\ln(x+1) = 0$,

et $\lim\limits_{x \to 0} x\ln x = 0$ (voir le cours), donc $\boldsymbol{\lim\limits_{x \to 0} f(x) = 0}$.

d) En posant $X = \sqrt{x}$, il suffit de chercher la limite en $+\infty$ de $\dfrac{\ln(X^2)}{X}$; or, comme $X > 0$, on a $\ln(X^2) = 2\ln X$.

Donc $\lim\limits_{X \to +\infty} \dfrac{\ln(X^2)}{X} = \lim\limits_{X \to +\infty} \dfrac{2\ln X}{X} = 0$, car $\lim\limits_{X \to +\infty} \dfrac{\ln X}{X} = 0$ (voir le cours) et donc $\boldsymbol{\lim\limits_{x \to +\infty} f(x) = 0}$.

13 → *Énoncé p. 134* 1° L'intervalle $]-3\,;3[$ de définition de g est centré en 0.

De plus, pour tout x de $]-3\,;3[$, $g(-x) = \ln\left(\dfrac{3-x}{3+x}\right) = -\ln\left(\dfrac{3+x}{3-x}\right) = -g(x)$

(d'après la propriété : si $b > 0$, $\ln\left(\dfrac{1}{b}\right) = -\ln b$).

***g* est donc une fonction impaire.**

2° *a*) $\lim\limits_{x \to -3} \left(\dfrac{3+x}{3-x}\right) = 0$ et $\lim\limits_{x \to 0} \ln x = -\infty$, alors, par composition :

$$\boldsymbol{\lim_{x \to -3} g(x) = -\infty}\ ;$$

g étant une fonction impaire, on peut affirmer que $\boldsymbol{\lim\limits_{x \to 3} g(x) = +\infty}$.

Remarque : Les droites d'équations $x = -3$ et $x = 3$ sont asymptotes à la courbe représentative de g.

b) Le théorème de dérivation des fonctions composées permet d'affirmer que g est dérivable sur $]-3\,;3[$.

En posant $u(x) = \dfrac{3+x}{3-x}$, on a $g'(x) = \dfrac{u'(x)}{u(x)}$.

$$u'(x) = \frac{3-x-(3+x)\times(-1)}{(3-x)^2} = \frac{3-x+3+x}{(3-x)^2} = \frac{6}{(3-x)^2}\ ;$$

$$\text{d'où : } g'(x) = \frac{\dfrac{6}{(3-x)^2}}{\dfrac{3+x}{3-x}} = \frac{6}{(3-x)^2} \times \frac{3-x}{3+x} = \frac{6}{(3-x)(3+x)}.$$

Sur l'intervalle $]-3\,;3[$, $3-x$ et $3+x$ sont strictement positifs, donc $g'(x) > 0$ sur ce même intervalle. La fonction g est donc **strictement croissante sur $]-3\,;3[$**.

D'où son tableau de variations :

x	-3 $\qquad\qquad$ $+3$
$g'(x)$	$+$
$g(x)$	$-\infty \nearrow +\infty$

3° *a)* (T) a pour équation $y = g'(0)x + g(0)$ avec $g'(0) = \dfrac{2}{3}$ et $g(0) = 0$.

(T) a donc pour équation $y = \dfrac{2}{3}x$.

b)

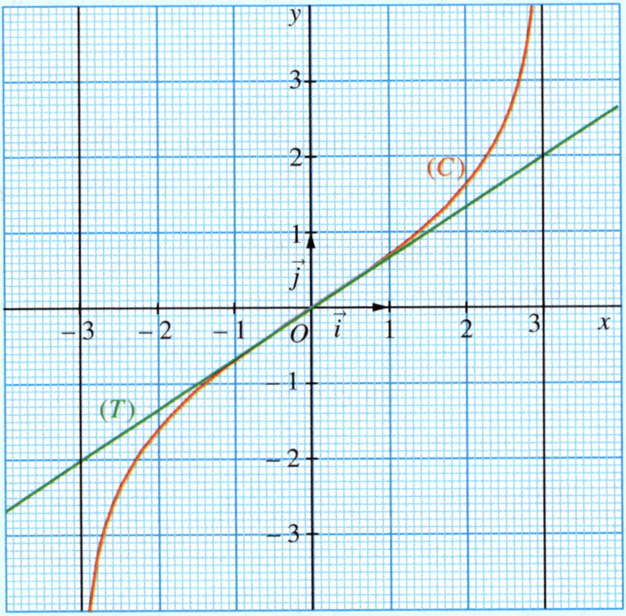

14 → Énoncé p. 134 **1°** Pour tout x positif, posons $f(x) = \ln(1 + x) - x + \dfrac{x^2}{2}$.

f est dérivable sur $[0 ; +\infty[$ comme somme et composée de fonctions dérivables sur $[0 ; +\infty[$.

Pour $x \geqslant 0, f'(x) = \dfrac{1}{1+x} - 1 + x$, soit, en réduisant au même dénominateur :

$$f'(x) = \frac{1}{1+x} - \frac{1+x}{1+x} + \frac{x^2+x}{1+x} = \frac{x^2}{1+x}.$$

Nous constatons que $f'(x) \geqslant 0$ pour $x \geqslant 0$, donc f est croissante sur $[0 ; +\infty[$.

De plus, $f(0) = \ln 1 = 0$.

Comme f est croissante sur $[0\ ;+\infty[$, $x \geqslant 0$ entraîne $f(x) \geqslant f(0)$, c'est-à-dire $f(x) \geqslant 0$.

Enfin, $f(x) \geqslant 0$ est équivalent à $\ln(1+x) \geqslant x - \dfrac{x^2}{2}$.

De même, pour tout x positif, posons $g(x) = \ln(1+x) - x$.

g est également dérivable sur $[0\ ;+\infty[$ comme somme et composée de fonctions dérivables sur $[0\ ;+\infty[$.

Pour $x \geqslant 0$, $g'(x) = \dfrac{1}{1+x} - 1$ soit, en réduisant au même dénominateur :

$$g'(x) = \frac{1}{1+x} - \frac{1+x}{1+x} = \frac{-x}{1+x}.$$

Nous avons alors $g'(x) \leqslant 0$ pour $x \geqslant 0$, donc g est décroissante sur $[0\ ;+\infty[$.

De plus, $g(0) = \ln 1 = 0$. Comme g est décroissante sur $[0\ ;+\infty[$, $x \geqslant 0$ entraîne $g(x) \leqslant g(0)$, c'est-à-dire $g(x) \leqslant 0$. Enfin $g(x) \leqslant 0$ est équivalent à $\ln(1+x) \leqslant x$.

Penser que dans certains cas, comme celui-ci, le signe d'une fonction peut-être déduit de ses variations.

Nous avons donc démontré que, pour tout réel x positif, $x - \dfrac{x^2}{2} \leqslant \ln(1+x) \leqslant x$.

2° Pour tout entier naturel n, $v_n = \ln(u_n) = \ln\left[\left(1+\dfrac{1}{n}\right)^n\right]$.

Les propriétés de la fonction logarithme donnent $v_n = n\ln\left(1+\dfrac{1}{n}\right)$.

En utilisant la question **1°**, nous trouvons alors, en posant $x = \dfrac{1}{n}$, qui est positif :

$$\frac{1}{n} - \frac{1}{2n^2} \leqslant \ln\left(1+\frac{1}{n}\right) \leqslant \frac{1}{n}$$

puis, en multipliant par n : $1 - \dfrac{1}{2n} \leqslant n\ln\left(1+\dfrac{1}{n}\right) \leqslant 1$.

Comme $\displaystyle\lim_{n\to+\infty}\left(1-\frac{1}{2n}\right) = 1$, le théorème d'encadrement donne $\displaystyle\lim_{n\to+\infty} v_n = 1$.

Pour tout entier n, $v_n = \ln(u_n)$ est équivalent à $u_n = \exp(v_n)$.

Nous savons que $\displaystyle\lim_{n\to+\infty} v_n = 1$ et que la fonction exponentielle est continue en 1.

Nous pouvons alors en déduire que $\displaystyle\lim_{n\to+\infty} u_n = \mathrm{e}^1 = \mathrm{e}$.

Fonctions trigonométriques

CHAPITRE 7

1 Définition

En désignant par a l'une des mesures de l'angle orienté de vecteurs $(\vec{i}, \overrightarrow{OM})$, on définit par :
$\cos a$: l'abscisse du point M ;
$\sin a$: l'ordonnée du point M.

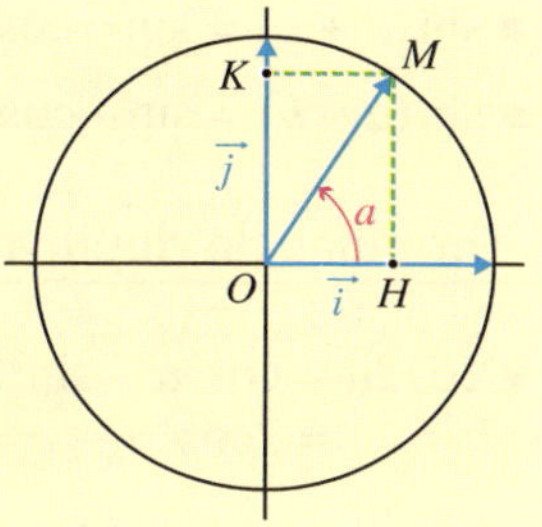

2 Formules de trigonométrie

A. Propriétés résultant immédiatement de la définition

- $\cos(a + k2\pi) = \cos a$
  $\sin(a + k2\pi) = \sin a$ $(k \in \mathbb{Z})$;
- $\cos^2 a + \sin^2 a = 1$;
- $-1 \leqslant \cos a \leqslant 1$
  $-1 \leqslant \sin a \leqslant 1$.

B. Propriétés à retenir avec leur interprétation géométrique

- $\cos(-a) = \cos a$
  $\sin(-a) = -\sin a$;
- $\cos(\pi + a) = -\cos a$
  $\sin(\pi + a) = -\sin a$;
- $\cos(\pi - a) = -\cos a$
  $\sin(\pi - a) = \sin a$.
- $\cos b = \cos a$ si, et seulement si, $b = a + k2\pi$ ou $b = -a + k2\pi$ $(k \in \mathbb{Z})$;
- $\sin b = \sin a$ si, et seulement si, $b = a + k2\pi$ ou $b = (\pi - a) + k2\pi$ $(k \in \mathbb{Z})$.

C. Passage d'un cosinus à un sinus

- $\cos\left(\frac{\pi}{2} - a\right) = \sin a$
- $\cos\left(\frac{\pi}{2} + a\right) = -\sin a$
- $\sin\left(\frac{\pi}{2} - a\right) = \cos a$
- $\sin\left(\frac{\pi}{2} + a\right) = \cos a$

D. Valeurs remarquables

a	**0**	$\frac{\pi}{6}$	$\frac{\pi}{4}$	$\frac{\pi}{3}$	$\frac{\pi}{2}$
$\cos a$	**1**	$\frac{\sqrt{3}}{2}$	$\frac{\sqrt{2}}{2}$	$\frac{1}{2}$	**0**
$\sin a$	**0**	$\frac{1}{2}$	$\frac{\sqrt{2}}{2}$	$\frac{\sqrt{3}}{2}$	**1**

E. Formules d'addition

- $\cos(a+b) = \cos a \cos b - \sin a \sin b$;
- $\cos(a-b) = \cos a \cos b + \sin a \sin b$;
- $\sin(a+b) = \sin a \cos b + \cos a \sin b$;
- $\sin(a-b) = \sin a \cos b - \cos a \sin b$.

F. Formules de duplication (cas où $a = b$)

- $\cos 2a = \cos^2 a - \sin^2 a$
  $= 2\cos^2 a - 1 = 1 - 2\sin^2 a$;
- $\sin 2a = 2\sin a \cos a$;

On en déduit : ■ $\cos^2 a = \dfrac{1+\cos 2a}{2}$; ■ $\sin^2 a = \dfrac{1-\cos 2a}{2}$.

3 Fonctions trigonométriques (ou circulaires)

A. Périodicité

■ Les fonctions cosinus et sinus sont périodiques de période 2π, ce qui signifie que, pour tout nombre réel x, $\mathbf{\cos(x+2\pi) = \cos x}$ et $\mathbf{\sin(x+2\pi) = \sin x}$.
Soit $(O\,;\vec{i},\vec{j})$ un repère du plan.

■ Graphiquement, les courbes sont stables (c'est-à-dire se superposent à elles-mêmes) par translation de vecteur $2\pi\vec{i}$.
On peut engendrer l'intégralité de la courbe par translations successives de vecteur $2\pi\vec{i}$ et $-2\pi\vec{i}$ à partir de sa représentation graphique sur un intervalle de longueur 2π.

B. Parité

■ La fonction cosinus est une fonction paire : pour tout nombre réel x, $\cos(-x) = \cos x$.
■ La courbe de la fonction cosinus est symétrique par rapport à l'axe des ordonnées.
■ La fonction sinus est une fonction impaire : pour tout nombre réel x, $\sin(-x) = -\sin x$.
■ La courbe de la fonction sinus est symétrique par rapport à l'origine du repère.

C. Dérivabilité

- La fonction cosinus est dérivable dans $\mathbb{R}$ et pour tout réel x, $\cos'(x) = -\sin x$.
- La fonction sinus est dérivable dans $\mathbb{R}$ et pour tout réel x, $\sin'(x) = \cos x$.

Tableaux de variations :

x	0	π
$\cos x$	1 ↘	-1

x	0	$\frac{\pi}{2}$	π
$\sin x$	0 ↗	1 ↘	0

D. Courbes représentatives

Commentaire :

En raison de l'égalité $\sin\left(\frac{\pi}{2}+x\right)=\cos x$, la courbe représentative de la fonction cos est la translatée de vecteur $\frac{\pi}{2}\vec{i}$ de la courbe de la fonction sin.

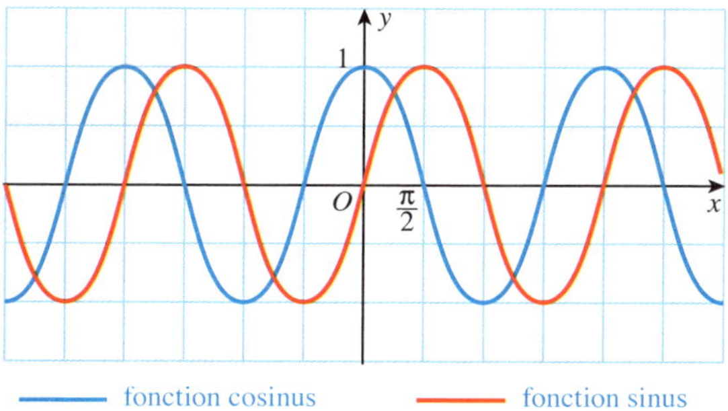

1 Résoudre une équation trigonométrique

EXERCICE TYPE

1° Résoudre dans l'ensemble $\mathbb{R}$ des nombres réels l'équation :

$$\cos(2x) = \cos x.$$

Indiquer les solutions dans l'intervalle $]-\pi\ ;\ \pi]$; placer les points correspondants sur le cercle trigonométrique.

2° Résoudre dans l'ensemble $\mathbb{R}$ des nombres réels l'équation :

$$\sin(2x) = \sin x.$$

Indiquer les solutions dans l'intervalle $]-\pi\ ;\ \pi]$; placer les points correspondants sur le cercle trigonométrique.

CORRIGÉ COMMENTÉ

> Bien connaître les cas d'égalité de deux cosinus ou deux sinus.

1° Pour résoudre cette équation, on utilise la condition d'égalité de deux cosinus :

$\cos b = \cos a$ si, et seulement si, $b = a + k2\pi$ ou $b = -a + k2\pi$ ($k \in \mathbb{Z}$) ;

ce qui donne ici :

– pour tout nombre réel x, $\cos(2x) = \cos x \Leftrightarrow 2x = x + k2\pi$ ou $2x = -x + k2\pi$, avec $k \in \mathbb{Z}$;

– pour tout nombre réel x, $\cos(2x) = \cos x \Leftrightarrow x = k2\pi$ ou $3x = k2\pi$, avec $k \in \mathbb{Z}$;

– pour tout nombre réel x, $\cos(2x) = \cos x \Leftrightarrow x = k2\pi$ ou $x = \dfrac{k2\pi}{3}$, avec $k \in \mathbb{Z}$.

L'ensemble des solutions est l'ensemble $\left\{x = \dfrac{k2\pi}{3}, \text{ avec } k \in \mathbb{Z}\right\}$.

En effet, on retrouve tous les nombres de la forme $x = k2\pi$ dans le nombres $x = \dfrac{k2\pi}{3}$, lorsque k est un multiple de 3.

Les solutions appartenant à l'intervalle $]-\pi\ ;\ \pi]$ sont obtenues pour les valeurs de k égales à -1 ; 0 ; 1.

Soit $\dfrac{-2\pi}{3}$; 0 et $\dfrac{2\pi}{3}$. A est repéré par 0 ; B est repéré par $\dfrac{2\pi}{3}$; C est repéré par $\dfrac{-2\pi}{3}$.

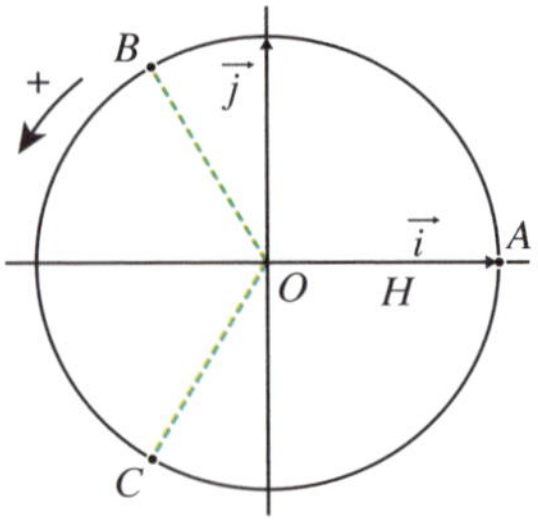

2° Pour résoudre cette équation, on utilise la condition d'égalité de deux sinus :
$\sin b = \sin a$ si, et seulement si, $b = a + k2\pi$ ou $b = (\pi - a) + k2\pi$, avec $k \in \mathbb{Z}$.
Pour tout nombre réel x, $\sin(2x) = \sin x \Leftrightarrow 2x = x + k2\pi$ ou $2x = \pi - x + k2\pi$, avec $k \in \mathbb{Z}$.
Pour tout nombre réel x, $\sin(2x) = \sin x \Leftrightarrow x = k2\pi$ ou $3x = \pi + k2\pi$, avec $k \in \mathbb{Z}$.
Pour tout nombre réel x, $\sin(2x) = \sin x \Leftrightarrow x = k2\pi$ ou $x = \frac{\pi}{3} + k\frac{2\pi}{3}$, avec $k \in \mathbb{Z}$.
L'ensemble des solutions est l'ensemble $\left\{x = k2\pi,\ x = \frac{\pi}{3} + k\frac{2\pi}{3} \text{ avec } k \in \mathbb{Z}\right\}$.
Les solutions appartenant à l'intervalle $]-\pi\ ;\ \pi]$ sont obtenues pour les valeurs de k égales à 0 pour $k2\pi$ et -1 ; 0 ; 1 pour $x = \frac{\pi}{3} + k\frac{2\pi}{3}$, soit $\frac{-\pi}{3}$; $\frac{\pi}{3}$; π.
A est repéré par $\frac{-\pi}{3}$; B est repéré par $\frac{\pi}{3}$; C est repéré par π ; D est repéré par 0.

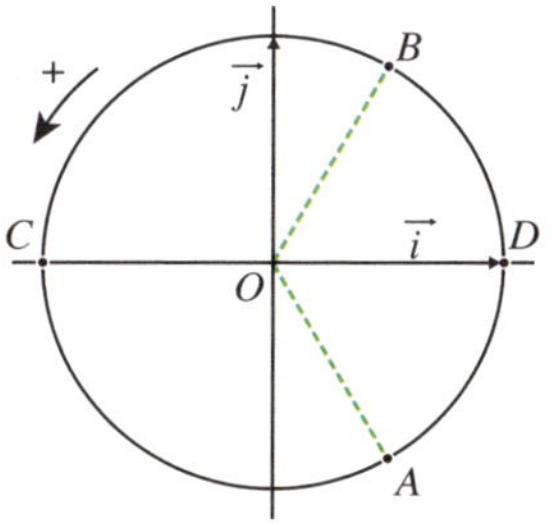

À RETENIR

• **Pour résoudre une équation trigonométrique**, on se ramène, lorsque cela est possible, à l'égalité de deux cosinus, ou de deux sinus, et on applique les conditions d'égalité.
• Si l'on demande toutes les solutions, elles seront exprimées en fonction d'un entier relatif k ; si l'on demande les solutions appartenant à un intervalle, on limite les valeurs de l'entier relatif k à celles pour lesquelles la solution appartient à l'intervalle.

2 Étudier une fonction de la forme $x \mapsto \cos(ax+b)$ ou $x \mapsto \sin(ax+b)$

EXERCICE TYPE

Soit la fonction $f : x \mapsto \cos\left(2x + \dfrac{2\pi}{3}\right)$ définie dans $\mathbb{R}$.

1° Observer la courbe $\mathscr{C}'$ de la fonction f sur l'écran d'une calculatrice ou d'un ordinateur.

2° Démontrer certaines propriétés que l'on peut observer :

a) f est périodique de période π ;

b) la droite D d'équation $x = \dfrac{2\pi}{3}$ est un axe de symétrie de la courbe ;

c) la fonction f est strictement croissante sur l'intervalle $\left[\dfrac{\pi}{6} ; \dfrac{2\pi}{3}\right]$;

d) décrire la construction de la totalité de la courbe à partir de sa restriction à l'intervalle $\left[\dfrac{\pi}{6} ; \dfrac{2\pi}{3}\right]$.

3° Construire sur la figure précédente la courbe $\mathscr{C}'$ de la fonction $x \mapsto \cos(2x)$ et prouver la propriété que l'on peut observer : tout point M d'abscisse x de la courbe $\mathscr{C}$ a la même ordonnée que le point M' de la courbe $\mathscr{C}'$ d'abscisse $x + \dfrac{\pi}{3}$.

CORRIGÉ COMMENTÉ

1°

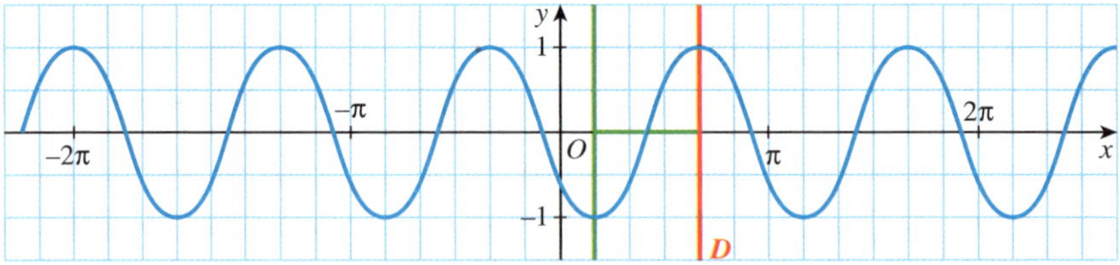

2° *a*) Pour tout nombre réel x, $f(x+\pi) = \cos\left[2(x+\pi) + \dfrac{2\pi}{3}\right]$

$$f(x+\pi) = \cos\left[2x + 2\pi + \frac{2\pi}{3}\right].$$

La fonction cosinus étant périodique de période 2π, on en déduit :

$$f(x+\pi) = \cos\left[2x + \frac{2\pi}{3}\right], \text{ c'est-à-dire } f(x+\pi) = f(x).$$

On prouve ainsi que f est périodique de période π.

Savoir démontrer la symétrie d'une courbe par rapport à un point, une droite.

b) Pour prouver que la droite D d'équation $x = \frac{2\pi}{3}$ est un axe de symétrie de la courbe, on prouve que deux points de la courbe d'abscisses respectives $\frac{2\pi}{3} + h$ et $\frac{2\pi}{3} - h$ $(h \in \mathbb{R})$ ont la même ordonnée.

Pour tout nombre réel h, $f\left(\frac{2\pi}{3} + h\right) = \cos\left[2\left(\frac{2\pi}{3} + h\right) + \frac{2\pi}{3}\right]$

$$f\left(\frac{2\pi}{3} + h\right) = \cos\left[\frac{4\pi}{3} + 2h + \frac{2\pi}{3}\right]$$

$$f\left(\frac{2\pi}{3} + h\right) = \cos[2h + 2\pi].$$

La fonction cosinus étant périodique de période 2π, on en déduit :

$$f\left(\frac{2\pi}{3} + h\right) = \cos(2h).$$

Pour le calcul de $f\left(\frac{2\pi}{3} - h\right)$, on remplace h par $-h$ dans l'expression de $f\left(\frac{2\pi}{3} + h\right)$, ce qui donne :

$$f\left(\frac{2\pi}{3} - h\right) = \cos(2(-h)),$$

$$f\left(\frac{2\pi}{3} - h\right) = \cos(-2h).$$

Or, la fonction cosinus est paire : deux nombres réels opposés ont la même image par la fonction cosinus.

$$\cos(-2h) = \cos(2h).$$

Ainsi, pour tout nombre réel h, $f\left(\frac{2\pi}{3} + h\right) = f\left(\frac{2\pi}{3} - h\right)$.

La droite D est donc un axe de symétrie de la courbe.

c) Pour cette question, montrons que f est dérivable sur $\mathbb{R}$ et étudions le signe de f' sur l'intervalle $\left[\frac{\pi}{6} ; \frac{2\pi}{3}\right]$.

f est dérivable comme composée de la forme $\cos(u)$, u étant la fonction affine u :

$$x \mapsto 2x + \frac{2\pi}{3}.$$

Pour tout nombre réel x, $f'(x) = 2 \times \left(-\sin\left(2x + \frac{2\pi}{3}\right)\right)$

$$f'(x) = -2\sin\left(2x + \frac{2\pi}{3}\right).$$

Soit x un nombre réel quelconque de l'intervalle $\left[\frac{\pi}{6}\ ;\ \frac{2\pi}{3}\right]$.

$$\frac{\pi}{6} \leqslant x \leqslant \frac{2\pi}{3}, \text{ donc } 2\times\frac{\pi}{6} \leqslant 2x \leqslant 2\times\frac{2\pi}{3}$$

$$\frac{\pi}{3} \leqslant 2x \leqslant \frac{4\pi}{3}\ ;$$

en ajoutant $\frac{2\pi}{3}$, $\frac{\pi}{3}+\frac{2\pi}{3} \leqslant 2x+\frac{2\pi}{3} \leqslant \frac{4\pi}{3}+\frac{2\pi}{3}$, d'où $\pi \leqslant 2x+\frac{2\pi}{3} \leqslant 2\pi$.

Dans l'intervalle $[\pi\ ;\ 2\pi]$, le signe du sinus est négatif ; nul pour π et pour 2π.

Pour tout nombre réel x de l'intervalle $\left[\frac{\pi}{6}\ ;\ \frac{2\pi}{3}\right]$, $\sin\left(2x+\frac{2\pi}{3}\right) \leqslant 0$,

donc $-2\sin\left(2x+\frac{2\pi}{3}\right) \geqslant 0$.

Conclusion : f est strictement croissante sur l'intervalle $\left[\frac{\pi}{6}\ ;\ \frac{2\pi}{3}\right]$.

d) À partir de l'arc de courbe restreint à l'intervalle $\left[\frac{\pi}{6}\ ;\ \frac{2\pi}{3}\right]$ (**fig. 1**), on effectue une symétrie par rapport à la droite D, ce qui donne la courbe sur l'intervalle $\left[\frac{\pi}{6}\ ;\ \frac{7\pi}{6}\right]$ (**fig. 2**).

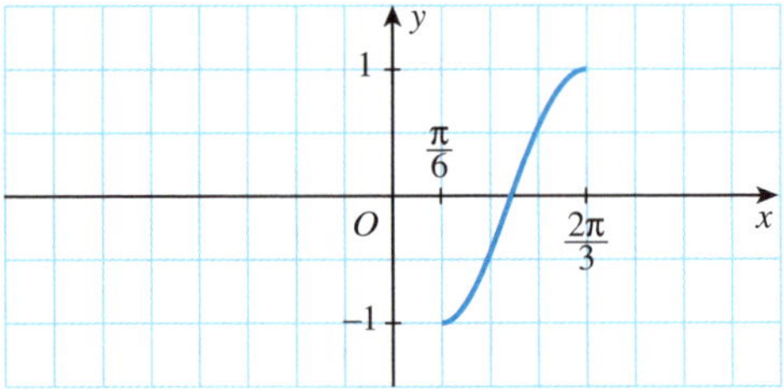

fig. 1

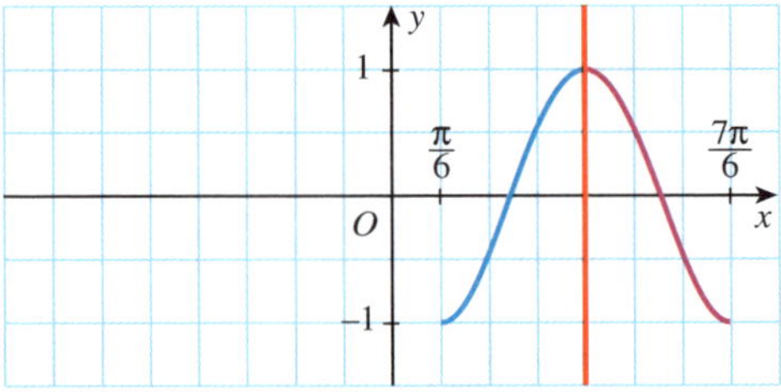

fig. 2

$\left[\frac{\pi}{6} ; \frac{7\pi}{6}\right]$ est un intervalle de longueur π, période de la fonction f. Si $\vec{i}$ désigne un vecteur unitaire de l'axe des abscisses, on effectue des translations successives de cet arc de courbe, parallèlement à l'axe des abscisses, de vecteur $\pi\vec{i}$ et $-\pi\vec{i}$, ce qui donne la courbe dans $\mathbb{R}$ (**fig. 3**).

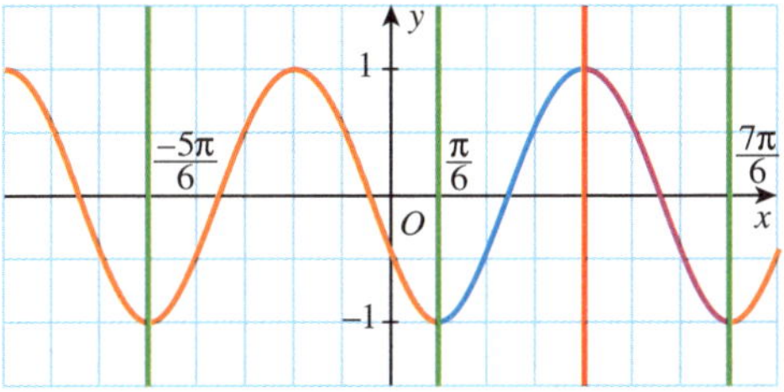

fig. 3

3° Pour tout réel x, $f(x) = \cos\left(2x + \frac{2\pi}{3}\right) \Leftrightarrow f(x) = \cos\left(2\left(x + \frac{\pi}{3}\right)\right)$.

$f(x)$ est l'ordonnée du point de la courbe $\mathscr{C}$ d'abscisse x.

$\cos\left(2\left(x + \frac{\pi}{3}\right)\right)$ est l'ordonnée du point de la courbe $\mathscr{C}'$ d'abscisse $x + \frac{\pi}{3}$.

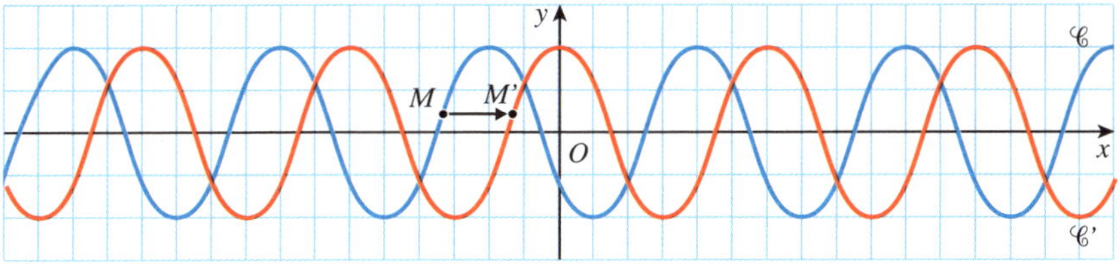

— courbe de la fonction f **— courbe de la fonction $x \mapsto \cos(2x)$**

Remarque : le vecteur $\overrightarrow{MM'}$ ainsi défini est un vecteur constant $\vec{u}$; la courbe $\mathscr{C}'$ se déduit de $\mathscr{C}$ par la translation de vecteur $\vec{u}$; la courbe $\mathscr{C}$ se déduit de $\mathscr{C}'$ par la translation de vecteur $-\vec{u}$.

À RETENIR

- **L'étude d'une fonction de la forme $x \mapsto \cos(ax + b)$ ou $x \mapsto \sin(ax + b)$** utilise essentiellement les propriétés des fonctions cosinus et sinus : la périodicité, la parité.
- On peut réduire l'intervalle d'étude et obtenir la totalité de la courbe par des symétries et des translations. On peut également observer que les courbes respectives de ces fonctions se déduisent de celles des fonctions $x \mapsto \cos(ax)$ ou $x \mapsto \sin(ax)$ par une translation.

1 ★ **15 min**

Résoudre dans $\mathbb{R}$ les équations trigonométriques suivantes. Puis donner les solutions appartenant à l'intervalle $]-\pi\ ;\ \pi]$ et placer les points associés à ces nombres sur le cercle trigonométrique.

1° $\sin x = \frac{1}{2}$.

2° $\sin x = -\frac{\sqrt{2}}{2}$.

3° $\cos x = -\frac{1}{2}$.

4° $\cos x = -\frac{\sqrt{3}}{2}$.

→ *Corrigé p. 154*

2 ★★ **15 min**

Résoudre dans $\mathbb{R}$ les équations trigonométriques suivantes. Puis donner les solutions appartenant à l'intervalle $]-\pi\ ;\ \pi]$ et placer les points associés à ces nombres sur le cercle trigonométrique.

1° $\sin(2x) = \frac{\sqrt{2}}{2}$.

2° $\cos(2x) = \frac{1}{2}$.

3° $\cos x = \sin x$.

→ *Corrigé p. 156*

3 ★★★ **30 min**

Soit la fonction $x \mapsto \sin\left(2x + \frac{\pi}{4}\right)$ définie dans $\mathbb{R}$.

1° Observer la courbe $\mathscr{C}$ de la fonction f sur l'écran d'une calculatrice ou d'un ordinateur.

2° Démontrer certaines propriétés que l'on peut observer :

a) f est périodique de période π ;

b) le point A de coordonnées $\left(-\frac{\pi}{8}\ ;\ 0\right)$ est un centre de symétrie de la courbe ;

c) la fonction f est strictement croissante sur l'intervalle $\left[-\frac{3\pi}{8}\ ;\ \frac{\pi}{8}\right]$;

d) décrire la construction de la totalité de la courbe à partir de sa restriction à l'intervalle $\left[-\frac{\pi}{8}\ ;\ \frac{\pi}{8}\right]$.

3° Construire sur la figure précédente, la courbe $\mathscr{C}'$ de la fonction $x \mapsto \sin(2x)$ et prouver la propriété que l'on peut observer : tout point M d'abscisse x de la courbe $\mathscr{C}$ a la même ordonnée que le point M' de la courbe $\mathscr{C}'$ d'abscisse $x + \frac{\pi}{8}$.

→ *Corrigé p. 157*

4 ★★★ **40 min**

Soit la fonction $f : x \mapsto \cos x - \sin x$ définie dans $\mathbb{R}$.

1° Résoudre l'équation $f(x) = 0$.

2° Montrer que, pour tout nombre réel x, $f(x) = \sqrt{2}\cos\left(x + \frac{\pi}{4}\right)$.

3° Construire la courbe $\mathscr{C}$ de la fonction f, puis prouver les propriétés suivantes :

a) la fonction f est périodique de période 2π ;

b) la droite D d'équation $x = -\frac{\pi}{4}$ est un axe de symétrie de la courbe ;

c) la fonction f est strictement décroissante dans l'intervalle $\left[-\frac{\pi}{4} \, ; \, \frac{3\pi}{4}\right]$.

4° Décrire la construction de la courbe $\mathscr{C}$ à partir de sa restriction à l'intervalle $\left[-\frac{\pi}{4} \, ; \, \frac{3\pi}{4}\right]$.

→ *Corrigé p. 159*

1 → Énoncé p. 152 **1°** On connaît la valeur remarquable $\sin\frac{\pi}{6} = \frac{1}{2}$.

> Il faut connaître les valeurs remarquables et savoir placer sans hésitation les points sur le cercle trigonométrique.

Pour tout nombre réel x :

$$\sin x = \frac{1}{2} \Leftrightarrow \sin x = \sin\frac{\pi}{6} \Leftrightarrow x = \frac{\pi}{6} + k2\pi \text{ ou } x = \pi - \frac{\pi}{6} + k2\pi,\ k \in \mathbb{Z}$$

$$\sin x = \frac{1}{2} \Leftrightarrow x = \frac{\pi}{6} + k2\pi \text{ ou } x = \frac{5\pi}{6} + k2\pi,\ k \in \mathbb{Z}$$

L'ensemble des solutions est $\left\{\frac{\pi}{6} + k2\pi\ ;\ \frac{5\pi}{6} + k2\pi \text{ avec } k \in \mathbb{Z}\right\}$.

Les solutions appartenant à l'intervalle $]-\pi\ ;\ \pi]$ sont $\frac{\pi}{6}$, $\frac{5\pi}{6}$.

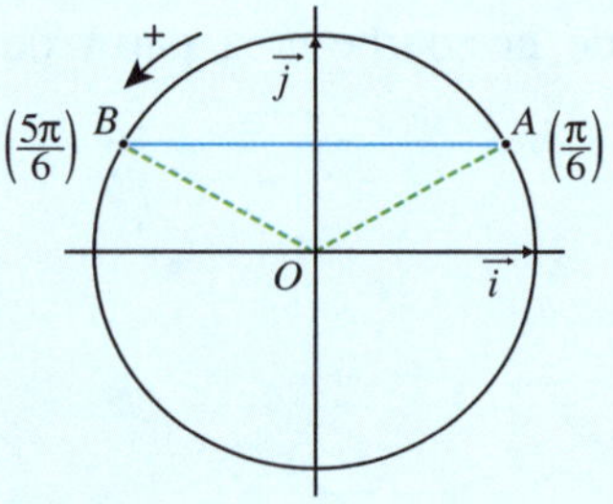

2° On connaît la valeur remarquable $\sin\frac{\pi}{4} = \frac{\sqrt{2}}{2}$; d'où $\sin\left(-\frac{\pi}{4}\right) = -\frac{\sqrt{2}}{2}$.
Pour tout nombre réel x :

$$\sin x = -\frac{\sqrt{2}}{2} \Leftrightarrow \sin x = \sin\left(-\frac{\pi}{4}\right) \Leftrightarrow \begin{cases} x = -\frac{\pi}{4} + k2\pi \text{ ou} \\ x = \pi - \left(-\frac{\pi}{4}\right) + k2\pi,\ k \in \mathbb{Z}\ ; \end{cases}$$

$$\sin x = -\frac{\sqrt{2}}{2} \Leftrightarrow x = -\frac{\pi}{4} + k2\pi \text{ ou } x = \frac{5\pi}{4} + k2\pi,\ k \in \mathbb{Z}.$$

L'ensemble des solutions est $\left\{-\frac{\pi}{4} + k2\pi\ ;\ \frac{5\pi}{4} + k2\pi \text{ avec } k \in \mathbb{Z}\right\}$.

Les solutions appartenant à l'intervalle $]-\pi\ ;\ \pi]$ sont $-\frac{\pi}{4}$; $-\frac{3\pi}{4}$.

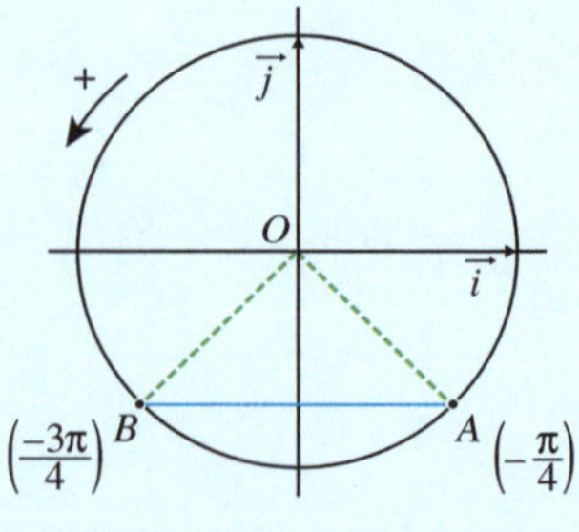

3° On connaît la valeur remarquable $\cos\frac{\pi}{3} = \frac{1}{2}$; d'où $\cos\left(\frac{2\pi}{3}\right) = -\frac{1}{2}$.
Pour tout nombre réel x :

$$\cos x = -\frac{1}{2} \Leftrightarrow \cos x = \cos\left(\frac{2\pi}{3}\right) \Leftrightarrow \begin{cases} x = \frac{2\pi}{3} + k2\pi \text{ ou} \\ x = -\frac{2\pi}{3} + k2\pi,\ k \in \mathbb{Z}. \end{cases}$$

L'ensemble des solutions est $\left\{\frac{2\pi}{3} + k2\pi\,; -\frac{2\pi}{3} + k2\pi \text{ avec } k \in \mathbb{Z}\right\}$.

Les solutions appartenant à l'intervalle $]-\pi\,;\pi]$ sont $\frac{2\pi}{3}\,; -\frac{2\pi}{3}$.

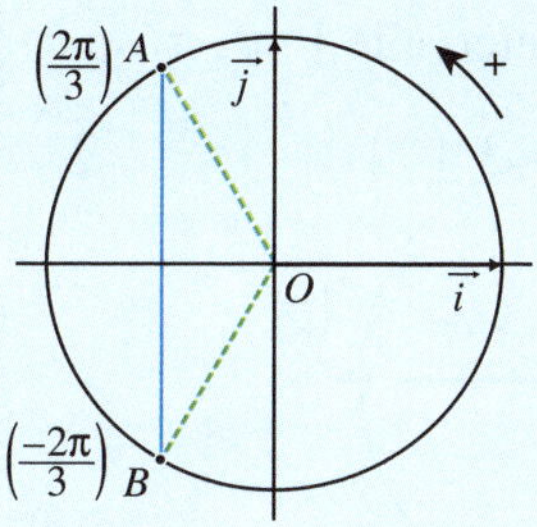

4° On connaît la valeur remarquable $\cos\frac{\pi}{6} = \frac{\sqrt{3}}{2}$; d'où $\cos\left(\frac{5\pi}{6}\right) = -\frac{\sqrt{3}}{2}$.
Pour tout nombre réel x :

$$\cos x = -\frac{\sqrt{3}}{2} \Leftrightarrow \cos x = \cos\left(\frac{5\pi}{6}\right) \Leftrightarrow \begin{cases} x = \frac{5\pi}{6} + k2\pi \text{ ou} \\ x = -\frac{5\pi}{6} + k2\pi,\ k \in \mathbb{Z}. \end{cases}$$

L'ensemble des solutions est $\left\{\frac{5\pi}{6} + k2\pi\,; -\frac{5\pi}{6} + k2\pi \text{ avec } k \in \mathbb{Z}\right\}$.

Les solutions appartenant à l'intervalle $]-\pi\,;\pi]$ sont $\frac{5\pi}{6}\,; -\frac{5\pi}{6}$.

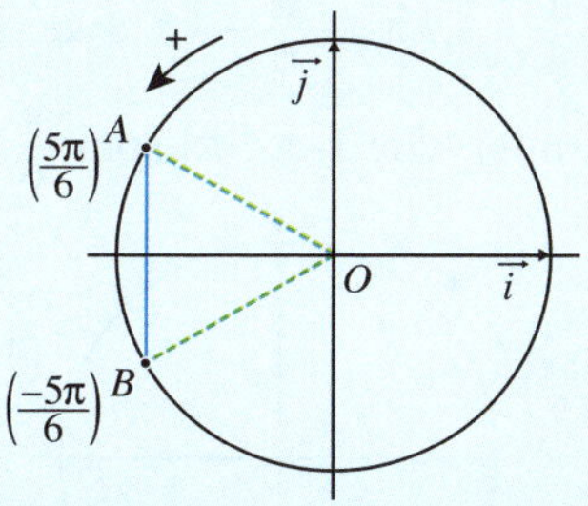

2 → Énoncé p. 152 **1°** On connaît la valeur remarquable $\sin\frac{\pi}{4} = \frac{\sqrt{2}}{2}$.
Pour tout nombre réel x,

$$\sin(2x) = \frac{\sqrt{2}}{2} \Leftrightarrow \sin(2x) = \sin\frac{\pi}{4} \Leftrightarrow \begin{cases} 2x = \frac{\pi}{4} + k2\pi \text{ ou} \\ 2x = \pi - \frac{\pi}{4} + k2\pi,\ k \in \mathbb{Z} \end{cases}$$

$$\sin(2x) = \frac{\sqrt{2}}{2} \Leftrightarrow x = \frac{\pi}{8} + k\pi \text{ ou } x = \frac{3\pi}{8} + k\pi,\ k \in \mathbb{Z}.$$

L'ensemble des solutions est $\left\{\frac{\pi}{8} + k\pi\ ;\ \frac{3\pi}{8} + k\pi \text{ avec } k \in \mathbb{Z}\right\}$.

Les solutions appartenant à l'intervalle $]-\pi\ ;\ \pi]$ sont $\frac{\pi}{8}\ ;-\frac{7\pi}{8}\ ;\ \frac{3\pi}{8}\ ;-\frac{5\pi}{8}$.

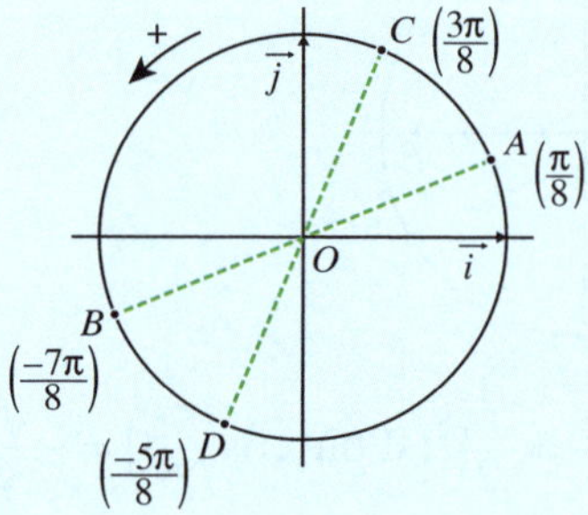

Ne pas oublier de diviser aussi $2k\pi$ (dans ce cas par 2) ; $a + k\pi$ ($k \in \mathbb{Z}$) donne deux points repérés par a et $a + \pi$.

2° On connaît la valeur remarquable $\cos\frac{\pi}{3} = \frac{1}{2}$.
Pour tout nombre réel x,

$$\cos(2x) = \frac{1}{2} \Leftrightarrow \cos(2x) = \cos\left(\frac{\pi}{3}\right) \Leftrightarrow \begin{cases} 2x = \frac{\pi}{3} + k2\pi \text{ ou} \\ 2x = -\frac{\pi}{3} + k2\pi,\ k \in \mathbb{Z}, \end{cases}$$

$$\cos(2x) = \frac{1}{2} \Leftrightarrow x = \frac{\pi}{6} + k\pi \text{ ou } x = -\frac{\pi}{6} + k\pi,\ k \in \mathbb{Z}.$$

L'ensemble des solutions est $\left\{\frac{\pi}{6} + k\pi\ ;-\frac{\pi}{6} + k\pi \text{ avec } k \in \mathbb{Z}\right\}$.

Les solutions appartenant à l'intervalle $]-\pi\ ;\ \pi]$ sont $\frac{\pi}{6}\ ;-\frac{5\pi}{6};-\frac{\pi}{6}\ ;\ \frac{5\pi}{6}$.

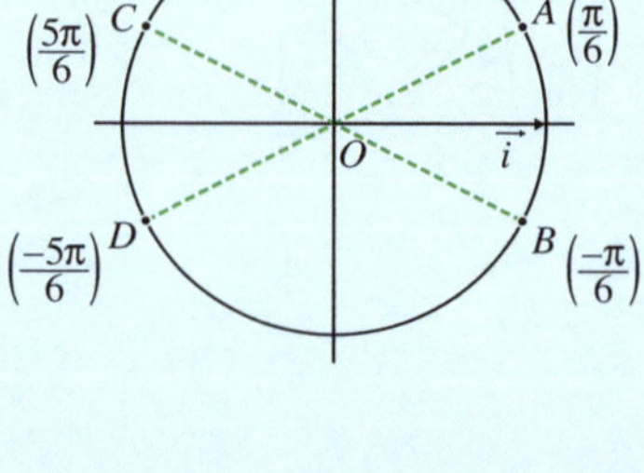

3° On connaît la relation : $\sin x = \cos\left(\frac{\pi}{2} - x\right)$.
Pour tout nombre réel x,

$$\cos x = \sin x \Leftrightarrow \cos x = \cos\left(\frac{\pi}{2} - x\right) \Leftrightarrow \begin{cases} x = \frac{\pi}{2} - x + k2\pi \text{ ou} \\ x = -\frac{\pi}{2} + x + k2\pi,\ k \in \mathbb{Z}, \end{cases}$$

$$\cos x = \sin x \Leftrightarrow 2x = \frac{\pi}{2} + k2\pi \text{ ou } 0 = -\frac{\pi}{2} + k2\pi,\ k \in \mathbb{Z}.$$

$$\cos x = \sin x \Leftrightarrow x = \frac{\pi}{4} + k\pi,\ k \in \mathbb{Z},$$

car la seconde équation n'est vérifiée pour aucun réel x.

L'ensemble des solutions est $\left\{\frac{\pi}{4} + k\pi \text{ avec } k \in \mathbb{Z}\right\}$.

Les solutions appartenant à l'intervalle $]-\pi\ ;\ \pi]$ sont $\frac{\pi}{4}\ ; -\frac{3\pi}{4}$.

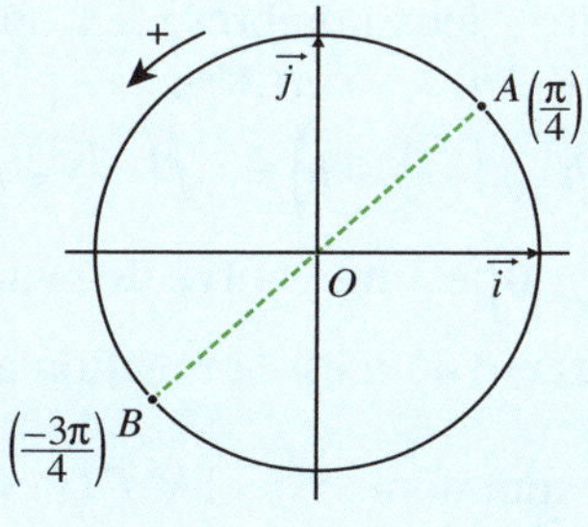

3 → Énoncé p. 152

1°

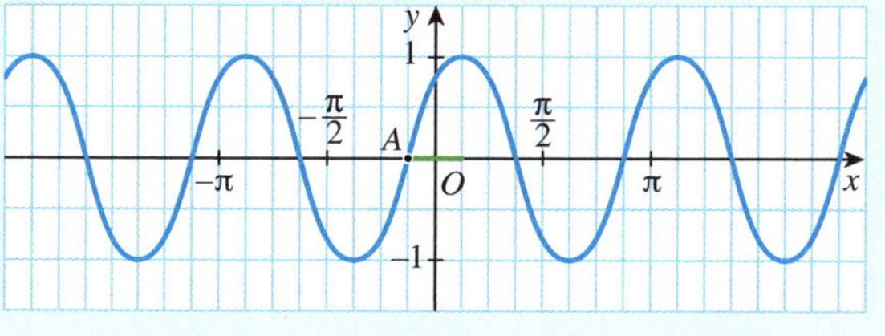

2° *a*) Pour tout nombre réel x, $f(x + \pi) = \sin\left[2(x + \pi) + \frac{\pi}{4}\right]$

$$f(x + \pi) = \sin\left[2x + 2\pi + \frac{\pi}{4}\right].$$

La fonction sinus étant périodique de période 2π, on en déduit :

$$f(x + \pi) = \sin\left[2x + \frac{\pi}{4}\right] \text{ c'est-à-dire } f(x + \pi) = f(x).$$

Conclusion : f est périodique de période π.

b) Pour prouver que le point $A\left(-\frac{\pi}{8}\ ;\ 0\right)$ est un centre de symétrie de la courbe, on prouve que deux points de la courbe d'abscisses respectives $-\frac{\pi}{8}+h$ et $-\frac{\pi}{8}-h$ ($k \in \mathbb{R}$) ont des ordonnées opposées (car l'ordonnée de A est 0).

Pour tout nombre réel h, $f\left(-\frac{\pi}{8}+h\right) = \sin\left[2\left(-\frac{\pi}{8}+h\right)+\frac{\pi}{4}\right]$

$$f\left(-\frac{\pi}{8}+h\right) = \sin\left[-\frac{\pi}{4}+2h+\frac{\pi}{4}\right]$$

$$f\left(-\frac{\pi}{8}+h\right) = \sin(2h).$$

Pour le calcul de $f\left(-\frac{\pi}{8}-h\right)$, on remplace h par $-h$ dans l'expression de $f\left(-\frac{\pi}{8}-h\right)$, ce qui donne : $f\left(-\frac{\pi}{8}-h\right) = \sin(-2h)$.

Or, la fonction sinus est impaire : deux nombres réels opposés ont leurs images opposées par la fonction sinus, $\sin(-2h) = -\sin(2h)$.

Ainsi, pour tout nombre réel h, $f\left(-\frac{\pi}{8}+h\right) = -f\left(-\frac{\pi}{8}-h\right)$.

Conclusion : le point $A\left(-\frac{\pi}{8}\ ;\ 0\right)$ est un centre de symétrie de la courbe.

c) f est de la forme $x \mapsto \sin(u(x))$, où u est la fonction affine $x \mapsto 2x+\frac{\pi}{4}$.

f est dérivable dans $\mathbb{R}$ et pour tout nombre réel x, $f'(x) = 2\times\cos\left(2x+\frac{\pi}{4}\right)$.

Soit x un nombre réel quelconque de l'intervalle $\left[-\frac{3\pi}{8}\ ;\ \frac{\pi}{8}\right]$.

$$-\frac{3\pi}{8} \leqslant x \leqslant \frac{\pi}{8}, \text{ donc } 2\times\left(-\frac{3\pi}{8}\right) \leqslant 2x \leqslant 2\times\frac{\pi}{8}, \text{ donc } \frac{3\pi}{4} \leqslant 2x \leqslant \frac{\pi}{4}.$$

En ajoutant $\frac{\pi}{4}$:

$$-\frac{3\pi}{4}+\frac{\pi}{4} \leqslant 2x+\frac{\pi}{4} \leqslant \frac{\pi}{4}+\frac{\pi}{4}$$

$$-\frac{\pi}{2} \leqslant 2x+\frac{\pi}{4} \leqslant \frac{\pi}{2}.$$

Pour tout réel a de l'intervalle $\left[-\frac{\pi}{2}\ ;\ \frac{\pi}{2}\right]$, $\cos a \geqslant 0$ et $\cos a = 0 \Leftrightarrow a = \frac{\pi}{2}$ ou $a = -\frac{\pi}{2}$.

Donc, pour tout nombre réel x de l'intervalle $\left[-\frac{3\pi}{8}\ ;\ \frac{\pi}{8}\right]$, $\cos\left(2x+\frac{\pi}{4}\right) \geqslant 0$ et, par suite, $f'(x) \geqslant 0$ (f' ne s'annulant qu'en $-\frac{3\pi}{8}$ et $\frac{\pi}{8}$).

Donc, **la fonction f est strictement croissante dans l'intervalle $\left[-\frac{3\pi}{8}\ ;\ \frac{\pi}{8}\right]$**.

> Quand x varie dans un intervalle, chercher tout d'abord dans quel intervalle varie $u(x)$, pour en déduire une condition sur $\cos(u(x))$.

d) À partir de la restriction de la courbe à l'intervalle $\left[-\frac{\pi}{8} ; \frac{\pi}{8}\right]$, on effectue une symétrie par rapport au point A et l'on obtient alors la courbe sur l'intervalle $\left[-\frac{3\pi}{8} ; \frac{\pi}{8}\right]$.
Or, l'intervalle $\left[-\frac{3\pi}{8} ; \frac{\pi}{8}\right]$ est un intervalle de longueur π, période de la fonction f.
Si $\vec{i}$ désigne un vecteur unitaire de l'axe des abscisses, on effectue des translations successives de cet arc de courbe, parallèlement à l'axe des abscisses, de vecteur $\pi\vec{i}$ et $-\pi\vec{i}$, ce qui donne la courbe dans $\mathbb{R}$.

3° Soit x un nombre réel. Le point M de la courbe $\mathscr{C}$ dont l'abscisse est x a pour ordonnée : $\sin\left(2x + \frac{\pi}{4}\right)$.
Le point M' de la courbe $\mathscr{C}'$ dont l'abscisse est $x + \frac{\pi}{8}$ a pour ordonnée :

$$\sin\left(2\left(x + \frac{\pi}{8}\right)\right) = \sin\left(2x + \frac{\pi}{4}\right).$$

M et M' on la même ordonnée. Noter que le vecteur $\overrightarrow{MM'}$ est constant.

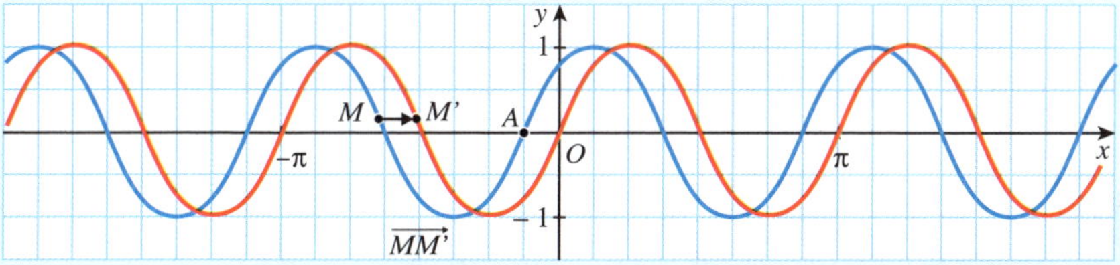

— courbe $\mathscr{C}$ de la fonction f — courbe $\mathscr{C}'$ de la fonction $x \mapsto \sin(2x)$

4 → Énoncé p. 153 **1°** Pour tout nombre réel x,
$f(x) = 0 \Leftrightarrow \cos x = \sin x \Leftrightarrow \cos x = \cos\left(\frac{\pi}{2} - x\right)$.

> On revient à l'égalité $\cos a = \cos b$ en utilisant une formule liant sinus et cosinus. On aurait pu tout aussi bien parvenir à une égalité : $\sin a = \sin b$.

Pour tout nombre réel x :

$$\cos x = \cos\left(\frac{\pi}{2} - x\right) \Leftrightarrow x = \frac{\pi}{2} - x + k2\pi$$

ou

$$x = -\frac{\pi}{2} + x + k2\pi,\ k \in \mathbb{Z},$$

$$\cos x = \sin x \Leftrightarrow 2x = \frac{\pi}{2} + k2\pi \quad \text{ou} \quad 0 = -\frac{\pi}{2} + k2\pi,\ k \in \mathbb{Z},$$

$$\cos x = \cos\left(\frac{\pi}{2} - x\right) \Leftrightarrow x = \frac{\pi}{4} + k\pi,\ k \in \mathbb{Z}.$$

L'ensemble des solutions est $\left\{\frac{\pi}{4} + k\pi,\ k \in \mathbb{Z}\right\}$.

2° Pour cette question, nous utiliserons les formules d'addition :

pour tout nombre réel x, $\sqrt{2}\cos\left(x+\frac{\pi}{4}\right)=\sqrt{2}\left(\cos x\cos\frac{\pi}{4}-\sin x\sin\frac{\pi}{4}\right)$

$$\sqrt{2}\cos\left(x+\frac{\pi}{4}\right)=\sqrt{2}\left(\frac{1}{\sqrt{2}}\cos x-\frac{1}{\sqrt{2}}\sin x\right)$$

$$\sqrt{2}\cos\left(x+\frac{\pi}{4}\right)=\cos x-\sin x$$

$$\sqrt{2}\cos\left(x+\frac{\pi}{4}\right)=f(x).$$

3°

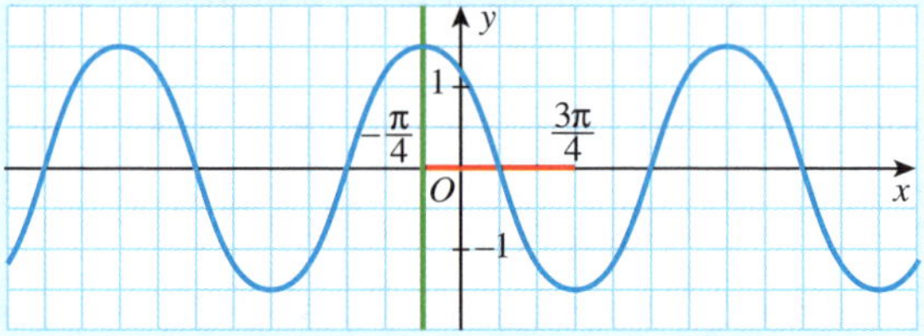

a) On utilise la périodicité des fonctions cosinus et sinus :

pour tout nombre réel x, $f(x+2\pi)=\cos(x+2\pi)-\sin(x+2\pi)$

$$f(x+2\pi)=\cos(x)-\sin(x)$$

$$f(x+2\pi)=f(x)$$

Conclusion : f est périodique, de période 2π.

b) Pour tout nombre réel h, $f\left(-\frac{\pi}{4}+h\right)=\sqrt{2}\cos\left(-\frac{\pi}{4}+h+\frac{\pi}{4}\right)$,

$$f\left(-\frac{\pi}{4}+h\right)=\sqrt{2}\cos h\ ,$$

et $f\left(-\frac{\pi}{4}-h\right)=\sqrt{2}\cos(-h)$

$f\left(-\frac{\pi}{4}-h\right)=\sqrt{2}\cos h$, car la fonction cosinus est paire.

Puisque, pour tout nombre réel h, $f\left(-\frac{\pi}{4}+h\right)=f\left(-\frac{\pi}{4}-h\right)$, la courbe $\mathscr{C}$ de la fonction f est symétrique par rapport à la droite D d'équation $x=-\frac{\pi}{4}$.

c) f est de la forme $x\mapsto k\cos(u(x))$, où $k=\sqrt{2}$ et u la fonction affine $x\mapsto x+\frac{\pi}{4}$; donc f est dérivable dans $\mathbb{R}$ et, pour tout nombre réel x,

$$f'(x)=\sqrt{2}\times\left(-\sin\left(x+\frac{\pi}{4}\right)\right)$$

$$f'(x)=-\sqrt{2}\sin\left(x+\frac{\pi}{4}\right).$$

Soit x un nombre réel quelconque de l'intervalle $\left[-\frac{\pi}{4} ; \frac{3\pi}{4}\right]$.

$$-\frac{\pi}{4} \leqslant x \leqslant \frac{3\pi}{4}, \text{ donc } -\frac{\pi}{4}+\frac{\pi}{4} \leqslant x+\frac{\pi}{4} \leqslant \frac{3\pi}{4}+\frac{\pi}{4}$$

$$0 \leqslant x+\frac{\pi}{4} \leqslant \pi.$$

Pour tout réel a de l'intervalle $[0 ; \pi]$, $\sin a \geqslant 0$ et $\sin a$ s'annule en 0 et en π.

Ainsi, pour tout nombre réel x de l'intervalle $\left[-\frac{\pi}{4} ; \frac{3\pi}{4}\right]$, $\sin\left(x+\frac{\pi}{4}\right) \geqslant 0$;

d'où $f'(x) \leqslant 0$ (et $f'(x) = 0 \Leftrightarrow x = -\frac{\pi}{4}$ ou $x = \frac{3\pi}{4}$).

Conclusion : f est strictement décroissante dans l'intervalle $\left[-\frac{\pi}{4} ; \frac{3\pi}{4}\right]$.

4° À partir de la restriction de la courbe à l'intervalle $\left[-\frac{\pi}{4} ; \frac{3\pi}{4}\right]$, on effectue une symétrie par rapport à la droite D d'équation $x = -\frac{\pi}{4}$. On obtient alors la courbe sur l'intervalle $\left[-\frac{5\pi}{4} ; \frac{3\pi}{4}\right]$.

L'intervalle $\left[-\frac{5\pi}{4} ; \frac{3\pi}{4}\right]$ est un intervalle de longueur 2π, période de la fonction f.

Si $\vec{i}$ désigne un vecteur unitaire de l'axe des abscisses, on effectue des translations successives de cet arc de courbe, parallèlement à l'axe des abscisses, de vecteur $2\pi\vec{i}$ et $-2\pi\vec{i}$, ce qui donne la courbe dans $\mathbb{R}$.

CHAPITRE 8

Intégration

1 Définition d'une intégrale (cas d'une fonction continue, positive)

Soit f une fonction **continue**, à **valeurs positives**, définie sur un intervalle $[a\ ;\ b]$.
Soit $\mathscr{C}$ la courbe de la fonction f dans un repère orthonormé $(O\ ;\ \vec{i}, \vec{j})$ du plan.
L'intégrale de a à b de la fonction f est l'aire du domaine limité par la courbe $\mathscr{C}$, l'axe des abscisses, les droites d'équation $x = a$ et $x = b$ (l'unité d'aire est donnée par un carré de côté 1).
L'intégrale de a à b de la fonction f est notée $\int_a^b f(x)\,\mathrm{d}x$.

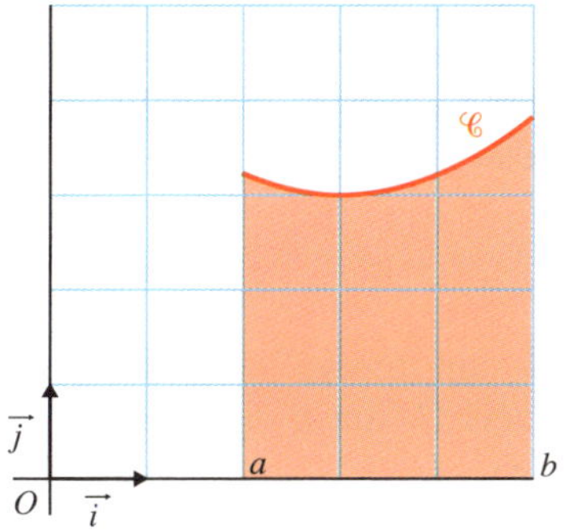

Remarque : Les nombres réels a et b sont appelés les bornes de l'intégrale.
La variable x est appelée variable « muette » et peut être remplacée par n'importe quel symbole, à l'exception de ceux utilisés pour les bornes :

$$\left(\int_a^b f(x)\,\mathrm{d}x = \int_a^b f(u)\,\mathrm{d}u = \int_a^b f(t)\,\mathrm{d}t = \ldots\right).$$

Théorème

Soit f une fonction **continue**, à **valeurs positives**, définie sur un intervalle $[a\ ;\ b]$.
La fonction F définie sur l'intervalle $[a\ ;\ b]$ par $F :\ x \mapsto \int_a^x f(t)\,\mathrm{d}t$ est dérivable et F admet pour dérivée la fonction f.

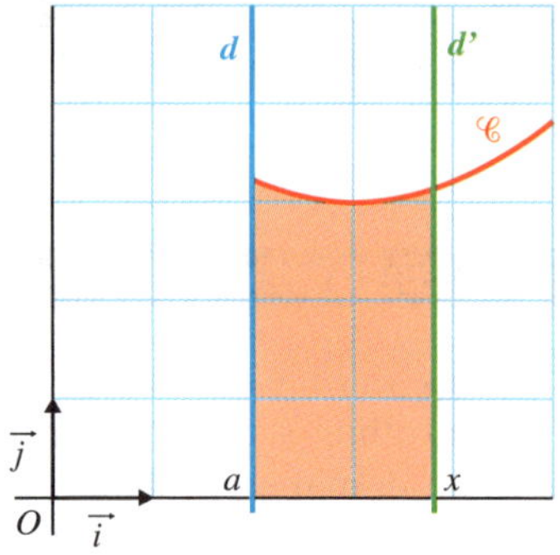

$F(x)$ est l'aire du domaine compris entre la courbe, l'axe des abscisses et les droites d et d'.

2 Primitives

A. Définition

Soit f une fonction définie sur un intervalle I.
On dit qu'une fonction F définie sur un intervalle I est une **primitive** de f si, et seulement si, F est dérivable et $F' = f$.

B. Propriété

Soit f une fonction définie sur un intervalle I admettant des primitives F_1 et F_2.
Alors, il existe un **nombre réel C** (une constante) tel que pour tout nombre réel x appartenant à I, $F_2(x) = F_1(x) + C$.
On dit que deux primitives d'une même fonction sur un intervalle diffèrent d'une constante.

C. Propriété

Toute fonction f **continue** sur un intervalle admet des primitives sur cet intervalle.

Remarque :
L'existence de primitives ne signifie pas que ces primitives puissent être exprimées à l'aide de fonctions usuelles. Par exemple, la fonction $x \mapsto e^{-x^2}$ admet des primitives dans $\mathbb{R}$, mais ces primitives ne peuvent être exprimées.

D. Propriété

Soit f une fonction continue sur un intervalle I. Soit $x_0 \in I$; soit y_0 un nombre réel.
Il existe une unique primitive F de f telle que $F(x_0) = y_0$.

Tableau des primitives usuelles :

La fonction f…	définie sur l'intervalle…	admet pour primitives les fonctions F :
$f : x \mapsto 0$	$\mathbb{R}$	$F : x \mapsto C$ (C constante réelle)
$f : x \mapsto a$ (a constante réelle)	$\mathbb{R}$	$F : x \mapsto ax + C$ (C constante réelle)
$f : x \mapsto x^n$ (n entier naturel ; $n \geqslant 1$)	$\mathbb{R}$	$F : x \mapsto \dfrac{x^{n+1}}{n+1} + C$ (C constante réelle)
$f : x \mapsto x^n$ (n entier relatif ; $n \leqslant -2$)	$]0 ; +\infty[$ ou $]-\infty ; 0[$	$F : x \mapsto \dfrac{x^{n+1}}{n+1} + C$ (C constante réelle)
$f : x \mapsto \dfrac{1}{x}$	$]0 ; +\infty[$	$F : x \mapsto \ln x + C$ (C constante réelle)
$f : x \mapsto e^x$	$\mathbb{R}$	$F : x \mapsto e^x + C$ (C constante réelle)
$f : x \mapsto \dfrac{1}{\sqrt{x}}$	$]0 ; +\infty[$	$F : x \mapsto 2\sqrt{x} + C$ (C constante réelle)
$f : x \mapsto \cos x$	$\mathbb{R}$	$F : x \mapsto \sin x + C$ (C constante réelle)
$f : x \mapsto \sin x$	$\mathbb{R}$	$F : x \mapsto -\cos x + C$ (C constante réelle)

E. Propriété

- Si u est une fonction définie dérivable sur un intervalle I, alors :
  – une primitive de la fonction $f = u'e^u$ est $F = e^u$;
  – une primitive de la fonction $f = u'u^n$ ($n \in \mathbb{Z}$; $n \neq -1$) est $F = \dfrac{u^{n+1}}{n+1}$.
- Si u est une fonction définie, **strictement positive**, dérivable sur un intervalle I, alors :
  – une primitive de la fonction $f = \dfrac{u'}{u}$ est $F = \ln u$;
  – une primitive de la fonction $f = \dfrac{u'}{\sqrt{u}}$ est $F = 2\sqrt{u}$.

F. Propriété

Soient u et v des fonctions définies sur un intervalle I admettant des primitives respectives U et V.
Alors une primitive de la fonction $f = u + v$ est la fonction $F = U + V$.
Si k est un nombre réel, alors une primitive de la fonction $f = ku$ est $F = kU$.

3 Extension de l'intégrale à une fonction continue quelconque

A. Définition

Soit f une fonction continue sur un intervalle I ; soit F l'une des primitives de f.
Soient a et b des nombres réels de l'intervalle I.
On définit l'intégrale de a à b de la fonction f :

$$\int_a^b f(x)\,\mathrm{d}x = [F(x)]_a^b = F(b) - F(a)$$

(la valeur de l'intégrale est indépendante de la primitive F choisie).

B. Définition

Soit f une fonction continue sur un intervalle $[a\,;\,b]$ avec $(a < b)$.
On appelle **valeur moyenne** de la fonction f sur l'intervalle $[a\,;\,b]$ le nombre réel :

$$m = \frac{1}{b-a} \times \int_a^b f(x)\,\mathrm{d}x.$$

C. Propriété : positivité de l'intégrale

Si f est une fonction continue et positive sur l'intervalle I, a et b des réels de l'intervalle I et $\boldsymbol{a} \leqslant \boldsymbol{b}$, alors :

$$\int_a^b f(x)\,\mathrm{d}x \geqslant 0.$$

■ Autres cas :

Si $f \geqslant 0$ et $\boldsymbol{a} \geqslant \boldsymbol{b}$, alors $\int_a^b f(x)\,\mathrm{d}x \leqslant 0$.

Si $f \leqslant 0$ et $\boldsymbol{a} \leqslant \boldsymbol{b}$, alors $\int_a^b f(x)\,\mathrm{d}x \leqslant 0$.

Si $f \leqslant 0$ et $\boldsymbol{a} \geqslant \boldsymbol{b}$, alors $\int_a^b f(x)\,\mathrm{d}x \geqslant 0$.

D. Propriété : linéarité de l'intégrale

Soient f et g des fonctions continues sur l'intervalle I ; a et b des réels de l'intervalle I. Soit k un nombre réel, alors :

$$\int_a^b (f(x)+g(x))\,\mathrm{d}x = \int_a^b f(x)\,\mathrm{d}x + \int_a^b g(x)\,\mathrm{d}x \;;\; \int_a^b k f(x)\,\mathrm{d}x = k\int_a^b f(x)\,\mathrm{d}x.$$

E. Propriété : comparaison d'intégrales

Soient f et g des fonctions continues, telles que pour tout réel x de l'intervalle $[a\,;b]$ $(a < b)$, $g(x) \leqslant f(x)$.

Alors : $$\int_a^b g(x)\,\mathrm{d}x \leqslant \int_a^b f(x)\,\mathrm{d}x.$$

F. Propriété

Soient f et g des fonctions continues, telles que pour tout réel x de l'intervalle $[a\,;b]$, $g(x) \leqslant f(x)$.
Soient $\mathscr{C}$ et $\mathscr{C}'$ les courbes respectives des fonctions f et g.
L'aire $\mathscr{A}$ du domaine du plan compris entre les courbes $\mathscr{C}$ et $\mathscr{C}'$, les droites d'équation $x = a$ et $x = b$ est :

$$\mathscr{A} = \int_a^b f(x)\,\mathrm{d}x - \int_a^b g(x)\,\mathrm{d}x$$

$$\mathscr{A} = \int_a^b (f(x) - g(x))\,\mathrm{d}x.$$

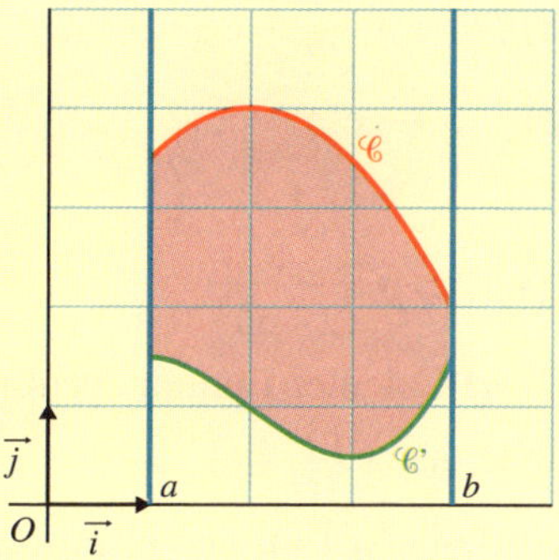

G. Propriété : relation de Chasles

Soit f une fonction continue sur l'intervalle I avec a, b et c des réels de l'intervalle I, alors :

$$\int_a^b f(x)\,\mathrm{d}x + \int_b^c f(x)\,\mathrm{d}x = \int_a^c f(x)\,\mathrm{d}x.$$

H. Propriété : permutation des bornes

Soit f une fonction continue sur l'intervalle I ; a, b des réels de l'intervalle I, alors :

$$\int_a^b f(x)\,\mathrm{d}x = -\int_b^a f(x)\,\mathrm{d}x.$$

1 Calculer une primitive

EXERCICE TYPE

1° Déterminer sur l'intervalle I toutes les primitives de la fonction f.

a) $f : x \mapsto 8x^3 + 6x^2 - 4x - 5$ $\quad$ $\mathrm{I} = \mathbb{R}$

b) $f : x \mapsto (2x + 1)^4$ $\quad$ $\mathrm{I} = \mathbb{R}$

c) $f : x \mapsto \dfrac{1}{2x-6}$ $\quad$ $\mathrm{I} =]3\ ;+\infty[$

d) $f : x \mapsto \dfrac{1}{\sqrt{3x+15}}$ $\quad$ $\mathrm{I} =]-5\ ;+\infty[$

e) $f : x \mapsto \mathrm{e}^{-3x+2}$ $\quad$ $\mathrm{I} = \mathbb{R}$

f) $f : x \mapsto 2x + 1 - \dfrac{2}{x}$ $\quad$ $\mathrm{I} =]0\ ;+\infty[$

g) $f : x \mapsto \dfrac{1}{(2-x)^3}$ $\quad$ $\mathrm{I} =]2\ ;+\infty[$

2° ***a)*** Calculer l'unique primitive F de la fonction $f : x \mapsto (2x - 1)^3$ définie dans $\mathbb{R}$ telle que $F\left(\dfrac{3}{2}\right) = 1$.

b) Calculer l'unique primitive F de la fonction $f : x \mapsto \cos\left(2x + \dfrac{\pi}{3}\right)$ définie dans $\mathbb{R}$ telle que $F(0) = 0$.

CORRIGÉ COMMENTÉ

1° ***a)*** Pour calculer une primitive d'une fonction polynôme, on applique les propriétés donnant une primitive d'une somme de fonctions (somme des primitives), du produit d'une fonction par un nombre réel (produit d'une primitive par ce nombre réel).

De plus, on utilise une primitive de la fonction $x \mapsto x^n$ ($n \in \mathbb{N}^*$) qui est $x \mapsto \dfrac{x^{n+1}}{n+1}$.

Ainsi : une primitive de $x \mapsto x$ est $x \mapsto \dfrac{x^2}{2}$;

une primitive de $x \mapsto x^2$ est $x \mapsto \dfrac{x^3}{3}$;

une primitive de $x \mapsto x^3$ est $x \mapsto \dfrac{x^4}{4}$.

Une primitive de $f : x \mapsto 8x^3 + 6x^2 - 4x - 5$ est donc :

$$F : x \mapsto 8 \times \frac{x^4}{4} + 6 \times \frac{x^3}{3} - 4 \times \frac{x^2}{2} - 5x.$$

Conclusion :
Toutes les primitives de f sont les fonctions :
$\boldsymbol{F : x \mapsto 2x^4 + 2x^3 - 2x^2 - 5x + \mathrm{C}}$, avec C désignant une constante réelle arbitraire.

On demande toutes les primitives : penser à la constante arbitraire C.

b) La fonction $f : x \mapsto (2x + 1)^4$ est une fonction polynôme sous forme factorisée ; évitons de développer et utilisons la propriété donnant une primitive d'une fonction de la forme $u'u^n$, à savoir $\frac{u^{n+1}}{n+1}$.
Naturellement, on définit la fonction $u : x \mapsto 2x + 1$; alors $u' : x \mapsto 2$.
Il suffit maintenant de faire apparaître $u'(x) = 2$ dans l'expression de $f(x)$ en factorisant par $\frac{1}{2}$.
Pour tout nombre réel x, $f(x) = \frac{1}{2} \times 2(2x+1)^4 = \frac{1}{2}u'(x)\,u^4(x)$.
Une primitive de f est $F : x \mapsto \frac{1}{2} \times \frac{(2x+1)^5}{5}$.
Conclusion :
Toutes les primitives de f sont les fonctions $F : x \mapsto \frac{1}{2}\frac{(2x+1)^5}{5}$ + C, avec C désignant **une constante réelle** arbitraire.
c) La fonction $u : x \mapsto 2x - 6$ est dérivable sur l'intervalle $]3\ ;+\infty[$ ($u' : x \mapsto 2$) et les valeurs $u(x)$ sont strictement positives sur cet intervalle.
Faisons apparaître dans l'expression de $f(x)$ la forme $\frac{u'}{u}$, pour laquelle on connaît une primitive $\ln u$.
Pour tout nombre réel x de $]3\ ;+\infty[$, $f(x) = \frac{1}{2} \times \frac{2}{2x-6} = \frac{1}{2} \times \frac{u'(x)}{u(x)}$.
Une primitive de f est donc $F : x \mapsto \frac{1}{2}\ln(2x-6)$.
Conclusion :
Toutes les primitives de f sur l'intervalle $]3\ ;+\infty[$ sont les fonctions : $F : x \mapsto \frac{1}{2}\ln(2x-6)$ + C, avec C désignant une constante réelle arbitraire.
d) Soit la fonction $u : x \mapsto 3x + 15$ est dérivable sur l'intervalle $]-5\ ;+\infty[$ ($u' : x \mapsto 3$), et a ses valeurs qui sont strictement positives sur cet intervalle.
Faisons apparaître dans l'expression de $f(x)$ la forme $\frac{u'}{\sqrt{u}}$, dont on connaît une primitive, qui est $2\sqrt{u}$.
Pour tout nombre réel x de $]-5\ ;+\infty[$, $f(x) = \frac{1}{3} \times \frac{3}{\sqrt{3x+15}} = \frac{1}{3} \times \frac{u'(x)}{\sqrt{u(x)}}$.
Une primitive de f est donc $F : x \mapsto \frac{1}{3} \times 2\sqrt{3x+15}$.
Conclusion :
Toutes les primitives de f sur l'intervalle $]-5\ ;+\infty[$ sont les fonctions : $F : x \mapsto \frac{2}{3}\sqrt{3x+15}$ + C, avec C désignant une constante réelle arbitraire.
e) Soit la fonction $u : x \mapsto -3x + 2$ est dérivable dans $\mathbb{R}$ ($u' : x \mapsto -3$).
Faisons apparaître dans l'expression de $f(x)$ la forme $u'\mathrm{e}^u$, dont on connaît une primitive, qui est e^u.
Pour tout nombre réel x, $f(x) = -\frac{1}{3} \times (-3) \times \mathrm{e}^{-3x+2} = -\frac{1}{3}u'(x)\mathrm{e}^{u(x)}$.
Une primitive de f est donc $F : x \mapsto -\frac{1}{3}\mathrm{e}^{-3x+2}$.

Conclusion :
Toutes les primitives de f sur $\mathbb{R}$ sont les fonctions $F : x \mapsto -\frac{1}{3}e^{-3x+2} + C$, avec C désignant une constante réelle arbitraire.

f) La fonction f est la somme des fonctions $u : x \mapsto 2x + 1$ et $v : x \mapsto -\frac{2}{x}$ admettant des primitives connues sur l'intervalle $]0\,;+\infty[$. Une primitive de f s'obtient en additionnant une primitive de u, à savoir $U : x \mapsto x^2 + x$ et une primitive de v, à savoir $V : x \mapsto -2\ln x$.

Une primitive de f est donc $F : x \mapsto x^2 + x - 2\ln x$.

Conclusion :
Toutes les primitives de f sur $]0\,;+\infty[$ sont les fonctions : $F : x \mapsto x^2 + x - 2\ln x + C$, avec C désignant une constante réelle arbitraire.

g) La fonction $u : x \mapsto 2 - x$ est dérivable sur l'intervalle $]2\,;+\infty[$ ($u' : x \mapsto -1$) et u ne s'annule pas sur cet intervalle.

Pour tout réel x de l'intervalle $]2\,;+\infty[$, $f(x) = (2-x)^{-3} = -u'(x)\,u^{-3}(x)$.

Une primitive de f est donc $F : x \mapsto -\dfrac{u^{-3+1}(x)}{-3+1}$,

c'est-à-dire $F : x \mapsto \dfrac{(2-x)^{-2}}{2}$.

Conclusion :
Toutes les primitives de f sur l'intervalle $]2\,;+\infty[$ sont les fonctions :
$F : x \mapsto \dfrac{1}{2(2-x)^2} + C$, avec C désignant une constante réelle arbitraire.

2° *a*) Dans cette question, on commencera par obtenir toutes les primitives de la fonction f, exprimées en fonction d'une constante C ; puis, on déterminera la valeur de la constante qui permettra de vérifier la condition $F\left(\frac{3}{2}\right) = 1$.

La fonction $f : x \mapsto (2x-1)^3$ est une fonction polynôme sous forme factorisée ; évitons de développer et utilisons la propriété donnant une primitive d'une fonction de la forme $u'u^n$, à savoir $\dfrac{u^{n+1}}{n+1}$.

Naturellement, on définit la fonction $u : x \mapsto 2x - 1$; alors $u' : x \mapsto 2$.

Il suffit maintenant de faire apparaître $u'(x)$ dans l'expression de $f(x)$.

Pour tout nombre réel x, $f(x) = \frac{1}{2} \times 2(2x-1)^3 = \frac{1}{2}u'(x)u^3(x)$.

Une primitive de f est $F : x \mapsto \frac{1}{2} \times \dfrac{(2x-1)^4}{4}$.

Conclusion :
Toutes les primitives de f sont les fonctions $F : x \mapsto \dfrac{(2x-1)^4}{8} + C$, avec C désignant une constante réelle arbitraire.

Traduisons maintenant la condition $F\left(\frac{3}{2}\right) = 1$.

$$F\left(\frac{3}{2}\right)=1 \Leftrightarrow \frac{\left(2\times\frac{3}{2}-1\right)^4}{8}+\text{C}=1 \Leftrightarrow \frac{2^4}{8}+\text{C}=1 \Leftrightarrow 2+\text{C}=1 \Leftrightarrow \text{C}=-1.$$

Conclusion :
L'unique primitive F de f telle que $F\left(\frac{3}{2}\right)=1$ est la fonction :

$$F : x \mapsto \frac{(2x-1)^4}{8}-1.$$

Écrire toutes les primitives, puis déterminer la valeur de la constante C qui permet de vérifier la condition indiquée.

b) Pour obtenir les primitives de la fonction $f : x \mapsto \cos\left(2x+\frac{\pi}{3}\right)$, on écrit :

$$\cos\left(2x+\frac{\pi}{3}\right)=\frac{1}{2}\times 2\cos\left(2x+\frac{\pi}{3}\right).$$

En désignant par u la fonction $x \mapsto 2x+\frac{\pi}{3}$, on observe que $u' : x \mapsto 2$.

Ainsi, pour tout réel x, $f(x) = \frac{1}{2}u'(x)\sin'(u(x))$ qui est la fonction dérivée de $F : x \mapsto \frac{1}{2}\sin(u(x)) = \frac{1}{2}\sin\left(2x+\frac{\pi}{3}\right)$.

Conclusion :
Toutes les primitives de f sont les fonctions $F : x \mapsto \frac{1}{2}\sin\left(2x+\frac{\pi}{3}\right)+\text{C}$, avec C désignant une constante réelle arbitraire.

Traduisons maintenant la condition $F(0)=0$.

$$F(0)=0 \Leftrightarrow \frac{1}{2}\sin\frac{\pi}{3}+\text{C}=0 \Leftrightarrow \frac{1}{2}\times\frac{\sqrt{3}}{2}+\text{C}=0 \Leftrightarrow \text{C}=-\frac{\sqrt{3}}{4}.$$

Conclusion :
L'unique primitive F de f telle que $F(0)=0$ est la fonction :

$$F : x \mapsto \frac{1}{2}\sin\left(2x+\frac{\pi}{3}\right)-\frac{\sqrt{3}}{4}.$$

À RETENIR

- **Pour calculer une primitive**, il est indispensable de parfaitement connaître les formules de dérivation, puisque les recherches de primitives se font par « lecture inverse » des formules de dérivation. Il est néanmoins utile de mémoriser certaines primitives usuelles, afin de les reconnaître immédiatement.
- Dans certains cas, on devra modifier l'écriture de $f(x)$, par exemple, en faisant apparaître une constante en facteur, pour se ramener à un cas connu.
- Vérifier si l'énoncé demande l'une des primitives ou toutes les primitives ; dans ce dernier cas, on ajoutera une constante arbitraire. Si l'on demande la primitive prenant une certaine valeur en un réel donné, on cherchera tout d'abord toutes les primitives, puis on traduira la condition imposée afin d'obtenir la valeur de la constante qui permet de vérifier la condition.

2 Calculer une intégrale

EXERCICE TYPE

Calculer les intégrales suivantes (on vérifiera au préalable que ces intégrales sont définies) :

a) $A = \int_0^1 (3x^2 + 6x - 1)\,\mathrm{d}x$;

b) $B = \int_0^2 (1-2x)^3\,\mathrm{d}x$;

c) $C = \int_1^2 \frac{1}{2x+8}\,\mathrm{d}x$;

d) $D = \int_{-1}^1 \mathrm{e}^{4x+1}\,\mathrm{d}x$.

CORRIGÉ COMMENTÉ

Pour qu'une intégrale existe, il suffit que la fonction à intégrer soit définie et continue sur l'intervalle dont les bornes sont les bornes de l'intégrale.
En pratique, pour calculer une intégrale, il suffit de reconnaître dans la fonction à intégrer une dérivée et d'en déterminer une primitive.

a) La fonction $x \mapsto 3x^2 + 6x - 1$ est définie et continue dans $\mathbb{R}$, donc l'intégrale A est définie.
Une primitive de la fonction $x \mapsto 3x^2 + 6x - 1$ est $x \mapsto x^3 + 3x^2 - x$.

$A = \int_0^1 (3x^2 + 6x - 1)\,\mathrm{d}x = \left[x^3 + 3x^2 - x\right]_0^1$

$A = (1^3 + 3 \times 1^2 - 1) - 0 = 3.$

Réponse : $A = 3$.

L'écriture « entre crochets » d'une primitive permet aisément le calcul de la différence (ici, $F(1) - F(0)$).

Vérifier le résultat sur calculatrice en utilisant le programme de calcul d'une intégrale

b) La fonction $x \mapsto (1-2x)^3$ est définie est continue dans $\mathbb{R}$, donc l'intégrale B est définie.
En écrivant $(1-2x)^3 = -\frac{1}{2} \times (-2) \times (1-2x)^3$, on obtient une primitive de la fonction $x \mapsto (1-2x)^3$ qui est $x \mapsto -\frac{1}{2} \times \frac{(1-2x)^4}{4}$.

$B = \int_0^2 (1-2x)^3\,\mathrm{d}x = \left[-\frac{1}{8}(1-2x)^4\right]_0^2.$

$B = -\frac{1}{8}\left((1-2\times 2)^4 - (1-2\times 0)^4\right).$

$B = -\frac{1}{8}(81-1) = -10.$

Réponse : $B = -10$.

c) La fonction $f: x \mapsto \dfrac{1}{2x+8}$ n'est pas définie pour un seul nombre : $x = -4$.
Or, -4 n'appartient pas à l'intervalle $[1 ; 2]$; donc, f est définie, continue comme fonction rationnelle, strictement positive sur l'intervalle $[1 ; 2]$.
Soit la fonction $u : x \mapsto 2x + 8$; u est dérivable et $u' : x \mapsto 2$.

Pour tout réel x de l'intervalle $[1 ; 2]$, $f(x) = \dfrac{1}{2} \times \dfrac{2}{2x+8} = \dfrac{1}{2} \times \dfrac{u'(x)}{u(x)}$.

Une primitive de la fonction f est $F : x \mapsto \dfrac{1}{2}\ln(2x+8)$

$$C = \int_1^2 \frac{1}{2x+8}\,\mathrm{d}x = \left[\frac{1}{2}\ln(2x+8)\right]_1^2$$

$$C = \frac{1}{2}(\ln 12 - \ln 10)$$

$$C = \frac{1}{2}\ln\left(\frac{12}{10}\right) = \frac{1}{2}\ln\left(\frac{6}{5}\right).$$

Réponse : $C = \dfrac{1}{2}\ln\left(\dfrac{6}{5}\right)$.

d) La fonction $x \mapsto e^{4x+1}$ est définie et continue dans $\mathbb{R}$, donc l'intégrale D est définie.
Soit la fonction $u : x \mapsto 4x + 1$; u est dérivable et $u' : x \mapsto 4$.

Pour tout réel x de l'intervalle $[1 ; 2]$, $f(x) = e^{4x+1} = \dfrac{1}{4} \times 4e^{4x+1} = \dfrac{1}{4} \times u'(x)\,e^{u(x)}$.

Une primitive de la fonction f est $F : x \mapsto \dfrac{1}{4}\ e^{4x+1}$.

$$D = \int_{-1}^{1} e^{4x+1}\,\mathrm{d}x = \left[\frac{1}{4}e^{4x+1}\right]_{-1}^{1}$$

$$D = \frac{1}{4}(e^5 - e^{-3}).$$

Réponse : $D = \dfrac{1}{4}(e^5 - e^{-3})$.

À RETENIR

• **Pour qu'une intégrale existe** $\int_a^b f(x)\,\mathrm{d}x$, il suffit que la fonction à intégrer f soit définie et continue sur l'intervalle limité par les bornes a et b.
• **Pour calculer une intégrale**, il suffit de connaître une primitive F de la fonction f à intégrer (se reporter à l'exercice type précédent).
On calcule alors la différence $F(b) - F(a)$.

3 Calculer une aire

EXERCICE TYPE

Sur la figure ci-contre, on a représenté la parabole $\mathcal{P}$ d'équation :

$$y = (1 - x)(x - 3).$$

1° Calculer, en unité d'aire, l'aire du domaine situé en dessous de la parabole et au-dessus de l'axe des abscisses.

2° La droite D d'équation $y = 2x - 3$ coupe la parabole $\mathcal{P}$ aux points $A(0\ ;\ -3)$ et $B(2\ ;\ 1)$. Calculer, en unité d'aire, l'aire du domaine situé en dessous de la parabole $\mathcal{P}$ et au-dessus de la droite D.

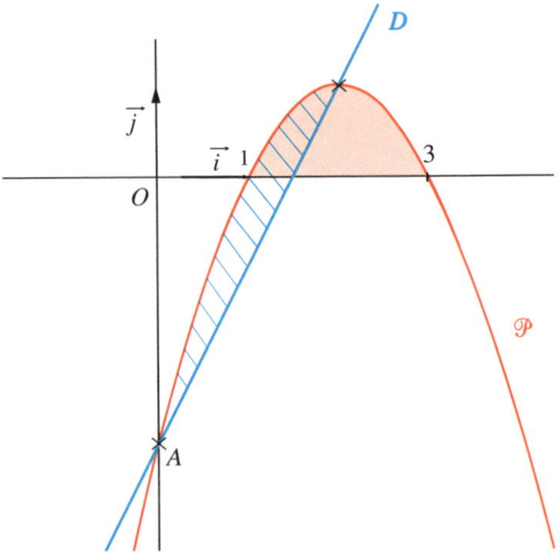

CORRIGÉ COMMENTÉ

1° Soit $f(x) = (1 - x)(x - 3)$; f est définie et continue dans $\mathbb{R}$ comme fonction polynôme. $f(x) \geqslant 0$ lorsque $1 \leqslant x \leqslant 3$.

L'aire du domaine est donnée par l'intégrale :

$$\mathcal{A} = \int_1^3 (1 - x)(x - 3)\,\mathrm{d}x = \int_1^3 (-x^2 + 4x - 3)\,\mathrm{d}x$$

$$= \left[-\frac{x^3}{3} + 2x^2 - 3x\right]_1^3$$

$$= (-9 + 18 - 9) - \left(-\frac{1}{3} + 2 - 3\right)\ ;\ \boldsymbol{\mathcal{A} = \frac{4}{3}}.$$

> Attention ! Une intégrale ne représente pas systématiquement une aire : si f est positive et $a < b$, alors $\int_a^b f(x)\,\mathrm{d}x$ est l'aire du domaine sous la courbe entre les valeurs a et b.

2° Sur l'intervalle $[0\ ;\ 2]$, la parabole $\mathcal{P}$ est située au-dessus de la droite D.
L'aire $\mathcal{A}'$ du domaine proposé se calcule donc par l'intégrale :

$$\mathcal{A}' = \int_0^2 [(1 - x)(x - 3) - (2x - 3)]\,\mathrm{d}x = \int_0^2 (-x^2 + 2x)\,\mathrm{d}x$$

$$\mathcal{A}' = \left[-\frac{x^3}{3} + x^2\right]_0^2 = -\frac{8}{3} + 4\ ;\ \boldsymbol{\mathcal{A} = \frac{4}{3}}.$$

À RETENIR

- **Pour calculer une aire à l'aide d'une intégrale**, vous devez bien observer le domaine afin de déterminer les bornes d'intégration et le signe de la fonction. Il peut être demandé de convertir l'aire exprimée en unité d'aire, dans les unités usuelles : cm^2, mm^2, etc.

4 Encadrer une aire par la méthode des rectangles

EXERCICE TYPE

Soit la fonction $f : x \mapsto \dfrac{1}{1+x^2}$ définie sur l'intervalle [0 ; 1].

1° Démontrer que la fonction f est strictement décroissante.

2° Construire la courbe $\mathscr{C}$ de la fonction f dans un repère orthonormé.

3° En partageant l'intervalle [0 ; 1] en cinq intervalles de même longueur, déterminer, par la méthode des rectangles, un encadrement de l'aire $\mathscr{A}$ du domaine compris entre la courbe $\mathscr{C}$ et l'axe des abscisses.

4° Écrire un algorithme permettant d'encadrer l'aire du domaine sous la courbe de la fonction $f : x \mapsto \dfrac{1}{1+x^2}$ sur l'intervalle [0 ; 1] en partageant l'intervalle [0 ; 1] en N intervalles de même longueur (N entier naturel supérieur ou égal à 2).

CORRIGÉ COMMENTÉ

1° La fonction $u : x \mapsto 1 + x^2$ est une fonction polynôme, définie et dérivable dans $\mathbb{R}$ ($u' : x \mapsto 2x$), donc en particulier sur [0 ; 1], à valeurs strictement positives, par conséquent ne s'annulant pas. Donc, son inverse $f = \dfrac{1}{u}$ est définie dérivable sur [0 ; 1] et pour tout x appartenant à [0 ;1], $f'(x) = -\dfrac{2x}{(1+x^2)^2}$.

Pour tout x appartenant à [0 ; 1], $(1 + x^2)^2 > 0$, $-2x \leqslant 0$, donc $f'(x) \leqslant 0$.
De plus, $f'(x) = 0 \Leftrightarrow x = 0$.
Conclusion : f est strictement décroissante sur l'intervalle [0 ; 1].

2° et 3°

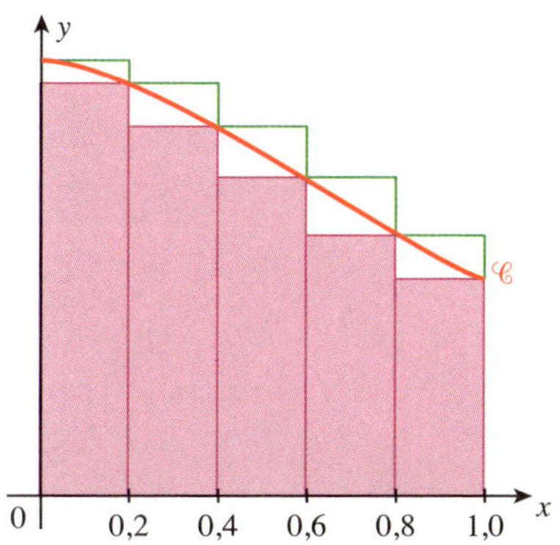

f étant strictement décroissante, l'aire du domaine compris entre la courbe et l'axe des abscisses sur l'intervalle [0 ; 1] est encadrée par la somme des aires des rectangles placées sous la courbe et la somme de ceux dépassant la courbe.

La somme des aires des rectangles minorant $\mathcal{A}$ est :
$S_1 = 0{,}2f(0{,}2) + 0{,}2f(0{,}4) + 0{,}2f(0{,}6) + 0{,}2f(0{,}8) + 0{,}2f(1)$.
La somme des aires des rectangles majorant $\mathcal{A}$ est :

$$S_1 = 0{,}2f(0) + 0{,}2f(0{,}2) + 0{,}2f(0{,}4) + 0{,}2f(0{,}6) + 0{,}2f(0{,}8)$$

$$S_1 = 0{,}2 \times \left(\frac{1}{1{,}04} + \frac{1}{1{,}16} + \frac{1}{1{,}36} + \frac{1}{1{,}64} + \frac{1}{2}\right)$$

$$S_2 = 0{,}2 \times \left(1 + \frac{1}{1{,}04} + \frac{1}{1{,}16} + \frac{1}{1{,}36} + \frac{1}{1{,}64}\right).$$

Donnons des valeurs approchées, des nombres S_1 et S_2, par défaut pour S_1, par excès pour S_2.
La troncature à la troisième décimale donne 0,733 pour S_1 et 0,833 pour S_2.
On obtient donc l'encadrement suivant : $0{,}733 \leqslant \mathcal{A} \leqslant 0{,}834$.
Noter que la différence $S_2 - S_1$ est exactement 0,1, mais que l'amplitude de l'encadrement par des nombres décimaux est 0,101, en raison de l'approximation par défaut pour l'une des valeurs, par excès pour l'autre.

Attention à l'arrondi décimal : le majorant est arrondi par excès et le minorant par défaut !

4° **Variables**
N est un nombre entier naturel
K est un nombre entier naturel
S et T sont des nombres réels.
Début
Saisir N
Affecter à S la valeur 0
Affecter à T la valeur 0
Pour $K = 1$ à N **faire**
    Affecter à S la valeur $S + \dfrac{1}{1 + \dfrac{K^2}{N^2}}$
    Affecter à T la valeur $T + \dfrac{1}{1 + \dfrac{(K-1)^2}{N^2}}$
Fin pour
Afficher « $S =$ », S/N
Afficher « $T =$ », T/N
Fin

À RETENIR

• Dans le cas d'une fonction continue monotone à valeurs positives, la méthode dite « des rectangles » permet d'obtenir un encadrement de l'aire du domaine compris entre la courbe et l'axe des abscisses sur un intervalle $[a ; b]$. Plus le pas de subdivision de l'intervalle $[a ; b]$ est petit, plus l'amplitude de l'encadrement est faible.

5 Étude d'une suite d'intégrales

EXERCICE TYPE

À tout entier naturel n, on associe l'intégrale $I_n = \int_0^1 x^n e^x \, dx$.

1° Montrer que pour tout entier naturel n, $I_n \geqslant 0$.

2° Montrer que la suite (I_n) est décroissante.

3° ***a)*** Montrer que, pour tout entier naturel n, pour tout réel x de l'intervalle [0 ; 1] :

$$x^n e^x \leqslant e x^n.$$

En déduire que $I_n \leqslant \dfrac{e}{n+1}$.

b) En déduire que la suite (I_n) est convergente ; déterminer sa limite.

CORRIGÉ COMMENTÉ

Une suite d'intégrales est une suite dont le terme général est exprimé à l'aide d'une intégrale ; certaines propriétés de la suite peuvent être étudiées sans connaître l'expression du terme général, mais seulement à l'aide de propriétés de l'intégrale.

1° Soit n un entier naturel quelconque.
Pour tout réel x de l'intervalle [0 ; 1], $e^x \geqslant 0$ et $x^n \geqslant 0$; donc $e^x x^n \geqslant 0$.
Comme la borne du bas, qui est 0, est inférieure à la borne du haut, qui est 1, et par positivité de l'intégrale :

$$\int_0^1 x^n e^x \, dx \geqslant 0 .$$

2° Pour tout entier naturel n, $I_{n+1} - I_n = \int_0^1 x^{n+1} e^x \, dx - \int_0^1 x^n e^x \, dx$.

Par linéarité de l'intégrale, $I_{n+1} - I_n = \int_0^1 (x^{n+1} e^x - x^n e^x) \, dx$

$$I_{n+1} - I_n = \int_0^1 x^n (x-1) e^x \, dx.$$

Afin de connaître le signe de l'intégrale, étudions le signe de $x^n(x-1)e^x$ dans l'intervalle [0 ; 1].
Pour tout réel x de l'intervalle [0 ; 1], $e^x \geqslant 0$ et $x^n \geqslant 0$ et $x - 1 \leqslant 0$, donc $x^n(x-1)e^x \leqslant 0$.

Alors, $\int_0^1 x^n(x-1) \, e^x \, dx \leqslant 0$.

Pour tout entier naturel n, $I_{n+1} - I_n \leqslant 0$.
Conclusion : la suite (I_n) est décroissante.

> Noter que l'on obtient la propriété de décroissance, sans avoir besoin de connaître une expression de u_n en fonction de l'entier n.

3° *a)* La fonction exponentielle est strictement croissante dans $\mathbb{R}$.
Soit x un réel de l'intervalle [0 ; 1].

$$0 \leqslant x \leqslant 1, \text{ donc } e^0 \leqslant e^x \leqslant e^1.$$

Pour tout réel de l'intervalle [0 ; 1], $e^x \leqslant e$.
On multiplie les deux termes de cette inégalité par x^n qui est de signe positif ou nul ; on obtient $x^n e^x \leqslant e x^n$.
Par conservation de l'ordre par passage aux intégrales, $\int_0^1 x^n e^x \, dx \leqslant \int_0^1 e x^n \, dx$.

Calcul de $\int_0^1 e x^n \, dx$:

$\int_0^1 e x^n \, dx = e \int_0^1 x^n \, dx$ par linéarité de l'intégrale (le nombre e étant une constante)

$$\int_0^1 e x^n \, dx = e\left[\frac{x^{n+1}}{n+1}\right]_0^1 = e \times \frac{1}{n+1}.$$

Conclusion : pour tout entier naturel n, $I_n \leqslant \frac{e}{n+1}$.

b) D'après les questions **1°** et **3° *a)***, on obtient : pour tout entier naturel n, $0 \leqslant I_n \leqslant \frac{e}{n+1}$.
La suite (I_n) est encadrée par deux suites : la suite constante égale à 0, qui converge donc vers 0, et la suite de terme général $\frac{e}{n+1}$ qui converge également vers 0.
D'après le théorème d'encadrement, la suite (I_n) est convergente et $\lim_{n \to +\infty} I_n = 0$.

À RETENIR

- Une suite définie par des intégrales peut, dans certains cas, se calculer explicitement.
- Dans les autres cas, certaines propriétés de la suite, comme le sens de variations, le signe, un majorant, un minorant, un encadrement, une convergence ou une divergence peuvent être obtenues à l'aide de propriété de l'intégrale (signe ; comparaison d'intégrale ; linéarité).

1 ★ 20 min

Déterminer les primitives des fonctions suivantes sur l'intervalle I.

1° $f : x \mapsto 12x^3 - 10x + 5$, $I = \mathbb{R}$.

2° $f : x \mapsto (x+1)(2x+3)$, $I = \mathbb{R}$.

3° $f : x \mapsto \dfrac{1}{(5-x)^3}$, $I =]5\ ;+\infty[$.

4° $f : x \mapsto x + \dfrac{2}{x^2}$, $I =]0\ ;+\infty[$.

5° $f : x \mapsto \dfrac{1}{\sqrt{5x+2}}$, $I = \left]-\dfrac{2}{5}\ ;+\infty\right[$.

6° $f : x \mapsto \sin x + \sin(2x)$, $I = \mathbb{R}$.

7° $f : x \mapsto (1-3x)^3$, $I = \mathbb{R}$.

→ Corrigé p. 184

2 ★ 20 min

Cet exercice nécessite d'avoir étudié les fonctions logarithme et exponentielle.
Déterminer les primitives des fonctions suivantes sur l'intervalle I.

1° $f : x \mapsto x + \dfrac{2}{x}$, $I =]\,0\ ;+\infty[$.

2° $f : x \mapsto \dfrac{1}{x+1}$, $I =]-1\ ;+\infty[$.

3° $f : x \mapsto e^{2x-1}$, $I = \mathbb{R}$.

4° $f : x \mapsto 3e^{5-x}$, $I = \mathbb{R}$.

5° $f : x \mapsto \dfrac{x^2+2x+4}{x+1}$, $I =]-1\ ;+\infty[$.

$\left(\text{On écrira } f(x) \text{ sous la forme } ax + b + \dfrac{c}{x+1}.\right)$

→ Corrigé p. 184

3 ★ 10 min

Déterminer la primitive F de la fonction f définie sur I telle que $F(x_0) = y_0$.

1° $f : x \mapsto 4(5-2x)^3$ $I = \mathbb{R}\ ;\ x_0 = 2\ ;\ y_0 = 1$.

2° $f : x \mapsto \dfrac{1}{2x+1}$ $I = \left]-\dfrac{1}{2}\ ;+\infty\right[\ ;\ x_0 = 0\ ;\ y_0 = -1$.

→ Corrigé p. 185

4 ★ 20 min

Calculer les intégrales suivantes :

$A = \int_0^1 (x-2)\,\mathrm{d}x$; $B = \int_1^2 (x^2-3)\,\mathrm{d}x$;

$C = \int_{-1}^1 (6x^2-2x)\,\mathrm{d}x$; $D = \int_0^1 \frac{1}{(x+1)^2}\,\mathrm{d}x$;

$E = \int_0^2 (2x-5)^3\,\mathrm{d}x$; $F = \int_1^4 \frac{1}{\sqrt{2x-1}}\,\mathrm{d}x$;

$G = \int_0^{\frac{\pi}{2}} \cos(2x)\,\mathrm{d}x$; $H = \int_{-\pi}^0 (\cos x - \sin(2x))\,\mathrm{d}x$.

→ Corrigé p. 185

5 ★ 15 min

Cet exercice nécessite la connaissance du logarithme et de l'exponentielle.

Calculer les intégrales suivantes :

$A = \int_1^2 \left(x + \frac{1}{x}\right)\mathrm{d}x$; $B = \int_0^1 \frac{1}{x+1}\,\mathrm{d}x$; $C = \int_0^2 \frac{x+3}{x+2}\,\mathrm{d}x$;

$D = \int_0^{-1} \frac{3}{x+4}\,\mathrm{d}x$; $E = \int_0^{\ln 2} \mathrm{e}^{2x-1}\,\mathrm{d}x$; $F = \int_{-1}^1 \mathrm{e}^{1-x}\,\mathrm{d}x$.

→ Corrigé p. 186

6 ★ 10 min

Sur la figure ci-contre sont représentées les deux paraboles $\mathcal{P}$ et $\mathcal{P}'$ d'équations respectives :

$\mathcal{P} : y = -x(x-4)$;

$\mathcal{P}' : y = (x-4)^2$.

Elles se coupent aux points $A(2 ; 4)$ et $B(4 ; 0)$.

Calculer l'aire du domaine situé en dessous de $\mathcal{P}$ et au-dessus de $\mathcal{P}'$.

→ Corrigé p. 186

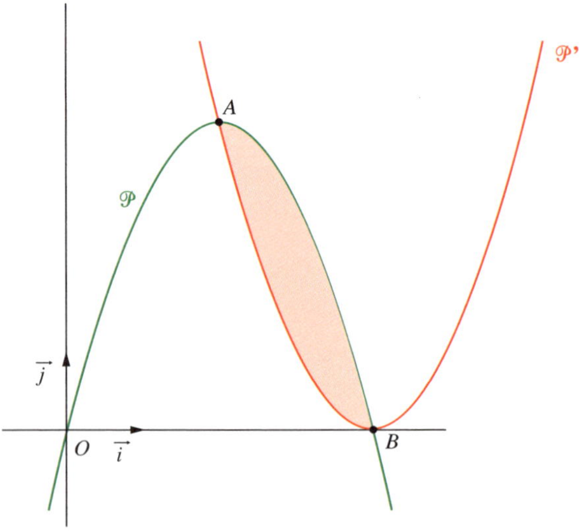

7 ★ **20 min**

Cet exercice nécessite la connaissance de l'exponentielle.

On a représenté la courbe (C) de la fonction $f : x \mapsto e^{x} - e^{-\frac{x}{2}}$ dans un repère orthonormal $(O ; \vec{i}, \vec{j})$.

Montrer que f est à valeurs positives dans l'intervalle [0 ; 1] ; en déduire l'aire du domaine du plan limité par (C), l'axe des abscisses et la droite d'équation $x = 1$.

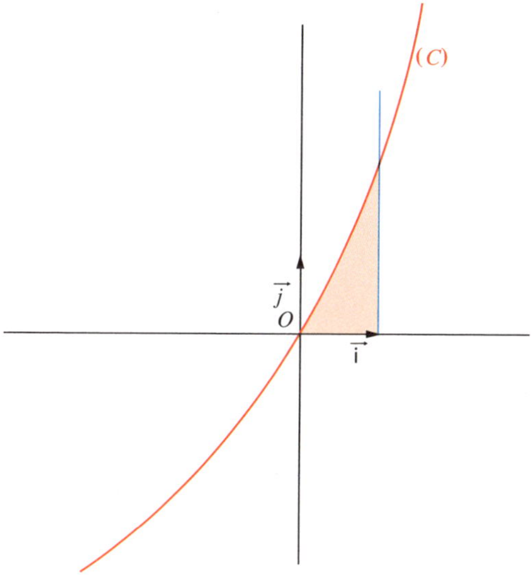

→ Corrigé p. 186

8 ★★ **15 min**

Soit la fonction $f : x \mapsto e^{-x^2}$ définie sur l'intervalle [0 ; 1].

1° Démontrer que la fonction f est strictement décroissante.

2° Construire la courbe $\mathscr{C}$ de la fonction f dans un repère orthonormé.

3° En partageant l'intervalle [0 ; 1] en quatre intervalles de même longueur, déterminer, par la méthode des rectangles, un encadrement de l'aire $\mathscr{A}$ du domaine compris entre la courbe $\mathscr{C}$ et l'axe des abscisses.

→ Corrigé p. 186

9 ★★ **15 min**

Soit la fonction $f : x \mapsto \dfrac{1}{x^2 - 1}$ définie sur l'intervalle [2 ; 3].

1° Démontrer que la fonction f est strictement décroissante.

2° Construire la courbe $\mathscr{C}$ de la fonction f dans un repère orthonormé.

3° En partageant l'intervalle [2 ; 3] en dix intervalles de même longueur, déterminer, par la méthode des rectangles, un encadrement de l'aire $\mathcal{A}$ du domaine compris entre la courbe $\mathcal{C}$ et l'axe des abscisses.

→ Corrigé p. 187

10 ★★ 20 min

1° Démontrer que pour tout réel x de l'intervalle $\left[\frac{1}{2}\ ;\ 1\right]$, $\frac{x}{x^2+1} \leqslant \frac{1}{x^2+1} \leqslant \frac{2x}{x^2+1}$.

2° En déduire un encadrement de l'intégrale $A = \int_{\frac{1}{2}}^{1} \frac{1}{x^2+1}\,\mathrm{d}x$.

3° Donner enfin un encadrement de A par des nombres décimaux, s'écrivant avec deux chiffres à droite de la virgule.

→ Corrigé p. 188

11 ★★★ 25 min

1° Montrer que, pour tout $x \in [0\ ;\ 2]$, $1 - \frac{x}{2} \leqslant \sqrt{1 - \frac{x^2}{4}} \leqslant 1$.

2° En déduire un encadrement de l'intégrale $I = \int_0^2 \sqrt{1 - \frac{x^2}{4}}\,\mathrm{d}x$.

Donner une interprétation graphique en terme d'aires.

→ Corrigé p. 188

12 ★★★ 30 min

À tout entier naturel n, on associe l'intégrale $I_n = \int_0^1 \frac{x^n}{1+x^2}\,\mathrm{d}x$.

1° Montrer que pour tout entier naturel n, $I_n \geqslant 0$.

2° Montrer que la suite (I_n) est décroissante.

3° *a)* Montrer que, pour tout entier naturel n, pour tout réel x de l'intervalle [0 ; 1], $\frac{x^n}{1+x^2} \leqslant x^n$.

En déduire que $I_n \leqslant \frac{1}{n+1}$.

b) En déduire que la suite (I_n) est convergente ; déterminer sa limite.

→ Corrigé p. 190

13 ★★★ 30 min

À tout entier naturel n, on associe l'intégrale $I_n = \int_0^{\frac{\pi}{4}} (\sin x)^n\,\mathrm{d}x$.

1° Montrer que la suite (I_n) est décroissante.

2° On admet que pour tout réel x de l'intervalle $\left[0\ ;\ \frac{\pi}{4}\right]$, $0 \leqslant \sin x \leqslant x$.

En déduire un encadrement de I_n ; puis prouver la convergence de la suite (I_n) et déterminer sa limite.

→ Corrigé p. 191

14 ★★★ **60 min**

Soit f la fonction définie sur $[0\ ;+\infty[$ par $f(x) = \ln(e^{2x} + 2e^{-x})$.
On désigne par (C) la courbe représentative dans un repère orthonormal $(O\ ; \vec{i}, \vec{j})$ (unité graphique : 2 cm).

1° Montrer que, pour tout réel x positif :

$$f(x) = 2x + \ln(1 + 2e^{-3x}).$$

2° ***a)*** Étudier la limite de f en $+\infty$.
b) Soit D la droite d'équation $y = 2x$. Étudier la position de (C) et D.

3° Étudier les variations de f.
Tracer (C) et D.

4° Montrer que, pour tout réel α, $\alpha > 0$:

$$\int_0^\alpha e^{-3x}dx \leqslant \frac{1}{3}.$$

5° Établir que, pour tout nombre réel u, $u \geqslant 0$:

$$\ln(1 + u) \leqslant u.$$

(On pourra étudier la fonction $g : u \mapsto u - \ln(1 + u)$ sur $[0\ ;+\infty[$.)

6° En déduire que, pour tout réel α, $\alpha > 0$:

$$\int_0^\alpha \ln(1 + 2e^{-3x}) \leqslant \frac{2}{3}.$$

7° Soit $\mathscr{A}(\alpha)$ l'aire, exprimée en cm^2, du domaine limité par les droites d'équations $x = 0$ et $x = \alpha$, D et $\mathscr{C}$.
Déduire des questions précédentes une majoration de $\mathscr{A}(\alpha)$ par un nombre indépendant de α.

➔ *Corrigé p. 192*

1 → Énoncé p. 179 1° $\boldsymbol{F : x \mapsto 3x^4 - 5x^2 + 5x + c}$ (c étant une constante réelle).

2° On développe : $f(x) = 2x^2 + 5x + 3$.

$\boldsymbol{F : x \mapsto \frac{2}{3}x^3 + \frac{5}{2}x^2 + 3x + c}$

(c étant une constante réelle).

On développe ; on ne peut obtenir directement de primitive d'un produit.

3° Soit la fonction $u : x \mapsto 5 - x$; u est dérivable $u' : x \mapsto -1$.

Pour tout nombre réel x de $]5 ; +\infty[$, $f(x) = -(-1) \times (5 - x)^{-3} = -u'(x)\,u^{-3}(x)$.

Une primitive de f est $\boldsymbol{F : x \mapsto -\frac{(5-x)^{-2}}{-2}}$.

Les primitives de f sont les fonctions $\boldsymbol{F : x \mapsto \frac{1}{2(5-x)^2} + C}$, avec C désignant une constante réelle arbitraire.

4° Les primitives de F sont les fonctions $F : x \mapsto \frac{x^2}{2} - \frac{2}{x} + \mathrm{C}$.

5° Soit la fonction $u : x \mapsto 5x + 2$; u est dérivable $u' : x \mapsto 5$.

Pour tout nombre réel x de $\left]-\frac{2}{5} ; +\infty\right[$, $f(x) = \frac{1}{5} \times \frac{5}{\sqrt{5x+2}} = \frac{1}{5} \times \frac{u'(x)}{\sqrt{u(x)}}$.

Une primitive de f est $\boldsymbol{F : x \mapsto \frac{1}{5} \times 2\sqrt{5x+2}}$.

Les primitives de f sont les fonctions $\boldsymbol{F : x \mapsto \frac{2}{5}\sqrt{5x+2} + C}$, avec C désignant une constante réelle arbitraire.

6° Les primitives de F sont les fonctions $F : x \mapsto -\cos x - \frac{1}{2}\cos(2x) + \mathrm{C}$.

7° Soit la fonction $u : x \mapsto 1 - 3x$; u est dérivable $u' : x \mapsto -3$.

Pour tout nombre réel x, $f(x) = -\frac{1}{3} \times (-3) \times (1 - 3x)^3 = -\frac{1}{3}u'(x)u^3(x)$.

Une primitive de f est $\boldsymbol{F : x \mapsto -\frac{1}{3} \times \frac{(1-3x)^4}{4}}$.

Les primitives de f sont les fonctions $\boldsymbol{F : x \mapsto -\frac{(1-3x)^4}{12} + C}$, avec C désignant une constante réelle arbitraire.

2 → Énoncé p. 179 1° $\boldsymbol{F : x \mapsto \frac{x^2}{2} + 2\ln x + c}$ (c constante réelle) sur $\mathrm{I} =]0 ; +\infty[$.

2° $\boldsymbol{F : x \mapsto \ln(x + 1) + c}$ (c constante réelle) sur $]-1 ; +\infty[$.

3° $\boldsymbol{F : x \mapsto \frac{1}{2}e^{2x-1} + c}$ (c constante réelle) sur $\mathrm{I} = \mathbb{R}$.

4° $\boldsymbol{F : x \mapsto -3e^{5-x} + c}$ (c constante réelle) sur $\mathrm{I} = \mathbb{R}$.

5° Pour tout $x \in]-1 ; +\infty[$,

$$ax + b + \frac{c}{x+1} = \frac{(x+1)(ax+b)+c}{x+1} = \frac{ax^2 + (a+b)x + b + c}{x+1}.$$

Pour que $f(x) = ax + b + \frac{c}{x+1}$, il suffit que le triplet $(a ; b ; c)$ de réels vérifie :

$$\begin{cases} a = 1 \\ a + b = 2 \\ b + c = 4 \end{cases} \text{ c'est-à-dire } \begin{cases} a = 1 \\ b = 1 \\ c = 3 \end{cases} ; f(x) = x + 1 + \frac{3}{x+1}.$$

On en déduit :

$$\boldsymbol{F : x \mapsto \frac{x^2}{2} + x + 3\ln(x+1) + c} \text{ (c constante réelle) sur } I =]-1 ; +\infty[.$$

3 → *Énoncé p. 179* 1° Les primitives de f sont les fonctions $\boldsymbol{F : x \mapsto -\frac{(5-2x)^4}{2} + C}$, C désignant une constante réelle arbitraire.

$$F(2) = 1 \Leftrightarrow -\frac{(5 - 2 \times 2)^4}{2} + C = 1 \Leftrightarrow C = \frac{3}{2}.$$

Réponse : $\boldsymbol{F : x \mapsto -\frac{(5-2x)^4}{2} + \frac{3}{2}}$ est l'unique primitive de f telle que $F(2) = 1$.

2° Pour tout réel x de l'intervalle $\left]-\frac{1}{2} ; +\infty\right[$, $2x + 1 > 0$.

Les primitives de f sont les fonctions $\boldsymbol{F : x \mapsto \frac{1}{2}\ln(2x+1) + C}$, avec C désignant une constante réelle arbitraire.

$F(0) = -1 \Leftrightarrow \frac{1}{2}\ln(2 \times 0 + 1) + C = -1 \Leftrightarrow C = -1$

Réponse : $\boldsymbol{F : x \mapsto \frac{1}{2}\ln(2x+1) - 1}$ est l'unique primitive de f telle que $F(0) = -1$.

> Ne pas oublier que $x \mapsto 2$ est la fonction dérivée de $x \mapsto 2x + 1$ pour reconnaître $\frac{u'}{u}$.

4 → *Énoncé p. 180* Toutes les intégrales sont définies, car la fonction à intégrer est définie et continue sur l'intervalle des bornes.

Nous donnons directement une primitive de la fonction à intégrer.

> On ne donne ici que les réponses, mais pensez à écrire une justification complète sur votre copie.

$\boldsymbol{A} = \left[\frac{x^2}{2} - 2x\right]_0^1 = \boldsymbol{-\frac{3}{2}}$;

$\boldsymbol{B} = \left[\frac{x^3}{3} - 3x\right]_1^2 = \left(\frac{8}{3} - 6\right) - \left(\frac{1}{3} - 3\right) = \boldsymbol{-\frac{2}{3}}$;

$\boldsymbol{C} = \left[2x^3 - x^2\right]_{-1}^1 = 1 - (-3) = \boldsymbol{4}$;

$\boldsymbol{D} = \left[-\frac{1}{x+1}\right]_0^1 = \left(-\frac{1}{2}\right) - (-1) = \boldsymbol{\frac{1}{2}}$;

$\boldsymbol{E} = \left[\frac{1}{8}(2x-5)^4\right]_0^2 = \frac{1}{8} \times (-1)^4 - \frac{1}{8} \times (-5)^4 = \boldsymbol{-78}$;

$\boldsymbol{F} = \left[\sqrt{2x-1}\right]_1^4 = \boldsymbol{\sqrt{7} - 1}$;

$\boldsymbol{G} = \left[\frac{1}{2}\sin(2x)\right]_0^{\frac{\pi}{2}} = \frac{1}{2}\sin\pi - \frac{1}{2}\sin 0 = \boldsymbol{0}$;

$$\boldsymbol{H} = \left[\sin x + \frac{1}{2}\cos(2x)\right]_{-\pi}^{0} = \left(\sin 0 + \frac{1}{2}\cos 0\right) - \left(\sin(-\pi) + \frac{1}{2}\cos(-2\pi)\right) = \mathbf{0}.$$

5 → Énoncé p. 180 Toutes les intégrales sont définies, car la fonction à intégrer est définie et continue dans l'intervalle des bornes.

$\boldsymbol{A} = \left[\frac{x^2}{2} + \ln x\right]_1^2 = (2 + \ln 2) - \frac{1}{2} = \mathbf{\frac{3}{2} + \ln 2}$;

$\boldsymbol{B} = [\ln(x+1)]_0^1 = \mathbf{\ln 2}$;

$\boldsymbol{C} = \int_0^2 \left(1 + \frac{1}{x+2}\right)\mathrm{d}x = [x + \ln(x+2)]_0^2 = 2 + \ln 4 - \ln 2 = \mathbf{2 + \ln 2}$;

$\boldsymbol{D} = [3\ln(x+4)]_0^{-1} = \mathbf{3\ln 3 - 3\ln 4}$;

$\boldsymbol{E} = \left[\frac{1}{2}\mathrm{e}^{2x-1}\right]_0^{\ln 2} = \frac{1}{2}\mathrm{e}^{2\ln 2 - 1} - \frac{1}{2}\mathrm{e}^{-1} = \mathbf{\frac{3}{2}e^{-1}}$;

$\boldsymbol{F} = \left[-\mathrm{e}^{1-x}\right]_{-1}^{1} = (-1) - (-\mathrm{e}^2) = \mathbf{e^2 - 1}$.

6 → Énoncé p. 180 Comme $\mathscr{P}$ est située au-dessus de $\mathscr{P}'$ sur l'intervalle [2 ; 4] (ce qui signifie que, pour tout réel x tel que $2 \leqslant x \leqslant 4$, on a $(x-4)^2 \leqslant -x(x-4)$), l'aire $\mathscr{A}$ du domaine se calcule par l'intégrale :

> Pour obtenir une aire, assurez-vous que la fonction est de signe positif, la borne du bas de l'intégrale étant inférieure à celle du haut.

$$\mathscr{A} = \int_2^4 \left(-x(x-4) - (x-4)^2\right)\mathrm{d}x$$

$$\mathscr{A} = \int_2^4 \left(-2x^2 + 12x - 16\right)\mathrm{d}x$$

$$\mathscr{A} = \left[-\frac{2x^3}{3} + 6x^2 - 16x\right]_2^4$$

$$\boldsymbol{\mathscr{A}} = \left(-\frac{128}{3} + 96 - 64\right) - \left(-\frac{16}{3} + 24 - 32\right) = \mathbf{\frac{8}{3}}.$$

7 → Énoncé p. 181 Pour tout $x \in [0 ; 1]$, $x \geqslant -\frac{x}{2}$; donc, par stricte croissance dans $\mathbb{R}$ de l'exponentielle, $\mathrm{e}^x \geqslant \mathrm{e}^{-\frac{x}{2}}$, soit $\mathrm{e}^x - \mathrm{e}^{-\frac{x}{2}} \geqslant 0$.
L'aire cherchée se calcule donc ainsi :

$$\boldsymbol{\mathscr{A}} = \int_0^1 f(x)\,\mathrm{d}x = \left[\mathrm{e}^x + 2\,\mathrm{e}^{-\frac{x}{2}}\right]_0^1 = \mathbf{e + 2e^{-\frac{1}{2}} - 3}.$$

8 → Énoncé p. 181 **1°** La fonction f est dérivable dans $\mathbb{R}$, donc sur l'intervalle [0 ; 1] (car elle est de la forme $f = \mathrm{e}^u$ et $u : x \mapsto -x^2$ dérivable).

Pour tout nombre réel x de l'intervalle [0 ; 1], ($f'(x) = -2x e^{-x^2}$; $e^{-x^2} > 0$ et $-2x \leqslant 0$, donc $f'(x) \leqslant 0$ ($f'(x)$ ne s'annulant qu'en 0).

Conclusion : f est strictement décroissante sur l'intervalle [0 ; 1].

2° et 3°

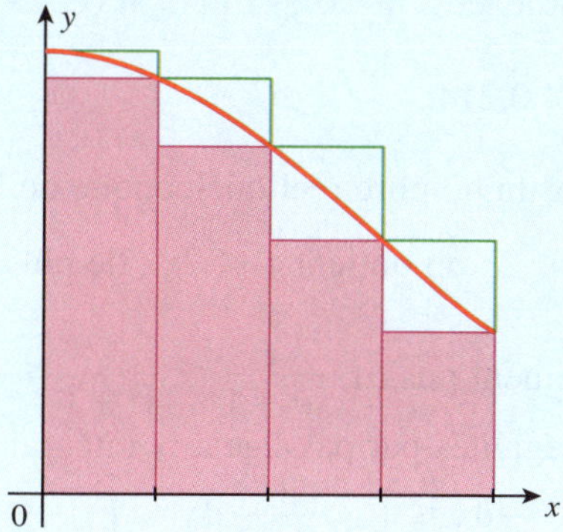

Soient
$$S_1 = 0{,}25 f(0{,}25) + 0{,}25 f(0{,}5) + 0{,}25 f(0{,}75) + 0{,}25 f(1)$$
$$S_2 = 0{,}25 f(0) + 0{,}25 f(0{,}25) + 0{,}25 f(0{,}5) + 0{,}25 f(0{,}75)$$

$$S_1 = 0{,}25\left(e^{-0{,}25^2} + e^{-0{,}5^2} + e^{-0{,}75^2} + e^{-1^2}\right)$$
$$S_2 = 0{,}25\left(e^{-0^2} + e^{-0{,}25^2} + e^{-0{,}5^2} + e^{-0{,}75^2}\right)$$

$S_1 \approx 0{,}663$; $S_2 \approx 0{,}821$ (troncature à la troisième décimale).

Conclusion : $0{,}663 \leqslant A \leqslant 0{,}822$.

> Attention ! On doit donner un arrondi par excès du majorant S_2 et par défaut du minorant S_1.

9 → *Énoncé p. 181* **1°** f est dérivable, comme inverse de la fonction dérivable u : $x \mapsto x^2 - 1$, u ne s'annulant pas sur [2 ; 3].

Pour tout réel x de l'intervalle [2 ; 3], $f'(x) = \dfrac{-2x}{(x^2-1)^2}$.

Pour tout réel x de l'intervalle [2 ; 3], $(x^2 - 1)^2 > 0$ et $-2x < 0$, donc $f'(x) < 0$.

Conclusion : f est strictement décroissante sur l'intervalle [2 ; 3].

2° et 3°

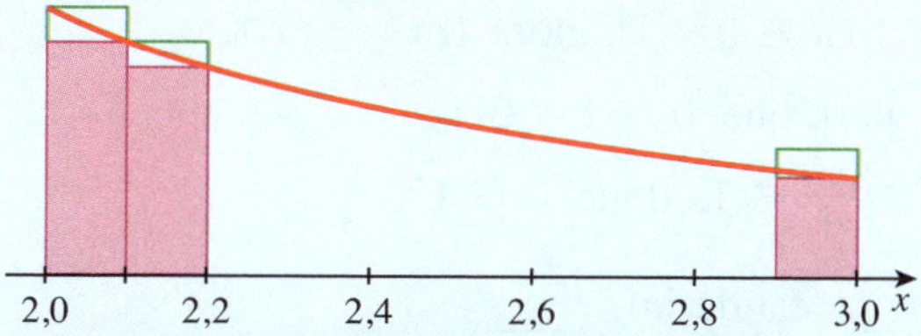

Soient,

$$S_1 = 0{,}1 \times [f(2{,}1) + f(2{,}2) + f(2{,}3) + f(2{,}4) + f(2{,}5) + f(2{,}6) + f(2{,}7) + f(2{,}8) + f(2{,}9) + f(3)] \; ;$$

$S_2 = 0{,}1 \times [f(2) + f(2{,}1) + f(2{,}2) + f(2{,}3) + f(2{,}4) +$
$f(2{,}5) + f(2{,}6) + f(2{,}7) + f(2{,}8) + f(2{,}9)]$.

On obtient les valeurs approchées $S_1 \approx 0{,}192$ et $S_2 \approx 0{,}213$ (troncature à la troisième décimale).

Conclusion : $0{,}192 \leqslant A \leqslant 0{,}214$.

10 → Énoncé p. 182 **1°** Soit x un nombre réel quelconque de l'intervalle $\left[\frac{1}{2}\ ;\ 1\right]$.

$\frac{1}{2} \leqslant x \leqslant 1$, donc $1 \leqslant 2x \leqslant 2$; on obtient $1 \leqslant 2x$; de plus $x \leqslant 1$.

Donc, $x \leqslant 1 \leqslant 2x$.

$x^2 + 1$ étant de signe strictement positif, $\frac{x}{x^2+1} \leqslant \frac{1}{x^2+1} \leqslant \frac{2x}{x^2+1}$.

2° Par conservation des inégalités par passage aux intégrales :

$$\int_{1/2}^{1} \frac{x}{x^2+1}\,dx \leqslant \int_{1/2}^{1} \frac{1}{x^2+1}\,dx \leqslant \int_{1/2}^{1} \frac{2x}{x^2+1}\,dx.$$

Soit la fonction $u : x \mapsto x^2 + 1$; $u' : x \mapsto 2x$.

On observe que $f(x) = \frac{2x}{x^2+1} = \frac{u'(x)}{u(x)}$ avec $u(x) > 0$; une primitive de f est $F : x \mapsto \ln(x^2 + 1)$.

On observe que $g(x) = \frac{x}{x^2+1} = \frac{1}{2} \times \frac{u'(x)}{u(x)}$ avec $u(x) > 0$; une primitive de g est $G : x \mapsto \frac{1}{2}\ln(x^2 + 1)$.

$$\int_{1/2}^{1} \frac{2x}{x^2+1}\,dx = \left[\ln(x^2+1)\right]_{1/2}^{1} = \ln 2 - \ln\left(\frac{5}{4}\right) = 3\ln 2 - \ln 5\ ;$$

$$\int_{1/2}^{1} \frac{x}{x^2+1}\,dx = \left[\frac{1}{2}\ln(x^2+1)\right]_{1/2}^{1} = \frac{1}{2}(3\ln 2 - \ln 5).$$

Conclusion : $\frac{1}{2}(3\ln 2 - \ln 5) \leqslant \int_0^1 \frac{1}{x^2+1}\,dx \leqslant 3\ln 2 - \ln 5$.

3° $3\ln 2 - \ln 5 \approx 0{,}470$; $\frac{1}{2}(3\ln 2 - \ln 5) \approx 0{,}235$ (troncature à la troisième décimale).

Conclusion : $0{,}23 \leqslant A \leqslant 0{,}48$.

11 → Énoncé p. 182 **1°** Si $x \in [0\ ;\ 2]$, alors $0 \leqslant \frac{x}{2} \leqslant 1$.

On en déduit, d'une part, que $0 \leqslant 1 - \frac{x}{2}$;

d'autre part, que $0 \leqslant \frac{x^2}{4} \leqslant 1$, donc $0 \leqslant 1 - \frac{x^2}{4}$.

Ceci assure que $\sqrt{1 - \frac{x^2}{4}}$ est défini.

Pour tout $x \in [0\ ;\ 2]$, $1 - \frac{x}{2} \geqslant 0$; $\sqrt{1 - \frac{x^2}{4}} \geqslant 0$; $1 \geqslant 0$.

Pour comparer ces nombres, il suffit de comparer leurs carrés qui sont rangés dans le même ordre :

$$\left(1-\frac{x}{2}\right)^2 = 1 - x + \frac{x^2}{4}\,;\left(\sqrt{1-\frac{x^2}{4}}\right)^2 = 1 - \frac{x^2}{4}\,;1^2 = 1.$$

■ $\left(\sqrt{1-\frac{x^2}{4}}\right)^2 - \left(1-\frac{x}{2}\right)^2 = 1 - \frac{x^2}{4} - 1 + x - \frac{x^2}{4} = x - \frac{x^2}{2} = \frac{x(2-x)}{2}.$

$x \in [0\,;2]$, donc $x \geqslant 0$ et $2 - x \geqslant 0$; donc $\frac{x(2-x)}{2} \geqslant 0.$

On en déduit que : $\left(\sqrt{1-\frac{x^2}{4}}\right)^2 \geqslant \left(1-\frac{x}{2}\right)^2.$

D'où $\sqrt{1-\frac{x^2}{4}} \geqslant 1 - \frac{x}{2}.$

■ $1^2 - \left(\sqrt{1-\frac{x^2}{4}}\right)^2 = 1 - 1 + \frac{x^2}{4} = \frac{x^2}{4}.$

On a ainsi prouvé que, pour tout $x \in [0\,;2]$, $\mathbf{1 - \frac{x}{2} \leqslant \sqrt{1-\frac{x^2}{4}} \leqslant 1}$.

2° La fonction $x \mapsto \sqrt{1-\frac{x^2}{4}}$ est définie et continue sur $[0\,;\,2]$, donc l'intégrale $I = \int_0^2 \sqrt{1-\frac{x^2}{4}}\,\mathrm{d}x$ existe.

Puisque $0 < 2$ et, pour tout $x \in [0\,;\,2]$, $1 - \frac{x}{2} \leqslant \sqrt{1-\frac{x^2}{4}} \leqslant 1$, on en déduit par encadrement des intégrales que :

$$\int_0^2 \left(1-\frac{x}{2}\right)\mathrm{d}x \leqslant \int_0^2 \sqrt{1-\frac{x^2}{4}}\,\mathrm{d}x \leqslant \int_0^2 1\,\mathrm{d}x.$$

On calcule les deux intégrales qui encadrent I.

$$\left[x - \frac{x^2}{4}\right]_0^2 \leqslant I \leqslant [x]_0^2,\ \text{d'où } \mathbf{1 \leqslant I \leqslant 2}.$$

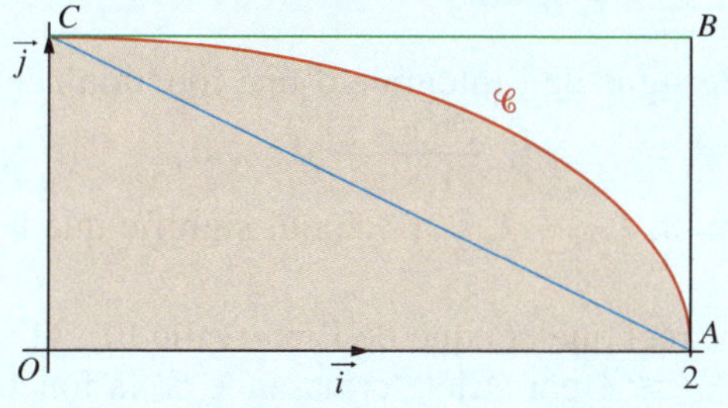

Soit $(\mathscr{C})$ la courbe de la fonction $x \mapsto \sqrt{1-\frac{x^2}{4}}$ sur $[0\,;2]$.

Cette fonction étant à valeurs positives, $I = \int_0^2 \sqrt{1-\frac{x^2}{4}}\,\mathrm{d}x$ représente l'aire du domaine limité par $(\mathscr{C})$, l'axe des abscisses, l'axe des ordonnées et la droite d'équation $x = 2$.

La courbe de la fonction $x \mapsto 1 - \frac{x}{2}$ est le segment $[AC]$.

$\int_0^2 \left(1 - \frac{x}{2}\right)\mathrm{d}x = 1$ est l'aire du triangle OAC.

La courbe de la fonction $x \mapsto 1$ est le segment $[BC]$.

$\int_0^2 1\,\mathrm{d}x = 2$ est l'aire du rectangle $OABC$.

$1 \leqslant J \leqslant 2$ est une inégalité donnant **l'ordre dans lequel sont rangées l'aire du triangle OAC, l'aire I et l'aire du rectangle $OABC$.**

Dans cet exercice, il ne faut pas chercher à calculer l'intégrale ; pour toutes les questions, les seules propriétés du cours sur les intégrales donneront la réponse.

12 → *Énoncé p. 182* **1°** Pour tout entier naturel n, pour tout réel x de l'intervalle $[0 ; 1]$, $x^n \geqslant 0$ et $1+x^2 > 0$, donc $\frac{x^n}{1+x^2} \geqslant 0$.

Par positivité de l'intégrale $\int_0^1 \frac{x^n}{1+x^2}\,\mathrm{d}x \geqslant 0$.

2° Pour tout entier naturel n, $I_{n+1} - I_n = \int_0^1 \frac{x^{n+1}}{1+x^2}\,\mathrm{d}x - \int_0^1 \frac{x^n}{1+x^2}\,\mathrm{d}x$.

Par linéarité de l'intégrale, $I_{n+1} - I_n = \int_0^1 \left(\frac{x^{n+1}}{1+x^2} - \frac{x^n}{1+x^2}\right)\mathrm{d}x$

$$I_{n+1} - I_n = \int_0^1 \frac{x^{n+1} - x^n}{1+x^2}\,\mathrm{d}x$$

$$I_{n+1} - I_n = \int_0^1 \frac{x^n(x-1)}{1+x^2}\,\mathrm{d}x.$$

Pour tout entier naturel n, pour tout réel x de l'intervalle $[0 ; 1]$, $x^n \geqslant 0$; $1 + x^2 > 0$; $x - 1 \leqslant 0$. Donc, $\frac{x^n(x-1)}{1+x^2} \leqslant 0$.

D'après la propriété de signe de l'intégrale d'une fonction négative :

$$\int_0^1 \frac{x^n(x-1)}{1+x^2}\,\mathrm{d}x \leqslant 0.$$

Pour tout entier naturel n, $I_{n+1} - I_n \leqslant 0$, ce qui signifie que la suite (I_n) est décroissante.

3° *a)* Soit x un nombre réel quelconque de l'intervalle $[0 ; 1]$;
$0 \leqslant x \leqslant 1$, donc $0 \leqslant x^2 \leqslant 1$ par stricte croissance de la fonction $x \mapsto x^2$ sur l'intervalle $[0 ; +\infty[$.
On en déduit $1 \leqslant 1 + x^2 \leqslant 2$, puis $\frac{1}{2} \leqslant \frac{1}{1+x^2} \leqslant 1$ par stricte décroissance de la fonction $x \mapsto \frac{1}{x}$ sur l'intervalle $]0 ; +\infty[$.
Pour tout entier naturel n, pour tout nombre réel x de l'intervalle $[0 ; 1]$, $x^n \geqslant 0$, donc $\frac{x^n}{2} \leqslant \frac{x^n}{1+x^2} \leqslant x^n$.

En ne retenant que l'inégalité de droite, $\dfrac{x^n}{1+x^2} \leqslant x^n$.
Par conservation de l'ordre par passage à l'intégrale, $\int_0^1 \dfrac{x^n}{1+x^2}\,dx \leqslant \int_0^1 x^n\,dx$.
Or, $\int_0^1 x^n\,dx = \left[\dfrac{x^{n+1}}{n+1}\right]_0^1 = \dfrac{1}{n+1}$.
Conclusion : pour tout entier naturel n, $I_n \leqslant \dfrac{1}{n+1}$.
b) D'après les questions 1° et 3° *a)*, pour tout entier naturel n, $0 \leqslant I_n \leqslant \dfrac{1}{n+1}$.
La suite (I_n) est encadrée par la suite de terme général $\dfrac{1}{n+1}$ qui converge vers 0 et la suite nulle qui converge également vers 0. D'après le théorème d'encadrement, la suite (I_n) est convergente et $\lim\limits_{n\to+\infty} I_n = 0$.

13 → *Énoncé p. 182* 1° Pour tout entier naturel n :

$$I_{n+1} - I_n = \int_0^{\pi/4} (\sin x)^{n+1}\,dx - \int_0^{\pi/4} (\sin x)^n\,dx.$$

> Comme dans l'exercice précédent, on ne cherchera pas à calculer l'intégrale.

Par linéarité de l'intégrale, $I_{n+1} - I_n = \int_0^{\pi/4} \left((\sin x)^{n+1} - (\sin x)^n\right)dx$;

$$I_{n+1} - I_n = \int_0^{\pi/4} (\sin x)^n (\sin x - 1)\,dx.$$

Pour tout réel x de l'intervalle $\left[0\,;\dfrac{\pi}{4}\right]$, $0 \leqslant \sin x \leqslant 1$, donc $\sin x - 1 \leqslant 0$ et pour tout entier naturel n, $0 \leqslant (\sin x)^n$.
Donc $(\sin x)^n(\sin x - 1) \leqslant 0$.
D'après la propriété de signe de l'intégrale d'une fonction négative :

$$\int_0^{\pi/4} (\sin x)^n (\sin x - 1)\,dx \leqslant 0.$$

Donc pour tout entier naturel n, $I_{n+1} - I_n \leqslant 0$, ce qui signifie que la suite (I_n) est décroissante.

2° On admet que pour tout réel x de l'intervalle $\left[0\,;\dfrac{\pi}{4}\right]$, $0 \leqslant \sin x \leqslant x$.

Donc, pour tout entier naturel n, pour tout réel x de l'intervalle $\left[0\,;\dfrac{\pi}{4}\right]$, $0 \leqslant (\sin x)^n \leqslant x^n$.
Par conservation de l'ordre par passage à l'intégrale :

$$0 \leqslant \int_0^{\pi/4} (\sin x)^n\,dx \leqslant \int_0^{\pi/4} x^n\,dx.$$

Or, $\int_0^{\pi/4} x^n\,dx = \left[\dfrac{x^{n+1}}{n+1}\right]_0^{\pi/4} = \dfrac{1}{n+1} \times \left(\dfrac{\pi}{4}\right)^{n+1}$.

Ainsi, pour tout entier naturel n, $0 \leqslant I_n \leqslant \dfrac{1}{n+1} \times \left(\dfrac{\pi}{4}\right)^{n+1}$.

Puisque $0 < \dfrac{\pi}{4} < 1$, $\lim\limits_{n\to+\infty} \left(\dfrac{\pi}{4}\right)^{n+1} = 0$. De plus, $\lim\limits_{n\to+\infty} \dfrac{1}{n+1} = 0$, donc par produit :

$$\lim_{n\to+\infty} \frac{1}{n+1} \times \left(\frac{\pi}{4}\right)^{n+1} = 0.$$

La suite (I_n) étant encadrée par deux suites convergeant vers 0, la suite (I_n) est convergente et $\lim_{n\to+\infty} I_n = 0$ (par le théorème d'encadrement).

14 → *Énoncé p. 183* 1° Pour tout réel x positif :

$$f(x) = \ln[e^{2x}(1 + 2e^{-x} \times e^{-2x})],$$
$$f(x) = \ln(e^{2x}) + \ln(1 + 2e^{-3x}),$$
$$\boldsymbol{f(x) = 2x + \ln(1 + 2e^{-3x})}.$$

2° *a)* Comme $\lim_{X\to-\infty} e^X = 0$, alors $\lim_{x\to+\infty} (1 + 2e^{-3x}) = 1$.

D'où $\lim_{x\to+\infty} \ln(1 + 2e^{-3x}) = 0$.

Or, $\lim_{x\to+\infty} 2x = +\infty$, donc $\boldsymbol{\lim_{x\to+\infty} f(x) = +\infty}$.

b) Pour étudier la position de (C) et de D, on cherche à connaître le signe de $f(x) - 2x$. L'exponentielle est à valeurs positives, donc $1 + 2e^{-3x} > 1$; et, par stricte croissance du logarithme, $\ln(1 + 2e^{-3x}) > 0$. Donc $f(x) - 2x > 0$.

La courbe (C) est donc située au-dessus de D.

3° f est dérivable sur $]0 ; +\infty[$, car la fonction $u : x \mapsto 1 + 2e^{-3x}$ est dérivable, ainsi que $x \mapsto 2x$.

$$f'(x) = 2 + \frac{2 \times (-3) \times e^{-3x}}{1 + 2e^{-3x}} = \frac{2(1 - e^{-3x})}{1 + 2e^{-3x}}.$$

Comme $1 + 2e^{-3x}$ est strictement positif, $f'(x)$ est du même signe que $1 - e^{-3x}$.

Pour $x \geqslant 0$, on a : $-3x \leqslant 0$,

d'où : $e^{-3x} \leqslant e^0$.

Puisque $e^0 = 1$: $0 \leqslant 1 - e^{-3x}$.

Donc $f'(x) \geqslant 0$ ($f'(x) = 0$ si, et seulement si, $x = 0$.

f est donc strictement croissante sur $[0 ; +\infty[$.

Représentation graphique de (C) et D :

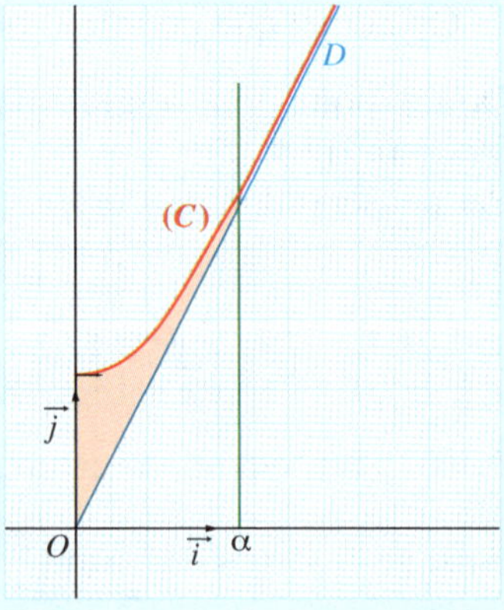

4° $\int_0^{\alpha} e^{-3x}\,dx = \left[\frac{e^{-3x}}{-3}\right]_0^{\alpha} = -\frac{e^{-3\alpha}}{3} + \frac{1}{3}$.

Comme $e^{-3\alpha} > 0$, alors $-\frac{e^{-3\alpha}}{3} < 0$, donc $-\frac{e^{-3\alpha}}{3} + \frac{1}{3} < \frac{1}{3}$.

D'où le résultat : $\boldsymbol{\int_0^{\alpha} e^{-3x}\,dx \leqslant \frac{1}{3}}$.

5° Soit $g(u) = u - \ln(1 + u)$ définie sur $[0\,;+\infty[$.

$$g'(u) = 1 - \frac{1}{1+u} = \frac{u}{1+u}.$$

Comme $u \geqslant 0$, alors $g'(u) \geqslant 0$; $g'(u) = 0$ si, et seulement si, $u = 0$.

g est donc strictement croissante sur $[0\,;+\infty[$.

Donc $g(u) > g(0)$, pour tout u positif ou nul.

Comme $g(0) = 0 - \ln 1 = 0$, alors $g(u) \geqslant 0$.

Donc $\boldsymbol{\ln(1 + u) \leqslant u}$.

> On ne cherchera pas à résoudre une inéquation ; le sens de variation d'une fonction et une valeur bien choisie permettent de déduire le signe.

6° Soit $u = 2e^{-3x}$; u est positif.

D'après l'inégalité précédente, $\ln(1 + 2e^{-3x}) \leqslant 2e^{-3x}$.

Puisque $0 < \alpha$, on en déduit :

$$\int_0^{\alpha} \ln(1+2e^{-3x})\,dx \leqslant \int_0^{\alpha} 2e^{-3x}\,dx.$$

Par ailleurs :

$$\int_0^{\alpha} 2e^{-3x}\,dx = 2\int_0^{\alpha} e^{-3x}\,dx, \text{ et } \int_0^{\alpha} e^{-3x}\,dx \leqslant \frac{1}{3}.$$

D'où :

$$\boldsymbol{\int_0^{\alpha} \ln(1+2e^{-3x})\,dx \leqslant 2\int_0^{\alpha} e^{-3x}\,dx \leqslant \frac{2}{3}}.$$

7° Comme (C) est au-dessus de D et $0 < \alpha$ et 1 unité d'aire valant 4 cm², alors :

$\mathcal{A}(\alpha) = 4\int_0^{\alpha} [f(x) - 2x]\,dx$,

$\mathcal{A}(\alpha) = 4\int_0^{\alpha} \ln(1+2e^{-3x})\,dx$.

D'après l'inégalité précédente :

$\mathcal{A}(\alpha) \leqslant 4 \times \frac{2}{3}$,

$\boldsymbol{\mathcal{A}(\alpha) \leqslant \frac{8}{3}}$.

CHAPITRE 9

Les nombres complexes

1 Définitions et propriétés

Il existe un ensemble, appelé **ensemble des nombres complexes**, noté $\mathbb{C}$, muni de deux opérations, addition et multiplication, possédant les propriétés suivantes :

- l'ensemble $\mathbb{R}$ des nombres réels est inclus dans $\mathbb{C}$;
- il existe un nombre complexe, noté i, tel que $i^2 = -1$;
- l'addition et la multiplication dans $\mathbb{C}$ possèdent les mêmes propriétés algébriques que l'addition et la multiplication dans $\mathbb{R}$.

Lorsque des nombres complexes sont des réels, leur somme (ou leur produit) dans $\mathbb{C}$ est égale à leur somme (ou leur produit) dans $\mathbb{R}$.

Forme algébrique (ou cartésienne) d'un nombre complexe

Tout nombre complexe z s'écrit, de façon unique, sous la forme $z = x + iy$, où x et y sont des nombres réels.

- x se nomme la **partie réelle** du nombre complexe z et se note $x = \mathrm{Re}(z)$.
- y se nomme la **partie imaginaire** du nombre complexe z et se note $y = \mathrm{Im}(z)$.

Remarque : Si $\mathrm{Re}(z) = 0$, on dit que z est un **imaginaire pur** ;
si $\mathrm{Im}(z) = 0$, alors z est un nombre réel.

Propriété

Soient z et z' des nombres complexes tels que $z = x + iy$ et $z' = x' + iy'$ (x, y, x' et y' étant des réels) :

$$z = z' \text{ équivaut à } x = x' \text{ et } y = y'.$$

En particulier : $z = 0$ équivaut à $x = y = 0$.

Forme algébrique de la somme et du produit de nombres complexes

Soient $z = x + iy$ et $z' = x' + iy'$, avec x, y, x' et y' réels :

- $z + z' = (x + x') + i(y + y')$;
- $zz' = (xx' - yy') + i(xy' + yx')$.

Remarque : Pour obtenir la forme algébrique du produit, il suffit de développer $(x + iy)(x' + iy')$ en appliquant $i^2 = -1$, comme suit :

$$(x + iy)(x' + iy') = xx' + xiy' + iyx' + i^2yy',$$
$$(x + iy)(x' + iy') = (xx' - yy') + i(xy' + yx').$$

Propriétés algébriques de l'addition et de la multiplication dans $\mathbb{C}$

z, z' et z'' désignent des nombres complexes quelconques.

- $z + z' = z' + z$.
- $z + (z' + z'') = (z + z') + z''$ (on pourra écrire : $z + z' + z''$).
- Si $z = x + iy$, avec x et y réels, l'opposé de z, noté $(-z)$, est :

$$-z = (-x) + i(-y).$$

On définit la différence $z - z' = z + (-z')$.

- $zz' = z'z$.
- $z(z'z'') = (zz')z''$ (on pourra écrire : $zz'z''$).
- $1 \times z = z \times 1 = z$.
- Tout nombre complexe z **non nul** admet un inverse noté $\frac{1}{z}$ (ou z^{-1}) :

$$z \times \frac{1}{z} = \frac{1}{z} \times z = 1.$$

- Pour $z' \neq 0$, on définit le quotient $\frac{z}{z'} = z \times \frac{1}{z'}$.

2 Conjugué

A. Définition

Soit le nombre complexe $z = x + iy$, x et y étant réels. On appelle **nombre complexe conjugué de** z le nombre complexe :

$$\bar{z} = x - iy.$$

Remarque : Par définition, $\text{Re}(\bar{z}) = \text{Re}(z)$ et $\text{Im}(\bar{z}) = -\text{Im}(z)$.

B. Propriétés

z et z' désignent des nombres complexes quelconques.

- $\text{Re}(z) = \frac{z + \bar{z}}{2}$; $\text{Im}(z) = \frac{z - \bar{z}}{2i}$.
- $\overline{z + z'} = \bar{z} + \bar{z'}$.
- $\overline{zz'} = \bar{z}\,\bar{z'}$.
- $\overline{\left(\frac{z}{z'}\right)} = \frac{\bar{z}}{\bar{z'}}$ $(z' \neq 0)$.
- $\bar{z} = z$ signifie que z est un nombre réel.
- $\bar{z} = -z$ signifie que z est un imaginaire pur.

3 Module

A. Définition

Soit le nombre complexe $z = x + \mathrm{i}y$, x et y étant réels.

- $z\bar{z} = x^2 + y^2$.
- On appelle **module du nombre complexe** z, noté $|z|$, le nombre réel positif ou nul défini par : $|z| = \sqrt{z\bar{z}} = \sqrt{x^2 + y^2}$.

B. Propriétés

Soient z et z' des nombres complexes.

- $|zz'| = |z||z'|$.
- $\left|\dfrac{z}{z'}\right| = \dfrac{|z|}{|z'|}$ $(z' \neq 0)$.
- $|z + z'| \leqslant |z| + |z'|$ (voir interprétation graphique).
- $|z| = |\bar{z}|$.
- $|z| = 0$ équivaut à $z = 0$.
- Calcul de l'inverse : $\dfrac{1}{z'} = \dfrac{\bar{z}'}{z'\bar{z}'} = \dfrac{\bar{z}'}{|z'|^2}$ $(z' \neq 0)$.
- Si z est un réel, son module en tant que complexe et sa valeur absolue en tant que réel sont égaux (ce qui justifie la même notation).

4 Interprétation géométrique

Le plan est muni d'un repère orthonormal $(O\ ;\ \vec{u}, \vec{v})$.

A. Définition

- À un point M du plan de coordonnées $(x\ ;\ y)$, on associe le nombre complexe $z = x + \mathrm{i}y$, appelé **affixe du point M**.
- À un vecteur $\vec{w}$ de coordonnées $(x\ ;\ y)$, on associe le nombre complexe $z = x + \mathrm{i}y$, appelé **affixe du vecteur $\vec{w}$**.

B. Propriétés

- Soit M le point d'affixe z.

M est un point de l'axe $(O\ ;\ \vec{u})$ si, et seulement si, z est réel.
M est un point de l'axe $(O\ ;\ \vec{v})$ si, et seulement si, z est un imaginaire pur.

- Soient A et B des points d'affixes respectives z_A et z_B. Alors l'affixe du vecteur $\overrightarrow{AB}$ est $z_B - z_A$.
- Le milieu I du segment $[AB]$ a pour affixe $z_I = \dfrac{z_A + z_B}{2}$.
- Le symétrique de M par rapport à l'axe $(O\ ;\ \vec{u})$ est le point M' d'affixe $\bar{z}$.

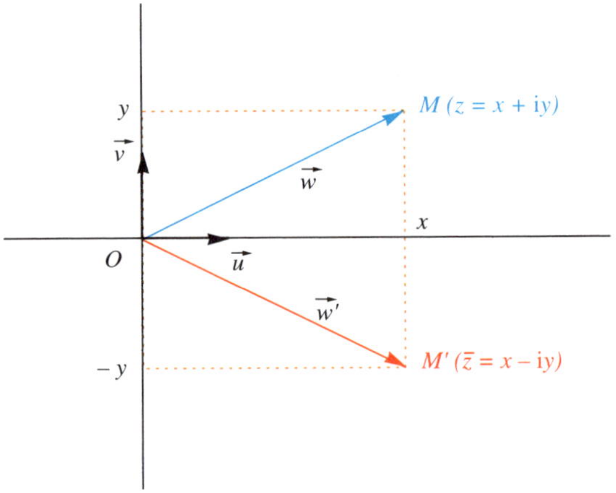

- Soient $\vec{w}$ et $\vec{w}'$ des vecteurs d'affixes respectives z et z'.

L'affixe du vecteur $\vec{w} + \vec{w}'$ est $z + z'$.
L'affixe du vecteur $k\vec{w}$ $(k \in \mathbb{R})$ est kz.

- Le module de z est la norme du vecteur $\vec{w}$: $|z| = \|\vec{w}\|$.

5 Équation du second degré dans $\mathbb{C}$, à coefficients réels

Soient a, b et c des nombres **réels** $(a \neq 0)$, et l'équation (E): $az^2 + bz + c = 0$. Le discriminant de l'équation (E) est le nombre **réel** $\Delta = b^2 - 4ac$.

- Si Δ est un nombre réel strictement positif, alors l'équation (E) admet, **dans $\mathbb{C}$**, deux solutions qui sont les **nombres réels** :

$$z_1 = \frac{-b - \sqrt{\Delta}}{2a}\ ;\ z_2 = \frac{-b + \sqrt{\Delta}}{2a}.$$

- Si $\Delta = 0$, alors l'équation (E) admet, **dans $\mathbb{C}$**, une unique solution qui est le **nombre réel** $z_0 = \dfrac{-b}{2a}$.

■ Si Δ est un nombre réel strictement négatif, alors l'équation (E) admet, **dans $\mathbb{C}$**, deux solutions qui sont les **nombres complexes** :

$$z_1 = \frac{-b - \mathrm{i}\sqrt{|\Delta|}}{2a} \ ; \ z_2 = \frac{-b + \mathrm{i}\sqrt{|\Delta|}}{2a}.$$

(Dans ce cas : $z_2 = \bar{z}_1$.)

Dans toute la suite du chapitre, le plan complexe $\mathcal{P}$ est supposé orienté et muni d'un repère orthonormal direct $(O ; \vec{u}, \vec{v})$.

6 Écriture trigonométrique d'un nombre complexe non nul

Soit M, un point d'affixe z distinct de O.

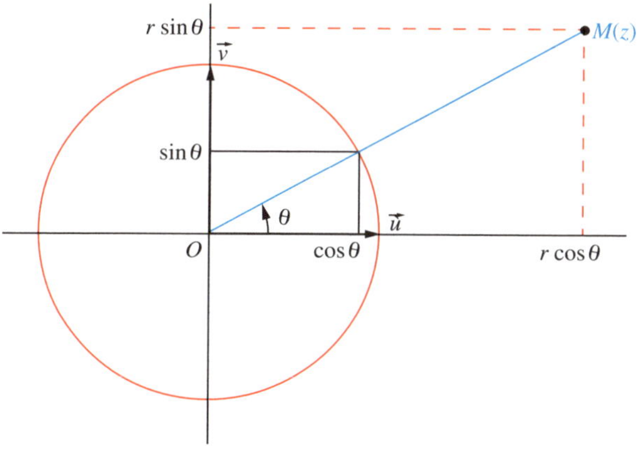

L'écriture : $z = r(\cos\theta + \mathrm{i}\sin\theta)$, où $r = OM = |z|$ et $\theta = (\vec{u}, \overrightarrow{OM})$, est appelée **écriture trigonométrique du nombre complexe z.**
θ, qui désigne l'une des mesures de l'angle orienté des vecteurs $(\vec{u}, \overrightarrow{OM})$, est appelé **un argument du nombre complexe z.**
On notera : $\theta = \arg z$.

Remarques :

■ 0 n'a pas d'écriture trigonométrique.

■ Un argument de z est défini à un multiple de 2π près. Tous les arguments de z sont de la forme $\theta + k \times 2\pi$, $k \in \mathbb{Z}$. On écrira : $\arg z = \theta[2\pi]$.

■ Si z est un nombre complexe de module 1 (M appartient au cercle trigonométrique), alors $z = \cos\theta + \mathrm{i}\sin\theta$.

■ z est réel si, et seulement si :

$$\begin{cases} z = 0 \quad \text{ou} \\ z \neq 0 \text{ et } \arg z = 0\,[2\pi] \text{ ou } \arg z = \pi\,[2\pi] \text{ (ce qui s'écrit aussi } \arg z = 0\,[\pi]). \end{cases}$$

■ z est réel strictement positif si , et seulement si, $\arg z = 0\,[2\pi]$.

■ z est réel strictement négatif si, et seulement si, $\arg z = \pi\,[2\pi]$.

■ z est imaginaire pur si, et seulement si :

$$\begin{cases} z = 0 \quad \text{ou} \\ z \neq 0 \text{ et } \arg z = \frac{\pi}{2}\,[2\pi] \text{ ou } \arg z = -\frac{\pi}{2}\,[2\pi] \end{cases}$$

(ce qui s'écrit aussi $\arg z = \frac{\pi}{2}\,[\pi]$).

Propriété

Produit de deux nombres complexes de module 1
Si $\omega = \cos\theta + \mathrm{i}\sin\theta$ et $\omega' = \cos\theta' + \mathrm{i}\sin\theta'$, alors :

$$\omega\omega' = \cos(\theta + \theta') + \mathrm{i}\sin(\theta + \theta').$$

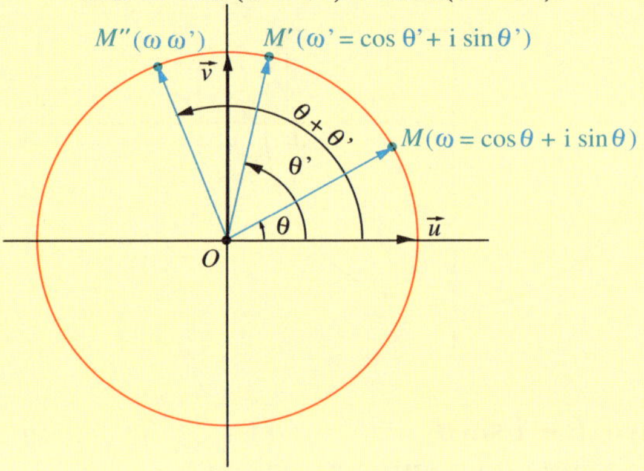

7 Notation exponentielle

On convient de noter : $\mathbf{e^{i\theta} = \cos\theta + i\sin\theta}$.
La propriété précédente s'écrit alors $e^{i\theta} \times e^{i\theta'} = e^{i(\theta + \theta')}$.

Tout nombre complexe non nul z s'écrit sous la forme $z = r\,e^{i\theta}$, où r est le nombre **réel positif** $r = |z|$, et où $\theta = \arg z\ [2\pi]$.

Propriété :
Soient z et z' des nombres complexes non nuls tels que $z = re^{i\theta}$ et $z' = r'e^{i\theta}$ (r et r' sont des réels strictement positifs).

$$z = z' \text{ équivaut à } \begin{cases} r = r' \\ \text{et} \\ \theta = \theta' \ [2\pi] \end{cases}$$

A. Propriétés

Soient z et z' des nombres complexes non nuls tels que :

$$z = re^{i\theta} \quad \text{et} \quad z' = r'e^{i\theta'}$$

avec $r = |z|$ et $r' = |z'|$, $\theta = \arg z\ [2\pi]$ et $\theta' = \arg z'\ [2\pi]$.

$zz' = rr'\,e^{i(\theta+\theta')}$	$\lvert zz'\rvert = \lvert z\rvert\lvert z'\rvert$	$\arg(zz') = \arg z + \arg z'\ [2\pi]$
$\frac{1}{z'} = \frac{1}{r'}\,e^{i(-\theta')}$	$\left\lvert\frac{1}{z'}\right\rvert = \frac{1}{\lvert z'\rvert}$	$\arg\left(\frac{1}{z'}\right) = -\arg z'\ [2\pi]$
$\frac{z}{z'} = \frac{r}{r'}\,e^{i(\theta-\theta')}$	$\left\lvert\frac{z}{z'}\right\rvert = \frac{\lvert z\rvert}{\lvert z'\rvert}$	$\arg\left(\frac{z}{z'}\right) = \arg z - \arg z'\ [2\pi]$
$z^n = r^n e^{in\theta}$ ($n \in \mathbb{Z}$)	$\lvert z^n\rvert = \lvert z\rvert^n$ ($n \in \mathbb{Z}$)	$\arg(z^n) = n \times \arg z\ [2\pi]$
$\bar{z} = re^{i(-\theta)}$	$\lvert\bar{z}\rvert = \lvert z\rvert$	$\arg \bar{z} = -\arg(z)\ [2\pi]$

B. Formules d'Euler

Les **formules d'Euler** résultent immédiatement de la définition de $e^{i\theta}$:

$$\cos\theta = \frac{e^{i\theta} + e^{-i\theta}}{2} \quad \text{et} \quad \sin\theta = \frac{e^{i\theta} - e^{-i\theta}}{2i}.$$

1 Effectuer des calculs algébriques avec des nombres complexes

EXERCICE TYPE

1° Exprimer sous forme algébrique les nombres complexes suivants :

a) $Z_1 = (1 - 4\ )(2 + 5\mathrm{i})$; *b*) $Z_2 = \dfrac{(1-\mathrm{i})(2+\mathrm{i})}{1+2\mathrm{i}}$; *c*) $Z_3 = \left(1+\mathrm{i}\sqrt{3}\right)^3$.

CORRIGÉ COMMENTÉ

a) On va ici développer ce produit en utilisant les propriétés de l'addition et de la multiplication dans $\mathbb{C}$:

$$Z_1 = 2 + 5\mathrm{i} - 8\mathrm{i} - 20\mathrm{i}^2.$$

On remplace ensuite i^2 par -1 et on simplifie :

$$Z_1 = 2 + 5\mathrm{i} - 8\mathrm{i} + 20 = \mathbf{22 - 3i}.$$

Dans un premier temps, on pourra écrire i^2, mais, par la suite, on prendra l'habitude de remplacer mentalement i^2 par -1.

b) On écrit tout d'abord $(1 - \mathrm{i})(2 + \mathrm{i})$ sous forme algébrique :

$$(1 - \mathrm{i})(2 + \mathrm{i}) = 2 + \mathrm{i} - 2\mathrm{i} - \mathrm{i}^2 = 3 - \mathrm{i}.$$

L'étape suivante consiste à rendre réel le dénominateur en le multipliant par le nombre complexe conjugué de $1 + 2\mathrm{i}$, qui est $1 - 2\mathrm{i}$.

En effet : $(1 + 2\mathrm{i})(1 - 2\mathrm{i}) = 1^2 + 2^2 = 5$.

D'où : $Z_2 = \dfrac{3-\mathrm{i}}{1+2\mathrm{i}} = \dfrac{(3-\mathrm{i})(1-2\mathrm{i})}{(1+2\mathrm{i})(1-2\mathrm{i})} = \dfrac{3-6\mathrm{i}-\mathrm{i}+2\mathrm{i}^2}{5} = \dfrac{1-7\mathrm{i}}{5}$

et donc $\mathbf{Z_2 = \dfrac{1}{5} - \dfrac{7}{5}i}$.

c) Développons dans un premier temps $\left(1+\mathrm{i}\sqrt{3}\right)^2$ à l'aide d'un produit remarquable :

$$\left(1+\mathrm{i}\sqrt{3}\right)^2 = 1^2 + \left(\mathrm{i}\sqrt{3}\right)^2 + 2\mathrm{i}\sqrt{3} = 1 - 3 + 2\mathrm{i}\sqrt{3} = -2 + 2\mathrm{i}\sqrt{3}.$$

On en déduit alors :

$$Z_3 = \left(1+\mathrm{i}\sqrt{3}\right)\left(1+\mathrm{i}\sqrt{3}\right)^2 = \left(1+\mathrm{i}\sqrt{3}\right)\left(-2+2\mathrm{i}\sqrt{3}\right)$$
$$= -2 + 2\mathrm{i}\sqrt{3} - 2\mathrm{i}\sqrt{3} + 2\mathrm{i}^2\left(\sqrt{3}\right)^2 = -2 - 6.$$

D'où $\mathbf{Z_3 = -8}$.

À RETENIR

- **Pour écrire un nombre complexe sous forme algébrique**, on développe en utilisant les propriétés de l'addition et de la multiplication dans $\mathbb{C}$.
- Et, s'il y a un dénominateur, on le multiplie par son conjugué pour le rendre réel. En effet, pour tout complexe z, on a $z\overline{z} = |z|^2$.
- ***Attention :*** $x + \mathrm{i}y$ n'est de la forme algébrique que si x et y sont réels.

2 Résoudre dans $\mathbb{C}$ une équation du second degré à coefficients réels

EXERCICE TYPE

Résoudre dans $\mathbb{C}$ les équations suivantes :

a) $Z^2 + Z + 1 = 0$; *b*) $Z^2 + Z - 1 = 0$; *c*) $Z^2 + Z\sqrt{2} + \frac{1}{2} = 0$.

CORRIGÉ COMMENTÉ

> Une équation du second degré dans $\mathbb{C}$ admet toujours deux solutions, éventuellement confondues.

a) $Z^2 + Z + 1 = 0$ est une équation du second degré, d'inconnue complexe Z, à coefficients réels : $a = 1$, $b = 1$, $c = 1$.

Son discriminant est $\Delta = 1^2 - 4 \times 1 \times 1 = -3$.

Comme Δ est un réel strictement négatif, l'équation $Z^2 + Z + 1 = 0$ admet, dans $\mathbb{C}$, deux solutions qui sont les nombres complexes conjugués :

$$Z_1 = \frac{-1 - i\sqrt{3}}{2} \text{ et } Z_2 = \frac{-1 + i\sqrt{3}}{2}.$$

L'ensemble des solutions dans $\mathbb{C}$ de l'équation $Z^2 + Z + 1 = 0$ est :

$$\mathcal{S}_{\mathbb{C}} = \left\{\frac{-1 - i\sqrt{3}}{2} ; \frac{-1 + i\sqrt{3}}{2}\right\}.$$

b) $Z^2 + Z - 1 = 0$ est une équation du second degré, d'inconnue complexe Z, à coefficients réels : $a = 1$, $b = 1$, $c = -1$.

Son discriminant est $\Delta = 1^2 - 4 \times 1 \times (-1) = 5$.

Comme Δ est un réel strictement positif, l'équation $Z^2 + Z - 1 = 0$ admet, dans $\mathbb{C}$, deux solutions qui sont les nombres réels :

$$Z_1 = \frac{-1 - \sqrt{5}}{2} \text{ et } Z_2 = \frac{-1 + \sqrt{5}}{2}.$$

L'ensemble des solutions dans $\mathbb{C}$ de l'équation $Z^2 + Z - 1 = 0$ est :

$$\mathcal{S}_{\mathbb{C}} = \left\{\frac{-1 - \sqrt{5}}{2} ; \frac{-1 + \sqrt{5}}{2}\right\}.$$

c) $Z^2 + Z\sqrt{2} + \frac{1}{2} = 0$ est une équation du second degré, d'inconnue complexe Z, à coefficients réels : $a = 1$, $b = \sqrt{2}$, $c = \frac{1}{2}$.

Son discriminant est $\Delta = \left(\sqrt{2}\right)^2 - 4 \times 1 \times \frac{1}{2} = 0$.

Comme $\Delta = 0$, l'équation $Z^2 + Z\sqrt{2} + \frac{1}{2} = 0$ admet, dans $\mathbb{C}$, une unique solution qui est le nombre réel $Z_0 = \frac{-\sqrt{2}}{2}$.

L'ensemble des solutions dans $\mathbb{C}$ de l'équation $Z^2 + Z\sqrt{2} + \frac{1}{2} = 0$ est $\mathcal{S}_{\mathbb{C}} = \left\{\frac{-\sqrt{2}}{2}\right\}$.

À RETENIR

Pour résoudre une équation du second degré à coefficients réels dans $\mathbb{C}$, on calcule le discriminant et, suivant son signe, on applique les formules.

3 Utiliser la représentation géométrique d'un nombre complexe

EXERCICE TYPE 1

On considère, dans le plan complexe muni d'un repère orthonormé $(O\,;\vec{u},\vec{v})$, quatre points A, B, C et D d'affixes respectives :

$$z_A = -2 - 3\text{i}\ ;\ z_B = 2 + 5\text{i}\ ;\ z_C = -2 + 7\text{i} \text{ et } z_D = -6 - \text{i}.$$

1° Placer ces quatre points dans le plan complexe.
Quelle semble être la nature du quadrilatère $ABCD$?

2° On se propose de démontrer cette conjecture de deux manières différentes.
a) Calculer les affixes des vecteurs $\overrightarrow{AB}$ et $\overrightarrow{DC}$. Que peut-on en déduire pour $ABCD$?
Calculer le produit scalaire $\overrightarrow{AB}\cdot\overrightarrow{AD}$. Conclure.
b) Calculer l'affixe du milieu de $[AC]$ et celle du milieu de $[BD]$. Que peut-on en déduire pour $ABCD$?
Démontrer que $AC = BD$. Conclure.

3° Soit E le symétrique de B par rapport à l'axe des abscisses.
a) Donner l'affixe du point E et le placer sur la figure.
b) Montrer que D, A et E sont alignés.

CORRIGÉ COMMENTÉ

> Lorsque que l'on travaille dans le plan complexe muni d'un repère, les points et les vecteurs sont repérés à l'aide de leurs affixes.

1° Un point M d'affixe $z = x + \text{i}y$ a pour coordonnées $(x\,;y)$.
Ainsi, le point A a pour coordonnées $(-2\,;-3)$, $B(2\,;5)$, etc.
Le quadrilatère $ABCD$ semble être un rectangle.

2° *a*) Le vecteur $\overrightarrow{AB}$ a pour affixe $z_{\overrightarrow{AB}} = z_B - z_A = 2 + 5\text{i} - (-2 - 3\text{i}) = \mathbf{4 + 8i}$.
De même, $\overrightarrow{DC}$ a pour affixe $z_{\overrightarrow{DC}} = z_C - z_D = -2 + 7\text{i} - (-6 - \text{i}) = \mathbf{4 + 8i}$.
Les vecteurs $\overrightarrow{AB}$ et $\overrightarrow{DC}$ ayant même affixe sont égaux. On en déduit que le quadrilatère ***ABCD* est un parallélogramme**.
Calculons l'affixe du vecteur $\overrightarrow{AD}$: $z_{\overrightarrow{AD}} = z_D - z_A = -6 - \text{i} - (-2 - 3\text{i}) = -4 + 2\text{i}$.
Les affixes des vecteurs nous donnent leur coordonnées, ce qui permet de calculer le produit scalaire à l'aide de la formule vue en Première.

On a alors $\overrightarrow{AB}\cdot\overrightarrow{AD} = 4 \times (-4) + 8 \times 2 = -16 + 16 = 0$.
On en déduit que les vecteurs $\overrightarrow{AB}$ et $\overrightarrow{AD}$ sont orthogonaux.
Le quadrilatère $ABCD$ est donc bien un **rectangle**.

b) L'affixe du milieu du segment $[AC]$ est :

$$\frac{z_A + z_C}{2} = \frac{-2 - 3i - 2 + 7i}{2} = \frac{-4 + 4i}{2} = -2 + 2i.$$

De même l'affixe du milieu de $[BD]$ est :

$$\frac{z_B + z_D}{2} = \frac{2 + 5i - 6 - i}{2} = \frac{-4 + 4i}{2} = -2 + 2i.$$

Les milieux des segments $[AC]$ et $[BD]$ ayant même affixe sont confondus.
On en déduit que le quadrilatère ***ABCD* est un parallélogramme**.
La distance AC est la norme du vecteur $\overrightarrow{AC}$ et donc le module de son affixe $z_C - z_A$.
On a donc $AC = |z_C - z_A| = |-2 - 3i - (-2 + 7i)| = |-10i| = 10$.
De même :

$$BD = |z_D - z_B| = |-6 - i - (2 + 5i)| = |-8 - 6i| = \sqrt{(-8)^2 + (-6)^2} = \sqrt{64 + 36}$$
$$= \sqrt{100} = 10.$$

On constate alors que $AC = BD$.
$ABCD$ est un parallélogramme dont les diagonales ont même longueur. Il s'agit donc bien d'un **rectangle**.

3° *a*) E, symétrique de B par rapport à l'axe des abscisses, a pour affixe $z_E = \overline{z_B} = \overline{2 + 5i}$, soit $\mathbf{z_E = 2 - 5i}$.

b) Calculons, par exemple, les affixes des vecteurs $\overrightarrow{DA}$ et $\overrightarrow{DE}$:

$$z_{\overrightarrow{DA}} = z_A - z_D = -2 - 3i - (-6 - i) = 4 - 2i$$

et $$z_{\overrightarrow{DE}} = z_E - z_D = 2 - 5i - (-6 - i) = 8 - 4i.$$

On constate alors que $z_{\overrightarrow{DE}} = 2\,z_{\overrightarrow{DA}}$ ce qui entraîne $\overrightarrow{DE} = 2\overrightarrow{DA}$.

Les vecteurs $\overrightarrow{DA}$ et $\overrightarrow{DE}$ sont colinéaires et donc **les points *D*, *A* et *E* sont alignés**.

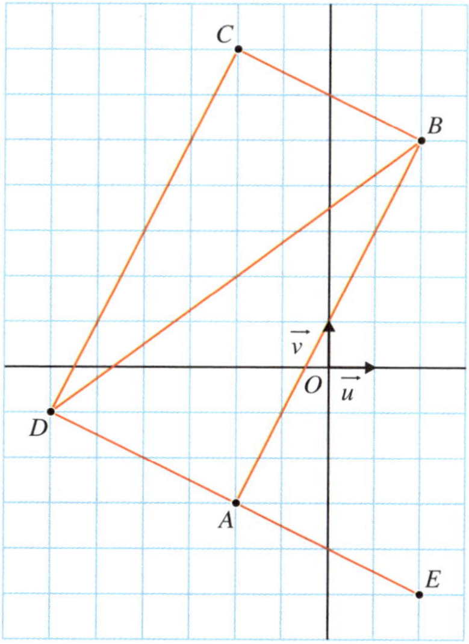

À RETENIR

• **L'utilisation des nombres complexes** permet de simplifier la pratique de la géométrie analytique (ou repérée) du plan, car un point – ou un vecteur – n'est associé qu'à un seul nombre, son affixe.
• Les relations donnant l'affixe d'un vecteur, du milieu d'un segment, ou plus généralement d'un point défini par une relation vectorielle sont similaires à celle que l'on écrirait avec les coordonnées. Les distances se calculent à l'aide du module. Il est alors possible de caractériser simplement certaines configurations usuelles du plan (points alignés, vecteurs orthogonaux, quadrilatères et triangles particuliers...).

EXERCICE TYPE 2

Soit M un point du plan complexe rapporté à un repère orthonormal.

Pour $z \neq 1$, on pose $Z = \dfrac{z-2\mathrm{i}}{z-1}$.

On note $z = x + \mathrm{i}y$ et $Z = X + \mathrm{i}Y$ (x, y, X et Y réels).

1° Calculer X et Y en fonction de x et y.

2° Déterminer l'ensemble $\mathscr{D}$ des points M tels que Z soit un réel.

3° Déterminer l'ensemble $\mathscr{C}$ des points M tels que Z soit un imaginaire pur. (On trouvera un cercle privé d'un point ; on déterminera le centre et le rayon de ce cercle.)

4° Faire une figure représentant $\mathscr{D}$ et $\mathscr{C}$.

CORRIGÉ COMMENTÉ

1° Cette question doit se lire ainsi : « exprimer Z sous forme algébrique, X et Y désignant respectivement la partie réelle et la partie imaginaire de Z ».
Pour $z \neq 1$, exprimons Z à l'aide de x et y :

$$Z = \frac{(x+\mathrm{i}y)-2\mathrm{i}}{(x+\mathrm{i}y)-1} = \frac{x+\mathrm{i}(y-2)}{(x-1)+\mathrm{i}y}.$$

Multiplions le dénominateur par son conjugué :

$$(z-1)(\overline{z}-1) = [(x-1)+\mathrm{i}y][(x-1)-\mathrm{i}y] = (x-1)^2 + y^2.$$

On écrit donc :

$$Z = \frac{[x+\mathrm{i}(y-2)][(x-1)-\mathrm{i}y]}{(x-1)^2+y^2}.$$

Développons le numérateur et ordonnons en faisant apparaître la partie réelle et la partie imaginaire :

$$Z = \frac{x(x-1) - \mathrm{i}xy + \mathrm{i}(y-2)(x-1) + (y-2)y}{(x-1)^2+y^2}$$

$$Z = \frac{x(x-1)+y(y-2)+\mathrm{i}[-xy+(y-2)(x-1)]}{(x-1)^2+y^2}$$

$$Z = \frac{x(x-1)+y(y-2)}{(x-1)^2+y^2}+\mathrm{i}\frac{-2x-y+2}{(x-1)^2+y^2}.$$

D'où :

$$\boldsymbol{X = \frac{x(x-1)+y(y-2)}{(x-1)^2+y^2}}\ ;$$

$$\boldsymbol{Y = \frac{-2x-y+2}{(x-1)^2+y^2}}.$$

2° Pour $z \neq 1$, Z est réel signifie que sa partie imaginaire Y est nulle. $\mathscr{D}$ est donc l'ensemble des points $M(x\ ;\ y)$ tels que $\dfrac{-2x-y+2}{(x-1)^2+y^2} = 0$, avec $(x\ ;\ y) \neq (1\ ;\ 0)$;
ou encore : $-2x - y + 2 = 0$, avec $(x\ ;\ y) \neq (1\ ;\ 0)$.

Le dénominateur ne doit pas s'annuler. Ici, $z \neq 1$ et donc $(x\ ;\ y) \neq (1\ ;\ 0)$. Le point de coordonnées $(1\ ;\ 0)$ ne peut faire partie d'aucun des ensembles cherchés.

■ $-2x-y+2=0$ est l'équation d'une droite ($y=-2x+2$). Remarquons que le point $A\,(1,\,0)$ appartient à cette droite. Par conséquent, **$\mathscr{D}$ est la droite d'équation $-2x-y+2=0$ privée du point $A\,(1,\,0)$.**

3° Pour $z \neq 1$, Z est un imaginaire pur signifie que sa partie réelle X est nulle. $\mathscr{C}$ est donc l'ensemble des points $M(x\ ;\ y)$ tels que :

$$\frac{x(x-1)+y(y-2)}{(x-1)^2+y^2} = 0, \quad \text{avec } (x\ ;\ y) \neq (1\ ;\ 0)\ ;$$

ou encore : $x(x-1)+y(y-2) = 0$, avec $(x\ ;\ y) \neq (1\ ;\ 0)$.

Exprimons $x(x-1)$ et $y(y-2)$ sous forme canonique, en reconnaissant **le début d'un carré.**

$x(x-1) = x^2 - x$ est le début du développement de :

$$\left(x-\frac{1}{2}\right)^2 = x^2 - x + \frac{1}{4}.$$

D'où :

$$x(x-1) = \left(x-\frac{1}{2}\right)^2 - \frac{1}{4}.$$

De même, $y(y-2) = y^2 - 2y$; on reconnaît le début du développement de $(y-1)^2 = y^2 - 2y + 1$.

D'où : $y(y-2) = (y-1)^2 - 1$.

Finalement : $x(x-1)+y(y-2) = 0$, avec $(x\ ;\ y) \neq (1\ ;\ 0)$,

équivaut à :

$$\left(x-\frac{1}{2}\right)^2 - \frac{1}{4} + (y-1)^2 - 1 = 0 \quad \text{avec } (x\ ;\ y) \neq (1\ ;\ 0),$$

ou encore à :

$$\left(x-\frac{1}{2}\right)^2 + (y-1)^2 = \frac{5}{4} \quad \text{avec } (x\ ;\ y) \neq (1\ ;\ 0).$$

■ $\left(x - \frac{1}{2}\right)^2 + (y-1)^2 = \frac{5}{4}$ est une équation du cercle de centre $I\left(\frac{1}{2} ; 1\right)$ et de rayon $R = \frac{\sqrt{5}}{2}$.

• Remarquons que le point $A(1 ; 0)$ appartient à ce cercle ; en effet :

$$\left(1 - \frac{1}{2}\right)^2 + (0-1)^2 = \left(+\frac{1}{2}\right)^2 + (-1)^2 = \frac{1}{4} + 1 = \frac{5}{4}.$$

Par conséquent, $\mathscr{C}$ **est le cercle de centre** $\boldsymbol{I\left(\frac{1}{2} ; 1\right)}$**, de rayon** $\boldsymbol{\frac{\sqrt{5}}{2}}$**, privé du point** $\boldsymbol{A(1 ; 0)}$**.**

4° Figure :

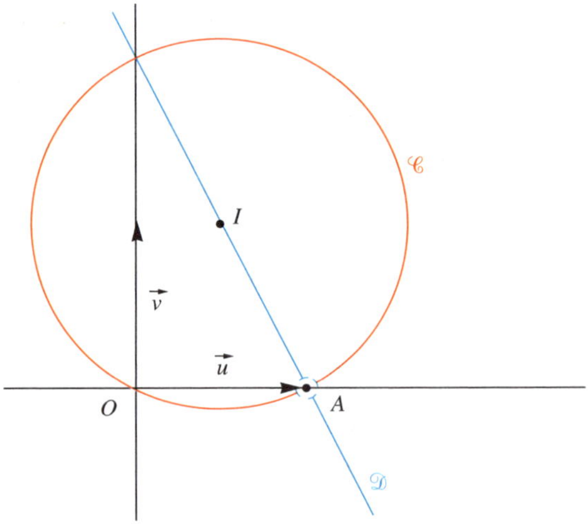

À RETENIR

• **Pour déterminer des ensembles de points**, on doit :
– savoir traduire une donnée de l'énoncé (par exemple : Z est réel, Z est imaginaire pur, $|Z - \mathrm{i}| = 2$; etc.) ;
– savoir reconnaître les ensembles les plus **classiques** (droite par une équation de la forme $ax + by + c = 0$; cercle par une équation de la forme $(x-a)^2 + (y-b)^2 = R^2$ ou par $|z - z_0| = R$; etc.).

• *Remarque :* Soyez judicieux ou suivez la démarche proposée pour savoir si une caractérisation géométrique ou une expression analytique de l'ensemble est la plus appropriée.

4 Passer de la forme trigonométrique ou exponentielle à la forme algébrique, et réciproquement

EXERCICE TYPE

1° Écrire sous forme algébrique le nombre complexe $z_1 = 2e^{i\frac{\pi}{3}}$.

2° Écrire sous forme trigonométrique les nombres complexes :

$$Z_1 = 1 + i \qquad \text{et} \qquad Z_2 = 1 + 2i.$$

(Pour Z_2, on donnera une valeur approchée d'un argument à 10^{-2} près.)

3° Écrire $Z = 2 - 2i$ sous forme trigonométrique.
En déduire la forme algébrique de Z^{10}.

CORRIGÉ COMMENTÉ

1° Dans cet exercice, il s'agit seulement de connaître le sens de la notation $e^{i\theta}$, à savoir $e^{i\theta} = \cos\theta + i\sin\theta$.
On peut donc écrire :

$$z_1 = 2\left(\cos\frac{\pi}{3} + i\sin\frac{\pi}{3}\right) \text{ ou encore : } z_1 = 2\left(\frac{1}{2} + i\frac{\sqrt{3}}{2}\right)$$

et, finalement : $$z_1 = 1 + i\sqrt{3}.$$

$1 + i\sqrt{3}$ est la forme algébrique de $\mathbf{z_1 = 2e^{i\frac{\pi}{3}}}$.

> La forme dite « exponentielle » n'est, en fait, qu'une autre écriture de la forme trigonométrique.

2° Pour déterminer la forme trigonométrique d'un nombre complexe à partir de sa forme algébrique, il faut se souvenir que, dans l'écriture $z = re^{i\theta}$, r est le module de z. D'où l'idée de calculer $|z|$ et de le mettre en facteur.
On rappelle que, lorsque $z = a + ib$ avec a et b réels, alors :

$$|z| = \sqrt{a^2 + b^2}.$$

■ Soit $Z_1 = 1 + i$.
Alors : $$|Z_1| = \sqrt{1^2 + 1^2} = \sqrt{2}.$$
Donc, on peut écrire :
$$Z_1 = \sqrt{2}\left(\frac{1}{\sqrt{2}} + i\frac{1}{\sqrt{2}}\right).$$

Il existe un réel θ (défini à un multiple de 2π près) tel que :

$$\cos\theta = \frac{1}{\sqrt{2}} \qquad \text{et} \qquad \sin\theta = \frac{1}{\sqrt{2}}.$$

La connaissance des valeurs trigonométriques remarquables nous indique que :

$$\cos\frac{\pi}{4} = \frac{1}{\sqrt{2}} \qquad \text{et} \qquad \sin\frac{\pi}{4} = \frac{1}{\sqrt{2}}.$$

Par conséquent : $Z_1 = \sqrt{2}\left(\cos\frac{\pi}{4} + \mathrm{i}\sin\frac{\pi}{4}\right) = \sqrt{2}\mathrm{e}^{\mathrm{i}\frac{\pi}{4}}$.
$\boldsymbol{\sqrt{2}\mathrm{e}^{\mathrm{i}\frac{\pi}{4}}}$ est la forme trigonométrique de $Z_1 = 1 + \mathrm{i}$.

■ Soit $Z_2 = 1 + 2i$.
Procédons de même pour Z_2 :

$$|Z_2| = \sqrt{1^2 + 2^2} = \sqrt{5}\ ;$$

d'où
$$Z_2 = \sqrt{5}\left(\frac{1}{\sqrt{5}} + \mathrm{i}\frac{2}{\sqrt{5}}\right).$$

Il existe un réel θ tel que $\cos\theta = \frac{1}{\sqrt{5}}$ et $\sin\theta = \frac{2}{\sqrt{5}}$.
Avant de déterminer une valeur approchée de θ, représentons-le géométriquement :

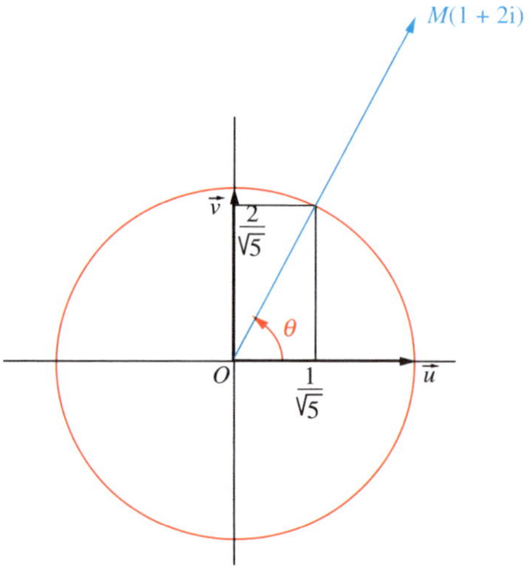

Comme $0 \leqslant \theta \leqslant \pi$, la calculatrice donnera directement une valeur approchée de θ (touche COS^{-1} ou INV COS) : $\theta = 1{,}10$ à 10^{-2} près par défaut.
$\boldsymbol{\sqrt{5}\mathrm{e}^{\mathrm{i}\theta}}$, avec $\boldsymbol{\theta = 1{,}10}$ à 10^{-2} près par défaut, est la forme trigonométrique de $Z_2 = 1 + 2\mathrm{i}$.

3° Soit $Z = 2 - 2\mathrm{i}$.
Alors :
$$|Z| = \sqrt{2^2 + (-2)^2} = \sqrt{8} = 2\sqrt{2}\ ;$$

d'où :
$$Z = 2\sqrt{2}\left(\frac{1}{\sqrt{2}} - \mathrm{i}\frac{1}{\sqrt{2}}\right).$$

On reconnaît :
$$\cos\left(-\frac{\pi}{4}\right) = \frac{1}{\sqrt{2}} \quad \text{et} \quad \sin\left(-\frac{\pi}{4}\right) = -\frac{1}{\sqrt{2}}.$$

D'où $\boldsymbol{Z = 2\sqrt{2}\mathrm{e}^{-\mathrm{i}\frac{\pi}{4}}}$.

$$Z^{10} = \left(2\sqrt{2}\mathrm{e}^{-\mathrm{i}\frac{\pi}{4}}\right)^{10}$$
$$= \left(2\sqrt{2}\right)^{10}\left(\mathrm{e}^{-\mathrm{i}\frac{\pi}{4}}\right)^{10}.$$

$$\left(\mathrm{e}^{-\mathrm{i}\frac{\pi}{4}}\right)^{10} = \mathrm{e}^{-\mathrm{i}\frac{10\pi}{4}} = \mathrm{e}^{-\mathrm{i}\frac{5\pi}{2}}.$$

Par ailleurs, $\left(2\sqrt{2}\right)^{10} = \left(\sqrt{8}\right)^{2\times 5} = 8^5 = 32\ 768.$

Donc $Z^{10} = 32\ 768\ \mathrm{e}^{-\mathrm{i}\frac{5\pi}{2}}$.

Or, $-\frac{5\pi}{2}$ n'est pas la mesure principale d'un argument de Z^{10}.

$-\frac{5\pi}{2} = -\frac{\pi}{2} - 2\pi$; $-\frac{\pi}{2}$ est la mesure principale. Donc :

$$\mathrm{e}^{-\mathrm{i}\frac{5\pi}{2}} = \mathrm{e}^{-\mathrm{i}\frac{\pi}{2}} = \cos\left(-\frac{\pi}{2}\right) + \mathrm{i}\sin\left(-\frac{\pi}{2}\right) = 0 + \mathrm{i}(-1)$$

$$\mathrm{e}^{-\mathrm{i}\frac{5\pi}{2}} = -\mathrm{i}.$$

On en déduit $\mathbf{Z^{10} = (2 - 2i)^{10}}$
$= -32\ 768\ \mathrm{i}.$

À RETENIR

• Pour écrire **sous forme algébrique** le nombre complexe $z = r\mathrm{e}^{\mathrm{i}\theta}$, on revient à la définition de $\mathrm{e}^{\mathrm{i}\theta}$; $z = r(\cos\theta + \mathrm{i}\sin\theta) = r\cos\theta + \mathrm{i}\,r\sin\theta$.

• Pour écrire **sous forme trigonométrique** le nombre complexe $z = x + \mathrm{i}y$ $(z \neq 0)$, on factorise son module $z = \sqrt{x^2+y^2}\left(\frac{x}{\sqrt{x^2+y^2}} + \mathrm{i}\frac{y}{\sqrt{x^2+y^2}}\right)$.

Il existe un réel θ tel que $\cos\theta = \frac{x}{\sqrt{x^2+y^2}}$ et $\sin\theta = \frac{y}{\sqrt{x^2+y^2}}$.

5 Utiliser les différentes formes d'un nombre complexe

EXERCICE TYPE

On considère les nombres complexes $z_1 = \frac{1+\mathrm{i}\sqrt{3}}{2}$ et $z_2 = 1 + \mathrm{i}$.

1° Écrire z_1 et z_2 sous forme trigonométrique.

2° On pose $Z = \frac{z_1^2}{z_2}$.

a) Déterminer la forme trigonométrique, puis la forme algébrique de Z.

b) En déduire les valeurs exactes de $\cos\left(\frac{5\pi}{12}\right)$ et de $\sin\left(\frac{5\pi}{12}\right)$.

CORRIGÉ COMMENTÉ

1° Appliquons la méthode vue précédemment.

> Il est impératif, pour ce genre d'exercice, de bien connaître les valeurs trigonométriques remarquables.

On a $|z_1| = \sqrt{\left(\frac{1}{2}\right)^2 + \left(\frac{\sqrt{3}}{2}\right)^2} = \sqrt{\frac{1}{4} + \frac{3}{4}} = 1$. On a $z_1 = \frac{1}{2} + \mathrm{i}\frac{\sqrt{3}}{2}$.

On reconnaît $\cos\left(\frac{\pi}{3}\right) = \frac{1}{2}$ et $\sin\left(\frac{\pi}{3}\right) = \frac{\sqrt{3}}{2}$ et par conséquent :

$$z_1 = \cos\left(\frac{\pi}{3}\right) + \mathrm{i}\sin\left(\frac{\pi}{3}\right).$$

La forme trigonométrique de z_1 est donc $\boldsymbol{z_1 = \mathrm{e}^{\mathrm{i}\frac{\pi}{3}}}$.

De même, $|z_2| = \sqrt{1^2 + 1^2} = \sqrt{2}$. Alors $z_2 = \sqrt{2}\left(\frac{\sqrt{2}}{2} + \frac{\sqrt{2}}{2}\mathrm{i}\right)$.

On reconnaît $\cos\left(\frac{\pi}{4}\right) = \frac{\sqrt{2}}{2}$ et $\sin\left(\frac{\pi}{4}\right) = \frac{\sqrt{2}}{2}$ et par conséquent :

$$z_2 = \sqrt{2}\left[\cos\left(\frac{\pi}{4}\right) + \mathrm{i}\sin\left(\frac{\pi}{4}\right)\right].$$

La forme trigonométrique de z_2 est donc $\boldsymbol{z_2 = \sqrt{2}\mathrm{e}^{\mathrm{i}\frac{\pi}{4}}}$.

2° *a*) On déduit des résultats précédents la forme trigonométrique de Z :

$$\text{en effet, } Z = \frac{z_1^2}{z_2} = \frac{\left(\mathrm{e}^{\mathrm{i}\frac{\pi}{3}}\right)^2}{\sqrt{2}\,\mathrm{e}^{\mathrm{i}\frac{\pi}{4}}} = \frac{1}{\sqrt{2}}\mathrm{e}^{\mathrm{i}\left(\frac{2\pi}{3} - \frac{\pi}{4}\right)} \text{ et donc } \boldsymbol{Z = \frac{\sqrt{2}}{2}\mathrm{e}^{\mathrm{i}\frac{5\pi}{12}}}.$$

Pour obtenir la forme algébrique de Z, il faut utiliser les formes algébriques de z_1 et de z_2 :

$$Z = \frac{z_1^2}{z_2} = \frac{\left(\frac{1 + \mathrm{i}\sqrt{3}}{2}\right)^2}{1 + \mathrm{i}} = \frac{\frac{1 - 3 + 2\mathrm{i}\sqrt{3}}{4}}{1 + \mathrm{i}} = \frac{\frac{-1 + \mathrm{i}\sqrt{3}}{2}}{1 + \mathrm{i}} = \frac{-1 + \mathrm{i}\sqrt{3}}{2 + 2\mathrm{i}}.$$

On multiplie alors par le conjugué du dénominateur :

$$Z = \frac{(-1 + \mathrm{i}\sqrt{3})(2 - 2\mathrm{i})}{8} = \frac{-2 + 2\mathrm{i}\sqrt{3} + 2\mathrm{i} + 2\sqrt{3}}{8},$$

c'est-à-dire $\boldsymbol{Z = \left(\frac{\sqrt{3} - 1}{4}\right) + \mathrm{i}\left(\frac{\sqrt{3} + 1}{4}\right)}$.

b) En comparant la forme algébrique et la forme trigonométrique de Z on en déduit les valeurs de $\cos\left(\frac{5\pi}{12}\right)$ et de $\sin\left(\frac{5\pi}{12}\right)$.

En effet, $Z = \left(\frac{\sqrt{3}-1}{4}\right) + \text{i}\left(\frac{\sqrt{3}+1}{4}\right)$ et $Z = \frac{\sqrt{2}}{2}\text{e}^{\text{i}\frac{5\pi}{12}} = \frac{\sqrt{2}}{2}\left(\cos\left(\frac{5\pi}{12}\right) + \text{i}\sin\left(\frac{5\pi}{12}\right)\right)$.

On a alors $\frac{\sqrt{2}}{2}\cos\left(\frac{5\pi}{12}\right) = \frac{\sqrt{3}-1}{4}$ et $\frac{\sqrt{2}}{2}\sin\left(\frac{5\pi}{12}\right) = \frac{\sqrt{3}+1}{4}$.

D'où, $\cos\left(\frac{5\pi}{12}\right) = \dfrac{\frac{\sqrt{3}-1}{4}}{\frac{\sqrt{2}}{2}} = \dfrac{2\times(\sqrt{3}-1)}{4\sqrt{2}} = \dfrac{\sqrt{3}-1}{2\sqrt{2}}$

ou encore : $\mathbf{\cos\left(\frac{5\pi}{12}\right) = \frac{\sqrt{6}-\sqrt{2}}{4}}$.

De même, $\sin\left(\frac{5\pi}{12}\right) = \dfrac{\frac{\sqrt{3}+1}{4}}{\frac{\sqrt{2}}{2}} = \dfrac{2\times(\sqrt{3}+1)}{4\sqrt{2}} = \dfrac{\sqrt{3}+1}{2\sqrt{2}}$;

ou encore : $\mathbf{\sin\left(\frac{5\pi}{12}\right) = \frac{\sqrt{6}+\sqrt{2}}{4}}$.

À RETENIR

- Les deux formes (algébrique et trigonométrique) d'un même nombre complexe contiennent des informations différentes et complémentaires.
- En les comparant (en identifiant, par exemple, les parties réelles et imaginaires), on peut obtenir les lignes trigonométriques (sinus et cosinus) de certains réels ou retrouver des formules de trigonométrie comme les formules d'addition et de duplication vues en Première.

1 ★ **10 min**

Écrire sous forme algébrique les nombres complexes suivants :

$Z_1 = (2 + i\sqrt{3})(\sqrt{3} - i)$; $Z_2 = (2 + i)^2 (1 - 3i)$;

$Z_3 = \dfrac{1}{5 - 2i}$; $Z_4 = \dfrac{1 - 8i}{2 - 3i}$.

→ Corrigé p. 219

2 ★ **10 min**

Écrire sous forme algébrique les nombres complexes suivants :

$Z_1 = \dfrac{(2 + i)(1 - i)}{1 + i}$; $Z_2 = \dfrac{2 - i}{(3 + i)^2}$; $Z_3 = \left(\dfrac{1 - i}{2 + i}\right)^2$.

→ Corrigé p. 219

3 ★ **10 min**

Soit f l'application de $\mathbb{C} - \{-1\}$ dans $\mathbb{C}$ définie par $f(z) = \dfrac{z}{z + 1}$.

1° Calculer, sous forme algébrique, $f(i)$; $f(-i)$; $f(-1 + i)$.

2° Résoudre dans $\mathbb{C}$ l'équation $f(z) = i$, et écrire la solution sous forme algébrique.

→ Corrigé p. 219

4 ★★ **15 min**

Résoudre dans $\mathbb{C}$ les équations suivantes :

a) $2z - 3i = (1 + i)z + 4 - 2i$;

b) $\dfrac{z + 1}{z - i} = 1 + 2i$;

c) $3z + (1 - i)\overline{z} = 4i - 2$.

→ Corrigé p. 220

5 ★ **10 min**

Résoudre dans $\mathbb{C}$ les équations suivantes :

a) $Z^2 + 2Z + 3 = 0$;

b) $2Z^2 + Z + 1 = 0$;

c) $Z^2 + 4 = 0$;

d) $Z^2 + 5Z + 6 = 0$.

→ Corrigé p. 220

6 ★ **15 min**

On considère, dans le plan complexe muni d'un repère orthonormé $(O ; \vec{u}, \vec{v})$ trois points A, B, et C d'affixes respectives :

$$z_A = -1 - \frac{1}{2}\text{i} \; ; \; z_B = 2 + \frac{1}{2}\text{i} \text{ et } z_C = -\frac{3}{2} + \text{i}.$$

1° Placer ces points dans le plan complexe. Quelle semble être la nature du triangle *ABC* ?

2° Démontrer que le triangle *ABC* est rectangle :
a) en calculant les distances *AB*, *AC* et *BC* ;
b) en calculant le produit scalaire $\overrightarrow{AB} \cdot \overrightarrow{AC}$.

3° Calculer l'affixe du point *D* tel que *ABDC* soit un rectangle.

→ Corrigé p. 221

7 ★ 20 min

On considère, dans le plan complexe muni d'un repère orthonormé $(O \,;\, \vec{u}, \vec{v})$, trois points *A*, *B*, et *C* d'affixes respectives :

$$z_A = 3 + \text{i} \; ; \; z_B = 2\text{i} \text{ et } z_C = 2 - 2\text{i}.$$

1° Placer les points *A*, *B* et *C* dans le plan complexe.

2° Étudier la nature du triangle *ABC*.

3° Soit *D* le point tel que *ABCD* est un parallélogramme. Calculer l'affixe de *D*.

4° Soit *E* l'image de *D* par la translation de vecteur $\overrightarrow{CA}$.
Déterminer l'affixe de *E*, puis la nature du quadrilatère *ACDE*.

→ Corrigé p. 222

8 ★ 5 min

Le plan complexe est muni d'un repère orthonormé $(O \,;\, \vec{u}, \vec{v})$.
Montrer que les points *A*, *B* et *C* d'affixes respectives $z_A = 1 + 2\text{i}$; $z_B = -\frac{1}{3} - 2\text{i}$ et $z_C = \frac{8}{3} + 7\text{i}$ sont alignés.

→ Corrigé p. 222

9 ★★ 10 min

Dans le plan complexe muni d'un repère orthonormé $(O \,;\, \vec{u}, \vec{v})$, on considère les points *A* et *B* d'affixes respectives :

$$z_A = 1 + \text{i}\sqrt{3} \text{ et } z_B = 1 - \text{i}\sqrt{3}.$$

1° Montrer que *A* et *B* appartiennent au cercle de centre *O* et de rayon 2.

2° Calculer l'affixe du point *C* tel que *O* soit le centre de gravité du triangle *ABC*.

3° Quelle est alors la nature du triangle *ABC* ?

→ Corrigé p. 222

10 ★★ 30 min

Le plan complexe $\mathcal{P}$ est rapporté à un repère orthonormal direct $(O\,;\,\vec{u}, \vec{v})$.
On désigne par A et B les points d'affixes respectives $-\text{i}$ et 2i.
On désigne par $\mathcal{P}^*$ l'ensemble des points de $\mathcal{P}$, distincts de A.
Soit f l'application de $\mathcal{P}^*$ dans $\mathcal{P}$ qui, à tout point M d'affixe z, associe le point $f(M)$ d'affixe Z telle que :

$$Z = \text{i}\left(\frac{z-2\text{i}}{z+\text{i}}\right).$$

1° *a*) Soit M_1 le point d'affixe i ; soit M_2 le point d'affixe $\frac{3}{2}+\frac{1}{2}\text{i}$.
Déterminer $f(M_1)$ et $f(M_2)$.
b) Déterminer le point M de $\mathcal{P}^*$ tel que $f(M) = 0$.
Déterminer le point M de $\mathcal{P}^*$ tel que $f(M) = N$, où N est le point d'affixe $2 - \text{i}$.

2° Déterminer et construire :
a) l'ensemble $\mathcal{E}$ des points M de $\mathcal{P}^*$ dont les images ont pour affixe un nombre imaginaire pur ;
b) l'ensemble $\mathcal{F}$ des points M de $\mathcal{P}^*$ dont les images ont pour affixe un nombre réel ;
c) l'ensemble $\mathcal{G}$ des points de $\mathcal{P}^*$ dont les images appartiennent au cercle de centre O, de rayon 1.

→ Corrigé p. 223

11 ★ 5 min

Écrire sous forme algébrique les nombres complexes :

$Z_1 = 3\text{e}^{\text{i}\frac{5\pi}{6}}$; $Z_2 = 2\text{e}^{\text{i}\pi}$; $Z_3 = 5\text{e}^{-\text{i}\frac{\pi}{2}}$; $Z_4 = \sqrt{2}\text{e}^{\text{i}\frac{5\pi}{4}}$.

→ Corrigé p. 225

12 ★ 10 min

Écrire sous forme trigonométrique les nombres complexes :

$Z_5 = -1 + \text{i}$; $Z_6 = 2\sqrt{3} - 6\text{i}$; $Z_7 = -4$;
$Z_8 = 5\text{i}$; $Z_9 = -2\text{i}$; $Z_{10} = 3$.

→ Corrigé p. 225

13 ★ 15 min

Écrire $Z = 1 + \text{i}\sqrt{3}$ et $Z' = -3 - 3\text{i}$ sous forme trigonométrique.
En déduire la forme trigonométrique des nombres complexes :

$$ZZ'\ ;\quad \frac{Z}{Z'}\ ;\quad Z^2Z'^3 ;\quad Z^{12}\ ;\quad Z'^8.$$

(On donnera la mesure principale d'un argument.)

→ Corrigé p. 226

14 ★★ 15 min

Soit $Z = \dfrac{e^{i\frac{\pi}{3}}}{e^{i\frac{\pi}{4}}}$. En écrivant Z sous forme algébrique et sous forme trigonométrique, en déduire la valeur exacte de $\cos\dfrac{\pi}{12}$ et $\sin\dfrac{\pi}{12}$.

→ *Corrigé p. 226*

15 ★★★ 20 min

Utiliser les nombres complexes pour démontrer les relations ci-dessous, valables pour tous réels a et b.

1° $\sin a \sin b = \dfrac{1}{2}[\cos(a-b) - \cos(a+b)]$.

2° $\sin a \cos b = \dfrac{1}{2}[\sin(a+b) + \sin(a-b)]$.

→ *Corrigé p. 226*

16 ★★ **50 min**

Pour tout nombre complexe z, on définit :

$$P(z) = z^3 + 2\left(\sqrt{2} - 1\right)z^2 + 4\left(1 - \sqrt{2}\right)z - 8.$$

1° ***a***) Vérifier que $P(2) = 0$.

b) Montrer qu'il existe deux réels a et b (et donner leur valeur) tels que, pour tout nombre complexe z, $P(z) = (z - 2)(z^2 + az + b)$.

2° ***a***) Résoudre dans $\mathbb{C}$ l'équation $P(z) = 0$.

(On appelle z_1 et z_2 les solutions de l'équation autres que 2, z_1 ayant une partie imaginaire positive.)

Vérifier que $z_1 + z_2 = -2\sqrt{2}$.

b) Déterminer le module et un argument de z_1 et de z_2.

3° ***a***) Placer dans le plan muni d'un repère orthonormal direct $(O\,;\vec{u}, \vec{v})$ les points A, d'affixe 2, B et C, d'affixes respectives $z_1 = -\sqrt{2} + \mathrm{i}\sqrt{2}$, $z_2 = -\sqrt{2} - \mathrm{i}\sqrt{2}$ et I, le milieu de [AB].

b) Démontrer que le triangle OAB est isocèle. En déduire une mesure de l'angle $(\vec{u}, \overrightarrow{OI})$.

c) Calculer l'affixe z_1 du point I, puis le module de z_1.

d) Déduire des résultats précédents la valeur exacte de $\cos\left(\dfrac{3\pi}{8}\right)$.

→ Corrigé p. 227

COURS | MÉTHODES | EXERCICES | SUJETS BAC | **CORRIGÉS**

1 → *Énoncé p. 214*

$Z_1 = 2\sqrt{3} - 2i + 3i + \sqrt{3}$, d'où $\mathbf{Z_1 = 3\sqrt{3} + i}$.

$Z_2 = (4 + 4i - 1)(1 - 3i) = (3 + 4i)(1 - 3i) = 3 - 9i + 4i + 12$, d'où $\mathbf{Z_2 = 15 - 5i}$.

$Z_3 = \dfrac{5+2i}{(5-2i)(5+2i)} = \dfrac{5+2i}{25+4}$, d'où $\mathbf{Z_3 = \dfrac{5}{29} + \dfrac{2}{29}i}$.

$Z_4 = \dfrac{(1-8i)(2+3i)}{(2-3i)(2+3i)} = \dfrac{2+3i-16i+24}{4+9} = \dfrac{26-13i}{13}$, d'où $\mathbf{Z_4 = 2 - i}$.

2 → *Énoncé p. 214*

$Z_1 = \dfrac{2-2i+i+1}{1+i} = \dfrac{3-i}{1+i} = \dfrac{(3-i)(1-i)}{(1+i)(1-i)} = \dfrac{3-3i-i-1}{1+1} = \dfrac{2-4i}{2}$,

d'où $\mathbf{Z_1 = 1 - 2i}$.

$Z_2 = \dfrac{2-i}{9+6i-1} = \dfrac{2-i}{8+6i} = \dfrac{(2-i)(8-6i)}{(8+6i)(8-6i)} = \dfrac{16-12i-8i-6}{64+36} = \dfrac{10-20i}{100}$,

d'où $\mathbf{Z_2 = \dfrac{1}{10} - \dfrac{2}{10}i}$.

$Z_3 = \dfrac{(1-i)^2}{(2+i)^2} = \dfrac{1-2i-1}{4+4i-1} = \dfrac{-2i}{3+4i} = \dfrac{-2i(3-4i)}{(3+4i)(3-4i)} = \dfrac{-6i-8}{9+16}$,

d'où $\mathbf{Z_3 = -\dfrac{8}{25} - \dfrac{6}{25}i}$.

3 → *Énoncé p. 214* **1°** $f(i) = \dfrac{i}{i+1} = \dfrac{i(1-i)}{(1+i)(1-i)} = \dfrac{1+i}{2}$,

$\mathbf{f(i) = \dfrac{1}{2} + \dfrac{1}{2}i}$.

$f(-i) = \dfrac{-i}{-i+1} = \dfrac{-i(1+i)}{(1-i)(1+i)} = \dfrac{1-i}{2}$,

$\mathbf{f(-i) = \dfrac{1}{2} - \dfrac{1}{2}i}$.

$f(-1+i) = \dfrac{-1+i}{i} = \dfrac{(-1+i)(-i)}{i \times (-i)} = \dfrac{1+i}{1}$,

$\mathbf{f(-1+i) = 1 + i}$.

2° Pour tout nombre complexe z différent de -1,

$f(z) = i \Leftrightarrow z = iz + i \Leftrightarrow (1-i)z = i \Leftrightarrow z = \dfrac{i}{1-i}$.

Sous forme algébrique : $\dfrac{i}{1-i} = \dfrac{i(1+i)}{(1-i)(1+i)} = \dfrac{-1+i}{2}$.

L'équation $f(z) = i$ admet pour unique solution : $-\dfrac{1}{2} + \dfrac{1}{2}i$.

> f est une fonction à variable complexe, mais aucune connaissance sur de telles fonctions n'est au programme.

4 → Énoncé p. 214 *a*) On résout cette équation de la même manière qu'on le ferait dans $\mathbb{R}$:

$$2z - 3i = (1+i)z + 4 - 2i \Leftrightarrow 2z - (1+i)z = 4 - 2i + 3i$$
$$\Leftrightarrow (1-i)z = 4 + i \Leftrightarrow z = \frac{4+i}{1-i} = \frac{3+5i}{2}.$$

L'ensemble des solutions de cette équation est $\boldsymbol{S = \left\{\frac{3}{2} + \frac{5}{2}i\right\}}$.

b) Cette équation n'a de sens que pour $z \neq i$.

$$\frac{z+1}{z-i} = 1 + 2i \Leftrightarrow z + 1 = (1+2i)(z-i)$$
$$\Leftrightarrow z + 1 = z - i + 2iz + 2$$
$$\Leftrightarrow -2iz = 1 - i$$
$$\Leftrightarrow z = \frac{1-i}{-2i} = \frac{(1-i)i}{2} = \frac{i+1}{2}.$$

L'ensemble des solutions de cette équation est $\boldsymbol{S = \left\{\frac{1}{2} + \frac{1}{2}i\right\}}$.

c) Cette équation n'a pas d'équivalent dans $\mathbb{R}$, elle fait intervenir l'inconnue z et son conjugué $\overline{z}$.
Pour résoudre une telle équation, on doit poser $z = x + iy$, avec x et y réels.
On a alors :

$$3z + (1-i)\overline{z} = 4i - 2 \Leftrightarrow 3(x+iy) + (1-i)(x-iy) = 4i - 2$$
$$\Leftrightarrow 3x + 3iy + x - iy - ix - y = 4i - 2$$
$$\Leftrightarrow (4x - y) + i(-x + 2y) = -2 + 4i.$$

Cette méthode n'est à réserver qu'aux équations n'ayant pas d'équivalent dans $\mathbb{R}$. Dans les autres cas, on cherchera à extraire z sans passer par la forme algébrique.

Deux nombres complexes sont égaux si, et seulement si, ils ont même partie réelle et même partie imaginaire.
L'équation est donc équivalente aux systèmes :

$$\begin{cases} 4x - y = -2 \\ -x + 2y = 4 \end{cases} \Leftrightarrow \begin{cases} 4x - y = -2 \\ -4x + 8y = 16 \end{cases} \Leftrightarrow \begin{cases} 7y = 14 \\ -x + 2y = 4 \end{cases} \Leftrightarrow \begin{cases} x = 0 \\ y = 2 \end{cases}$$

L'ensemble des solutions de cette équation est $\boldsymbol{S = \{2i\}}$.

5 → Énoncé p. 214 *a*) Le discriminant est $\Delta = -8$. $\Delta < 0$, donc l'équation $Z^2 + 2Z + 3 = 0$ admet deux solutions complexes, conjuguées :

$$Z_1 = \frac{-2 - i2\sqrt{2}}{2} \text{ et } Z_2 = \frac{-2 + i2\sqrt{2}}{2}.$$

L'ensemble des solutions dans $\mathbb{C}$ est :

$$\boldsymbol{\mathcal{S}_{\mathbb{C}} = \{-1 - i\sqrt{2}\ ;\ -1 + i\sqrt{2}\}}.$$

b) Le discriminant est $\Delta = -7$. $\Delta < 0$, donc l'équation $2Z^2 + Z + 1 = 0$ admet deux solutions complexes conjuguées :

$$Z_1 = \frac{-1 - i\sqrt{7}}{4} \text{ et } Z_2 = \frac{-1 + i\sqrt{7}}{4}.$$

L'ensemble des solutions dans $\mathbb{C}$ est :

$$\mathcal{S}_{\mathbb{C}} = \left\{-\frac{1}{4} - i\frac{\sqrt{7}}{4} ; -\frac{1}{4} + i\frac{\sqrt{7}}{4}\right\}.$$

c) On peut factoriser, dans $\mathbb{C}$, $Z^2 + 4$:
$Z^2 + 4 = Z^2 - (-4) = Z^2 - (2i)^2$
$Z^2 + 4 = (Z - 2i)(Z + 2i)$.
L'équation $Z^2 + 4 = 0$ admet, dans $\mathbb{C}$, deux solutions :
$Z_1 = -2i$ et $Z_2 = 2i$.
L'ensemble des solutions dans $\mathbb{C}$ est : $\mathcal{S}_{\mathbb{C}} = \{-2i ; 2i\}$.
d) Le discriminant est $\Delta = 1$. $\Delta > 0$, donc l'équation $Z^2 + 5Z + 6 = 0$ admet deux solutions, qui sont les nombres réels : $Z_1 = -3$; $Z_2 = -2$.
L'ensemble des solutions dans $\mathbb{C}$ est : $\mathcal{S}_{\mathbb{C}} = \{-3 ; -2\}$.

6 → *Énoncé p. 214* 1° On place les points dans le plan complexe.

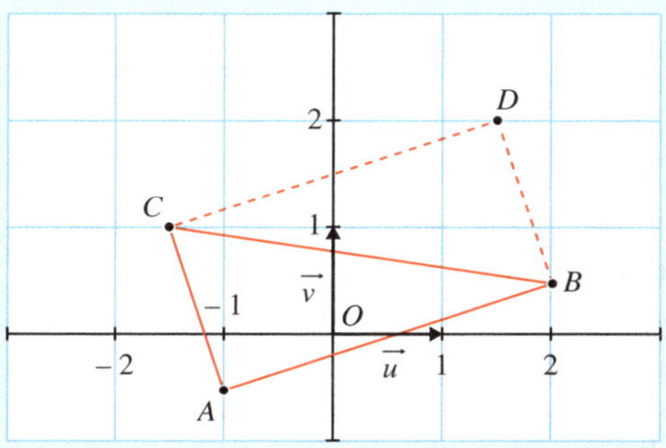

Le triangle *ABC* semble être rectangle en *A*.

2° *a*) On a $AB = |z_B - z_A| = \left|2 + \frac{1}{2}i + 1 + \frac{1}{2}i\right| = |3 + i| = \sqrt{9 + 1} = \sqrt{10}$.

$AC = |z_C - z_A| = \left|-\frac{3}{2} + i + 1 + \frac{1}{2}i\right| = \left|-\frac{1}{2} + \frac{3}{2}i\right| = \sqrt{\frac{1}{4} + \frac{9}{4}} = \frac{\sqrt{10}}{2}$

et $BC = |z_C - z_B| = \left|-\frac{3}{2} + i - 2 - \frac{1}{2}i\right| = \left|-\frac{7}{2} + \frac{1}{2}i\right| = \sqrt{\frac{49}{4} + \frac{1}{4}} = \sqrt{\frac{50}{4}} = \frac{5\sqrt{2}}{2}$.

On a alors $AB^2 + AC^2 = 10 + \frac{10}{4} = \frac{50}{4} = BC^2$.
On en déduit que le triangle ***ABC* est rectangle en *A*.**
b) Les vecteurs $\overrightarrow{AB}$ et $\overrightarrow{AC}$ ont pour affixe respectivement $z_{\overrightarrow{AB}} = z_B - z_A = 3 + i$ et $z_{\overrightarrow{AC}} = z_C - z_A = -\frac{1}{2} + \frac{3}{2}i$. On en déduit $\overrightarrow{AB} \cdot \overrightarrow{AC} = 3 \times \left(-\frac{1}{2}\right) + 1 \times \frac{3}{2} = 0$.

Les vecteurs $\overrightarrow{AB}$ et $\overrightarrow{AC}$ sont orthogonaux ce qui prouve que le triangle ***ABC* est rectangle en *A*.**

On applique ici la formule du produit scalaire de deux vecteurs dans un repère orthonormé vue en Première.

3° Pour que $ABDC$ soit un rectangle, il suffit que $ABDC$ soit un parallélogramme, c'est-à-dire, par exemple, que $\overrightarrow{CD} = \overrightarrow{AB}$.
Donc : $z_D - z_C = z_B - z_A \Leftrightarrow z_D = z_C + z_B - z_A = -\frac{3}{2} + i + 2 + \frac{1}{2}i + 1 + \frac{1}{2}i = \frac{3}{2} + 2i$
$= \mathbf{\frac{3}{2} + 2i}$.

7 → Énoncé p. 215 1° On réalise une figure qui sera complétée tout au long de l'exercice :

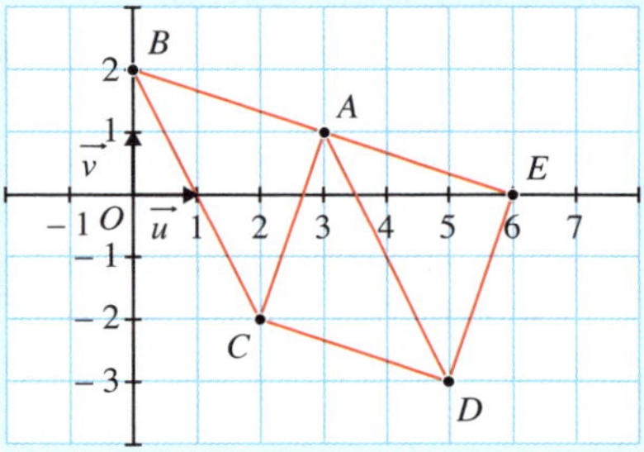

2° On a $AB = |z_B - z_A| = |2i - 3 - i| = |-3 + i| = \sqrt{10}$

$AC = |z_C - z_A| = |2 - 2i - 3 - i| = |-1 - 3i| = \sqrt{10}$

et $BC = |z_C - z_B| = |2 - 2i - 2i| = |2 - 4i| = \sqrt{20} = 2\sqrt{5}$.

On remarque que $AB = AC$ et que $AB^2 + AC^2 = BC^2$. On en déduit que **le triangle *ABC* est isocèle et rectangle en *A*.**

3° $ABDC$ parallélogramme

$\Leftrightarrow \overrightarrow{CD} = \overrightarrow{BA} \Leftrightarrow z_D = z_C + z_A - z_B = 2 - 2i + 3 + i - 2i$ $\mathbf{= 5 - 3i}$.

4° On a $\overrightarrow{DE} = \overrightarrow{CA}$, d'où $z_E = z_D + z_A - z_C = 5 - 3i + 3 + i - 2 + 2i$ $\mathbf{= 6}$.
Comme $\overrightarrow{DE} = \overrightarrow{CA}$, le quadrilatère $ACDE$ est un parallélogramme.
De $\overrightarrow{CD} = \overrightarrow{BA}$, on déduit que le triangle ACD est rectangle isocèle en C.
Le quadrilatère *ACDE* est donc un carré.

8 → Énoncé p. 215 On a $z_{\overrightarrow{AB}} = z_B - z_A = -\frac{1}{3} - 2i - 1 - 2i = -\frac{4}{3} - 4i$

et $z_{\overrightarrow{AC}} = z_C - z_A = \frac{8}{3} + 7i - 1 - 2i = \frac{5}{3} + 5i$.

On remarque alors que $z_{\overrightarrow{AC}} = -\frac{5}{4}\ z_{\overrightarrow{AB}}$ ce qui prouve que $\overrightarrow{AC} = -\frac{5}{4}\overrightarrow{AB}$ et donc que **les points *A*, *B* et *C* sont alignés.**

> La colinéarité de deux vecteurs se démontre aisément à l'aide de leurs affixes.

9 → Énoncé p. 215 1° $OA = |z_A| = |1 + i\sqrt{3}| = \sqrt{1 + 3} = \sqrt{4} = 2$ et

$OB = |z_B| = |1 - i\sqrt{3}| = \sqrt{1 + 3} = \sqrt{4} = 2$.

***A* et *B* appartiennent donc au cercle de centre *O* et de rayon 2.**

2° Le milieu I du segment $[AB]$ a pour affixe :

$$z_I = \frac{z_A + z_B}{2} = \frac{1 + i\sqrt{3} + 1 - i\sqrt{3}}{2} = 1.$$

O étant le centre de gravité de ABC, on a alors $\overrightarrow{CO} = \frac{2}{3}\overrightarrow{CI}$

et donc $z_O - z_C = \frac{2}{3}(z_I - z_C)$, d'où $z_C = 3z_O - 2z_I = \mathbf{-2}$.

3° On a alors $OC = 2$ ce qui prouve que le centre de gravité de ABC est confondu avec le centre du cercle circonscrit et donc que **le triangle ABC est équilatéral**.

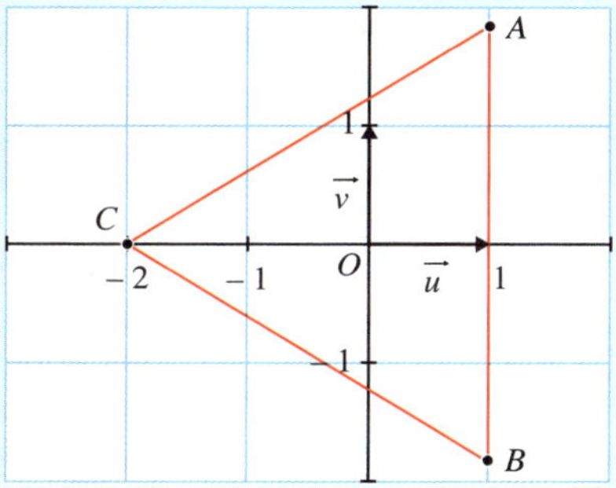

10 → *Énoncé p. 216* 1° *a*) Soit $z_1 = i$.

$$Z_1 = i\left(\frac{z_1 - 2i}{z_1 + i}\right) = i\,\frac{-i}{2i} = -\frac{1}{2}i.$$

$f(M_1)$ est le point d'affixe $-\frac{1}{2}i$.

Soit $z_2 = \frac{3}{2} + \frac{1}{2}i$.

$$Z_2 = i\left(\frac{z_2 - 2i}{z_2 + i}\right) = i\,\frac{\frac{3}{2} - \frac{3}{2}i}{\frac{3}{2} + \frac{3}{2}i} = i\,\frac{1 - i}{1 + i},$$

$$Z_2 = i\,\frac{(1 - i)^2}{2} = i\,\frac{-2i}{2} = 1.$$

$f(M_2)$ est le point d'affixe 1.

b) Soit z l'affixe d'un point M.

$f(M) = 0$ se traduit par : $i\left(\frac{z - 2i}{z + i}\right) = 0$, avec $z \neq -i$.

Donc : $z = 2i$.

le point M d'affixe 2i est le seul point de $\mathcal{P}^*$ tel que $f(M) = 0$.

$f(M) = N$ se traduit par :

$$i\left(\frac{z - 2i}{z + i}\right) = 2 - i, \text{ avec } z \neq -i,$$

ce qui équivaut successivement à :

$$\mathrm{i}(z - 2\mathrm{i}) = (2 - \mathrm{i})(z + \mathrm{i}),$$
$$2(-1 + \mathrm{i})z = -1 + 2\mathrm{i},$$
$$z = \frac{-1+2\mathrm{i}}{2(-1+\mathrm{i})}$$

ou, sous forme algébrique :

$$z = \frac{-1+2\mathrm{i}}{2(-1+\mathrm{i})} = \frac{(-1+2\mathrm{i})(-1-\mathrm{i})}{2\times 2} = \frac{3-\mathrm{i}}{4}.$$

Le point M d'affixe $\frac{3}{4} - \frac{1}{4}\mathrm{i}$ est le seul point de $\mathcal{P}^*$ tel que $f(M) = N$.

2° Soit $z = x + \mathrm{i}y$, x et y étant des nombres réels et $z \neq -\mathrm{i}$.
Écrivons Z sous forme algébrique :

> Même si l'énonce ne le précise pas, on doit exprimer Z sous forme algébrique.

$$Z = \mathrm{i}\,\frac{x+\mathrm{i}(y-2)}{x+\mathrm{i}(y+1)} = \frac{[-(y-2)+\mathrm{i}x][x-\mathrm{i}(y+1)]}{x^2+(y+1)^2}$$

> Ce dénominateur est égal au carré du module du dénominateur de Z. On l'obtient aisément sans calcul et il est inutile pour la suite de le développer.

$$Z = \frac{-x(y-2)+x(y+1)+\mathrm{i}\left[(y-2)(y+1)+x^2\right]}{x^2+(y+1)^2}$$

$$Z = \frac{3x}{x^2+(y+1)^2} + \mathrm{i}\,\frac{x^2+y^2-y-2}{x^2+(y+1)^2}.$$

a) Le point M d'affixe z appartient à $\mathscr{E}$ si, et seulement si :

$$z \neq -\mathrm{i} \text{ et } \frac{3x}{x^2+(y+1)^2} = 0\,;$$

ce qui équivaut à $x = 0$ et $z \neq -\mathrm{i}$.
$\mathscr{E}$ est la droite $(O\,;\vec{v})$ privée du point A (axe imaginaire, privé de A).
b) Le point M d'affixe z appartient à $\mathscr{F}$ si, et seulement si :

$$z \neq -\mathrm{i} \text{ et } \frac{x^2+y^2-y-2}{x^2+(y+1)^2} = 0\,;$$

ce qui équivaut à $x^2 + y^2 - y - 2 = 0$ et $z \neq -\mathrm{i}$.

$x^2 + y^2 - y - 2 = 0$ s'écrit aussi $x^2 + \left(y - \frac{1}{2}\right)^2 - \frac{1}{4} - 2 = 0$

$$x^2 + \left(y - \frac{1}{2}\right)^2 = \frac{9}{4}.$$

On reconnaît là l'équation du cercle $\mathscr{C}$ de centre Ω, d'affixe $\frac{1}{2}\mathrm{i}$ et de rayon $\frac{3}{2}$.
Notons que A appartient à $\mathscr{C}$.
$\mathscr{F}$ est le cercle $\mathscr{C}$ de centre Ω, d'affixe $\frac{1}{2}\mathrm{i}$ et de rayon $\frac{3}{2}$, privé du point A.

c) Le point M d'affixe z appartient à $\mathscr{G}$ si, et seulement si, $z \neq -\mathrm{i}$ et $|Z| = 1$.
La forme algébrique donne ici des calculs compliqués. Il est préférable d'utiliser les propriétés du module et son interprétation géométrique.

Pour $z \neq -\mathrm{i}$, $|Z| = 1$ équivaut à : $\left|\mathrm{i}\left(\frac{z-2\mathrm{i}}{z+\mathrm{i}}\right)\right| = 1$,

$$|\mathrm{i}|\frac{|z-2\mathrm{i}|}{|z+\mathrm{i}|} = 1 \;;$$

$$|z-2\mathrm{i}| = |z+\mathrm{i}| \quad (\text{car } |\mathrm{i}| = 1).$$

$|z-2\mathrm{i}|$ représente la distance BM.

$|z+\mathrm{i}| = |z-(-\mathrm{i})|$ représente la distance AM.

$|z+2\mathrm{i}| = |z+\mathrm{i}|$ se traduit donc par l'égalité $BM = AM$.

On sait que l'ensemble des points M tels que $BM = AM$ est la médiatrice du segment $[AB]$ (qui, bien sûr, ne contient pas le point A).

$\mathscr{G}$ est la médiatrice du segment $[AB]$.

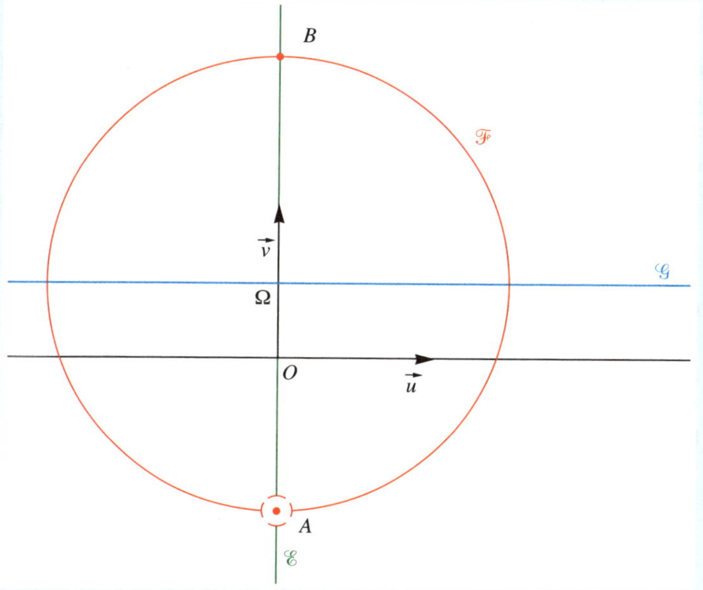

11 → Énoncé p. 216 $Z_1 = 3\mathrm{e}^{\mathrm{i}\frac{5\pi}{6}} = -\frac{\mathbf{3\sqrt{3}}}{\mathbf{2}} + \frac{\mathbf{3}}{\mathbf{2}}\mathbf{i}$. $Z_2 = 2\,\mathrm{e}^{\mathrm{i}\pi} = \mathbf{-2}$.

$Z_3 = 5\,\mathrm{e}^{-\mathrm{i}\frac{\pi}{2}} = \mathbf{-5i}$. $Z_4 = \sqrt{2}^{\,\mathrm{i}\frac{5\pi}{4}} = \mathbf{-1-i}$.

12 → Énoncé p. 216 $Z_5 = \sqrt{2}\left(-\frac{1}{\sqrt{2}} + \frac{1}{\sqrt{2}}\mathrm{i}\right) = \mathbf{\sqrt{2}\,e^{i\frac{3\pi}{4}}}$.

$Z_6 = 4\sqrt{3}\left(\frac{1}{2} - \mathrm{i}\frac{\sqrt{3}}{2}\right) = \mathbf{4\sqrt{3}\,e^{-i\frac{\pi}{3}}}$.

$Z_7 = 4 \times (-1) = \mathbf{4e^{i\pi}}$.　　　$Z_8 = 5i = \mathbf{5e^{i\frac{\pi}{2}}}$.

$Z_9 = 2 \times (-i) = \mathbf{2e^{-i\frac{\pi}{2}}}$.　　　$Z_{10} = 3 \times 1 = \mathbf{3e^{i\times 0}}$.

13 → Énoncé p. 216 $Z = 2\left(\frac{1}{2} + i\frac{\sqrt{3}}{2}\right) = \mathbf{2e^{i\frac{\pi}{3}}}$.

$Z' = 3\sqrt{2}\left(-\frac{1}{\sqrt{2}} - i\frac{1}{\sqrt{2}}\right) = \mathbf{3\sqrt{2}\,e^{-i\frac{3\pi}{4}}}$.

$ZZ' = 2 \times 3\sqrt{2}e^{i\left(\frac{\pi}{3}-\frac{3\pi}{4}\right)} = \mathbf{6\sqrt{2}e^{-i\frac{5\pi}{12}}}$

$\frac{Z}{Z'} = \frac{2}{3\sqrt{2}}e^{i\left(\frac{\pi}{3}-\frac{-3\pi}{4}\right)} = \frac{\sqrt{2}}{3}e^{i\frac{13\pi}{12}} = \mathbf{\frac{\sqrt{2}}{3}e^{-i\frac{11\pi}{12}}}$.

$Z^2Z'^3 = 2^2e^{i\frac{2\pi}{3}} \times \left(3\sqrt{2}\right)^3 e^{-i\frac{9\pi}{4}}$

$= 216\sqrt{2}e^{-i\frac{19\pi}{12}}$

$= \mathbf{216\sqrt{2}e^{i\frac{5\pi}{12}}}$.

$Z^{12} = 2^{12}e^{i\frac{12\pi}{3}} = 4\,096\;e^{i4\pi} = \mathbf{4\,096}$.

$Z'^8 = \left(3\sqrt{2}\right)^8 e^{-i\frac{8\times 3\pi}{4}} = 104\,976\;e^{-i6\pi} = \mathbf{104\,976}$.

> Les formules utilisées sont similaires à celles qui ont été vues lors de l'étude de la fonction exponentielle.

14 → Énoncé p. 217 • Sous forme algébrique :

$Z = \frac{e^{i\frac{\pi}{3}}}{e^{i\frac{\pi}{4}}} = e^{i\frac{\pi}{3}} \times e^{-i\frac{\pi}{4}} = \left(\frac{1}{2} + i\frac{\sqrt{3}}{2}\right)\left(\frac{\sqrt{2}}{2} - i\frac{\sqrt{2}}{2}\right)$

$Z = \frac{\sqrt{2}}{4} + \frac{\sqrt{6}}{4} + i\left(-\frac{\sqrt{2}}{4} + \frac{\sqrt{6}}{4}\right)$

$\mathbf{Z = \frac{\sqrt{2}+\sqrt{6}}{4} + i\frac{-\sqrt{2}+\sqrt{6}}{4}}$.

• Sous forme trigonométrique :

$$Z = e^{i\frac{\pi}{3}} \times e^{-i\frac{\pi}{4}} = e^{i\left(\frac{\pi}{3}-\frac{\pi}{4}\right)} = e^{i\frac{\pi}{12}}$$

$$\mathbf{Z = e^{i\frac{\pi}{12}} = \cos\frac{\pi}{12} + i\sin\frac{\pi}{12}}.$$

• On en déduit :

$$\mathbf{\cos\frac{\pi}{12}} = \mathbf{\frac{\sqrt{2}+\sqrt{6}}{4}} \quad \text{et} \quad \mathbf{\sin\frac{\pi}{12}} = \mathbf{\frac{-\sqrt{2}+\sqrt{6}}{4}}.$$

15 → Énoncé p. 217 **1°** On sait que, pour tout $\theta \in \mathbb{R}$, $\sin\theta = \frac{e^{i\theta} - e^{-i\theta}}{2i}$.

Alors, pour tous réels a et b, on a :

$$\sin a \sin b = \left(\frac{e^{ia} - e^{-ia}}{2i}\right)\left(\frac{e^{ib} - e^{-ib}}{2i}\right) = \frac{e^{ia}e^{ib} - e^{ia}e^{-ib} - e^{-ia}e^{ib} + e^{-ia}e^{-ib}}{-4}.$$

On applique alors les propriétés de l'exponentielle complexe :

$$\sin a \sin b = \frac{e^{i(a+b)} + e^{-i(a+b)} - e^{i(a-b)} - e^{-i(a-b)}}{-4}$$
$$= \frac{e^{i(a+b)} + e^{-i(a+b)} - e^{i(a-b)} - e^{-i(a-b)}}{-4}.$$

Or, on sait que, pour tout $\theta \in \mathbb{R}$, $\cos\theta = \dfrac{e^{i\theta} + e^{-i\theta}}{2}$, d'où $e^{i\theta} + e^{-i\theta} = 2\cos\theta$.

On en déduit : $\sin a \sin b = \dfrac{2\cos(a+b) - 2\cos(a-b)}{-4}$

$$= \mathbf{\frac{1}{2}[\cos(a-b) - \cos(a+b)]}.$$

2° De même, pour tous réels a et b, on a :

$$\sin a \cos b = \left(\frac{e^{ia} - e^{-ia}}{2i}\right)\left(\frac{e^{ib} + e^{-ib}}{2}\right)$$
$$= \frac{e^{ia}e^{ib} + e^{ia}e^{-ib} - e^{-ia}e^{ib} - e^{-ia}e^{-ib}}{4i}$$
$$= \frac{e^{i(a+b)} + e^{i(a-b)} - e^{-i(a-b)} - e^{-i(a+b)}}{4i}$$
$$= \frac{\left(e^{i(a+b)} - e^{-i(a+b)}\right) + \left(e^{i(a-b)} - e^{-i(a-b)}\right)}{4i}$$
$$= \frac{2i\sin(a+b) + 2i\sin(a-b)}{4i}$$

et donc $\mathbf{\sin a \cos b = \frac{1}{2}[\sin(a+b) + \sin(a-b)]}$.

16 → Énoncé p. 218 1° *a)* $P(2) = 8 + 2(\sqrt{2} - 1) \times 4 + 4(1 - \sqrt{2}) \times 2 - 8 = 0$.

b) Pour tout $z \in \mathbb{C}$, $(z-2)(z^2 + az + b) = z^3 + (a-2)z^2 + (b-2a)z - 2b$.

Par identification avec $P(z)$, on a $\begin{cases} a - 2 = 2(\sqrt{2} - 1) \\ b - 2a = 4(1 - \sqrt{2}) \\ -2b = -8 \end{cases}$, ce qui équivaut à $\begin{cases} \mathbf{a = 2\sqrt{2}} \\ \mathbf{b = 4} \end{cases}$.

2° *a)* $P(z) = 0 \Leftrightarrow (z-2)(z^2 + 2\sqrt{2}z + 4) = 0 \Leftrightarrow z - 2 = 0$ ou $z^2 + 2\sqrt{2}z + 4 = 0$.
L'équation du second degré a pour discriminant -8 et pour racines $-\sqrt{2} - \sqrt{2}i$ et $-\sqrt{2} + \sqrt{2}i$.
Donc l'équation $P(z) = 0$ admet pour ensemble de solutions :

$$\mathbf{S = \{2\,;\, -\sqrt{2} - \sqrt{2}i\,;\, -\sqrt{2} + \sqrt{2}i\}}.$$

On pose alors $z_1 = -\sqrt{2} + \sqrt{2}i$ et $z_2 = -\sqrt{2} - \sqrt{2}i$.

On a bien $z_1 + z_2 = -\sqrt{2} + \sqrt{2}i + (-\sqrt{2} - \sqrt{2}i) = -2\sqrt{2}$.

b) On a $|z_1| = \sqrt{2+2} = \sqrt{4} = \mathbf{2}$.

Alors $z_1 = 2\left(-\frac{\sqrt{2}}{2} + i\frac{\sqrt{2}}{2}\right) = 2\left(\cos\left(\frac{3\pi}{4}\right) + i\sin\left(\frac{3\pi}{4}\right)\right)$ et donc $\mathbf{arg(z_1) = \frac{3\pi}{4}}$.

De même, $|z_2| = \sqrt{2+2} = \sqrt{4} = \mathbf{2}$.

Alors $z_2 = 2\left(-\frac{\sqrt{2}}{2} - i\frac{\sqrt{2}}{2}\right) = 2\left(\cos\left(-\frac{3\pi}{4}\right) + i\sin\left(-\frac{3\pi}{4}\right)\right)$

et donc $\mathbf{arg(z_2) = -\frac{3\pi}{4}}$.

3° *a*) On obtient la figure suivante :

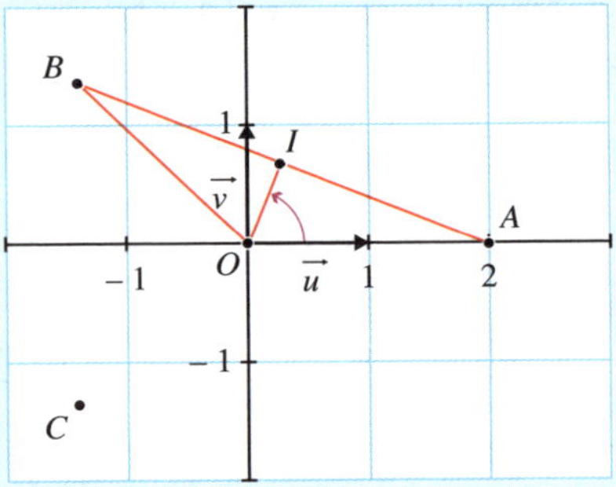

b) On a $OA = 2$ et $OB = |z_1| = 2$.
Le triangle OAB est donc isocèle en O.
On en déduit alors que (OI), qui est la médiane issue de O, est aussi la bissectrice de $(\vec{u}, \overrightarrow{OB})$.
Or, d'après le cours $(\vec{u}, \overrightarrow{OB}) = \arg(z_1) = \frac{3\pi}{4}$.
On en déduit alors que $\mathbf{(\vec{u}, \overrightarrow{OI}) = \frac{3\pi}{8}\ [2\pi]}$.

c) On a $z_I = \frac{z_A + z_B}{2} = \frac{2 + z_1}{2}$, soit $\mathbf{z_I = \frac{2-\sqrt{2}}{2} + i\frac{\sqrt{2}}{2}}$.

On en déduit, $|z_I| = \sqrt{\left(\frac{2-\sqrt{2}}{2}\right)^2 + \left(\frac{\sqrt{2}}{2}\right)^2} = \sqrt{\frac{6-4\sqrt{2}}{4} + \frac{2}{4}} = \sqrt{\frac{8-4\sqrt{2}}{4}}$,

c'est-à-dire $|z_I| = \sqrt{2-\sqrt{2}}$.

d) On a $\mathbf{arg(z_I) = (\vec{u}, \overrightarrow{OI}) = \frac{3\pi}{8}\ [2\pi]}$.

D'après le cours, comme $\arg(z_I) = \frac{3\pi}{8}$, alors $\cos\left(\frac{3\pi}{8}\right) = \frac{\text{Re}(z_I)}{|z_I|}$,

soit : $\mathbf{\cos\left(\frac{3\pi}{8}\right) = \frac{2-\sqrt{2}}{2(\sqrt{2-\sqrt{2}})} = \frac{\sqrt{2-\sqrt{2}}}{2}}$.

On exploite ici la définition d'un argument d'un nombre complexe.

CHAPITRE 10

Droites et plans de l'espace

1 Positions relatives de deux droites de l'espace

Propriété

Des droites D_1 et D_2 de l'espace sont :

■ soit **non coplanaires** ; dans ce cas leur intersection est vide **(fig. 1)**;

■ soit **coplanaires** ; dans ce cas, elles sont :

– soit **parallèles (fig. 2)** (strictement parallèles si leur intersection est vide ; sinon, confondues) ;

– soit **sécantes (fig. 3)** (D_1 et D_2 se coupent en un point).

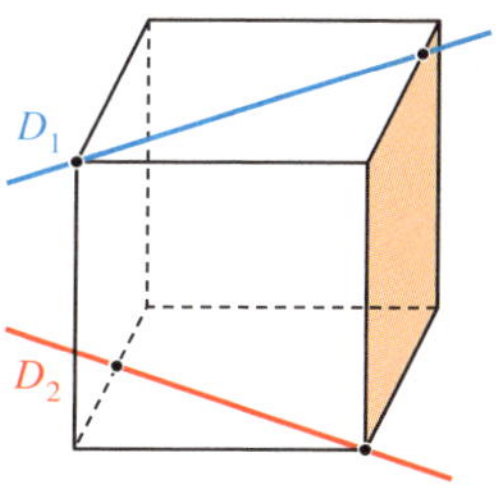

Fig. 1
Droites non coplanaires

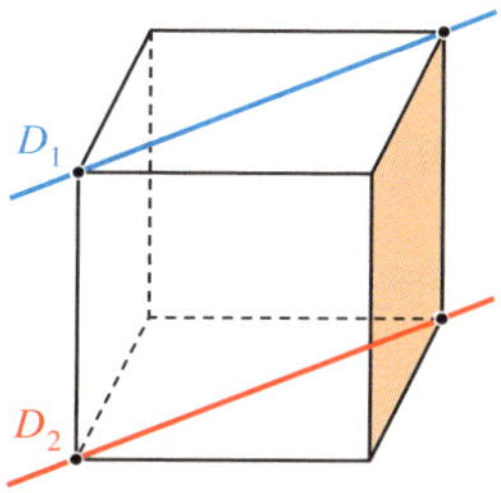

Fig. 2
Droites coplanaires
Droites parallèles

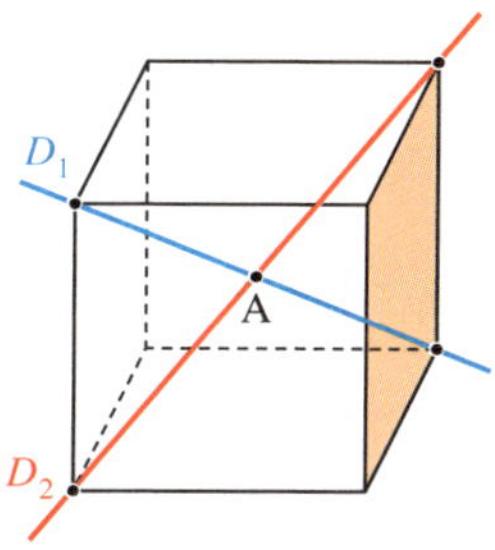

Fig. 3
Droites coplanaires
Droites sécantes

2 Positions relatives de deux plans de l'espace

Propriété

Des plans $\mathcal{P}_1$ et $\mathcal{P}_2$ de l'espace sont :

■ soit **parallèles** (strictement parallèles, si leur intersection est vide ; sinon **confondus**) **(fig.1)**;

■ soit **sécants** ($\mathcal{P}_1$ et $\mathcal{P}_2$ se coupent selon une droite) **(fig.2)**.

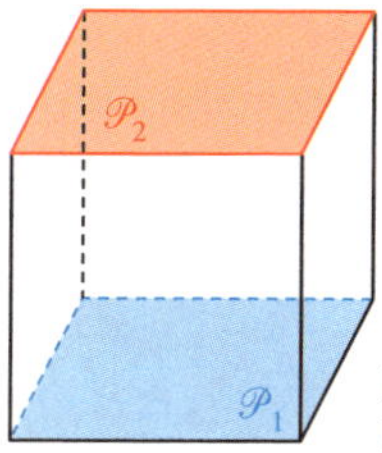

Fig. 1
Plans parallèles

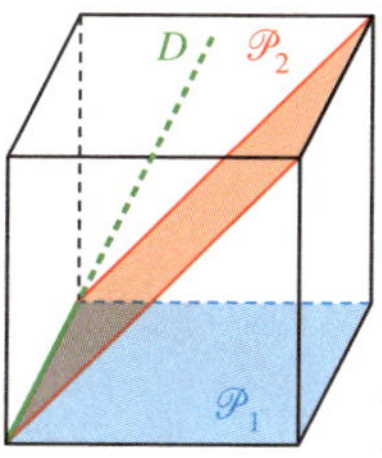

Fig. 2
Plans sécants

3 Positions relatives d'une droite et d'un plan de l'espace

Propriété

Une droite D et un plan $\mathcal{P}_1$ sont :
- soit **parallèle** (strictement parallèles, si leur intersection est vide ; sinon D est incluse dans $\mathcal{P}_1$) **(fig.1)** ;
- soit **sécants** (D et $\mathcal{P}_1$ se coupent en un point) **(fig.2)**.

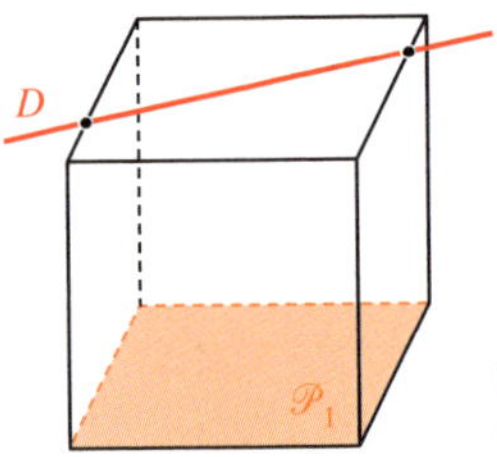

Fig. 1
Droites et plans parallèles

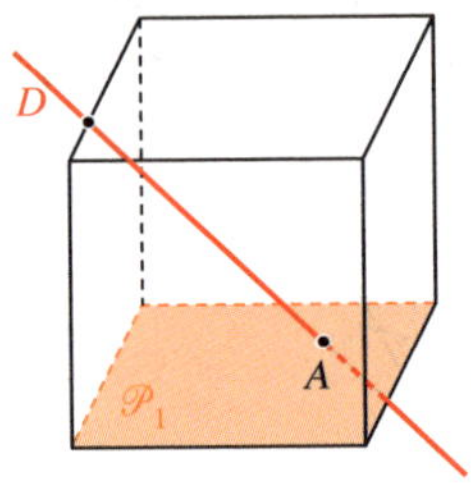

Fig. 2
Droites et plans sécants

4 Propriétés

- Soient D_1, D_2 et D_3 des droites de l'espace.

Si D_1 et D_2 sont parallèles et si D_2 et D_3 sont parallèles, alors D_1 et D_3 sont parallèles.

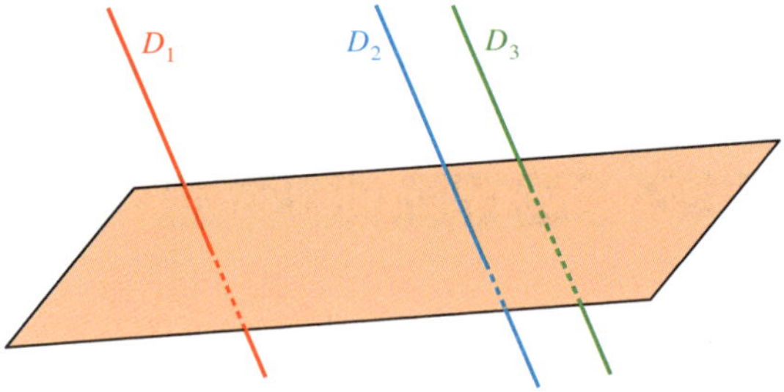

- Soient $\mathcal{P}_1$, $\mathcal{P}_2$ et $\mathcal{P}_3$ des plans de l'espace.

Si $\mathcal{P}_1$ et $\mathcal{P}_2$ sont parallèles et si $\mathcal{P}_2$ et $\mathcal{P}_3$ sont parallèles, alors $\mathcal{P}_1$ et $\mathcal{P}_3$ sont parallèles.

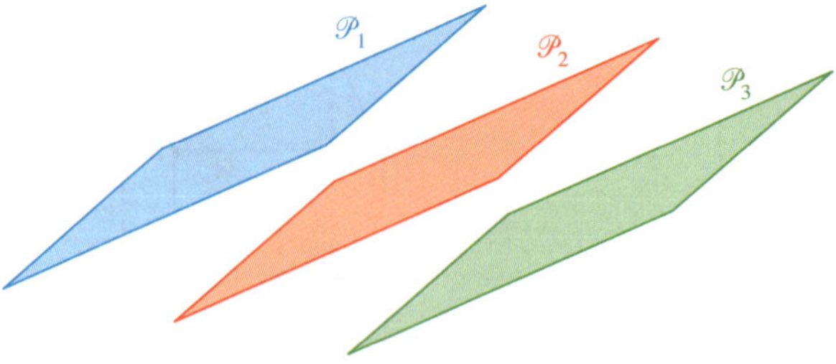

■ Soient $\mathcal{P}_1$, $\mathcal{P}_2$ et $\mathcal{P}_3$ des plans de l'espace.
Si $\mathcal{P}_1$ et $\mathcal{P}_2$ sont parallèles, alors tout plan $\mathcal{P}_3$ sécant à $\mathcal{P}_1$ est sécant à $\mathcal{P}_2$. Les droites d'intersection de $\mathcal{P}_1$ et $\mathcal{P}_3$, d'une part, $\mathcal{P}_2$ et $\mathcal{P}_3$, d'autre part, sont parallèles.

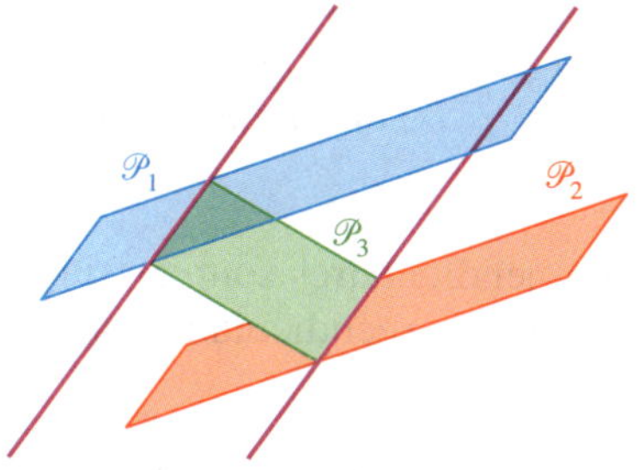

■ Soient D_1 et D_2 des droites parallèles de l'espace. Soit $\mathcal{P}_1$ un plan contenant D_1 ; soit $\mathcal{P}_2$ un plan contenant D_2.
Si $\mathcal{P}_1$ et $\mathcal{P}_2$ sont des plans sécants, alors leur droite d'intersection est parallèle à D_1 et D_2 (« théorème du toit »).

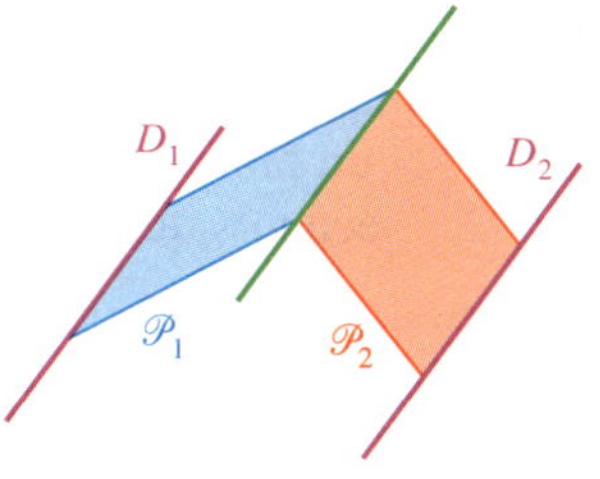

5 Orthogonalité

Orthogonalité de deux droites

Définition
Soient D_1 et D_2 des droites de l'espace.
On dit que D_1 et D_2 sont **perpendiculaires** si, et seulement si, D_1 et D_2 sont **coplanaires**, sécantes et se coupent en formant un angle droit.

Définition
Soient D_1 et D_2 des droites de l'espace.
On dit que D_1 et D_2 sont **orthogonales** si, et seulement si, il existe une parallèle D_1' à D_1, sécante à D_2, telle que D_1' et D_2 se coupent en formant un angle droit.

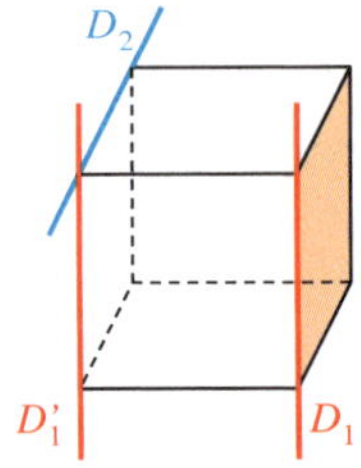

Sur la figure ci-contre, D_1 et D_2 sont orthogonales, car D_1 et D_1' sont parallèles et D_1' et D_2 sont perpendiculaires.

Remarques : Deux droites perpendiculaires sont aussi orthogonales.
Deux droites orthogonales ne sont perpendiculaires que si elles sont coplanaires.

6 Orthogonalité d'une droite et d'un plan

A. Propriété et définition

Soient $\mathcal{P}$ un plan et D une droite de l'espace.
Propriété : si D est orthogonale à deux droites **sécantes** d_1 et d_2 du plan $\mathcal{P}$, alors D est orthogonale à toute droite du plan $\mathcal{P}$.
Définition : on dit qu'une droite D et un plan $\mathcal{P}$ sont orthogonaux, si, et seulement si, D est orthogonale à deux droites sécantes du plan $\mathcal{P}$.

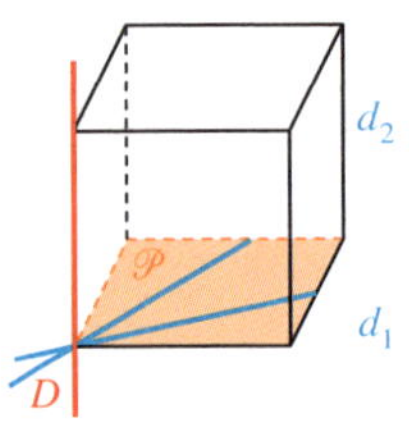

Sur la figure ci-contre, D est orthogonale aux deux droites sécantes d_1 et d_2 , incluses dans le plan $\mathcal{P}$:
D est orthogonale au plan $\mathcal{P}$.

B. Propriétés d'orthogonalité

■ Soient D_1 et D_2 des droites ; $\mathcal{P}$ un plan.
Si D_1 et D_2 sont orthogonales au plan $\mathcal{P}$, alors D_1 et D_2 sont parallèles.

■ Soient D_1 et D_2 des droites ; $\mathcal{P}$ un plan.
Si D_1 et D_2 sont parallèles et si D_1 est orthogonale au plan $\mathcal{P}$, alors D_2 est orthogonale au plan $\mathcal{P}$.

■ Soient $\mathcal{P}_1$ et $\mathcal{P}_2$ des plans ; D une droite.
Si D est orthogonale aux plans $\mathcal{P}_1$ et $\mathcal{P}_2$, alors $\mathcal{P}_1$ et $\mathcal{P}_2$ sont parallèles.

■ Soient $\mathcal{P}_1$ et $\mathcal{P}_2$ des plans ; D une droite.
Si $\mathcal{P}_1$ et $\mathcal{P}_2$ sont parallèles et si D est orthogonale au plan $\mathcal{P}_1$, alors D est orthogonale au plan $\mathcal{P}_2$.

■ Soient D_1 et D_2 des droites ; $\mathcal{P}$ un plan.
Si D_1 est parallèle au plan $\mathcal{P}$ et si D_2 est orthogonale au plan $\mathcal{P}$, alors D_1 et D_2 sont orthogonales.

■ Soient D_1 et D_2 des droites ; $\mathcal{P}$ un plan.
Si D_1 et D_2 sont orthogonales et si D_1 est orthogonale au plan $\mathcal{P}$, alors D_2 est parallèle au plan $\mathcal{P}$.

1 Construire la section d'un cube par un plan

EXERCICE TYPE

On donne le cube *abcdefgh* ; *M* est un point de l'arête [*dh*] ; *D* est une droite incluse dans le plan de la face *abcd*.

Construire la section du cube par le plan contenant le point *M* et la droite *D*.

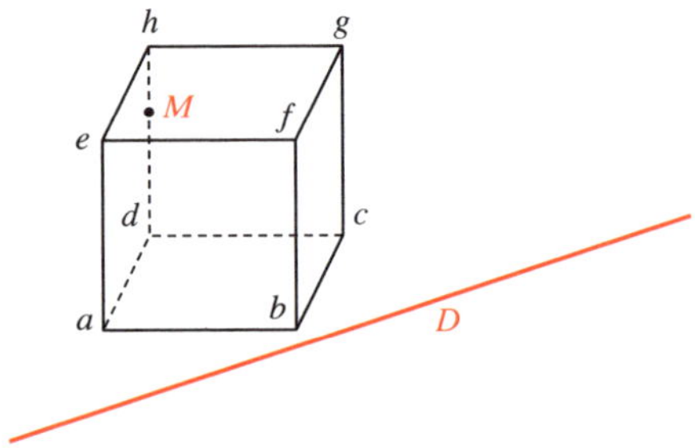

CORRIGÉ COMMENTÉ

Construction par étapes : (1) on construit les droites (*ad*) et (*cd*), toutes deux sécantes à *D* (ces droites étant coplanaires). Soit *N* le point d'intersection de (*ad*) et *D* ; *P* le point d'intersection de (*cd*) et *D*.

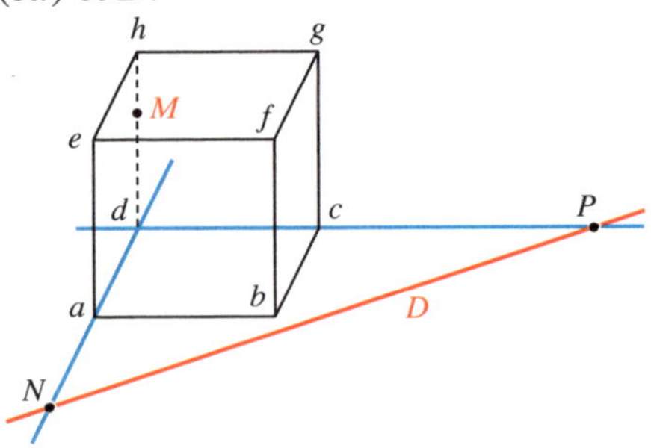

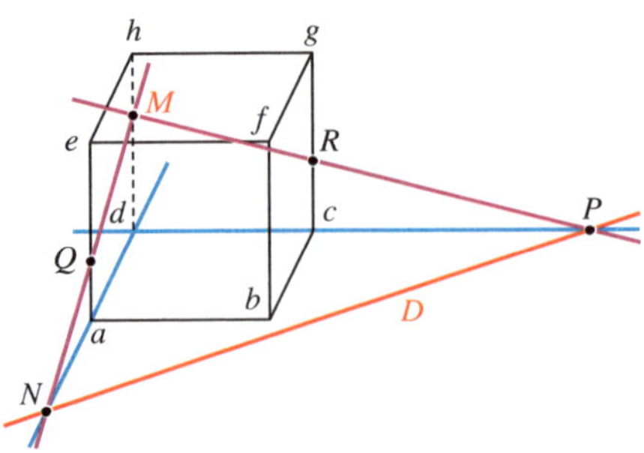

(2) On construit les droites (*MN*) et (*MP*) qui coupent respectivement (*ae*) et (*cg*) en *Q* et *R*.

On prend garde à ne construire de point d'intersection que pour deux droites sécantes, donc à s'assurer qu'elles sont bien coplanaires.

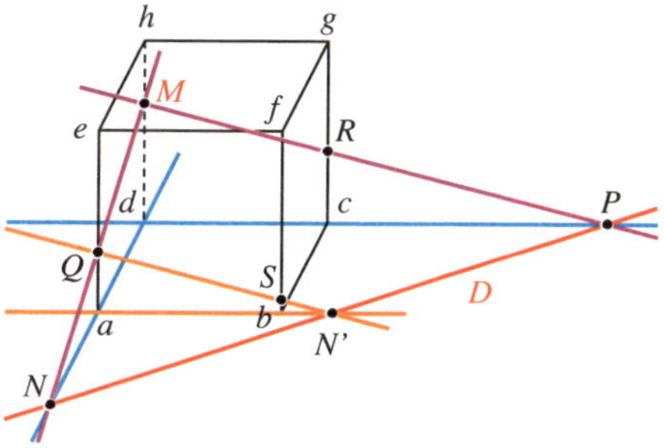

(3) On construit la droite (ab) qui coupe D en N', puis (QN') qui coupe (bf) en S.

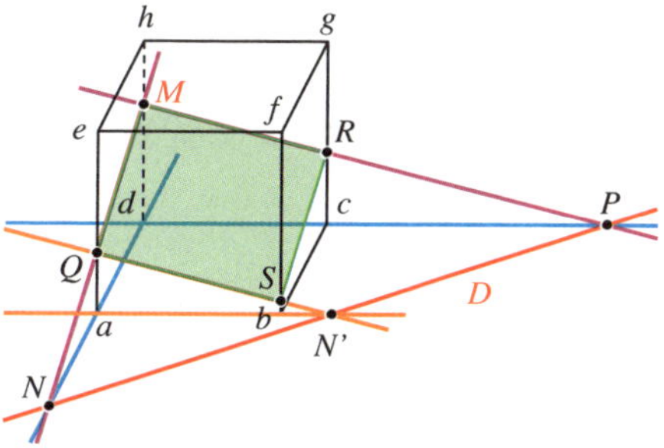

(4) La section du cube par le plan contenant M et D est le quadrilatère $MQSR$.

À RETENIR

- **Pour construire des sections de polyèdre de l'espace, par des plans**, on est le plus souvent conduit à faire apparaître des droites à partir de points donnés de la figure.
- **Pour construire le point d'intersection de deux droites**, il faut s'assurer que ces droites sont effectivement sécantes, ce qui nécessite qu'elles soient au préalable coplanaires.
- Faire attention aux « faux » points d'intersection, qui ne sont que des points de perspective et ne correspondent à aucun point d'intersection.
- Des logiciels de géométrie dynamique peuvent être un complément très utile à ce genre d'exercices de construction.

2 Prouver l'orthogonalité d'une droite et d'un plan

EXERCICE TYPE

Soit le cube *ABCDEFGH* ; on considère la droite $d = (AG)$ et le plan $\mathcal{P}$ = (CFH).

Montrer que la droite d et le plan $\mathcal{P}$ sont orthogonaux.

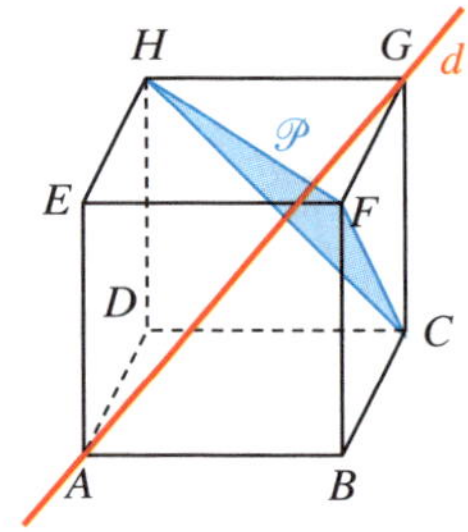

CORRIGÉ COMMENTÉ

Pour montrer qu'une droite est orthogonale à un plan, il suffit de montrer que cette droite est orthogonale à deux droites sécantes du plan.
Dans le plan $\mathcal{P} = (CFH)$, trois droites *s*'imposent naturellement : (CF), (FH) et (HC).
Prouvons l'orthogonalité de d avec deux de ces droites.

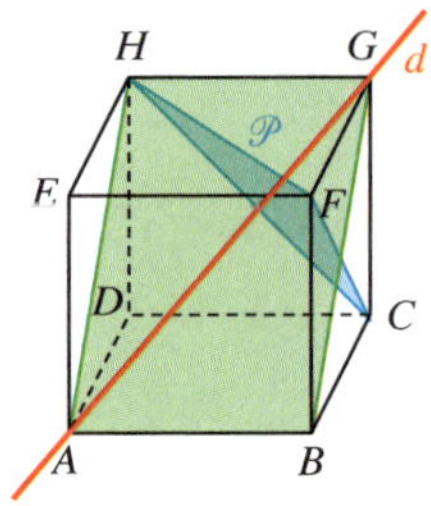

Considérons le plan auxiliaire (ABG), qui contient aussi le point H.

▪ Les droites (BG) et (CF) sont perpendiculaires (donc orthogonales), car elles sont les supports des diagonales du carré *BCGF*.

▪ La droite (AB) est orthogonale au plan de la face *BCGF* ; la droite (CF) étant contenue dans le plan de la face *BCGF*, les droites (AB) et (CF) sont orthogonales.
La droite (CF) est donc orthogonale aux droites (BG) et (AB), qui sont deux droites sécantes du plan (ABG).
Par conséquent, la droite (CF) est orthogonale au plan (ABG).
Or, lorsqu'une droite est orthogonale à un plan, elle est orthogonale à toute droite de ce plan.
(CF) est orthogonale au plan (ABG).
(AG) est incluse dans le plan (ABG), donc **(CF) et (AG) sont orthogonales**.
On prouve l'orthogonalité des droites (FH) et (AG) exactement de la même manière :

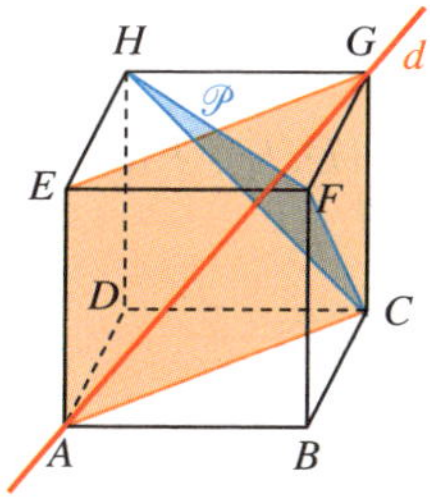

On observe que, pour montrer l'orthogonalité de deux droites, on inclut l'une des droites dans un plan (plan auxiliaire) et l'on montre l'orthogonalité d'une droite et de ce plan.

On considère maintenant le plan auxiliaire (AEG), qui contient aussi le point C.

■ Les droites (EG) et (FH) sont perpendiculaires (donc orthogonales), car elles sont les supports des diagonales du carré $EFGH$.

■ La droite (AE) est orthogonale au plan de la face $EFGH$; la droite (FH) étant contenue dans le plan de la face $EFGH$, les droites (AE) et (FH) sont orthogonales.
La droite (FH) est donc orthogonale aux droites (EG) et (AE), qui sont deux droites sécantes du plan (AEG).
Par conséquent, la droite (FH) est orthogonale au plan (AEG).
Or, lorsqu'une droite est orthogonale à un plan, elle est orthogonale à toute droite de ce plan.
(FH) est orthogonale au plan (AEG).
(AG) est incluse dans le plan (AEG), donc (FH) et (AG) sont orthogonales.
Conclusion :
(CF) et (AG) sont orthogonales.
(FH) et (AG) sont orthogonales.
(CF) et (FH) sont deux droites sécantes du plan $\mathcal{P}$, donc **(AG) est orthogonale au plan $\mathcal{P} = (CFH)$**.

À RETENIR

• **Pour prouver l'orthogonalité d'une droite D et d'un plan $\mathcal{P}$**, il suffit de mettre en évidence deux droites sécantes du plan $\mathcal{P}$ qui soient orthogonales à D. Pour prouver alors l'orthogonalité de deux droites, on cherche à se ramener à un problème de géométrie plane, quitte à utiliser une parallèle à l'une des droites : on peut alors utiliser certaines particularités de la figure (par exemple, dans un cube, l'orthogonalité de deux arêtes consécutives ; ou les faces carrées du cube, etc.).
• Dans l'exercice ci-dessus, le problème de l'orthogonalité de deux droites a été résolu par l'utilisation d'un plan auxiliaire et des propriétés du cube.

1 ★ 10 min

Soit le cube *ABCDEFGH*. *I* est le milieu de [*DH*] ; *J* le milieu de [*BC*] ; *K* le milieu de [*AB*].

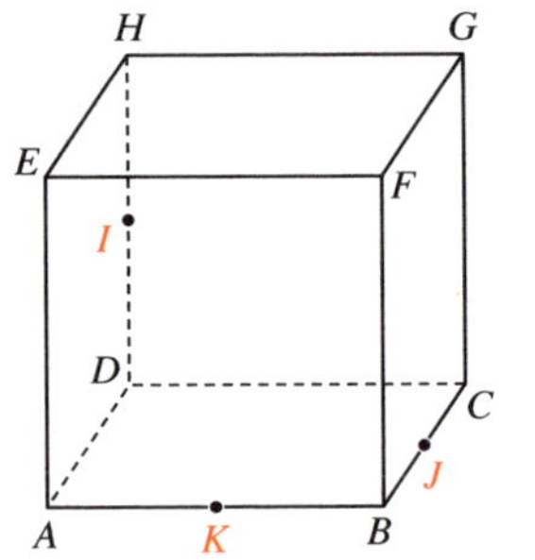

Construire la section du cube par le plan (*IJK*).

→ Corrigé p. 239

2 ★★ 15 min

Soit un tétraèdre régulier *ABCD* dont l'arête a pour mesure *a*.
Soit *I* le milieu de [*CD*].

1° Démontrer que la droite (*CD*) est orthogonale au plan (*IAB*).

2° En déduire l'orthogonalité des droites (*AB*) et (*CD*).

3° Soit *J* le milieu de [*AB*]. Montrer que la droite (*IJ*) est perpendiculaire à (*AB*) et à (*CD*).

→ Corrigé p. 240

1 → *Énoncé p. 238* On construit les droites (JK), (AD) et (CD).
Ces droites sont coplanaires (elles sont incluses dans le plan de la face $ABCD$).
(AD) et (JK) sont sécantes en m.
(CD) et (JK) sont sécantes en n.

On effectue les constructions des droites face par face, de façon à n'avoir que des droites coplanaires.

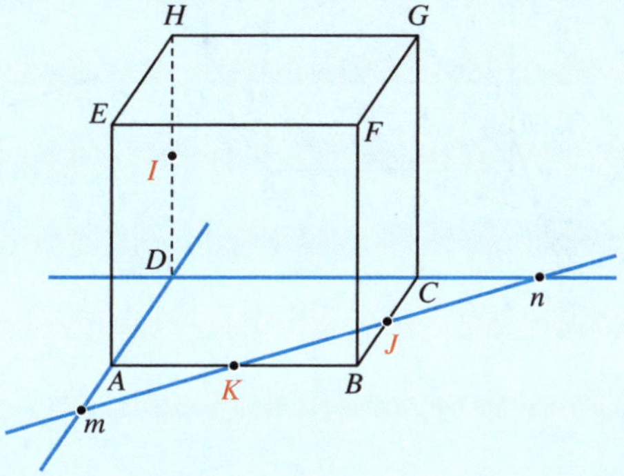

On construit les droites (Im) et (In).
(Im) et (AE) sont coplanaires, sécantes en p.
(In) et (CG) sont coplanaires sécantes en q.

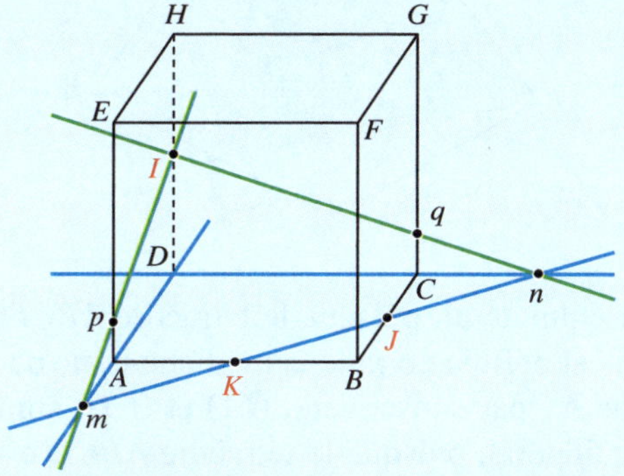

Les points I, p, K, J et q sont des points du plan (IJK), puisqu'ils appartiennent à des droites incluses dans ce plan.

Le pentagone *IpKJq* est la section du cube par le plan (*IJK*).

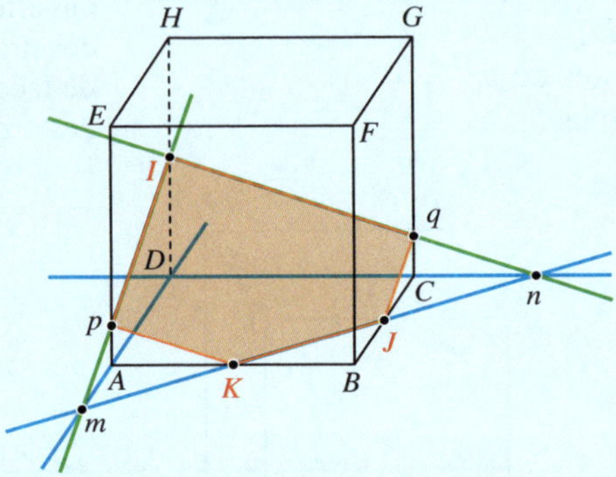

2 → *Énoncé p. 238*

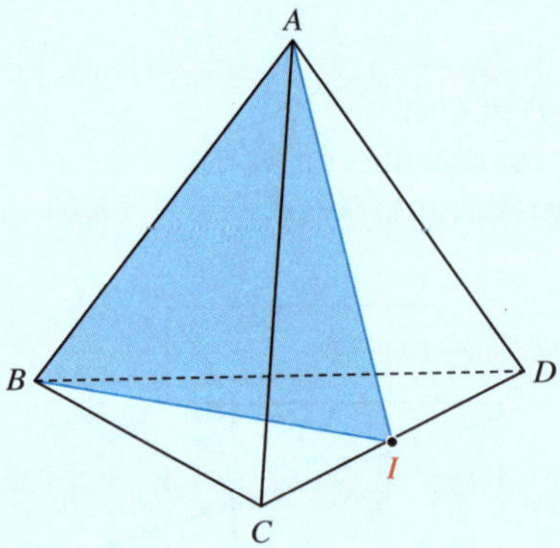

1° Le triangle *ACD* est équilatéral, puisque le tétraèdre *ABCD* est régulier.
Donc la droite (*IA*), qui est définie comme la médiane issue de *A* du triangle *ACD*, est aussi la hauteur issue de *A* ; par conséquent, **(*IA*) et (*CD*) sont orthogonales**.
Le triangle *BCD* est équilatéral, puisque le tétraèdre *ABCD* est régulier.
Donc la droite (*IB*), qui est définie comme la médiane issue de *B* du triangle *BCD*, est aussi la hauteur issue de *B* ; par conséquent, **(*IB*) et (*CD*) sont orthogonales**.
La droite (*CD*) est orthogonale à (*IA*) et à (*IB*), qui sont deux droites sécantes du plan (*IAB*).
Conclusion : la droite (*CD*) est orthogonale au plan (*IAB*).

Toute droite orthogonale à deux droites sécantes d'un plan est orthogonale à ce plan.

2° La droite (AB) est contenue dans le plan (IAB) ; la droite (CD) étant orthogonale au plan (IAB), elle est orthogonale à toute droite de ce plan. **Donc, les droites (AB) et (CD) sont orthogonales.**

Toute droite orthogonale à un plan est orthogonale à toute droite incluse dans ce plan.

3°

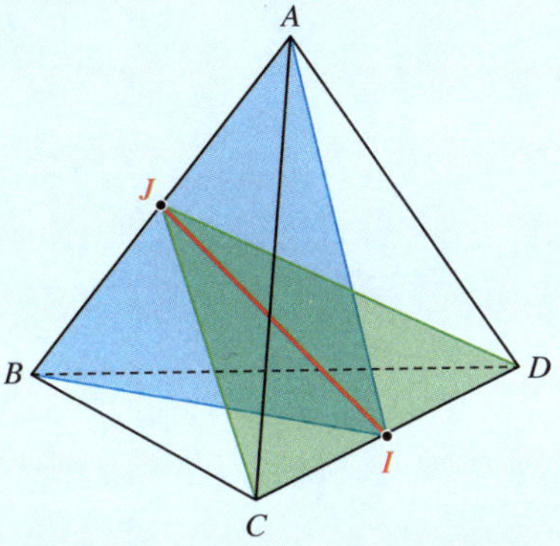

J étant le milieu de $[AB]$, la droite (IJ) est incluse dans le plan (IAB). Or, la droite (CD) est orthogonale au plan (IAB), donc (CD) est orthogonale à toute droite de ce plan : **(CD) est orthogonale à (IJ).**
Par un raisonnement analogue à celui de la question 1°, on prouve que la droite (AB) est orthogonale au plan (JCD). I étant le milieu de $[CD]$, la droite (IJ) est incluse dans le plan (JCD). Donc, **(AB) est orthogonale à (IJ).**
(IJ) est orthogonale à (AB) et à (CD), sécante respectivement en J et I à chacune de ces droites, donc **la droite (IJ) est perpendiculaire à (AB) et à (CD).**

CHAPITRE 11

Vecteurs de l'espace

1 Vecteurs de l'espace

On admettra que la définition et les propriétés opératoires (addition et produit par un nombre réel) des vecteurs de l'espace sont identiques à celles qui ont été vues dans le plan. En particulier :

- un vecteur non nul est défini par sa direction, son sens et sa norme (ou longueur),
- soient A, B et C trois points de l'espace, on a $\overrightarrow{AB} + \overrightarrow{BC} = \overrightarrow{AC}$ (relation de Chasles),
- soit $\vec{u}$ un vecteur non nul et k un nombre réel,

– si $k = 0$, alors $k\vec{u} = \vec{0}$;
– si $k > 0$, alors $\vec{u}$ et $k\vec{u}$ sont deux vecteurs de même sens ;
– si $k < 0$, alors $\vec{u}$ et $k\vec{u}$ sont deux vecteurs de sens contraires.

2 Vecteurs colinéaires, vecteurs coplanaires

A. Vecteurs colinéaires : définition

Soient $\vec{u}$ et $\vec{v}$ des vecteurs.
Soient A, B et C des points tels que $\vec{u} = \overrightarrow{AB}$ et $\vec{v} = \overrightarrow{AC}$.
On dit que les vecteurs $\vec{u}$ et $\vec{v}$ sont « **colinéaires** » si A, B et C sont alignés.

B. Vecteurs colinéaires : propriété

Soient $\vec{u}$ et $\vec{v}$ des vecteurs, $\vec{u} \neq \vec{0}$.

$\vec{u}$ et $\vec{v}$ sont **colinéaires** si, et seulement si, il existe un réel k tel que :

$$\vec{v} = k\vec{u}.$$

C. Vecteurs coplanaires : définition

Soient $\vec{u}$, $\vec{v}$ et $\vec{w}$ des vecteurs.
Soient A, B, C et D des points tels que $\vec{u} = \overrightarrow{AB}$, $\vec{v} = \overrightarrow{AC}$ et $\vec{w} = \overrightarrow{AD}$.
On dit que les vecteurs $\vec{u}$, $\vec{v}$ et $\vec{w}$ sont « **coplanaires** » si les points A,B, C et D sont coplanaires.

Remarque : Cette définition est indépendante des points choisis, pourvu que les vecteurs aient tous la même origine.

Plus généralement :

Lorsque les vecteurs $\vec{u}$, $\vec{v}$ et $\vec{w}$ sont définis à l'aide de quatre points A, B, C et D (et quatre seulement), alors :
$\vec{u}$, $\vec{v}$ et $\vec{w}$ sont coplanaires si, et seulement si, A, B, C et D sont coplanaires.

D. Vecteurs coplanaires : propriété

Soient $\vec{u}$, $\vec{v}$ et $\vec{w}$ des vecteurs, $\vec{u}$ et $\vec{v}$ étant non colinéaires.

$\vec{u}$, $\vec{v}$ et $\vec{w}$ sont **coplanaires** si, et seulement si, il existe des réels α et β tels que :

$$\vec{w} = \alpha\vec{u} + \beta\vec{v}.$$

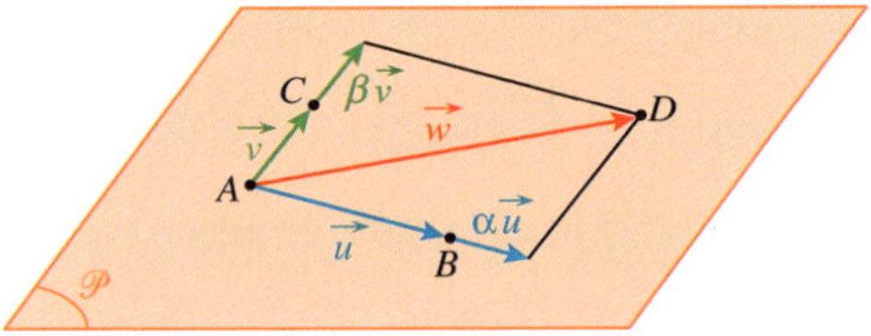

On dit que $\vec{w}$ est une « combinaison linéaire » des vecteurs $\vec{u}$ et $\vec{v}$.

E. Décomposition d'un vecteur en fonction de trois vecteurs non coplanaires

Soient $\vec{u}$, $\vec{v}$ et $\vec{w}$ trois vecteurs **non coplanaires** et soit $\vec{z}$ un vecteur quelconque de l'espace.
Il existe trois réels x, y et z tels que $\vec{z} = x\vec{u} + y\vec{v} + z\vec{w}$.

On dit que $\vec{z}$ est une « combinaison linéaire » des vecteurs $\vec{u}$, $\vec{v}$ et $\vec{w}$.

3 Caractérisation d'une droite et d'un plan de l'espace à l'aide de vecteurs

A. Droites de l'espace

Soit A un point et $\vec{u}$ un vecteur non nul.
L'ensemble des points M de l'espace tels que $\overrightarrow{AM}$ et $\vec{u}$ sont colinéaires est une droite D.
On notera $D = (A, \vec{u})$.
$\vec{u}$ est un vecteur directeur de la droite D. Tous les vecteurs directeurs de D sont les vecteurs non nuls colinéaires à $\vec{u}$.

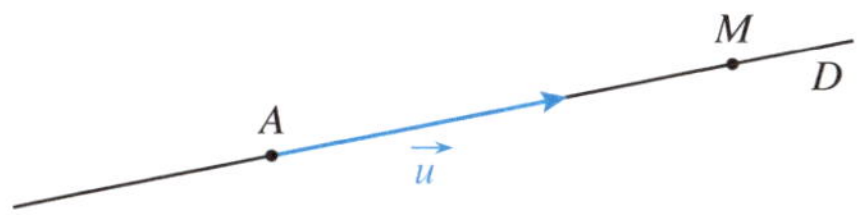

■ Un point M de l'espace appartient à D si, et seulement si, il existe un nombre réel k tel que $\overrightarrow{AM} = k\vec{u}$.

B. Plans de l'espace

Soit A un point ; soient $\vec{u}$ et $\vec{v}$ deux vecteurs **non colinéaires**.
L'ensemble des points M tels que $\overrightarrow{AM}$, $\vec{u}$ et $\vec{v}$ sont coplanaires est un plan $\mathcal{P}$.
On notera $\mathcal{P} = (A, \vec{u}, \vec{v})$.
Le couple $(\vec{u}, \vec{v})$ est appelé « couple de vecteurs directeurs du plan $\mathcal{P}$ ».

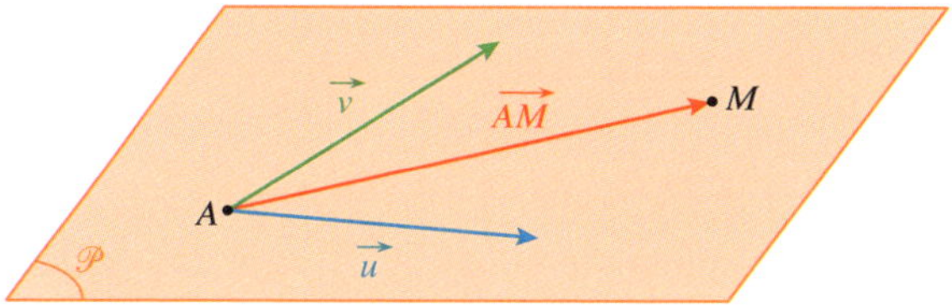

■ Un point M de l'espace appartient à $\mathcal{P}$ si, et seulement si, il existe un couple de nombres réels (α, β) tel que $\overrightarrow{AM} = \alpha\vec{u} + \beta\vec{v}$.

4 Caractérisation de droites parallèles, de plans parallèles, d'une droite et d'un plan parallèles, à l'aide de vecteurs

Soient les droites $D = (A, \vec{u})$ et $D' = (A', \vec{u}')$.
***D* et *D'* sont parallèles** si, et seulement si, $\vec{u}$ et $\vec{u}'$ sont **colinéaires**.

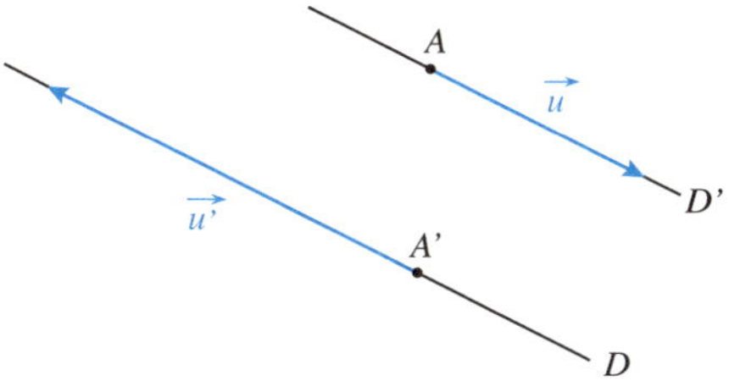

Soient les plans $\mathcal{P} = (A, \vec{u}, \vec{v})$ et $\mathcal{P}' = (A', \vec{u}', \vec{v}')$.
$\mathcal{P}$ et $\mathcal{P}'$ sont parallèles si, et seulement si, $\vec{u}, \vec{v}$ et $\vec{u}'$, d'une part, $\vec{u}, \vec{v}$ et $\vec{v}'$, d'autre part, sont des **vecteurs coplanaires**.

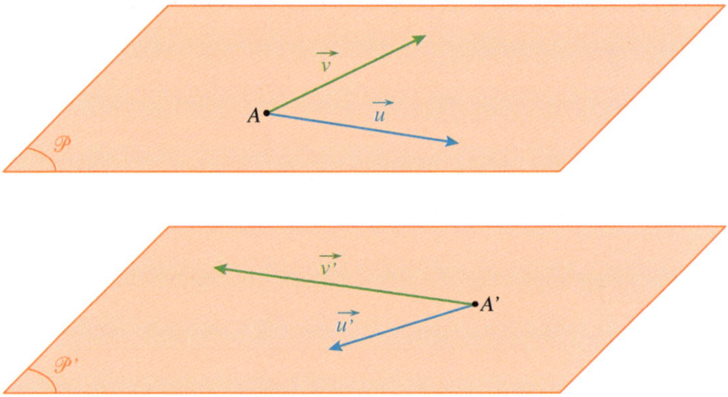

Soient les plans $\mathcal{P} = (A, \vec{u}, \vec{v})$ et la droite $D' = (A', \vec{u}')$.
***D'* est parallèle à $\mathcal{P}$** si, et seulement si, $\vec{u}, \vec{v}$ et $\vec{u}'$ sont des **vecteurs coplanaires**.

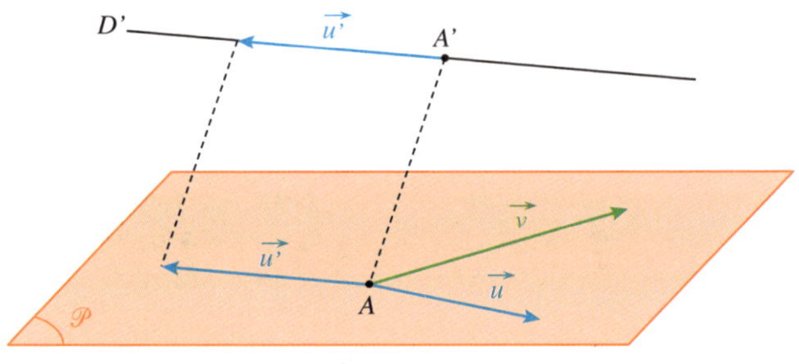

5 Repérage dans l'espace

A. Base de l'espace

■ **Définition**

Tout triplet $(\vec{i}, \vec{j}, \vec{k})$ de vecteurs non coplanaires de l'espace est appelé « **base de l'espace** ».

■ **Propriété et définition**

Soient $(\vec{i}, \vec{j}, \vec{k})$ une base de l'espace et $\vec{u}$ un vecteur.
Il existe un unique triplet $(x\ ;\ y\ ;\ z)$ de nombres réels tel que :

$$\vec{u} = x\vec{i} + y\vec{j} + z\vec{k}\ ;$$

x, y et z sont les coordonnées de $\vec{u}$ dans la base $(\vec{i}, \vec{j}, \vec{k})$.

Notation : $\vec{u}(x\ ;\ y\ ;\ z)$ ou $\vec{u}\begin{pmatrix} x \\ y \\ z \end{pmatrix}$.

B. Repère de l'espace

■ **Définition**

Si O est un point de l'espace et $(\vec{i}, \vec{j}, \vec{k})$ une base, alors $(O\ ;\ \vec{i}, \vec{j}, \vec{k})$ définit un « **repère de l'espace** ».

Soient $(O\ ;\ \vec{i}, \vec{j}, \vec{k})$ un repère de l'espace et M un point.
On appelle « **coordonnées de *M* dans le repère** $(O\ ;\ \vec{i}, \vec{j}, \vec{k})$ » l'unique triplet de nombres réels $(x\ ;\ y\ ;\ z)$ tel que :

$$\overrightarrow{OM} = x\vec{i} + y\vec{j} + z\vec{k}.$$

Notation : $M(x\ ;\ y\ ;\ z)$.

■ **Propriétés**

Soit $(O\ ;\ \vec{i}, \vec{j}, \vec{k})$ un repère de l'espace.

Si $\vec{u}\begin{pmatrix} x \\ y \\ z \end{pmatrix}$ et $\vec{u}'\begin{pmatrix} x' \\ y' \\ z' \end{pmatrix}$, alors $\vec{u} + \vec{u}'\begin{pmatrix} x + x' \\ y + y' \\ z + z' \end{pmatrix}$.

Soit $k \in \mathbb{R}$, $k\vec{u}\begin{pmatrix} kx \\ ky \\ kz \end{pmatrix}$.

Si $A(x_A\ ;\ y_A\ ;\ z_A)$ et $B(x_B\ ;\ y_B\ ;\ z_B)$, alors $\overrightarrow{AB}\begin{pmatrix} x_B - x_A \\ y_B - y_A \\ z_B - z_A \end{pmatrix}$.

Le milieu I de $[AB]$ a pour coordonnées :

$$I\left(\frac{x_A + x_B}{2}\ ;\ \frac{y_A + y_B}{2}\ ;\ \frac{z_A + z_B}{2}\right).$$

6 Représentation paramétrique d'une droite

L'espace est muni d'un repère $(O\,;\vec{i},\vec{j},\vec{k})$.

Le **système d'équations** $\begin{cases} x = x_A + ka \\ y = y_A + kb \\ z = z_A + kc \end{cases}$, où k décrit $\mathbb{R}$, caractérise la droite D, passant par le point $A(x_A\,;y_A\,;z_A)$ et de vecteur directeur $\vec{u}\begin{pmatrix} a \\ b \\ c \end{pmatrix}$.

- Ce système est appelé **représentation paramétrique de la droite** D.

Il se déduit l'équivalence suivante :
un point M appartient à D si, et seulement si, il existe un réel k tel que $\overrightarrow{AM} = k\vec{u}$.

- À chaque valeur de k correspond un et un seul point de D.
- Pour chaque point M de D il existe un et un seul réel k vérifiant le système.

Remarque :
Pour caractériser D, il y a une infinité de façons de choisir un point A et un vecteur $\vec{u}$; une droite admet donc une infinité de représentations paramétriques.

1 Reconnaître des vecteurs coplanaires ; démontrer la coplanarité de vecteurs

EXERCICE TYPE

1° $ABCDEFGH$ est un cube, I, J, K et L sont les milieux respectifs des segments $[EF]$, $[FG]$, $[GC]$ et $[AD]$.

a) Les vecteurs $\overrightarrow{AB}$, $\overrightarrow{DB}$ et $\overrightarrow{IJ}$ sont-ils coplanaires ?

b) Les vecteurs $\overrightarrow{AE}$, $\overrightarrow{BG}$ et $\overrightarrow{FH}$ sont-ils coplanaires ?

c) Exprimer le vecteur $\overrightarrow{KI} + \overrightarrow{KL}$ en fonction de $\overrightarrow{IJ}$.
Que peut-on en déduire pour les points I, J, K et L ?

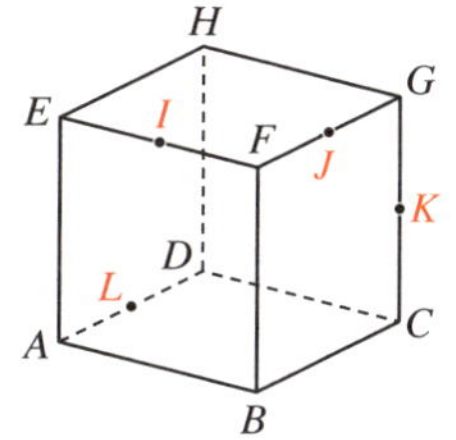

2° $(O, \vec{i}, \vec{j}, \vec{k})$ est un repère de l'espace.

Les vecteurs $\vec{u}\begin{pmatrix}-1\\1\\5\end{pmatrix}$, $\vec{v}\begin{pmatrix}0\\-4\\3\end{pmatrix}$ et $\vec{w}\begin{pmatrix}1\\-9\\1\end{pmatrix}$ sont-ils coplanaires ?

CORRIGÉ COMMENTÉ

1° Pour déterminer si trois vecteurs sont coplanaires, on doit en trouver des représentants ayant la même origine, ou, à défaut, ne s'exprimant qu'à l'aide de quatre points :

> Quatre points sont coplanaires lorsqu'ils appartiennent à un même plan de l'espace.

a) Les vecteurs $\overrightarrow{AB}$, $\overrightarrow{DB}$ et $\overrightarrow{IJ}$ sont respectivement égaux aux vecteurs $\overrightarrow{EF}$, $\overrightarrow{HF}$ et $\frac{1}{2}\overrightarrow{EG}$.

Ces vecteurs s'expriment à l'aide des quatre points E, F, G et H qui sont situés dans le même plan (EFG). **Les vecteurs $\overrightarrow{AB}$, $\overrightarrow{DB}$ et $\overrightarrow{IJ}$ sont coplanaires.**

b) Les vecteurs $\overrightarrow{AE}$, $\overrightarrow{BG}$ et $\overrightarrow{FH}$ sont respectivement égaux aux vecteurs $\overrightarrow{BF}$, $\overrightarrow{BG}$ et $\overrightarrow{BD}$. Ces vecteurs ont même origine B et les quatre points B, F, G et D ne sont pas dans le même plan (car, par exemple, D n'appartient pas au plan (BFG)).

Les vecteurs $\overrightarrow{AE}$, $\overrightarrow{BG}$ et $\overrightarrow{FH}$ ne sont donc pas coplanaires.

c) La relation de Chasles donne :

$KL = \overrightarrow{KC} + \overrightarrow{CD} + \overrightarrow{DL}$ (1) et $\overrightarrow{KI} = \overrightarrow{KG} + \overrightarrow{GF} + \overrightarrow{FI}$ (2).

On a $\overrightarrow{CD} = 2\overrightarrow{FI}$ et $\overrightarrow{DL} = \overrightarrow{JF}$.

En remplaçant dans la relation (1), on trouve $\overrightarrow{KL} = \overrightarrow{KC} + 2\overrightarrow{FI} + \overrightarrow{JF}$.

On a $\overrightarrow{KG} = -\overrightarrow{KC}$ et $\overrightarrow{GF} = 2\overrightarrow{JF}$.

En remplaçant dans la relation (2), on trouve $\overrightarrow{KI} = -\overrightarrow{KC} + 2\overrightarrow{JF} + \overrightarrow{FI}$.

On en déduit alors :

$\overrightarrow{KI} + \overrightarrow{KL} = -\overrightarrow{KC} + 2\overrightarrow{JF} + \overrightarrow{FI} + \overrightarrow{KC} + 2\overrightarrow{FI} + \overrightarrow{JF} = 3\overrightarrow{JF} + 3\overrightarrow{FI} = 3\overrightarrow{JI}$.

Donc, $\boldsymbol{\overrightarrow{KI} + \overrightarrow{KL} = -3\overrightarrow{IJ}}$.

Cette relation prouve que les vecteurs $\overrightarrow{KL}$, $\overrightarrow{KI}$ et $\overrightarrow{IJ}$ sont coplanaires.
Comme ces vecteurs ne sont définis qu'à l'aide de quatre points, ces points sont coplanaires. **Les points I, J, K et L sont donc coplanaires.**

2° Les vecteurs $\vec{u}$, $\vec{v}$ et $\vec{w}$ sont deux à deux non colinéaires (sinon ils seraient trivialement coplanaires).
Dans ce cas, $\vec{u}$, $\vec{v}$ et $\vec{w}$ sont coplanaires si, et seulement si, l'un d'eux peut s'écrire comme combinaison linéaire des deux autres.
On cherchera, par exemple, s'il existe deux réels x et y tels que $x\vec{u} + y\vec{v} = \vec{w}$.
En traduisant cette dernière relation sur chaque coordonnée, on obtient un système comportant trois équations pour seulement deux inconnues.
En n'utilisant que deux équations, on trouve les valeurs possibles du couple $(x\,;\,y)$:

$$x\vec{u} + y\vec{v} = \vec{w} \iff \begin{cases} -x = 1 \\ x - 4y = -9 \\ 5x + 3y = 1 \end{cases} \iff \begin{cases} x = -1 \\ -4y = -8 \\ 5x + 3y = 1 \end{cases} \iff \begin{cases} x = -1 \\ y = 2 \\ 5x + 3y = 1 \end{cases}$$

Si la dernière égalité est vérifiée avec les valeurs trouvées, alors le système admet un couple solution et les vecteurs sont coplanaires :
ici, $5 \times (-1) + 3 \times 2 = -5 + 6 = 1$; l'égalité est vérifiée ; le couple $(-1\,;\,2)$ est solution du système.
On a alors $\vec{w} = \vec{u} + 2\vec{v}$ ce qui prouve que **les vecteurs $\vec{u}$, $\vec{v}$ et $\vec{w}$ sont coplanaires**.

À RETENIR

- **Deux méthodes** permettent de déterminer si trois vecteurs sont coplanaires ou non.
- Si les vecteurs sont définis à partir de points d'une configuration, on pourra en chercher des représentants ne s'exprimant qu'à l'aide de **quatre points**. Les vecteurs seront alors coplanaires si, et seulement si, les quatre points appartiennent à un même plan.
- Mais, plus fréquemment, on cherchera si l'un des vecteurs peut s'écrire comme combinaison linéaire des deux autres. Si c'est le cas, les vecteurs seront coplanaires.
- La démarche pourra être uniquement vectorielle ou se faire par l'intermédiaire des coordonnées dans un repère et la résolution d'un système linéaire.

2 Utiliser les vecteurs pour résoudre un problème d'alignement ou de coplanarité

EXERCICE TYPE

Soit $ABCDEFGH$ un pavé droit.
On désigne par I le milieu de $[AB]$, par J le point tel que $\overrightarrow{HJ} = \frac{3}{4}\overrightarrow{HG}$ et par K le centre de la face $BCGF$.
Montrer que les droites (HI) et (JK) sont parallèles.
Que peut-on en déduire pour les points H, I, J et K ?

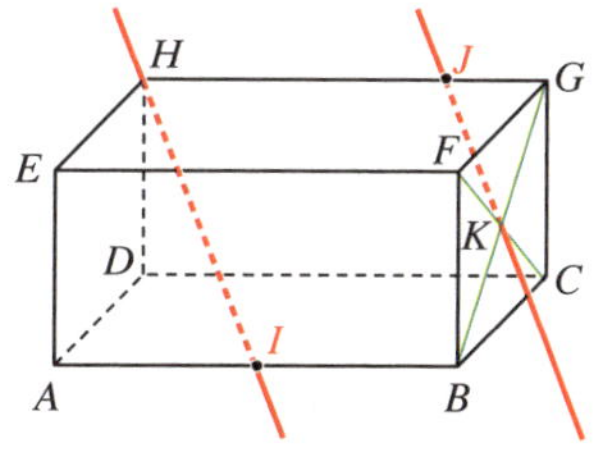

CORRIGÉ COMMENTÉ

> Choisir trois vecteurs non coplanaires ayant même origine permet d'obtenir aisément une base de l'espace.

On doit montrer que les vecteurs $\overrightarrow{HI}$ et $\overrightarrow{JK}$ sont colinéaires.
Une méthode couramment utilisée dans ce type d'exercices consiste à décomposer les vecteurs selon trois vecteurs non coplanaires (qui forment alors ce que l'on appelle une base de l'espace).
Écrivons ici $\overrightarrow{HI}$ et $\overrightarrow{JK}$ comme combinaisons linéaires des vecteurs $\overrightarrow{AB}$, $\overrightarrow{AD}$ et $\overrightarrow{AE}$:

$$\overrightarrow{HI} = \overrightarrow{HE} + \overrightarrow{EA} + \overrightarrow{AI} = -\overrightarrow{AD} - \overrightarrow{AE} + \frac{1}{2}\overrightarrow{AB},$$

c'est-à-dire

$$\boldsymbol{\overrightarrow{HI} = \frac{1}{2}\overrightarrow{AB} - \overrightarrow{AD} - \overrightarrow{AE}}.$$

De même :

$$\overrightarrow{JK} = \overrightarrow{JG} + \overrightarrow{GK} = \frac{1}{4}\overrightarrow{HG} + \frac{1}{2}\overrightarrow{GB} = \frac{1}{4}\overrightarrow{HG} + \frac{1}{2}(\overrightarrow{GF} + \overrightarrow{GC}).$$

Alors $\overrightarrow{JK} = \frac{1}{4}\overrightarrow{HG} + \frac{1}{2}\overrightarrow{GF} + \frac{1}{2}\overrightarrow{GC}.$

D'où, en utilisant les propriétés du pavé droit :

$$\boldsymbol{\overrightarrow{JK} = \frac{1}{4}\overrightarrow{AB} - \frac{1}{2}\overrightarrow{AD} - \frac{1}{2}\overrightarrow{AE}}.$$

Ces deux écritures permettent alors aisément de voir que $\boldsymbol{\overrightarrow{JK} = \frac{1}{2}\overrightarrow{HI}}$.
$\overrightarrow{JK}$ et $\overrightarrow{HI}$ sont donc colinéaires et les droites (HI) et (JK) sont bien parallèles.
Deux droites parallèles sont contenues dans un même plan.
Les points H, I, J et K sont donc coplanaires.

À RETENIR

- **Pour comparer deux vecteurs**, montrer qu'ils sont colinéaires ou montrer que des vecteurs sont coplanaires, on peut avoir recours à une base de l'espace.
- On cherchera à écrire les vecteurs que l'on étudie comme combinaisons linéaires de trois vecteurs non coplanaires bien choisis (formant une base de l'espace).

3 Utiliser les coordonnées pour résoudre un problème d'alignement ou de coplanarité

EXERCICE TYPE

$ABCD$ est un tétraèdre, I, J, K et L sont les points définis par :

$\overrightarrow{AI} = \frac{1}{3}\overrightarrow{AB}$; $\overrightarrow{BJ} = \frac{1}{4}\overrightarrow{BC}$; $\overrightarrow{CK} = \frac{3}{8}\overrightarrow{CD}$ et $\overrightarrow{AL} = \frac{1}{6}(\overrightarrow{AC} + \overrightarrow{AD})$.

1° Calculer les coordonnées des points I, J, K et L dans le repère $(A, \overrightarrow{AB}, \overrightarrow{AC}, \overrightarrow{AD})$.

2° ***a***) Calculer les coordonnées des vecteurs $\overrightarrow{IL}$ et $\overrightarrow{JK}$.

b) Déterminer le réel k tel que $\overrightarrow{IL} = k\overrightarrow{JK}$.

c) Conclure.

CORRIGÉ COMMENTÉ

1° Méthode : on exprime chacun des vecteurs sous la forme :

$$\overrightarrow{AM} = \alpha\overrightarrow{AB} + \beta\overrightarrow{AC} + \gamma\overrightarrow{AD}.$$

Le point M a pour coordonnées $(\alpha ; \beta\ \gamma)$.

$\overrightarrow{AI} = \frac{1}{3}\overrightarrow{AB} = \frac{1}{3}\overrightarrow{AB} + 0\overrightarrow{AC} + 0\overrightarrow{AD}$, donc $\boldsymbol{I\left(\frac{1}{3} ; 0 ; 0\right)}$.

■ $\overrightarrow{AJ} = \overrightarrow{AB} + \overrightarrow{BJ} = \overrightarrow{AB} + \frac{1}{4}\overrightarrow{BC} = \overrightarrow{AB} + \frac{1}{4}(-\overrightarrow{AB} + \overrightarrow{AC})$

$\overrightarrow{AJ} = \frac{3}{4}\overrightarrow{AB} + \frac{1}{4}\overrightarrow{AC} + 0\overrightarrow{AD}$, donc $\boldsymbol{J\left(\frac{3}{4} ; \frac{1}{4} ; 0\right)}$.

■ $\overrightarrow{AK} = \overrightarrow{AC} + \overrightarrow{CK} = \overrightarrow{AC} + \frac{3}{8}\overrightarrow{CD} = \overrightarrow{AC} + \frac{3}{8}(-\overrightarrow{AC} + \overrightarrow{AD})$

$\overrightarrow{AK} = \frac{5}{8}\overrightarrow{AC} + \frac{3}{8}\overrightarrow{AD}$, donc $\boldsymbol{K\left(0 ; \frac{5}{8} ; \frac{3}{8}\right)}$.

■ $\overrightarrow{AL} = \frac{1}{6}(\overrightarrow{AC} + \overrightarrow{AD}) = \frac{1}{6}\overrightarrow{AC} + \frac{1}{6}\overrightarrow{AD}$, donc $\boldsymbol{L\left(0 ; \frac{1}{6} ; \frac{1}{6}\right)}$.

> Les coordonnées de points ou de vecteurs doivent être correctement justifiées.

2° *a*) $\boldsymbol{\overrightarrow{IL}\left(-\frac{1}{3} ; \frac{1}{6} ; \frac{1}{6}\right)}$ et $\boldsymbol{\overrightarrow{JK}\left(-\frac{3}{4} ; \frac{3}{8} ; \frac{3}{8}\right)}$.

b) On constate que $\boldsymbol{\overrightarrow{IL} = \frac{4}{9}\overrightarrow{JK}}$, car $-\frac{1}{3} = \frac{4}{9} \times \frac{-3}{4}$ et $\frac{1}{6} = \frac{4}{9} \times \frac{3}{8}$.

c) Les vecteurs $\overrightarrow{IL}$ et $\overrightarrow{JK}$ sont colinéaires, donc les droites (IL) et (JK) sont parallèles ; en particulier, les points I, J, K et L sont coplanaires.

À RETENIR

- Pour résoudre un exercice en utilisant les coordonnées :
  – **choisir un repère** ;
  – **déterminer les coordonnées** de points, de vecteurs dans ce repère ;
  – **utiliser les propriétés** des coordonnées de vecteurs (somme ou produit par un réel).

4 Trouver et utiliser les représentations paramétriques d'une droite

EXERCICE TYPE

On considère les points $A\left(\frac{1}{2}\,;0\,;-\frac{3}{2}\right)$ et $B\left(2\,;-3\,;\frac{5}{2}\right)$.

1° Donner une représentation paramétrique de la droite (AB).

2° Les points $M_1\left(-1\,;3\,;-\frac{11}{2}\right)$ et $M_2\left(\frac{7}{2}\,;-6\,;\frac{11}{2}\right)$ appartiennent-ils à la droite (AB) ?

CORRIGÉ COMMENTÉ

1° Une représentation paramétrique de droite s'obtient à l'aide d'un point et d'un vecteur directeur de cette droite.
Pour une droite (AB), nous choisirons soit A, soit B comme point, et le vecteur $\overrightarrow{AB}$ comme vecteur directeur.
On a $\overrightarrow{AB}\left(\frac{3}{2}\,;-3\,;4\right)$. En utilisant le point A et la définition donnée dans le cours, on trouve alors que :

> Une représentation paramétrique de droite est également appelée « système d'équations paramétriques de droite ».

$$\textbf{le système } \begin{cases} x = \frac{1}{2} + \frac{3}{2}k \\ y = -3k \\ z = -\frac{3}{2} + 4k \end{cases},$$

où k décrit $\mathbb{Z}$, est une **représentation paramétrique de la droite (AB)**.

2° ■ $M_1 \in (AB)$, si, et seulement si, $\begin{cases} -1 = \frac{1}{2} + \frac{3}{2}k \\ 3 = -3k \\ -\frac{11}{2} = -\frac{3}{2} + 4k \end{cases}$ d'inconnue k admet une solution (qui est nécessairement unique).
La deuxième équation donne $k = -1$.
En remplaçant dans la première, on a $\frac{1}{2} + \frac{3}{2} \times (-1) = \frac{1}{2} - \frac{3}{2} = -1$; l'égalité est vérifiée.
Enfin, en remplaçant dans la troisième, on trouve $-\frac{3}{2} - 4 = -\frac{3}{2} - \frac{8}{2} = -\frac{11}{2}$.
L'égalité étant également vérifiée, le système admet la valeur -1 comme solution, ce qui prouve que le point **M_1 appartient à la droite (AB)**.

■ Pour le point M_2, on cherche à résoudre $\begin{cases} \frac{7}{2} = \frac{1}{2} + \frac{3}{2}k \\ -6 = -3k \\ \frac{11}{2} = -\frac{3}{2} + 4k. \end{cases}$

Si ce système admet une solution, elle ne peut être que égale à 2, car elle vérifie la deuxième équation.
En remplaçant dans la première, on trouve $\frac{1}{2} + \frac{3}{2} \times 2 = \frac{1}{2} + \frac{6}{2} = \frac{7}{2}$; l'égalité est vérifiée.
Par contre, la troisième donne $-\frac{3}{2} + 4 \times 2 = -\frac{3}{2} + 8 = -\frac{3}{2} + \frac{16}{2} = \frac{13}{2}$.
L'égalité n'étant pas vérifiée, 2 n'est pas solution du système. Celui-ci n'admet donc pas de solution (car 2 était la seule solution possible), ce qui prouve que le point $\boldsymbol{M_2}$ **n'appartient pas à la droite (*AB*)**.

À RETENIR

- **Trouver une représentation paramétrique de droite** nécessite un point et un vecteur directeur. On applique alors la formule donnée dans le cours. On peut également la retrouver en traduisant l'équivalence :
un point M appartient à D si, et seulement si, il existe un réel k tel que $\overrightarrow{AM} = k\vec{u}$.
- **Attention !** Une droite admet une infinité de représentations paramétriques ; celle que l'on trouve n'est donc pas nécessairement celle proposée dans un corrigé.

1 ★★ 15 min

ABCDEFGH est un cube, I, J, K et L les milieux respectifs des segments $[EF]$, $[FG]$, $[GC]$ et $[AD]$.

1° Les vecteurs $\overrightarrow{AH}$, $\overrightarrow{CG}$ et $\overrightarrow{BD}$ sont-ils coplanaires ?

2° Les vecteurs $\overrightarrow{AD}$, $\overrightarrow{HA}$ et $\overrightarrow{JK}$ sont-ils coplanaires ?

3° Montrer que $\overrightarrow{LK} = 2\overrightarrow{IJ} + \overrightarrow{KJ}$.
Que peut-on en déduire pour les points I, J, K et L ?

→ Corrigé p. 259

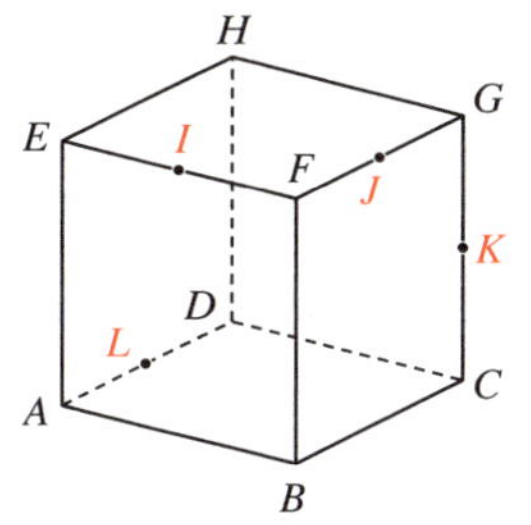

2 ★★ 10 min

ABCD est un tétraèdre, I, J, K et L les milieux respectifs de $[AD]$, $[BC]$, $[AI]$ et $[ID]$.

1° Montrer que les vecteurs $\overrightarrow{IJ}$, $\overrightarrow{KC}$ et $\overrightarrow{LB}$ sont coplanaires.

2° Les points B, C, I, J, K et L sont-ils coplanaires ?

→ Corrigé p. 259

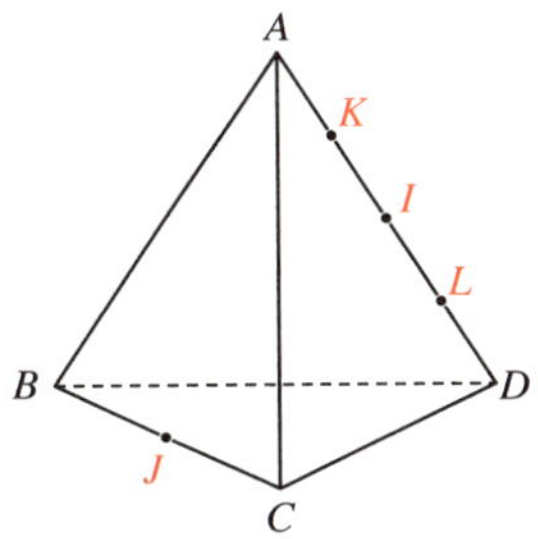

3 ★ 10 min

ABCDEFGH est un cube. Le point K est le milieu de $[BC]$.

1° Exprimer les coordonnées des points A, B, E, K et G dans le repère $(A, \overrightarrow{AB}, \overrightarrow{AD}, \overrightarrow{AE})$.

2° En déduire les coordonnées des vecteurs $\overrightarrow{EB}$, $\overrightarrow{AK}$ et $\overrightarrow{AG}$ dans ce repère.

3° Montrer alors que les vecteurs $\overrightarrow{EB}$, $\overrightarrow{AK}$ et $\overrightarrow{AG}$ sont coplanaires.

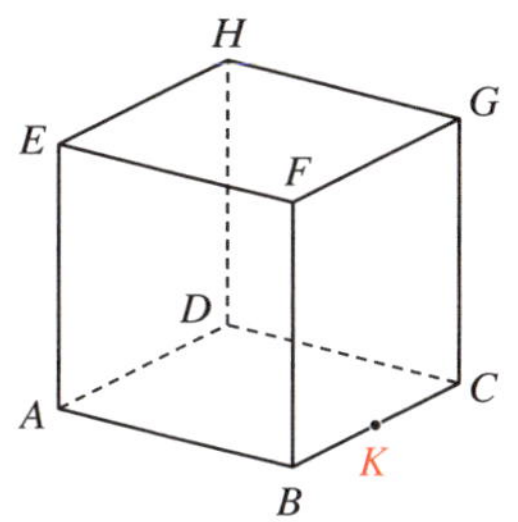

→ Corrigé p. 260

4 ★ 5 min

$(O, \vec{i}, \vec{j}, \vec{k})$ est un repère de l'espace.

Les vecteurs $\vec{u}\begin{pmatrix}0\\-1\\-1\end{pmatrix}$, $\vec{v}\begin{pmatrix}-1\\2\\5\end{pmatrix}$ et $\vec{w}\begin{pmatrix}-4\\4\\14\end{pmatrix}$ sont-ils coplanaires ?

→ Corrigé p. 260

5 ★ 10 min

$(O, \vec{i}, \vec{j}, \vec{k})$ est un repère de l'espace.
Déterminer la valeur du réel t pour que les vecteurs $\vec{u}\begin{pmatrix}1\\-1\\-1\end{pmatrix}$, $\vec{v}\begin{pmatrix}-5\\2\\-1\end{pmatrix}$ et $\vec{w}\begin{pmatrix}t\\7\\-2\end{pmatrix}$ soient coplanaires.

→ Corrigé p. 260

6 ★★ 10 min

Soit $ABCDEFGH$ un pavé droit.
On désigne par N le milieu de la face $BCGF$, par M le point tel que $\overrightarrow{EM} = \frac{2}{3}\,\overrightarrow{EH}$ et par P le point tel que $\overrightarrow{BP} = \frac{1}{3}\overrightarrow{AD} + \overrightarrow{DC}$.

1° Placer les points M, N et P sur une figure.

2° Montrer que les points M, N et P sont alignés.

→ Corrigé p. 261

7 ★★ 15 min

$ABCD$ est un tétraèdre. I, J, K et L sont les points définis par :

$$\overrightarrow{AI} = \frac{1}{2}\overrightarrow{AB}\ ;\ \overrightarrow{CJ} = \frac{1}{3}\overrightarrow{CB}\ ;\quad \overrightarrow{DK} = \frac{1}{4}\overrightarrow{DC}\ \text{ et }\ \overrightarrow{DL} = \frac{1}{7}\overrightarrow{DA}.$$

1° Calculer les coordonnées des points I, J, K et L dans le repère $(A, \overrightarrow{AB}, \overrightarrow{AC}, \overrightarrow{AD})$.

2° Montrer que les points I, J, K et L sont coplanaires.
Indication : on pourra déterminer des réels k et k' tels que, par exemple, $\overrightarrow{IL} = k\overrightarrow{IJ} + k'\overrightarrow{IK}$.

→ Corrigé p. 261

8 ★ 10 min

1° Déterminer une représentation paramétrique de la droite (AB) avec $A(1\ ;\ 2\ ;\ -1)$ et $B(-2\ ;\ 4\ ;\ 0)$.

2° Les points suivants appartiennent-ils à la droite (AB) :

$$M_1\left(-4\,;\frac{16}{3}\,;\frac{2}{3}\right),\ M_2\left(\frac{11}{5}\,;\frac{6}{5}\,;-\frac{8}{5}\right)\ \text{ et }\ M_3\left(-\frac{3}{2}\,;\frac{11}{3}\,;-\frac{1}{6}\right)\ ?$$

→ Corrigé p. 262

9 ★ 5 min

On considère les points $A(2\ ;\ -3\ ;\ 1)$; $B(0\ ;\ 1\ ;\ 5)$ et $C(-4\ ;\ 5\ ;\ 7)$.
Donner une représentation paramétrique de la droite $\mathscr{D}$ passant par C et parallèle à la droite (AB).

→ Corrigé p. 263

10 ★ **10 min**

Les droites $\mathcal{D}$ et $\mathcal{D}'$ sont données par les représentations paramétriques suivantes :

$$\mathcal{D} : \begin{cases} x = 1 + k \\ y = 3 - k, \quad k \in \mathbb{R} ; \\ z = -1 + k \end{cases} \qquad \mathcal{D}' : \begin{cases} x = 3 + k' \\ y = 2 - 2k', \quad k' \in \mathbb{R}. \\ z = m + 2k' \end{cases}$$

Étudier, suivant les valeurs du réel m, l'intersection des droites $\mathcal{D}$ et $\mathcal{D}'$.

→ Corrigé p. 263

11 ★★ **10 min**

L'espace est muni d'un repère orthonormal $(O, \vec{i}, \vec{j}, \vec{k})$.
On note D la droite passant par les points $A(1 ; -2 ; -1)$ et $B(3 ; -5 ; -2)$.

1° Déterminer une représentation paramétrique de la droite D.

2° On note D' la droite ayant pour représentation paramétrique :

$$\begin{cases} x = 2 - k' \\ y = 1 + 2k' \quad \text{avec } k' \in \mathbb{R}. \\ z = k' \end{cases}$$

Montrer que les droites D et D' ne sont pas coplanaires.

→ Corrigé p. 263

12 ★★ **40 min**

Soit $ABCD$ un tétraèdre.

1° Construire les points I, E, F et G ainsi définis :
I est le milieu de $[AB]$; $\overrightarrow{AE} = \frac{2}{3}\overrightarrow{AC}$; $\overrightarrow{AF} = \frac{2}{3}\overrightarrow{AD}$; $\overrightarrow{BG} = \overrightarrow{BC} + \overrightarrow{BD}$.

2° Démontrer que les points I, E, F et G sont coplanaires.

3° Soit H le milieu de $[BI]$. Démontrer que les plans (IEF) et (HCD) sont parallèles.

4° On se place maintenant dans le repère $(A, \overrightarrow{AB}, \overrightarrow{AC}, \overrightarrow{AD})$.
a) Calculer les coordonnées des points I, E, F et G.
b) Déterminer une représentation paramétrique des droites (EF) et (IG).
c) Montrer que les droites (EF) et (IG) sont sécantes. Que peut-on en déduire pour les points I, E, F et G ?

→ *Corrigé p. 264*

1 → Énoncé p. 255 1° Les vecteurs $\overrightarrow{AH}$, $\overrightarrow{CG}$ et $\overrightarrow{BD}$ sont respectivement égaux aux vecteurs $\overrightarrow{BG}$, $\overrightarrow{BF}$ et $\overrightarrow{BD}$.

Les quatre points B, F, G et D ne sont pas dans le même plan (car, par exemple, D n'appartient pas au plan (BFG)).

Les vecteurs $\overrightarrow{AH}$, $\overrightarrow{CG}$ et $\overrightarrow{BD}$ ne sont donc pas coplanaires.

2° Les vecteurs $\overrightarrow{AD}$, $\overrightarrow{HA}$ et $\overrightarrow{JK}$ sont respectivement égaux aux vecteurs $\overrightarrow{FG}$, $\overrightarrow{GB}$ et $\frac{1}{2}\overrightarrow{FC}$.

Les points F, G, B et C appartiennent à un même plan, donc **les vecteurs $\overrightarrow{AD}$, $\overrightarrow{HA}$ et $\overrightarrow{JK}$ sont coplanaires.**

3° Décomposons chacun des vecteurs en fonction des vecteurs non coplanaires $\overrightarrow{AB}$, $\overrightarrow{AD}$ et $\overrightarrow{AE}$:

on a $\overrightarrow{IJ} = \frac{1}{2}\overrightarrow{EG} = \frac{1}{2}\overrightarrow{AC} = \frac{1}{2}\overrightarrow{AB} + \frac{1}{2}\overrightarrow{AD}$

et $\overrightarrow{KJ} = \overrightarrow{KG} + \overrightarrow{GJ} = \frac{1}{2}\overrightarrow{AE} - \frac{1}{2}\overrightarrow{AD}$,

alors $2\overrightarrow{IJ} + \overrightarrow{KJ} = \overrightarrow{AB} + \overrightarrow{AD} + \frac{1}{2}\overrightarrow{AE} - \frac{1}{2}\overrightarrow{AD} = \overrightarrow{AB} + \frac{1}{2}\overrightarrow{AD} + \frac{1}{2}\overrightarrow{AE}$.

D'autre part, $\overrightarrow{LK} = \overrightarrow{LD} + \overrightarrow{DC} + \overrightarrow{CK} = \frac{1}{2}\overrightarrow{AD} + \overrightarrow{AB} + \frac{1}{2}\overrightarrow{AE} = \overrightarrow{AB} + \frac{1}{2}\overrightarrow{AD} + \frac{1}{2}\overrightarrow{AE}$.

Donc $\boldsymbol{\overrightarrow{LK} = 2\overrightarrow{IJ} + \overrightarrow{KJ}}$.

Cette relation prouve que les vecteurs $\overrightarrow{LK}$, $\overrightarrow{IJ}$ et $\overrightarrow{KJ}$ sont coplanaires.

Comme ces vecteurs ne sont définis qu'à l'aide de quatre points, ces points sont coplanaires.

Les points I, J, K et L sont donc coplanaires.

2 → Énoncé p. 255 1° On a $\overrightarrow{KC} = \overrightarrow{KI} + \overrightarrow{IJ} + \overrightarrow{JC}$ et $\overrightarrow{LB} = \overrightarrow{LI} + \overrightarrow{IJ} + \overrightarrow{JB}$.

Alors $\overrightarrow{KC} + \overrightarrow{LB} = \overrightarrow{KI} + \overrightarrow{LI} + 2\overrightarrow{IJ} + \overrightarrow{JC} + \overrightarrow{JB}$.

Or, $\overrightarrow{KI} + \overrightarrow{LI} = \vec{0}$, car I est le milieu de $[KL]$ et $\overrightarrow{JC} + \overrightarrow{JB} = \vec{0}$, car J est le milieu de $[BC]$.

On en déduit que $\boldsymbol{\overrightarrow{KC} + \overrightarrow{LB} = 2\overrightarrow{IJ}}$.

Cette relation prouve que **les vecteurs $\overrightarrow{KC}$, $\overrightarrow{LB}$ et $\overrightarrow{IJ}$ sont coplanaires.**

2° Le plan contenant les points B, C, J et I ne contient pas les points K et L.

Les points B, C, I, J, K et L ne sont pas coplanaires.

> Les vecteurs $\overrightarrow{KC}$, $\overrightarrow{LB}$ et $\overrightarrow{IJ}$ sont définis à l'aide de six points distincts.
> La coplanarité des vecteurs n'entraîne pas la coplanarité des points.

3 → Énoncé p. 255 1° Dans le repère $(A, \overrightarrow{AB}, \overrightarrow{AD}, \overrightarrow{AE})$, on a :

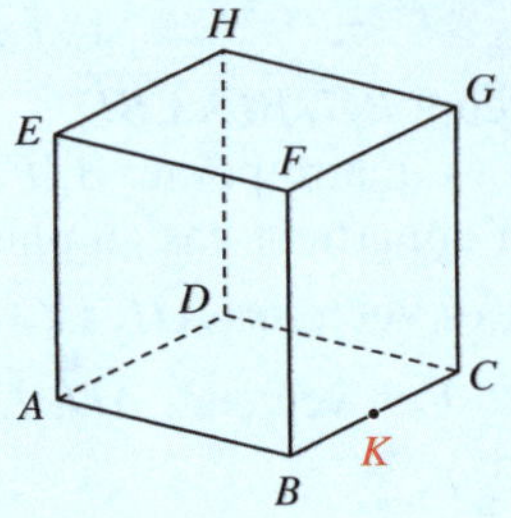

$\boldsymbol{A(0, 0, 0)}$; $\boldsymbol{B(1, 0, 0)}$;

$\boldsymbol{E(0, 0, 1)}$; $\boldsymbol{K\left(1, \frac{1}{2}, 0\right)}$;

et $\boldsymbol{G(1, 1, 1)}$.

2° On en déduit alors :

$$\overrightarrow{EB}\begin{pmatrix}1\\0\\-1\end{pmatrix}, \overrightarrow{AK}\begin{pmatrix}1\\\frac{1}{2}\\0\end{pmatrix} \text{ et } \overrightarrow{AG}\begin{pmatrix}1\\1\\1\end{pmatrix}.$$

3° $\overrightarrow{AK}$ et $\overrightarrow{AG}$ n'étant pas colinéaires, les vecteurs $\overrightarrow{EB}$, $\overrightarrow{AK}$ et $\overrightarrow{AG}$ sont coplanaires si, et seulement si, il existe deux réels x et y tels que $\overrightarrow{EB} = x\overrightarrow{AK} + y\overrightarrow{AG}$.

On résout alors l'équation $\overrightarrow{EB} = x\overrightarrow{AK} + y\overrightarrow{AG}$.

$$\overrightarrow{EB} = x\overrightarrow{AK} + y\overrightarrow{AG} \Leftrightarrow \begin{cases} x + y = 1 \\ \frac{1}{2}x + y = 0 \\ y = -1 \end{cases} \Leftrightarrow \begin{cases} x = 2 \\ \frac{1}{2}x = 1 \\ y = -1 \end{cases} \Leftrightarrow \begin{cases} x = 2 \\ x = 2 \\ y = -1 \end{cases}.$$

On a alors $\overrightarrow{EB} = 2\overrightarrow{AK} - \overrightarrow{AG}$.

Le système admet une solution, donc **les vecteurs $\overrightarrow{EB}$, $\overrightarrow{AK}$ et $\overrightarrow{AG}$ sont coplanaires**.

4 → Énoncé p. 255 $\vec{u}$, $\vec{v}$ et $\vec{w}$ sont deux à deux non colinéaires.

On cherche s'il existe deux réels x et y tels que, par exemple, $\vec{w} = x\vec{u} + y\vec{v}$:

$$\vec{w} = x\vec{u} + y\vec{v} \Leftrightarrow \begin{cases} -y = -4 \\ -x + 2y = 4 \\ -x + 5y = 14 \end{cases} \Leftrightarrow \begin{cases} y = 4 \\ -x + 8 = 4 \\ -x + 5y = 14 \end{cases} \Leftrightarrow \begin{cases} y = 4 \\ x = 4 \\ -x + 5y = 14 \end{cases}.$$

Or, $-4 + 5 \times 4 = -4 + 20 = 16$.
La dernière équation n'est pas vérifiée lorsque $x = y = 4$.

> La dernière équation pouvait également conduire à $x = 6$, ce qui est incompatible avec la valeur 4 trouvée à l'aide de la deuxième équation.

Le système n'a donc pas de solution. **Les vecteurs $\vec{u}$, $\vec{v}$ et $\vec{w}$ ne sont pas coplanaires.**

5 → Énoncé p. 256 Les vecteurs $\vec{u}$ et $\vec{v}$ ne sont pas colinéaires (leurs troisièmes coordonnées sont égales, mais pas les autres).

Les vecteurs $\vec{u}$, $\vec{v}$ et $\vec{w}$ sont coplanaires si, et seulement si, il existe deux réels x et y tels que $\vec{w} = x\vec{u} + y\vec{v}$.

$$\vec{w} = x\vec{u} + y\vec{v} \Leftrightarrow \begin{cases} x - 5y = t \\ -x + 2y = 7 \\ -x - y = -2 \end{cases} \Leftrightarrow \begin{cases} x - 5y = t \\ x = 2y - 7 \\ -3y + 7 = -2 \end{cases} \Leftrightarrow \begin{cases} x - 5y = t \\ x = -1 \\ y = 3 \end{cases} \Leftrightarrow \begin{cases} -16 = t \\ x = -1 \\ y = 3 \end{cases}.$$

Ce système aura donc une solution si, et seulement si, $t = -16$.
Les vecteurs $\vec{u}$, $\vec{v}$ et $\vec{w}$ sont coplanaires si, et seulement si, $t = -16$.

6 → Énoncé p. 256 1°

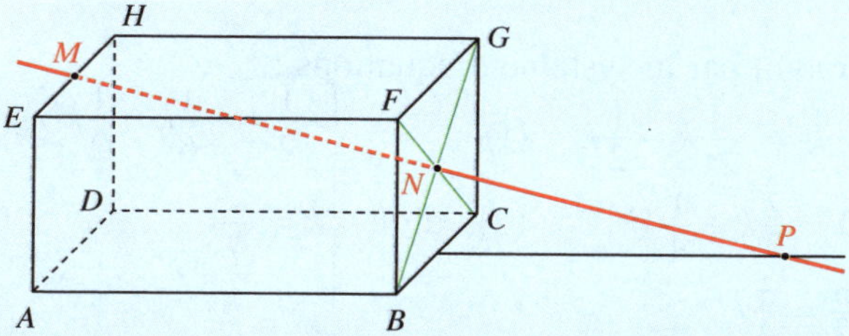

2° Exprimons et décomposons les vecteurs $\overrightarrow{MN}$ et $\overrightarrow{NP}$ en fonction des trois vecteurs non coplanaires $\overrightarrow{AB}$, $\overrightarrow{AD}$ et $\overrightarrow{AH}$:

on a $\overrightarrow{MN} = \overrightarrow{MH} + \overrightarrow{HG} + \overrightarrow{GN} = \frac{1}{3}\overrightarrow{AD} + \overrightarrow{AB} - \frac{1}{2}\overrightarrow{AH}$

et $\overrightarrow{NP} = \overrightarrow{NB} + \overrightarrow{BP} = -\frac{1}{2}\overrightarrow{AH} + \frac{1}{3}\overrightarrow{AD} + \overrightarrow{DC} = -\frac{1}{2}\overrightarrow{AH} + \frac{1}{3}\overrightarrow{AD} + \overrightarrow{AB}$.

On constate alors que $\overrightarrow{MN} = \overrightarrow{NP}$ ce qui prouve que les points M, N et P sont alignés.

> On aurait pu choisir les vecteurs $\overrightarrow{AB}$, $\overrightarrow{AD}$ et $\overrightarrow{AE}$ comme base de décomposition.
> Les calculs étaient cependant un peu plus longs.

7 → Énoncé p. 256 1°

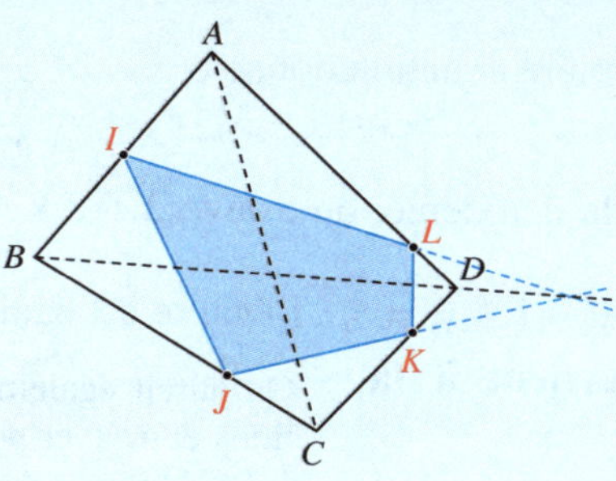

$AI = \frac{1}{2}\overrightarrow{AB}$, donc $\boldsymbol{I\left(\frac{1}{2}\,;0\,;0\right)}$.

- $\overrightarrow{AJ} = \overrightarrow{AC} + \overrightarrow{CJ} = \overrightarrow{AC} + \frac{1}{3}\overrightarrow{CB} = \overrightarrow{AC} + \frac{1}{3}(\overrightarrow{CA} + \overrightarrow{AB}) = \frac{2}{3}\overrightarrow{AC} + \frac{1}{3}\overrightarrow{AB}$,
donc $\boldsymbol{J\left(\frac{1}{3}\,;\frac{2}{3}\,;0\right)}$.
- $\overrightarrow{AK} = \overrightarrow{AD} + \overrightarrow{DK} = \overrightarrow{AD} + \frac{1}{4}\overrightarrow{DC} = \overrightarrow{AD} + \frac{1}{4}(\overrightarrow{DA} + \overrightarrow{AC}) = \frac{3}{4}\overrightarrow{AD} + \frac{1}{4}\overrightarrow{AC}$,
donc $\boldsymbol{K\left(0\,;\frac{1}{4}\,;\frac{3}{4}\right)}$.
- $\overrightarrow{AL} = \overrightarrow{AD} + \overrightarrow{DL} = \overrightarrow{AD} + \frac{1}{7}\overrightarrow{DA} = \frac{6}{7}\overrightarrow{AD}$, donc $\boldsymbol{L\left(0\,;0\,;\frac{6}{7}\right)}$.

2° Calculons les coordonnées des vecteurs $\overrightarrow{IJ}$, $\overrightarrow{IK}$ et $\overrightarrow{IL}$:

$$\overrightarrow{IJ}\left(-\frac{1}{6};\frac{2}{3};0\right) ; \overrightarrow{IK}\left(-\frac{1}{2};\frac{1}{4};\frac{3}{4}\right) ; \overrightarrow{IL}\left(-\frac{1}{2};0;\frac{6}{7}\right).$$

Cherchons s'il existe des nombres réels k et k' tels que, par exemple :
$\overrightarrow{IL} = k\overrightarrow{IJ} + k'\overrightarrow{IK}$.
Cette égalité se traduit par le système d'équations :

$$\begin{cases} -\frac{1}{2} = -\frac{1}{6}k - \frac{1}{2}k' & (1) \\ 0 = \frac{2}{3}k + \frac{1}{4}k' & (2) \\ \frac{6}{7} = \frac{3}{4}k' & (3) \end{cases} \text{, d'où } \begin{cases} -\frac{1}{2} = -\frac{1}{6}k - \frac{1}{2}k' & (1) \\ k = \frac{-3}{7} & (2) \\ k' = \frac{8}{7} & (3) \end{cases}.$$

Remplaçons k et k' pour vérifier (1) :

$-\frac{1}{6}k - \frac{1}{2}k' = -\frac{1}{6} \times \frac{-3}{7} - \frac{1}{2} \times \frac{8}{7} = \frac{3-24}{42} = \frac{-21}{42} = -\frac{1}{2}$; (1) est vérifiée.

On a $\overrightarrow{IL} = -\frac{3}{7}\overrightarrow{IJ} + \frac{8}{7}\overrightarrow{IK}$, donc **les points I, J, K et L sont coplanaires.**

8 → Énoncé p. 256 1° On a $\overrightarrow{AB}(-3, 2, 1)$; une représentation paramétrique de (AB) est

donc $\begin{cases} \boldsymbol{x = 1 - 3k} \\ \boldsymbol{y = 2 + 2k,\ k \in \mathbb{R}}. \\ \boldsymbol{z = -1 + k} \end{cases}$

2° ■ Pour M_1, la première équation donne :

$$-4 = 1 - 3k \Leftrightarrow k = \frac{5}{3}.$$

En remplaçant dans la deuxième, on trouve $2 + 2 \times \frac{5}{3} = 2 + \frac{10}{3} = \frac{16}{3}$, l'égalité est vérifiée.
Puis dans la troisième, $-1 + \frac{5}{3} = \frac{2}{3}$, l'égalité est également vérifiée.

Le point M_1 appartient à la droite (AB).

> On aurait également pu résoudre les trois équations et trouver pour chacune la même solution.

■ Pour M_2, la première équation donne :

$$\frac{11}{5} = 1 - 3k \Leftrightarrow k = -\frac{2}{5}.$$

En remplaçant dans la deuxième, on trouve $2 + 2 \times \left(-\frac{2}{5}\right) = 2 - \frac{4}{5} = \frac{6}{5}$, l'égalité est vérifiée.
Puis dans la troisième, $-1 - \left(-\frac{2}{5}\right) = -1 + \frac{2}{5} = -\frac{3}{5}$.

La troisième égalité n'étant pas vérifiée, **le point M_2 n'appartient pas à la droite (AB).**

■ Pour M_3, la première équation donne :

$$-\frac{3}{2} = 1 - 3k \Leftrightarrow k = \frac{5}{6}.$$

En remplaçant dans la deuxième, on trouve $2 + 2 \times \frac{5}{6} = 2 + \frac{10}{6} = \frac{22}{6} = \frac{11}{3}$, l'égalité est vérifiée.

Puis dans la troisième, $-1 + \frac{5}{6} = -\frac{1}{6}$, l'égalité est également vérifiée.

Le point M_3 appartient à la droite (AB).

9 → Énoncé p. 256 La droite $\mathscr{D}$ passe par C et, étant parallèle à (AB), a pour vecteur directeur le vecteur $\overrightarrow{AB}$. On a $\overrightarrow{AB}\,(-2, 4, 4)$. Une représentation paramétrique de $\mathscr{D}$ **est donc** $\begin{cases} x = -4 - 2k \\ y = 5 + 4k, \quad k \in \mathbb{R}. \\ z = 7 + 4k \end{cases}$

10 → Énoncé p. 257 La nature de l'intersection de $\mathscr{D}$ et $\mathscr{D}'$ dépend de l'existence de deux réels k et k' vérifiant : $\begin{cases} 1 + k = 3 + k' \\ 3 - k = 2 - 2k' \\ -1 + k = m + 2k'. \end{cases}$

On a alors les équivalences successives :

$$\begin{cases} 1 + k = 3 + k' \\ 3 - k = 2 - 2k' \\ -1 + k = m + 2k' \end{cases} \Leftrightarrow \begin{cases} k - k' = 2 \\ -k + 2k' = -1 \\ k - 2k' = m + 1 \end{cases} \Leftrightarrow \begin{cases} k - k' = 2 \\ k' = 1 \\ k - 2k' = m + 1 \end{cases} \Leftrightarrow \begin{cases} k = 3 \\ k' = 1 \\ 1 = m + 1. \end{cases}$$

Ce système admet une solution unique (3 ; 1) si, et seulement si, $m = 0$.

Dans ce cas, les deux droites se coupent en un point dont les coordonnées se trouvent en remplaçant k par 3 dans la représentation paramétrique de $\mathscr{D}$ ou k' par 1 dans celle de $\mathscr{D}'$. Donc :

si $m \neq 0$, $\mathscr{D}$ et $\mathscr{D}'$ n'ont pas de point d'intersection ;

si $m = 0$, $\mathscr{D}$ et $\mathscr{D}'$ se coupent au point de coordonnées (4 ; 0 ; 2).

11 → Énoncé p. 257 1° La droite D passe par le point $A\,(1 ; -2 ; -1)$ et a pour vecteur directeur $\overrightarrow{AB}\begin{pmatrix} 2 \\ -3 \\ -1 \end{pmatrix}$.

Une représentation paramétrique de D est donc $\begin{cases} x = 1 + 2k \\ y = -2 - 3k, \quad k \in \mathbb{R}. \\ z = -1 - k \end{cases}$

2° Deux droites de l'espace ne sont pas coplanaires si, et seulement si, elles sont non parallèles et non sécantes.

D' est dirigée par le vecteur $\vec{u}\begin{pmatrix}-1\\2\\1\end{pmatrix}$.

Les vecteurs $\overrightarrow{AB}$ et $\vec{u}$ ne sont pas colinéaires, donc D et D' ne sont pas parallèles.
La nature de l'intersection de D et de D' dépend de l'existence de deux réels k et k' vérifiant : $\begin{cases}1+2k=2-k'\\-2-3k=1+2k'.\\-1-k=k'\end{cases}$

On a alors les équivalences successives :

$$\begin{cases}1+2k=2-k'\\-2-3k=1+2k'\\-1-k=k'\end{cases}\Leftrightarrow\begin{cases}1+2k=2+1+k\\-2-3k=1-2-2k\\k'=-1-k\end{cases}\Leftrightarrow\begin{cases}k=2\\-k=1\\k'=-1-k\end{cases}$$

Les deux premières équations étant incompatibles, le système n'a pas de solution.
Les droites D et D' ne sont donc pas sécantes. Donc **D et D' ne sont pas coplanaires**.

Deux droites non sécantes de l'espace ne sont pas nécessairement non coplanaires. Elles peuvent être parallèles et donc coplanaires.

12 → Énoncé p. 258 **1°**

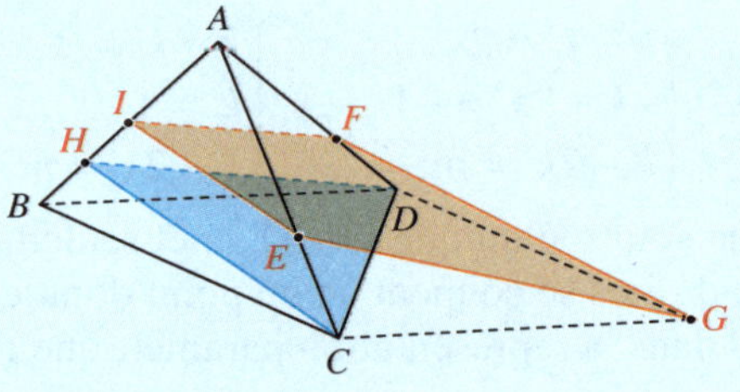

2° Montrons que le vecteur $\overrightarrow{IG}$ est une combinaison linéaire des vecteurs $\overrightarrow{IE}$ et $\overrightarrow{IF}$.
$\overrightarrow{IG}=\overrightarrow{IB}+\overrightarrow{BG}$.
Or, $\overrightarrow{BG}=\overrightarrow{BC}+\overrightarrow{BD}$; d'où $\overrightarrow{IG}=\overrightarrow{IB}+\overrightarrow{BC}+\overrightarrow{BD}$
$\overrightarrow{IG}=\overrightarrow{IB}+(\overrightarrow{BA}+\overrightarrow{AC})+(\overrightarrow{BA}+\overrightarrow{AD})$.
I est le milieu de $[AB]$, donc $\overrightarrow{BA}=2\overrightarrow{BI}$; d'où $\overrightarrow{IG}=3\overrightarrow{BI}+\overrightarrow{AC}+\overrightarrow{AD}$.

Par hypothèse, $\overrightarrow{AE}=\frac{2}{3}\overrightarrow{AC}$; donc $\overrightarrow{AC}=\frac{3}{2}\overrightarrow{AE}$

$\overrightarrow{AF}=\frac{2}{3}\overrightarrow{AD}$; donc $\overrightarrow{AD}=\frac{3}{2}\overrightarrow{AF}$.

$\overrightarrow{IG}=3\overrightarrow{BI}+\frac{3}{2}\overrightarrow{AE}+\frac{3}{2}\overrightarrow{AF}$

$\overrightarrow{IG} = 3\overrightarrow{BI} + \frac{3}{2}(\overrightarrow{AI} + \overrightarrow{IE}) + \frac{3}{2}(\overrightarrow{AI} + \overrightarrow{IF})$

$\overrightarrow{IG} = 3\overrightarrow{BI} + 3\overrightarrow{AI} + \frac{3}{2}\overrightarrow{IE} + \frac{3}{2}\overrightarrow{IF}.$

I est le milieu de $[AB]$, donc $\overrightarrow{BI} + \overrightarrow{AI} = \vec{0}$.
Par suite, $3\overrightarrow{BI} + 3\overrightarrow{AI} = \vec{0}$.
On parvient donc à l'égalité $\overrightarrow{IG} = \frac{3}{2}\overrightarrow{IE} + \frac{3}{2}\overrightarrow{IF}.$
$\overrightarrow{IG}$ est une combinaison linéaire des vecteurs $\overrightarrow{IE}$ et $\overrightarrow{IF}$,
donc les points *I, E, F* et *G* sont coplanaires.

3° Les plans $(IEF) = (I, \overrightarrow{IE}, \overrightarrow{IF})$ et $(HCD) = (H, \overrightarrow{HC}, \overrightarrow{HD})$ sont parallèles si, et seulement si, $\overrightarrow{IE}$, $\overrightarrow{IF}$ et $\overrightarrow{HC}$ sont coplanaires, d'une part, et $\overrightarrow{IE}$, $\overrightarrow{IF}$ et $\overrightarrow{HD}$ sont coplanaires, d'autre part.

> On utilise ici la condition de parallélisme de deux plans rappelée dans le cours page 246.

On a : $\overrightarrow{IE} = \overrightarrow{IA} + \overrightarrow{AE} = -\frac{1}{2}\overrightarrow{AB} + \frac{2}{3}\overrightarrow{AC}$ et $\overrightarrow{IF} = \overrightarrow{IA} + \overrightarrow{AF} = -\frac{1}{2}\overrightarrow{AB} + \frac{2}{3}\overrightarrow{AD}$.
De plus, $\overrightarrow{HC} = \overrightarrow{HA} + \overrightarrow{AC} = -\frac{3}{4}\overrightarrow{AB} + \overrightarrow{AC} = \frac{3}{2}\left(-\frac{1}{2}\overrightarrow{AB} + \frac{2}{3}\overrightarrow{AC}\right) = \frac{3}{2}\overrightarrow{IE}$;
donc $\overrightarrow{IE}$, $\overrightarrow{IF}$ et $\overrightarrow{HC}$ sont coplanaires.
Par ailleurs : $\overrightarrow{HD} = \overrightarrow{HA} + \overrightarrow{AD} = -\frac{3}{4}\overrightarrow{AB} + \overrightarrow{AD} = \frac{3}{2}\left(-\frac{1}{2}\overrightarrow{AB} + \frac{2}{3}\overrightarrow{AD}\right) = \frac{3}{2}\overrightarrow{IF}$;
donc $\overrightarrow{IE}$, $\overrightarrow{IF}$ et $\overrightarrow{HD}$ sont coplanaires.
Il en résulte que les plans (IEF) et (HCD) sont parallèles.

4° *a)* Dans le repère $(A, \overrightarrow{AB}, \overrightarrow{AC}, \overrightarrow{AD})$, on a :

$$A(0\,;0\,;0),\ B(1\,;0\,;0),\ C(0\,;1\,;0),\ D(0\,;0\,;1).$$

On en déduit $\boldsymbol{I\left(\frac{1}{2}\,;0\,;0\right)}$; $\boldsymbol{E\left(0\,;\frac{2}{3}\,;0\right)}$; $\boldsymbol{F\left(0\,;0\,;\frac{2}{3}\right)}$ et $\boldsymbol{G(-1\,;1\,;1)}$.

b) On a $\overrightarrow{EF}\begin{pmatrix} 0 \\ -\frac{2}{3} \\ \frac{2}{3} \end{pmatrix}$. Une représentation paramétrique de la droite (EF) est :

$$\begin{cases} x = 0 \\ y = \frac{2}{3} - \frac{2}{3}k, \quad \text{avec } k \in \mathbb{R}. \\ z = \frac{2}{3}k \end{cases}$$

On a $\overrightarrow{IG}\begin{pmatrix} -\frac{3}{2} \\ 1 \\ 1 \end{pmatrix}$. Une représentation paramétrique de la droite (IG) est donc :

$$\begin{cases} x = \frac{1}{2} - \frac{3}{2}k' \\ y = k', \qquad \text{avec } k' \in \mathbb{R}. \\ z = k' \end{cases}$$

c) Chercher l'intersection des droites (*EF*) et (*IG*) conduit au système :

$$\begin{cases} 0 = \frac{1}{2} - \frac{3}{2}k' \\ \frac{2}{3} - \frac{2}{3}k = k' \\ \frac{2}{3}k = k' \end{cases} \text{ qui a pour solution } \left(\frac{1}{2}\ ;\ \frac{1}{3}\right).$$

Les droites (*EF*) et (*IG*) sont sécantes au point de coordonnées $\left(0\ ;\ \frac{1}{3}\ ;\ \frac{1}{3}\right)$.

Les droites (*EF*) et (*IG*) sont alors coplanaires, ce qui permet d'affirmer que **les points *E*, *F*, *I* et *G* sont coplanaires.**

CHAPITRE 12

Produit scalaire dans l'espace

1 Produit scalaire de deux vecteurs de l'espace

A. Expression du produit scalaire à l'aide du projeté orthogonal

La définition est analogue à celle qui a été donnée dans le plan.

Soient $\vec{u}$ et $\vec{v}$ deux vecteurs non nuls de l'espace et O, A, B, trois points de l'espace tels que $\vec{u} = \overrightarrow{OA}$ et $\vec{v} = \overrightarrow{OB}$.

(Les points O, A, B sont alors coplanaires.)

On appelle produit scalaire des vecteurs $\vec{u}$ et $\vec{v}$, **le nombre réel** noté $\vec{u} \cdot \vec{v}$, défini de la façon suivante :

- Si $\vec{u} = \vec{0}$ ou $\vec{v} = \vec{0}$ alors $\vec{u} \cdot \vec{v} = 0$.
- Si $\vec{u} \neq \vec{0}$ et $\vec{v} \neq \vec{0}$ alors on désigne par H le projeté orthogonal du point B sur la droite (OA) *(voir figure ci-dessous)* et on a :

$\vec{u} \cdot \vec{v} = OA \times OH$ **si $\overrightarrow{OA}$ et $\overrightarrow{OH}$ sont de même sens.**

$\vec{u} \cdot \vec{v} = -OA \times OH$ **si $\overrightarrow{OA}$ et $\overrightarrow{OH}$ sont de sens contraires.**

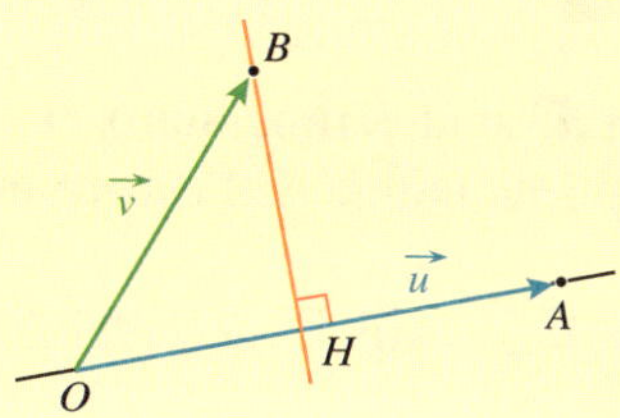

B. Expression du produit scalaire à l'aide des normes et d'un angle

Soient $\vec{u}$ et $\vec{v}$ deux vecteurs **non nuls** du plan et O, A, B, trois points du plan tels que $\vec{u} = \overrightarrow{OA}$ et $\vec{v} = \overrightarrow{OB}$. Alors :

$$\vec{u} \cdot \vec{v} = OA \times OB \times \cos \widehat{AOB}.$$

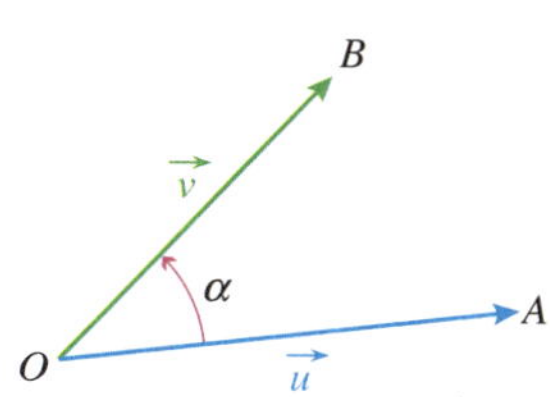

2 Propriétés du produit scalaire

Le produit scalaire dans l'espace possède les mêmes propriétés que celles du plan :

- $\vec{u}$, $\vec{v}$ et $\vec{w}$ sont des vecteurs de l'espace ; k est un nombre réel.
- $\vec{u}\cdot\vec{v} = \vec{v}\cdot\vec{u}$;
- $\vec{u}\cdot(k\vec{v}) = k(\vec{u}\cdot\vec{v}) = (k\vec{u})\cdot\vec{v}$;
- $\vec{u}\cdot(\vec{v}+\vec{w}) = \vec{u}\cdot\vec{v} + \vec{u}\cdot\vec{w}$.

3 Expression dans un repère orthonormé de l'espace

Soient $(O\ ;\ \vec{i},\ \vec{j},\ \vec{k})$ un repère orthonormé de l'espace et les vecteurs $\vec{u}(x\ ;\ y\ ;\ z)$ et $\vec{u'}(x'\ ;\ y'\ ;\ z')$.

- $\vec{u}\cdot\vec{u'} = xx' + yy' + zz'$;
- $\|\vec{u}\| = \sqrt{x^2+y^2+z^2}$.

4 Vecteurs orthogonaux

On dit que des **vecteurs $\vec{u}$ et $\vec{u'}$** sont **orthogonaux** si, et seulement si, $\vec{u}\cdot\vec{u'} = 0$.
Soient $(O\ ;\ \vec{i}, \vec{j}, \vec{k})$ un repère orthonormé de l'espace et les vecteurs $\vec{u}(x\ ;\ y\ ;\ z)$ et $\vec{u'}(x'\ ;\ y'\ ;\ z')$.
Les **vecteurs $\vec{u}$ et $\vec{u'}$** sont **orthogonaux** si, et seulement si, $xx' + yy' + zz' = 0$.

5 Droites orthogonales

Soient D et D' des droites de l'espace telles que $\vec{u}$ est un vecteur directeur de D et $\vec{u'}$ est un vecteur directeur de D'.
Les **droites D et D'** sont orthogonales si, et seulement si, $\vec{u}\cdot\vec{u'} = 0$.

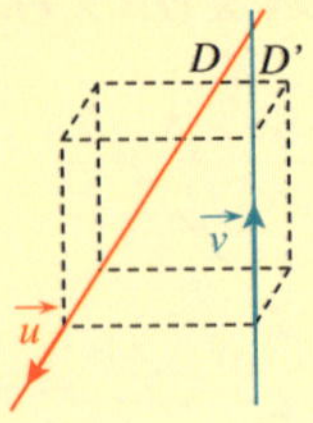

6 Équation cartésienne d'un plan

A. Vecteur normal à un plan

Soient un plan $\mathcal{P} = (ABC)$ et les vecteurs $\vec{u} = \overrightarrow{AB}$ et $\vec{u}' = \overrightarrow{AC}$.
On dit qu'un vecteur $\vec{n}$ est un **vecteur normal au plan $\mathcal{P}$** si, et seulement si, $\vec{n} \neq \vec{0}$ et $\vec{n} \cdot \vec{u} = \vec{n} \cdot \vec{u}' = 0$.

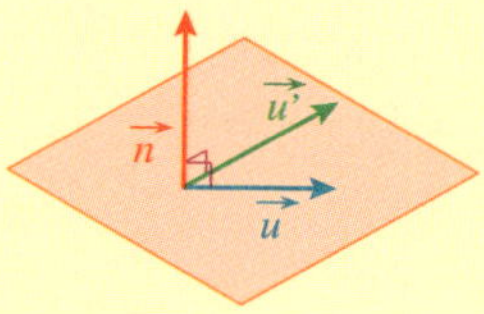

B. Équation cartésienne d'un plan

Propriété
Dans un repère orthonormé de l'espace, tout plan admet une équation cartésienne de la forme $ax + by + cz + d = 0$, a, b, c et d désignant des nombres réels tels que a, b et c ne sont pas simultanément nuls.
De plus, le vecteur $\vec{n}(a\ ;\ b\ ;\ c)$ est un vecteur normal à ce plan.
Réciproquement, toute équation de la forme $ax + by + cz + d = 0$, a, b, c et d désignant des nombres réels tels que a, b et c ne sont pas simultanément nuls, est celle d'un plan de l'espace, dont un vecteur normal est $\vec{n}(a\ ;\ b\ ;\ c)$.

7 Plans perpendiculaires

Définition

Soient $\mathcal{P}$ et $\mathcal{P}'$ des plans de l'espace admettant des vecteurs normaux respectifs $\vec{n}$ et $\vec{n}'$.
On dit que $\mathcal{P}$ et $\mathcal{P}'$ sont perpendiculaires si, et seulement si, les vecteurs $\vec{n}$ et $\vec{n}'$ sont orthogonaux.

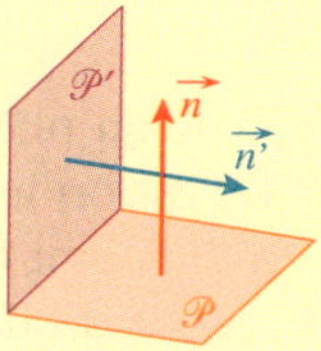

1 Calculer un produit scalaire

EXERCICE TYPE

ABCDEFGH est un cube dont l'arête a pour mesure 1.
Calculer les produits scalaires :

a) $\overrightarrow{AC}\cdot\overrightarrow{AG}$;

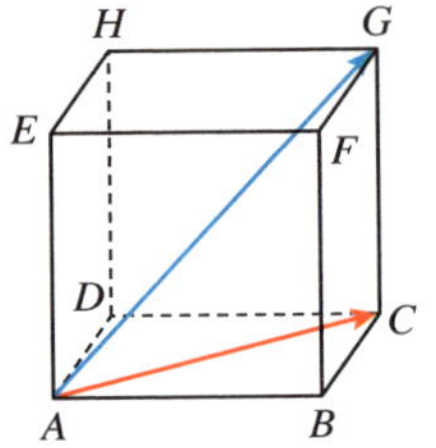

b) $\overrightarrow{AC}\cdot\overrightarrow{AH}$;

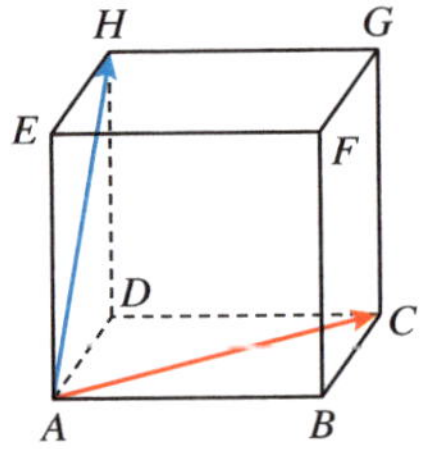

c) $\overrightarrow{AI}\cdot\overrightarrow{AJ}$, I étant le milieu de $[BF]$, J le milieu $[DH]$.
En déduire $\cos\widehat{IAJ}$; puis une valeur approchée de l'angle $\widehat{IAJ}$, en degré.

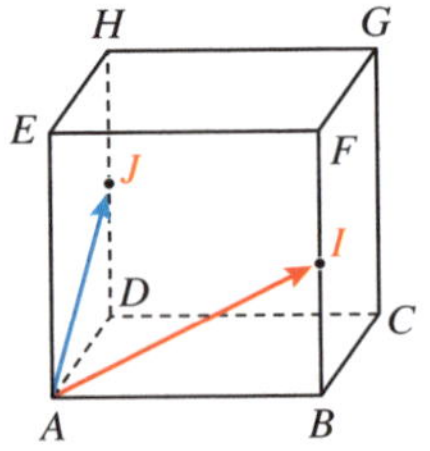

CORRIGÉ COMMENTÉ

a) Comme la droite (CG) est orthogonale au plan contenant la face $ABCD$, la droite (CG) est orthogonale à la droite (AC). Par conséquent, le point C est le projeté orthogonal du point G sur la droite (AC).

On choisit, parmi les différentes formes du produit scalaire, celle qui paraît la mieux appropriée à la question.

En utilisant la définition du produit scalaire par le projeté orthogonal, on obtient donc :

$$\overrightarrow{AC}\cdot\overrightarrow{AG} = AC^2.$$

$[AC]$ est une diagonale de carré dont le côté a pour mesure 1, donc $AC = \sqrt{2}$.
Par conséquent,

$$\overrightarrow{AC}\cdot\overrightarrow{AG} = \sqrt{2}^2 = 2.$$

b) Le triangle ACH est un triangle équilatéral ; en effet, les côtés $[AC]$, $[CH]$ et $[HA]$ sont des diagonales des faces.
Les faces étant des carrés de côté 1, leurs diagonales respectives ont la même mesure : $\sqrt{2}$.
L'angle $\widehat{CAH}$ a donc pour mesure $\frac{\pi}{3}$ rad ; on peut donc simplement appliquer la formule du cosinus :

$$\overrightarrow{AC}\cdot\overrightarrow{AH} = AC \times AH \times \cos\widehat{CAH}$$
$$\overrightarrow{AC}\cdot\overrightarrow{AH} = \sqrt{2} \times \sqrt{2}\cos\frac{\pi}{3}$$
$$\overrightarrow{AC}\cdot\overrightarrow{AH} = \left(\sqrt{2}\right)^2 \times \frac{1}{2}$$
$$\overrightarrow{AC}\cdot\overrightarrow{AH} = 1$$

c) L'angle $\widehat{IAJ}$ n'étant pas remarquable, on décompose les vecteurs à l'aide de la relation de Chasles, en faisant apparaître des vecteurs dirigés par les arêtes du cube :

$$\overrightarrow{AI}\cdot\overrightarrow{AJ} = (\overrightarrow{AB} + \overrightarrow{BI})\cdot(\overrightarrow{AD} + \overrightarrow{DJ}).$$

On applique ensuite les propriétés de « développement » d'un produit scalaire :

$$\overrightarrow{AI}\cdot\overrightarrow{AJ} = \overrightarrow{AB}\cdot\overrightarrow{AD} + \overrightarrow{AB}\cdot\overrightarrow{DJ} + \overrightarrow{BI}\cdot\overrightarrow{AD} + \overrightarrow{BI}\cdot\overrightarrow{DJ}.$$

Examinons chacun des produits scalaires :
$\overrightarrow{AB}\cdot\overrightarrow{AD} = 0$, car les arêtes $[AB]$ et $[CD]$ sont orthogonales ;
$\overrightarrow{AB}\cdot\overrightarrow{DJ} = 0$, car les arêtes $[AB]$ et $[DH]$ sont orthogonales ;
$\overrightarrow{BI}\cdot\overrightarrow{AD} = 0$, car les arêtes $[BF]$ et $[AD]$ sont orthogonales.
$\overrightarrow{BI}\cdot\overrightarrow{DJ} = \overrightarrow{BI}^2$, car $\overrightarrow{BI} = \overrightarrow{DJ} = \frac{1}{2}\overrightarrow{BF}$; $\overrightarrow{BI}\cdot\overrightarrow{DJ} = \overrightarrow{BI}^2 = \left(\frac{1}{2}\right)^2 = \frac{1}{4}$.
On en déduit $\overrightarrow{AI}\cdot\overrightarrow{AJ} = \frac{1}{4}$.
Pour calculer $\cos\widehat{IAJ}$, utilisons la formule du cosinus :
$\overrightarrow{AI}\cdot\overrightarrow{AJ} = AI \times AJ \times \cos\widehat{IAJ}$.
On en déduit :

$$\frac{\overrightarrow{AI}\cdot\overrightarrow{AJ}}{AI \times AJ} = \cos\widehat{IAJ}$$

$$AI = AJ, \text{ donc } AI \times AJ = AI^2.$$

On peut calculer AI en appliquant le théorème de Pythagore au triangle ABI, rectangle en B :

$$AI^2 = AB^2 + BI^2$$
$$AI^2 = 1^2 + \left(\frac{1}{2}\right)^2$$
$$AI^2 = \frac{5}{4}.$$

On en déduit :

$$\cos \widehat{IAJ} = \frac{\frac{1}{4}}{\frac{5}{4}} = \frac{1}{5}.$$

À l'aide d'une calculatrice, on détermine une mesure approchée en degré d'un angle α tel que $\cos\alpha = \frac{1}{5}$.
On obtient $\alpha \approx 78{,}46°$ à $0{,}01°$ près par défaut.

À RETENIR

• **Pour calculer un produit scalaire**, on peut utiliser l'une des différentes formes sous lesquelles il s'exprime : par le projeté orthogonal, par la formule du cosinus, ou bien on utilisera des propriétés de calcul.

2 Calculer un produit scalaire, une distance, dans un repère orthonormé

EXERCICE TYPE

Dans un repère orthonormé de l'espace $(O\,;\vec{i},\vec{j},\vec{k})$, on donne les points $A(2\,;0\,;0)$, $B(0\,;2\,;0)$, $C(0\,;0\,;2)$.

1° Montrer que le triangle ABC est équilatéral.

2° Soient I le milieu du segment $[AB]$ et G le centre de gravité du triangle ABC ; G vérifie $\overrightarrow{CG} = \frac{2}{3}\overrightarrow{CI}$.
Calculer les coordonnées du point G et calculer les produits scalaires $\overrightarrow{OG}\cdot\overrightarrow{CA}$ et $\overrightarrow{OG}\cdot\overrightarrow{CB}$.
Que peut-on dire de la droite (OG) et du plan (ABC) ?

CORRIGÉ COMMENTÉ

1° On calcule les coordonnées des vecteurs $\overrightarrow{AB}$, $\overrightarrow{BC}$, $\overrightarrow{CA}$.
$\overrightarrow{AB}(x_B - x_A = -2\,;\, y_B - y_A = 2\,;\, z_B - z_A = 0)$, $\overrightarrow{BC}(0\,;-2\,;2)$, $\overrightarrow{CA}(2\,;0\,;-2)$;
on applique la formule donnant la norme d'un vecteur :

$$\|\overrightarrow{AB}\| = AB = \sqrt{(-2)^2 + 2^2 + 0^2} = \sqrt{8}$$

$$\|\overrightarrow{BC}\| = BC = \sqrt{0^2 + (-2)^2 + 2^2} = \sqrt{8}$$

$$\|\overrightarrow{CA}\| = CA = \sqrt{2^2 + 0^2 + (-2)^2} = \sqrt{8}.$$

Les côtés $[AB]$, $[BC]$ et $[CA]$ ont la même mesure, donc le triangle ABC est équilatéral.

2° Les coordonnées de I s'obtiennent en calculant la demi somme des coordonnées de A et B : $I\left(\frac{2+0}{2}\,;\frac{0+2}{2}\,;\frac{0+0}{2}\right)$.

$I(1\,;1\,;0)$.

On traduit à l'aide des coordonnées, la relation $\overrightarrow{CG} = \frac{2}{3}\overrightarrow{CI}$.

Soit $G(x\,;y\,;z)$; $\overrightarrow{CG} = \frac{2}{3}\overrightarrow{CI} \Leftrightarrow \begin{cases} x - 0 = \frac{2}{3}(1-0) \\ y - 0 = \frac{2}{3}(1-0) \\ z - 2 = \frac{2}{3}(0-2) \end{cases} \Leftrightarrow \begin{cases} x = \frac{2}{3} \\ y = \frac{2}{3} \\ z = \frac{2}{3}. \end{cases}$

Les coordonnées sont $G\left(\frac{2}{3}\,;\frac{2}{3};\frac{2}{3}\right)$.

La nullité d'un produit scalaire assure l'orthogonalité des vecteurs, donc l'orthogonalité des droites.

$\overrightarrow{OG}\left(\frac{2}{3}\,;\frac{2}{3};\frac{2}{3}\right)$; $\overrightarrow{CA}(2\,;0\,;-2)$; $\overrightarrow{CB}(0\,;2\,;-2)$.

$\overrightarrow{OG}\cdot\overrightarrow{CA} = \frac{2}{3}\times 2 + \frac{2}{3}\times 0 + \frac{2}{3}\times(-2) = \frac{4}{3} - \frac{4}{3} = 0$

$\overrightarrow{OG}\cdot\overrightarrow{CB} = \frac{2}{3}\times 0 + \frac{2}{3}\times 2 + \frac{2}{3}\times(-2) = \frac{4}{3} - \frac{4}{3} = 0.$

Le vecteur $\overrightarrow{OG}$ est orthogonal à deux vecteurs non colinéaires du plan (ABC) ; donc, la droite (OG) est orthogonale au plan (ABC).

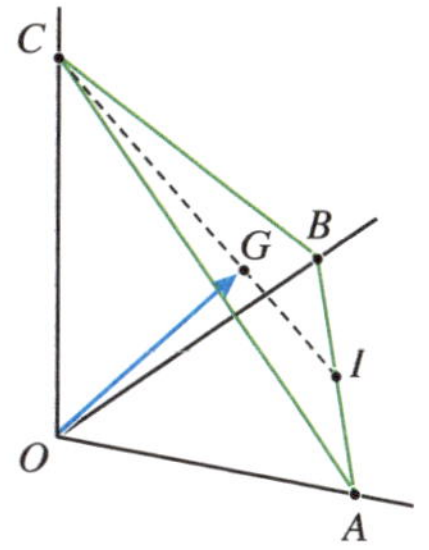

À RETENIR

• **Pour calculer la distance *AB*** dans un repère orthonormé, on calcule les coordonnées du vecteur AB, puis on applique la formule donnant la norme d'un vecteur $\|u\| = \sqrt{x^2 + y^2 + z^2}$.

• **Pour calculer un produit scalaire** de deux vecteurs, on applique la formule $u \cdot u' = x\,x' + yy' + zz'$.

3 Établir une équation de plan

EXERCICE TYPE

1° Dans un repère orthonormé de l'espace, on donne le point $A(1\ ;\ 1\ ;\ -1)$ et le vecteur $\vec{n}(2\ ;\ 1\ ;\ 1)$.
Établir une équation cartésienne du plan $\mathcal{P}$ contenant A et dont un vecteur normal est $\vec{n}$.

2° Dans un repère orthonormé de l'espace, on donne les points $A(1\ ;\ 3\ ;\ 0)$, $B(1\ ;\ 1\ ;\ -2)$ et $C(2\ ;\ 1\ ;\ -1)$.
a) Vérifier que A, B et C ne sont pas alignés et déterminer les coordonnées d'un vecteur normal $\vec{n}$ au plan (ABC).
b) Établir une équation cartésienne du plan (ABC).

CORRIGÉ COMMENTÉ

1° On donne un point quelconque $M(x\ ;\ y\ ;\ z)$ de l'espace ; il s'agit de traduire, à l'aide de l'expression du produit scalaire, la condition d'appartenance du point M au plan $\mathcal{P}$:

$$M \in P \Leftrightarrow \vec{n} \cdot \overrightarrow{AM} = 0$$

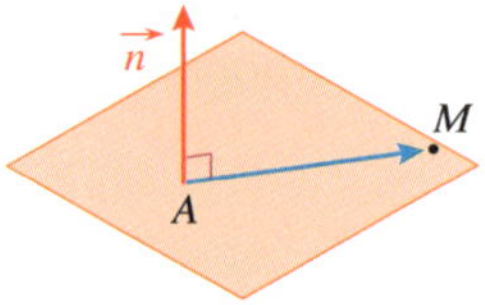

Les coordonnées du vecteur $\overrightarrow{AM}$ sont $(x-1\ ;\ y-1\ ;\ z+1)$.
En utilisant l'expression du produit scalaire dans un repère orthonormé, il vient donc :

$$\vec{n} \cdot \overrightarrow{AM} = 2 \times (x-1) + 1 \times (y-1) + 1 \times (z+1)\ ;$$

ce qui permet d'écrire :

$$\vec{n} \cdot \overrightarrow{AM} = 0 \Leftrightarrow 2(x-1) + (y-1) + (z+1) = 0$$
$$\vec{n} \cdot \overrightarrow{AM} = 0 \Leftrightarrow 2x + y - z - 2 = 0.$$

Ainsi, pour tout point $M(x\ ;\ y\ ;\ z)$ de l'espace,
$M \in \mathcal{P} \Leftrightarrow 2x + y - z - 2 = 0$.
Une équation cartésienne du plan $\mathcal{P}$ est :

$$2x + y - z - 2 = 0.$$

> On applique ici la méthode générale de détermination d'une équation de plan.

2° *a*) Pour vérifier que les points A, B et C ne sont pas alignés, il suffit de vérifier que les vecteurs $\overrightarrow{AB}$ et $\overrightarrow{AC}$ ne sont pas colinéaires.
Remarque : On peut tout aussi bien choisir $\overrightarrow{AB}$ et $\overrightarrow{BC}$, ou encore $\overrightarrow{CB}$ et $\overrightarrow{CA}$.

Calculons les coordonnées des vecteurs $\overrightarrow{AB}$ et $\overrightarrow{AC}$:
$\overrightarrow{AB}(1-1\,;1-3\,;-2-0)$ et $\overrightarrow{AC}(2-1\,;1-3\,;-1-0)$
$\overrightarrow{AB}(0\,;-2\,;-2)$ et $\overrightarrow{AC}(1\,;-2\,;-1)$.
Pour savoir si ces vecteurs sont colinéaires, on examine si les coordonnées de l'un sont proportionnelles à celle de l'autre :

Soit k un nombre réel ; $\overrightarrow{AC}=k\overrightarrow{AB} \Leftrightarrow \begin{cases} 1=0\times k \\ -2=-2k \\ -1=-2k \end{cases}$. Ces équations sont incompatibles ; les vecteurs $\overrightarrow{AB}$ et $\overrightarrow{AC}$ ne sont donc pas colinéaires.
Ainsi, A, B et C ne sont pas alignés, et ces trois points définissent donc un plan de l'espace.
Soit un vecteur $\vec{n}(a\,;b\,;c)$, $\vec{n}\neq\vec{0}$.
$\vec{n}$ est un vecteur normal au plan (ABC) si, et seulement si, $\vec{n}\cdot\overrightarrow{AB}=0$ et $\vec{n}\cdot\overrightarrow{AC}=0$.

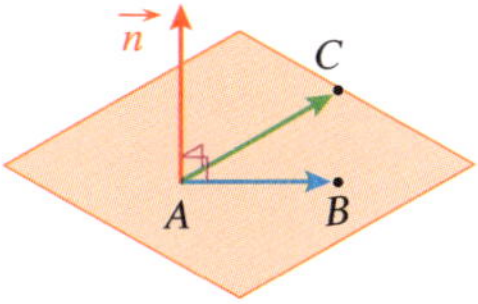

$\vec{n}\cdot\overrightarrow{AB}=0 \Leftrightarrow 0\times a-2b-2c=0$
$\vec{n}\cdot\overrightarrow{AC}=0 \Leftrightarrow 1\times a-2b-c=0$ en appliquant la formule de l'expression du produit scalaire dans un repère orthonormé de l'espace.
On obtient le système :

$$\begin{cases} -2b-2c=0 \\ a-2b-c=0 \end{cases} \text{ équivalent à } \begin{cases} b=-c \\ a-2b-c=0, \end{cases} \text{ puis à } \begin{cases} b=-c \\ a=-c. \end{cases}$$

Il existe une infinité de triplets $(a\,;b\,;c)$ solutions ; en effet, tout vecteur, non nul, colinéaire à un vecteur normal donné, est encore un vecteur normal au plan.
On choisit une valeur arbitraire de c ($c\neq0$), simple autant que possible : par exemple, $c=1$.
Le vecteur $\vec{n}(-1\,;-1\,;1)$ est un vecteur normal au plan (ABC).

> Connaissant un vecteur normal au plan, on est alors reconduit au problème précédent.

b) On donne un point quelconque $M(x\,;y\,;z)$ de l'espace ; il s'agit de traduire, à l'aide de l'expression du produit scalaire, la condition d'appartenance du point M au plan $\mathcal{P}$:

$$M\in\mathcal{P} \Leftrightarrow \vec{n}\cdot\overrightarrow{AM}=0.$$

Remarque : On peut tout aussi bien utiliser le vecteur $\overrightarrow{BM}$ ou $\overrightarrow{CM}$.
Les coordonnées du vecteur $\overrightarrow{AM}$ sont $(x-1\,;y-3\,;z)$.
En utilisant l'expression du produit scalaire dans un repère orthonormé, il vient donc :

$$\vec{n}\cdot\overrightarrow{AM}=(-1)\times(x-1)+(-1)\times(y-3)+1\times z\,;$$

ce qui permet d'écrire :

$$\vec{n}\cdot\overrightarrow{AM} = 0 \iff -(x-1)-(y-3)+z=0$$
$$\vec{n}\cdot\overrightarrow{AM} = 0 \iff -x-y+z+4=0.$$

Ainsi, pour tout point $M(x\ ;\ y\ ;\ z)$ de l'espace, $M \in (ABC) \iff -x-y+z+4=0$.
Une équation cartésienne du plan (ABC) est $-x-y+z+4=0$.

À RETENIR

• **Pour obtenir une équation cartésienne d'un plan**, lorsqu'on donne un point A et un vecteur normal n, on traduit à l'aide des coordonnées la condition d'appartenance au plan : $M \Leftrightarrow \mathcal{P} \iff \vec{n}\cdot\overrightarrow{AM} = 0$.
• Lorsqu'on connaît seulement les coordonnées de trois points A, B, C non alignés d'un plan, on peut obtenir un vecteur normal, en traduisant à l'aide des coordonnées les conditions $\vec{n}\cdot\overrightarrow{AB}=0$ et $\vec{n}\cdot\overrightarrow{AC}=0$. On obtient alors un système de deux équations à trois inconnues pour lequel on choisira une solution qui définira les coordonnées d'un vecteur normal ; on est alors ramené au cas précédent.

4 Déterminer l'intersection d'un plan et d'une droite

EXERCICE TYPE

Dans un repère orthonormé de l'espace, on donne les points $A(2\ ;\ 3\ ;\ 1)$ et $B(3\ ;\ 5\ ;\ 2)$, et le plan $\mathcal{P}$ d'équation $2x+2y-z-4=0$. Montrer que la droite (AB) et le plan $\mathcal{P}$ sont sécants en un point M dont on calculera les coordonnées.

CORRIGÉ COMMENTÉ

Pour déterminer si un plan et une droite sont sécants ou parallèles, on vérifie l'orthogonalité d'un vecteur $\vec{n}$ normal au plan $\mathcal{P}$ et d'un vecteur directeur $\vec{u}$ de la droite. S'ils sont orthogonaux, la droite est parallèle au plan ; s'ils ne sont pas orthogonaux, la droite est sécante au plan.
Une équation du plan $\mathcal{P}$ étant $2x+2y-z-4=0$, un vecteur normal au plan $\mathcal{P}$ est $\vec{n}(2\ ;\ 2\ ;\ -1)$.
Un vecteur directeur de la droite (AB) est $\overrightarrow{AB}(3-2\ ;\ 5-3\ ;\ 2-1)$

$$\overrightarrow{AB}(1\ ;\ 2\ ;\ 1).$$

On calcule le produit scalaire $\vec{n}\cdot\overrightarrow{AB}$: $\vec{n}\cdot\overrightarrow{AB} = 2\times1+2\times2+(-1)\times1$

$$\vec{n}\cdot\overrightarrow{AB} = 5.$$

Le produit scalaire est non nul ; donc, la droite (AB) et le plan $\mathcal{P}$ sont sécants.
Pour déterminer les coordonnées du point d'intersection de la droite (AB) et du plan $\mathcal{P}$, on établit tout d'abord une représentation paramétrique de la droite (AB).

Soit un point quelconque $M(x\,;y\,;z)$ de l'espace.

$M \in (AB) \Leftrightarrow$ il existe un nombre réel t tel que $\overrightarrow{AM} = t\overrightarrow{AB}$

ce qui se traduit à l'aide des coordonnées par :

$M \in (AB) \Leftrightarrow$ il existe un nombre réel t tel que $\begin{cases} x-2=t \\ y-3=2t \\ z-1=t. \end{cases}$

Une représentation paramétrique de la droite (AB) est $\begin{cases} x=2+t \\ y=3+2t \\ z=1+t \end{cases}$ $t \in \mathbb{R}$.

On résout alors le système formé par l'équation cartésienne du plan $\mathcal{P}$ et la représentation paramétrique de la droite (AB) :

$$\begin{cases} 2x+2y-z-4=0 \\ x=2+t \\ y=3+2t \\ z=1+t \end{cases} \Leftrightarrow \begin{cases} 2(2+t)+2(3+2t)-(1+t)-4=0 \\ x=2+t \\ y=3+2t \\ z=1+t \end{cases} \Leftrightarrow \begin{cases} 5t+5=0 \\ x=2+t \\ y=3+2t \\ z=1+t \end{cases}$$

$$\Leftrightarrow \begin{cases} t=-1 \\ x=1 \\ y=1 \\ z=0. \end{cases}$$

On écrit un système à 4 inconnues, avec le paramètre et les 3 coordonnées ; on le résout par substitution.

Conclusion : le plan $\mathcal{P}$ et la droite (AB) sont sécants au point $M(1\,;1\,;0)$.

À RETENIR

• **Pour déterminer si un plan et une droite sont sécants**, on calcule le produit scalaire d'un vecteur n normal au plan $\mathcal{P}$ et d'un vecteur directeur u de la droite. Si le produit scalaire est nul, la droite est parallèle au plan ; dans le cas contraire, la droite est sécante au plan.

• **Pour calculer les coordonnées du point d'intersection d'une droite et d'un plan**, il suffit de disposer d'une représentation paramétrique de la droite et d'une équation cartésienne du plan ; on résout le système formé par ces équations.

5 Déterminer l'intersection de deux plans

EXERCICE TYPE

Dans un repère orthonormé de l'espace, on donne les plans $\mathcal{P}_1$ et $\mathcal{P}_2$ dont des équations cartésiennes respectives sont : $x + 2y + z - 4 = 0$ et $-x + 3y + z - 3 = 0$.

Montrer que les plans $\mathcal{P}_1$ et $\mathcal{P}_2$ sont sécants et déterminer une représentation paramétrique de leur droite d'intersection D. Donner un vecteur directeur de la droite D.

CORRIGÉ COMMENTÉ

Pour déterminer si deux plans sont parallèles ou s'ils sont sécants, on détermine des vecteurs normaux à chacun des plans et l'on examine la colinéarité de ces vecteurs ; si les vecteurs sont colinéaires, alors les plans sont parallèles ; dans le cas contraire, les plans sont sécants.

Une équation du plan $\mathcal{P}_1$ est $x + 2y + z - 4 = 0$, donc le vecteur $\vec{n}_1(1\ ;\ 2\ ;\ 1)$ est un vecteur normal à $\mathcal{P}_1$.

Une équation du plan $\mathcal{P}_2$ est $-x + 3y + z - 3 = 0$, donc le vecteur $\vec{n}_2(-1\ ;\ 3\ ;\ 1)$ est un vecteur normal à $\mathcal{P}_2$.

De façon assez évidente, on constate que les coordonnées de $\vec{n}_1(1\ ;\ 2\ ;\ 1)$ ne sont pas proportionnelles à celles de $\vec{n}_2(-1\ ;\ 3\ ;\ 1)$. Les plans $\mathcal{P}_1$ et $\mathcal{P}_2$ sont donc sécants. Ils se coupent selon une droite que l'on nommera D.

Pour déterminer une représentation paramétrique de la droite D, on écrit le système (S) formé par les équations cartésiennes de ces plans et l'on exprime deux des inconnues en fonction de la troisième qui servira de paramètre :

$$(S) : \begin{cases} x + 2y + z - 4 = 0 \\ -x + 3y + z - 3 = 0 \end{cases} \Leftrightarrow \begin{cases} x = -2y - z + 4 \\ -x + 3y + z - 3 = 0 \end{cases}$$

$$\Leftrightarrow \begin{cases} x = -2y - z + 4 \\ -(-2y - z + 4) + 3y + z - 3 = 0 \end{cases}$$

$$(S) : \begin{cases} x = -2y - z + 4 \\ 5y + 2z - 7 = 0 \end{cases} \Leftrightarrow \begin{cases} x = -2y - z + 4 \\ y = \dfrac{-2z + 7}{5} \end{cases} \Leftrightarrow \begin{cases} x = -2 \times \dfrac{-2z + 7}{5} - z + 4 \\ y = \dfrac{-2z + 7}{5} \end{cases}$$

$$(S) : \begin{cases} x = \dfrac{-z + 6}{5} \\ y = \dfrac{-2z + 7}{5}. \end{cases}$$

Une représentation paramétrique de la droite D est $\begin{cases} x = \dfrac{-t + 6}{5} \\ y = \dfrac{-2t + 7}{5}, \quad t \in \mathbb{R}. \\ z = t \end{cases}$

> Ici, c'est $z = t$ qui a été choisi comme paramètre.

Pour obtenir un vecteur directeur de la droite D, on considère les facteurs multipliant t dans chacune des équations ; ils donnent les coordonnées d'un vecteur directeur.

$$\left\{ x = -\frac{1}{5}t + \frac{6}{5}\ ;\ y = -\frac{2}{5}t + \frac{7}{5}\ ;\ z = 1\,t. \right.$$

Un vecteur directeur de D est $\vec{u}\left(-\frac{1}{5}\,;-\frac{2}{5}\,;1\right)$ ou avec des coordonnées entières $\vec{u}'(-1\,;-2\,;5)$.

À RETENIR

• **Pour déterminer si des plans sont parallèles ou bien sécants**, on étudie la colinéarité de vecteurs directeurs respectifs de ces plans : si ces vecteurs sont colinéaires, alors les plans sont parallèles ; dans le cas contraire, ils sont sécants.

• Lorsque les plans sont sécants, on écrit le système formé par des équations cartésiennes de chacun et l'on exprime deux des inconnues en fonction de la troisième, que l'on définit comme paramètre ; on obtient ainsi une représentation paramétrique de la droite d'intersection des plans.

1 ★★ 30 min

Soit un cube $ABCDEFGH$ d'arête a.

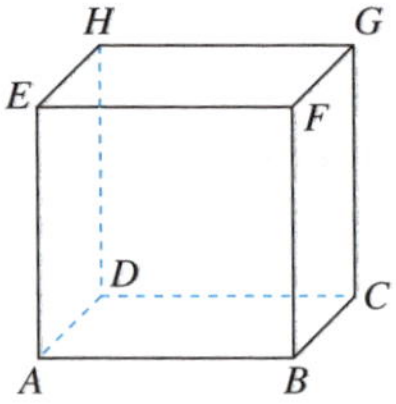

1° Calculer $\overrightarrow{DF}.\overrightarrow{BE}$ et $\overrightarrow{DF}.\overrightarrow{BG}$.
Que peut-on en déduire pour la droite (DF) et le plan (BEG) ?

2° I est le milieu de $[BF]$.
En quels points R et S, le plan $\mathcal{P}$, contenant B et orthogonal à (DI), coupe-t-il respectivement (DI) et (FH) ? (On caractérisera R et S par une relation vectorielle $\overrightarrow{DR} = k\overrightarrow{DI}$; $\overrightarrow{FS} = m\overrightarrow{FH}$.)

3° Sous quel angle est vue une arête depuis le centre O du cube ? Sous quel angle est vue une diagonale d'une face depuis le centre O du cube ?

→ Corrigé p. 284

2 ★ 10 min

Soit $ABCD$ un tétraèdre régulier dont les arêtes ont pour mesure commune un nombre réel positif a.
I désigne le milieu de $[BC]$.
Calculer les produits scalaires suivants :
a) $\overrightarrow{AB}.\overrightarrow{AD}$;
b) $\overrightarrow{AD}.\overrightarrow{AI}$;
c) $\overrightarrow{AD}.\overrightarrow{BC}$.

→ Corrigé p. 286

3 ★ 5 min

Dans un repère orthonormal de l'espace, soient les points $A(1\,;2\,;-1)$, $B(3\,;2\,;-1)$, $C(1\,;4\,;-1)$ et $D(1\,;2\,;1)$.

1° Montrer que le tétraèdre $ABCD$ est rectangle.

2° Montrer que le triangle BCD est équilatéral.

→ Corrigé p. 286

4 ★ 10 min

Soit $ABCDEFGH$ un cube dont l'arête mesure 1 ; le centre du cube est K.
On considère le repère orthonormé $(A\,;\overrightarrow{AB}\,;\overrightarrow{AD}\,;\overrightarrow{AE})$.

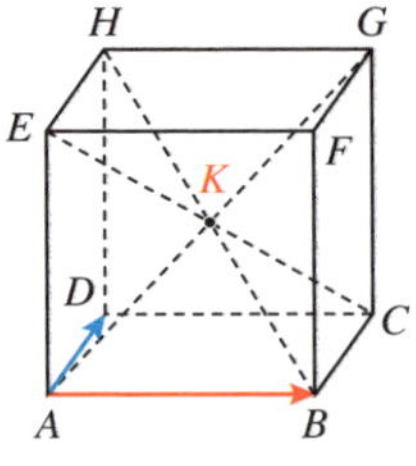

1° Donner les coordonnées des points A, B, C, D, E, F, G, H et K.

2° Calculer le produit scalaire $\overrightarrow{KA}.\overrightarrow{KC}$.

3° En déduire la valeur de cos $\widehat{AKC}$; puis une valeur approchée à 0,1° près de l'angle $\widehat{AKC}$.

→ Corrigé p. 286

5 ★ 5 min

Dans un repère orthonormé de l'espace, on donne le point $A(-1\ ;\ 2\ ;\ -2)$ et le vecteur $\vec{n}(1\ ;\ 2\ ;\ -3)$.
Établir une équation du plan $\mathcal{P}$ contenant le point A, dont un vecteur normal est $\vec{n}$.

→ Corrigé p. 287

6 ★ 5 min

Dans un repère orthonormé de l'espace, on donne le point $A(0\ ;\ 3\ ;\ -5)$ et le vecteur $\vec{n}(1\ ;\ 0\ ;\ -2)$.
Établir une équation du plan $\mathcal{P}$ contenant le point A, dont un vecteur normal est $\vec{n}$.

→ Corrigé p. 287

7 ★ 10 min

Déterminer l'intersection des deux plans $\mathcal{P}$ et $\mathcal{P}'$ d'équations cartésiennes respectives :

$$x + y - 3z - 9 = 0 \text{ et } -\frac{1}{2}x - 2y + 6z + 15 = 0.$$

→ Corrigé p. 287

8 ★ 5 min

Déterminer l'intersection des deux plans $\mathcal{P}$ et $\mathcal{P}'$ d'équations cartésiennes respectives :

$$3x - y + 2z - 5 = 0 \text{ et } -6x + 2y - 4z - 3 = 0.$$

→ Corrigé p. 288

9 ★ 5 min

Déterminer l'intersection du plan $\mathcal{P}$ d'équation $4x - y + 2z - 4 = 0$ et de la droite $\mathcal{D}$ de représentation paramétrique $\begin{cases} x = k \\ y = 1 - 3k \\ z = -2 + k \end{cases}$, $k \in \mathbb{R}$.

→ Corrigé p. 288

10 ★ 5 min

Déterminer l'intersection du plan $\mathcal{P}$ d'équation $2x - y + z - 5 = 0$ et de la droite $\mathcal{D}$ de représentation paramétrique $\begin{cases} x = 3 - 2k \\ y = 1 - k \\ z = 3k \end{cases}$, $k \in \mathbb{R}$.

→ Corrigé p. 288

11 ★ 5 min

Dans un repère orthonormé de l'espace, on donne les équations des plans $\mathcal{P}_1$, $\mathcal{P}_2$, $\mathcal{P}_3$:

$\mathcal{P}_1 : x + 2y - z + 3 = 0$

$\mathcal{P}_2 : -2x + y + z - 4 = 0$

$\mathcal{P}_3 : 2x + y + 4z - 5 = 0.$

Déterminer si les plans $\mathcal{P}_1$, $\mathcal{P}_2$, $\mathcal{P}_3$ sont deux à deux perpendiculaires.

→ Corrigé p. 289

12 ★ 10 min

Dans un repère orthonormé de l'espace, on donne les points $A(-1 ; 0 ; 2)$, $B(0 ; 2 ; 4)$, $C(-3 ; 1 ; -2)$ et $D(1 ; 0 ; -3)$.

Les droites (AB) et (CD) sont-elles orthogonales ? Sont-elles perpendiculaires ?

→ Corrigé p. 289

13 ★★ 30 min

Soit $(O\ ;\ \vec{i}, \vec{j}, \vec{k})$ un repère orthonormé de l'espace.
Soient les points $A(3\ ;\ -2\ ;\ 2)$, $B(6\ ;\ 1\ ;\ 5)$ et $C(6\ ;\ -2\ ;\ -1)$.

1° Montrer que le triangle ABC est rectangle.

2° Soit $\mathcal{P}$ le plan dont une équation cartésienne est $x + y + z - 3 = 0$.
Montrer que $\mathcal{P}$ contient le point A et que la droite (AB) est orthogonale au plan $\mathcal{P}$.

3° Établir une équation cartésienne du plan $\mathcal{P}'$ orthogonal à la droite (AC) et contenant le point A.

4° Déterminer une représentation paramétrique de la droite Δ d'intersection des plans $\mathcal{P}$ et $\mathcal{P}'$.

5° Soit le point $D(0\ ;\ 4\ ;\ -1)$. Montrer que la droite (AD) est orthogonale au plan (ABC).

6° Déterminer une mesure de l'angle géométrique $\widehat{BDC}$.

→ *Corrigé p. 290*

1 → Énoncé p. 280

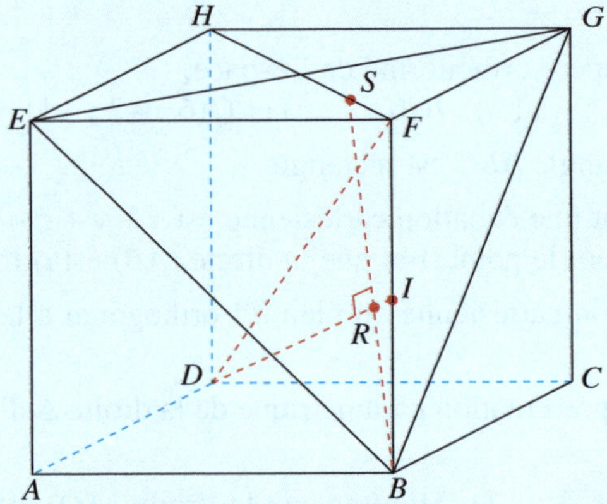

1° Décomposons $\overrightarrow{DF}$ et $\overrightarrow{BE}$; par exemple, $\overrightarrow{DF} = \overrightarrow{DB} + \overrightarrow{BF}$ et $\overrightarrow{BE} = \overrightarrow{BF} + \overrightarrow{FE}$.

$$\overrightarrow{DF} \cdot \overrightarrow{BE} = (\overrightarrow{DB} + \overrightarrow{BF}) \cdot (\overrightarrow{BF} + \overrightarrow{FE}),$$
$$\overrightarrow{DF} \cdot \overrightarrow{BE} = \overrightarrow{DB} \cdot \overrightarrow{BF} + \overrightarrow{DB} \cdot \overrightarrow{FE} + \overrightarrow{BF}^2 + \overrightarrow{BF} \cdot \overrightarrow{FE}$$

$\overrightarrow{DB} \cdot \overrightarrow{BF} = 0$, car le plan (DAC) est orthogonal à (BF).

$\overrightarrow{BF} \cdot \overrightarrow{FE} = 0$; $\overrightarrow{BF}^2 = a^2$.

$\overrightarrow{DB} \cdot \overrightarrow{FE} = \overrightarrow{DB} \cdot \overrightarrow{BA} = -\overrightarrow{BA} \cdot \overrightarrow{BD} = -\overrightarrow{BA}^2$ (par projection orthogonale de D sur (BA)).

Donc $\overrightarrow{DB} \cdot \overrightarrow{FE} = -a^2$.

Par conséquent, $\mathbf{\overrightarrow{DF} \cdot \overrightarrow{BE} = 0}$.

> On écrit le produit scalaire sous deux formes, l'une étant la formule du cosinus.

Une décomposition et un calcul tout à fait similaires prouveraient que $\mathbf{\overrightarrow{DF} \cdot \overrightarrow{BG} = 0}$. $(\overrightarrow{BE}, \overrightarrow{BG})$ est un système de **vecteurs directeurs du plan (BEG)** ; donc la droite **(DF) est orthogonale au plan (BEG)**.

2° Représentons, en vue de face, le rectangle $DBFH$.

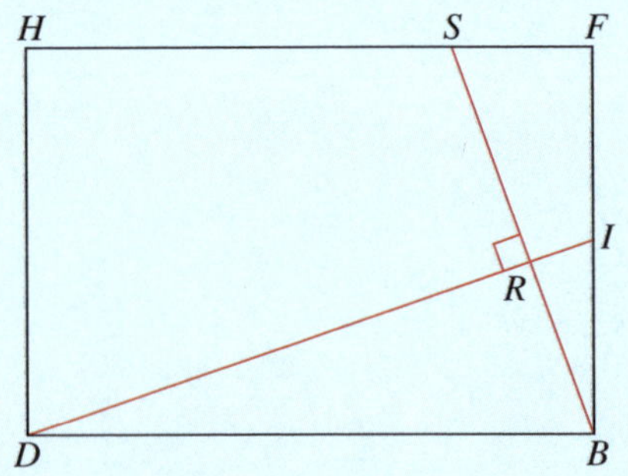

• Soit k le réel tel que $\overrightarrow{DR} = k\overrightarrow{DI}$.

Par définition du point R, $\overrightarrow{BR} \cdot \overrightarrow{DI} = 0$.

D'où : $(\overrightarrow{BD} + \overrightarrow{DR}) \cdot \overrightarrow{DI} = 0$,

$\overrightarrow{BD} \cdot \overrightarrow{DI} + \overrightarrow{DR} \cdot \overrightarrow{DI} = 0$,

$-\overrightarrow{DB} \cdot \overrightarrow{DI} + k\overrightarrow{DI}^2 = 0$.

$\overrightarrow{DB} \cdot \overrightarrow{DI} = \overrightarrow{DB}^2 = (a\sqrt{2})^2 = 2a^2$.

$\overrightarrow{DI}^2 = DI^2 = DB^2 + BI^2 = (a\sqrt{2})^2 + \left(\dfrac{a}{2}\right)^2 = \dfrac{9a^2}{4}$.

D'où $-2a^2 + k \times \dfrac{9a^2}{4} = 0$, soit $k = \dfrac{8}{9}$. R est défini par $\overrightarrow{DR} = \dfrac{8}{9}\overrightarrow{DI}$.

• Soit m le réel tel que $\overrightarrow{FS} = m\overrightarrow{FH}$.
Par définition, $\overrightarrow{BS}\cdot\overrightarrow{DI} = 0$.
D'où : $(\overrightarrow{BF} + \overrightarrow{FS})\cdot(\overrightarrow{DB} + \overrightarrow{BI}) = 0$.
$\overrightarrow{BF}\cdot\overrightarrow{DB} + \overrightarrow{BF}\cdot\overrightarrow{BI} + \overrightarrow{FS}\cdot\overrightarrow{DB} + \overrightarrow{FS}\cdot\overrightarrow{BI} = 0$.
Or, $\overrightarrow{BF}\cdot\overrightarrow{DB} = 0$.
$\overrightarrow{BF}\cdot\overrightarrow{BI} = \frac{1}{2}\overrightarrow{BF}^2 = \frac{a^2}{2}$.
$\overrightarrow{FS}\cdot\overrightarrow{DB} = (m\overrightarrow{FH})\cdot(-\overrightarrow{FH}) = -m\overrightarrow{FH}^2 = -m(a\sqrt{2})^2 = -2ma^2$.
$\overrightarrow{FS}\cdot\overrightarrow{BI} = 0$.
D'où $\frac{a^2}{2} - 2ma^2 = 0$, soit $m = \frac{1}{4}$; S est donc défini par $\overrightarrow{FS} = \frac{1}{4}\overrightarrow{FH}$.

3°

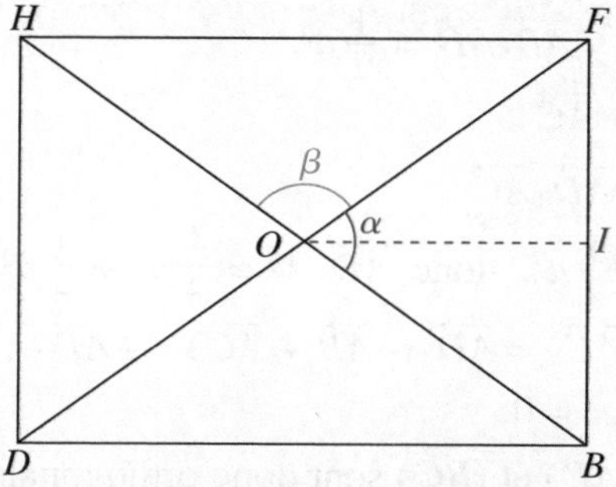

Soient $\alpha = \widehat{BOF}$, angle sous lequel est vue une arête depuis le point O, et $\beta = \widehat{FOH}$, angle sous lequel est vue une diagonale de face depuis le point O.
Notons que $\alpha + \beta = 180°$.

$$\overrightarrow{OB}\cdot\overrightarrow{OF} = (\overrightarrow{OI} + \overrightarrow{IB})\cdot(\overrightarrow{OI} + \overrightarrow{IF})$$
$$\overrightarrow{OB}\cdot\overrightarrow{OF} = (\overrightarrow{OI} - \overrightarrow{IF})\cdot(\overrightarrow{OI} + \overrightarrow{IF})$$
$$\overrightarrow{OB}\cdot\overrightarrow{OF} = \overrightarrow{OI}^2 - \overrightarrow{IF}^2$$
$$\overrightarrow{OB}\cdot\overrightarrow{OF} = \left(\frac{a\sqrt{2}}{2}\right)^2 - \left(\frac{a}{2}\right)^2 = \frac{a^2}{4}.$$

Par ailleurs : $\overrightarrow{OB}\cdot\overrightarrow{OF} = OB \times OF \times \cos\widehat{BOF}$

$$\overrightarrow{OB}\cdot\overrightarrow{OF} = \left(\frac{a\sqrt{3}}{2}\right)^2 \times \cos\widehat{BOF}$$
$$\overrightarrow{OB}\cdot\overrightarrow{OF} = \frac{3a^2}{4}\cos\widehat{BOF}.$$

On en déduit : $\frac{3a^2}{4}\cos\widehat{BOF} = \frac{a^2}{4}$.

Soit : $\cos\widehat{BOF} = \frac{1}{3}$.

La calculatrice donne **$\alpha = 70{,}5°$** à 0,1° près par défaut.
D'où **$\beta = 109{,}5°$** à 0,1° près par excès.

2 → Énoncé p. 280

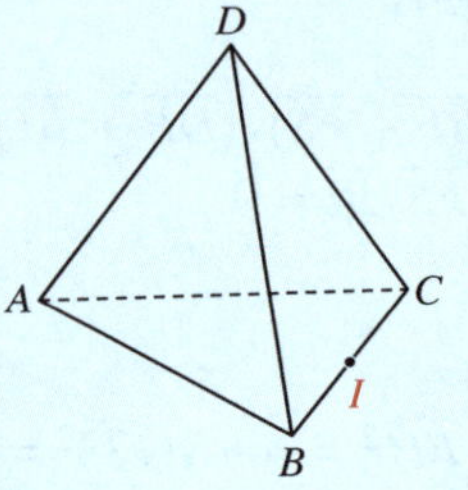

a) *ABD* est un triangle équilatéral de côté *a*. On utilise la formule du cosinus :

$$\overrightarrow{AB}\cdot\overrightarrow{AD} = AB \times AD \times \cos\frac{\pi}{3}$$

$$\overrightarrow{AB}\cdot\overrightarrow{AD} = \frac{1}{2}a^2$$

b) $\overrightarrow{AD}\cdot\overrightarrow{AI} = \overrightarrow{AD}\cdot\frac{1}{2}(\overrightarrow{AB}+\overrightarrow{AC})$

$\overrightarrow{AD}\cdot\overrightarrow{AI} = \frac{1}{2}\overrightarrow{AD}\cdot\overrightarrow{AB} + \frac{1}{2}\overrightarrow{AD}\cdot\overrightarrow{AC}$

Or, $\overrightarrow{AD}\cdot\overrightarrow{AB} = \overrightarrow{AD}\cdot\overrightarrow{AC} = \frac{1}{2}a^2$, donc $\overrightarrow{AD}\cdot\overrightarrow{AI} = \frac{1}{4}a^2 + \frac{1}{4}a^2 = \frac{1}{2}a^2$.

c) $\overrightarrow{AD}\cdot\overrightarrow{BC} = \overrightarrow{AD}\cdot(\overrightarrow{BA}+\overrightarrow{AC}) = \overrightarrow{AD}\cdot(-\overrightarrow{AB}+\overrightarrow{AC}) = -\overrightarrow{AD}\cdot\overrightarrow{AB} + \overrightarrow{AD}\cdot\overrightarrow{AC}$

$= -\frac{1}{2}a^2 + \frac{1}{2}a^2 = 0.$

Remarque : Les droites (*AD*) et (*BC*) sont donc orthogonales.

3 → Énoncé p. 280 1° $\overrightarrow{AB}(2\ ;0\ ;0)\ ;\overrightarrow{AC}(0\ ;2\ ;0)\ ;\overrightarrow{AD}(0\ ;0\ ;2)$.

On en déduit $\overrightarrow{AB}\cdot\overrightarrow{AC} = \overrightarrow{AC}\cdot\overrightarrow{AD} = \overrightarrow{AD}\cdot\overrightarrow{AB} = 0$.

Les triangles *ABC*, *ACD*, *ADB* sont des triangles rectangles.

2° $\overrightarrow{BC}(-2\ ;2\ ;0)$; donc $BC = \sqrt{(-2)^2+2^2+0^2} = \sqrt{8} = 2\sqrt{2}$.

$\overrightarrow{CD}(0\ ;-2\ ;2)$; donc $CD = \sqrt{0^2+(-2)^2+2^2} = \sqrt{8} = 2\sqrt{2}$.

$\overrightarrow{DB}(2\ ;0\ ;-2)$; donc $DB = \sqrt{2^2+0^2+(-2)^2} = \sqrt{8} = 2\sqrt{2}$.

$BC = CD = DB$, donc le triangle ***BCD* est équilatéral**.

4 → Énoncé p. 280 1° $A(0\ ;0\ ;0)\ ;B(1\ ;0\ ;0)\ ;C(1\ ;1\ ;0)\ ;D(0\ ;1\ ;0)$;

$E(0\ ;0\ ;1)\ ;F(1\ ;0\ ;1)\ ;G(1\ ;1\ ;1)\ ;H(0\ ;1\ ;1)\ ;K\left(\frac{1}{2};\frac{1}{2};\frac{1}{2}\right)$.

2° $\overrightarrow{KA}\left(-\frac{1}{2};-\frac{1}{2};-\frac{1}{2}\right)$; $\overrightarrow{KC}\left(\frac{1}{2};\frac{1}{2};-\frac{1}{2}\right)$

$\overrightarrow{KA}\cdot\overrightarrow{KC} = -\frac{1}{2}\times\frac{1}{2} + \left(-\frac{1}{2}\right)\times\frac{1}{2} + \left(-\frac{1}{2}\right)\times\left(-\frac{1}{2}\right) = \frac{-1}{4}$.

3° $\cos\widehat{AKB} = \frac{\overrightarrow{KA}\cdot\overrightarrow{KC}}{KA\times KC}$. $KA = \sqrt{\left(-\frac{1}{2}\right)^2+\left(-\frac{1}{2}\right)^2+\left(-\frac{1}{2}\right)^2} = \sqrt{\frac{3}{4}} = \frac{\sqrt{3}}{2}$;

On utilise alors la formule de cosinus.

$KC = \sqrt{\left(\frac{1}{2}\right)^2 + \left(\frac{1}{2}\right)^2 + \left(-\frac{1}{2}\right)^2} = \sqrt{\frac{3}{4}} = \frac{\sqrt{3}}{2}$;

$\cos \widehat{AKB} = \dfrac{-\frac{1}{4}}{\left(\frac{\sqrt{3}}{2}\right)^2} = -\frac{1}{3}.$

Une valeur approchée de l'angle $\widehat{AKB}$ est **109,5° à 0,1° près.**

5 → Énoncé p. 281 Soit un point quelconque $M(x\ ;\ y\ ;\ z)$ de l'espace.
$M \in \mathcal{P} \Leftrightarrow \vec{n} \cdot \overrightarrow{AM} = 0 \Leftrightarrow 1 \times (x-1) + 2 \times (y-2) - 2 \times (z+2) = 0 \Leftrightarrow x + 2y - 3z - 9 = 0.$
$\mathcal{P}$ admet une équation cartésienne : $\boldsymbol{x + 2y - 3z - 9 = 0}$.

6 → Énoncé p. 281 Soit un point quelconque $M(x\ ;\ y\ ;\ z)$ de l'espace.
$M \in \mathcal{P} \Leftrightarrow \vec{n} \cdot \overrightarrow{AM} = 0 \Leftrightarrow 1 \times x + 0 \times (y-3) - 2 \times (z+5) = 0 \Leftrightarrow x - 2z - 10 = 0.$
$\mathcal{P}$ admet une équation cartésienne : $\boldsymbol{x - 2z - 10 = 0}$.

> Une des coordonnées (y) n'apparaît pas dans l'équation : son coefficient est nul.
> Sachez aussi que les équations à une seule coordonnées (par exemple $x = a$ ou $y = b$ ou encore $z = c$) représentent des plans parallèles aux plans de base.

7 → Énoncé p. 281 Les deux plans $\mathcal{P}$ et $\mathcal{P}'$ ne sont pas parallèles, car $(1\ ;\ 1\ ;\ -3)$ et $\left(\frac{1}{2}\ ;\ -2\ ;\ 6\right)$ ne sont pas proportionnels.

On résout alors le système $\begin{cases} x + y - 3z - 9 = 0 \\ -\frac{1}{2}x - 2y + 6z + 15 = 0 \end{cases}$ en posant, par exemple, $z = k$ réel quelconque.

$$\begin{cases} x + y - 3z - 9 = 0 \\ -\frac{1}{2}x - 2y + 6z + 15 = 0 \\ z = k \end{cases} \Leftrightarrow \begin{cases} x + y - 3k - 9 = 0 \\ -\frac{1}{2}x - 2y + 6z + 15 = 0 \\ z = k \end{cases}$$

$$\Leftrightarrow \begin{cases} x + y = 3k + 9 \\ -\frac{1}{2}x - 2y = -6k - 15 \\ z = k \end{cases}$$

$$\Leftrightarrow \begin{cases} x + y = 3k + 9 \\ -x - 4y = -12k - 30 \\ z = k \end{cases}$$

En ajoutant les deux premières équations, on obtient :

$$\begin{cases} -3y = -9k - 21 \\ x + y = 3k + 9 \\ z = k \end{cases} \Leftrightarrow \begin{cases} y = 3k + 7 \\ x = 2 \\ z = k \end{cases}$$

L'intersection de $\mathcal{P}$ et $\mathcal{P}$' est la droite de représentation paramétrique :

$$\begin{cases} \boldsymbol{x = 2} \\ \boldsymbol{y = 7 + 3k,\ k \in \mathbb{R}.} \\ \boldsymbol{z = k} \end{cases}$$

> Noter que cette droite est parallèle au plan de base (O ; $\vec{j}$; $\vec{k}$).

8 → Énoncé p. 281 $\vec{n}(3\ ;\ -1\ ;\ 2)$ est un vecteur normal à $\mathcal{P}$; $\vec{n}'(-6\ ;\ 2\ ;\ -4)$ est un vecteur normal à $\mathcal{P}$'.
$\vec{n}' = -2\vec{n}$: les vecteurs $\vec{n}$ et $\vec{n}'$ étant colinéaires, les plans $\mathcal{P}$ et $\mathcal{P}$' sont parallèles.
Pour savoir si les plans sont confondus ou bien strictement parallèles, on choisit un point de $\mathcal{P}$ et on vérifie s'il appartient ou non à $\mathcal{P}$'. Par exemple, $A\,(1\ ;\ 0\ ;\ 1)$ est un point de $\mathcal{P}$.
Remplaçons ses coordonnées dans l'équation de $\mathcal{P}$' : $-6 \times 1 + 2 \times 0 - 4 \times 1 - 3 = -13$ est non nul, donc A n'appartient pas à $\mathcal{P}$'.
$\mathcal{P}$ et $\mathcal{P}$' sont donc strictement parallèles ; leur intersection est vide.

9 → Énoncé p. 281

$$\begin{cases} x = k \\ y = 1 - 3k \\ z = -2 + k \\ 4x - y + 2z - 4 = 0 \end{cases} \Leftrightarrow \begin{cases} x = k \\ y = 1 - 3k \\ z = -2 + k \\ 4k - (1 - 3k) + 2(-2 + k) - 4 = 0 \end{cases}$$

$$\Leftrightarrow \begin{cases} x = k \\ y = 1 - 3k \\ z = -2 + k \\ 9k - 9 = 0 \end{cases}$$

$$\Leftrightarrow \begin{cases} x = 1 \\ y = -2 \\ z = -1 \\ k = 1. \end{cases}$$

La droite $\mathcal{D}$ coupe donc le plan $\mathcal{P}$ au point de coordonnées (1 ; –2 ; –1).

10 → Énoncé p. 281

$$\begin{cases} x = 3 - 2k \\ y = 1 - k \\ z = 3k \\ 2x - y + z - 5 = 0 \end{cases} \Leftrightarrow \begin{cases} x = 3 - 2k \\ y = 1 - k \\ z = 3k \\ 2(3 - 2k) - (1 - k) + (3k) - 5 = 0 \end{cases}$$

$$\Leftrightarrow \begin{cases} x = 3 - 2k \\ y = 1 - k \\ z = 3k \\ 0 = 0. \end{cases}$$

La dernière égalité étant vérifiée pour tout $k \in \mathbb{R}$, le système est équivalent à :

$$\begin{cases} x = 3 - 2k \\ y = 1 - k \\ z = 3k \end{cases}, \text{ avec } k \in \mathbb{R}.$$

On retrouve une représentation paramétrique de $\mathcal{D}$.
L'intersection de $\mathcal{P}$ et de $\mathcal{D}$ est la droite $\mathcal{D}$, ce qui prouve également qu'elle est incluse dans le plan $\mathcal{P}$.

11 → *Énoncé p. 282* Une équation de $\mathcal{P}_1$ est $x + 2y - z + 3 = 0$; un vecteur normal à $\mathcal{P}_1$ est $\vec{n_1}(1\ ;\ 2\ ;\ -1)$.
Une équation de $\mathcal{P}_2$ est $-2x + y + z - 4 = 0$; un vecteur normal à $\mathcal{P}_2$ est $\vec{n_2}(-2\ ;\ 1\ ;\ 1)$.
Une équation de $\mathcal{P}_3$ est $2x + y + 4z + 5 = 0$; un vecteur normal à $\mathcal{P}_3$ est $\vec{n_3}(2\ ;\ 1\ ;\ 4)$.
$\vec{n_1} \cdot \vec{n_2} = 1 \times (-2) + 2 \times 1 + (-1) \times 1 = -1$ est non nul ; $\mathcal{P}_1$ et $\mathcal{P}_2$ ne sont pas perpendiculaires.
$\vec{n_2} \cdot \vec{n_3} = 2 \times (-2) + 1 \times 1 + 4 \times 1 = 1$ est non nul ; $\mathcal{P}_2$ et $\mathcal{P}_3$ ne sont pas perpendiculaires.
$\vec{n_1} \cdot \vec{n_3} = 1 \times 2 + 2 \times 1 + (-1) \times 4 = 0$; $\mathcal{P}_1$ et $\mathcal{P}_3$ sont perpendiculaires.

> On vérifie la perpendicularité de deux plans en calculant le produit scalaire de deux vecteurs normaux respectifs à ces plans.

12 → *Énoncé p. 282* $\overrightarrow{AB}(1\ ;\ 2\ ;\ 2)$, $\overrightarrow{CD}(4\ ;\ -1\ ;\ -1)$.
$\overrightarrow{AB} \cdot \overrightarrow{CD} = 1 \times 4 + 2 \times (-1) + 2 \times (-1) = 0$; les vecteurs $\overrightarrow{AB}$ et $\overrightarrow{CD}$ sont orthogonaux, donc les droites (AB) et (CD) sont orthogonales.
Pour déterminer si les droites sont perpendiculaires, on cherche si elles sont sécantes à l'aide de représentations paramétriques.

$$\overrightarrow{AM} = t\overrightarrow{AB} \Leftrightarrow (AB) : \begin{cases} x + 1 = t \\ y = 2t \\ z - 2 = 2t \end{cases} \Leftrightarrow (AB) : \begin{cases} x = -1 + t \\ y = 2t \\ z = 2 + 2t \end{cases} \quad (t \in \mathbb{R}).$$

$$(CD) : \begin{cases} x = -3 + 4t' \\ y = 1 - t' \\ z = -2 - t' \end{cases} \quad (t' \in \mathbb{R}).$$

On résout $\begin{cases} -1 + t = -3 + 4t' \\ 2t = 1 - t' \\ 2 + 2t = -2 - t'. \end{cases}$

> Ne pas oublier de nommer par des lettres différentes, le paramètre de la 1re droite et le paramètre de la 2e droite.

Pour tout nombre réel t, tout réel t' :

$$\begin{cases} -1+t=-3+4t' \\ 2t=1-t' \\ 2+2t=-2-t' \end{cases} \Leftrightarrow \begin{cases} -1+t=-3+4(1-2t) \\ t'=1-2t \\ 2+2t=-2-(1-2t) \end{cases} \Leftrightarrow \begin{cases} 9t=2 \\ t'=1-2t \\ 5=0 \end{cases};$$

les équations sont incompatibles ; le système n'admet donc pas de solution.
Les droites (AB) et (CD) ne sont pas perpendiculaires.

13 → Énoncé p. 283 **1°** $\overrightarrow{AB}(3\,;3\,;3)$, $\overrightarrow{BC}(0\,;-3\,;-6)$, $\overrightarrow{CA}(-3\,;0\,;3)$.
$\overrightarrow{AB}\cdot\overrightarrow{CA}=3\times(-3)+3\times0+3\times3=0$; les vecteurs $\overrightarrow{AB}$ et $\overrightarrow{CA}$ sont orthogonaux, donc le triangle ABC est rectangle en A.

2° On remplace x, y et z par les coordonnées de A dans l'équation de $\mathcal{P}$:
$3+(-2)+2-3=0$, donc A appartient au plan $\mathcal{P}$.
Un vecteur normal au plan $\mathcal{P}$ est : $\vec{n}(1\,;1\,;1)$.
$\overrightarrow{AB}(3\,;3\,;3)$ et $\vec{n}(1\,;1\,;1)$ sont colinéaires ; donc (AB) est orthogonale au plan $\mathcal{P}$.

3° $\overrightarrow{CA}$ est un vecteur normal au plan $\mathcal{P}'$.
Soit un point $M(x, y\,; z)$.
$M\in\mathcal{P}' \Leftrightarrow \overrightarrow{AM}\cdot\overrightarrow{CA}=0 \Leftrightarrow$
$(-3)\times(x-3)+0\times(y+2)+3\times(z-2)=0 \Leftrightarrow -3x+3z+3=0$.
Une équation cartésienne de $\mathcal{P}'$ est : $-3x+3z+3=0$.

4° $$\begin{cases} x+y+z=0 \\ -3x+3z+3=0 \end{cases} \Leftrightarrow \begin{cases} x+y+(x-1)-3=0 \\ z=x-1 \end{cases} \Leftrightarrow \begin{cases} y=-2x+4 \\ z=x-1. \end{cases}$$

En choisissant x pour paramètre :

$$\Delta : \begin{cases} x=t \\ y=-2t+4 \quad (t\in\mathbb{R}). \\ z=t-1 \end{cases}$$

5° $\overrightarrow{AD}(-3\,;6\,;-3)$;
$\overrightarrow{AD}\cdot\overrightarrow{AB}=(-3)\times3+6\times3+(-3)\times3=0$;
$\overrightarrow{AD}\cdot\overrightarrow{CA}=(-3)\times(-3)+6\times0+(-3)\times3=0$.
$\overrightarrow{AD}$ est orthogonal à deux vecteurs non colinéaires du plan (ABC), donc la droite (AD) est orthogonale au plan (ABC).

6° $\overrightarrow{DB}(6\,;-3\,;6)$; $\overrightarrow{DC}(6\,;-6\,;0)$;
$\overrightarrow{DB}\cdot\overrightarrow{DC}=6\times6+(-3)\times(-6)+6\times0=54$;
$DB=\sqrt{6^2+(-3)^2+6^2}=\sqrt{81}=9$
$DC=\sqrt{6^2+(-6)^2}=6\sqrt{2}$;
$\cos\widehat{BDC}=\dfrac{\overrightarrow{DB}\cdot\overrightarrow{DC}}{DB\times DC}=\dfrac{54}{9\times6\sqrt{2}}=\dfrac{1}{\sqrt{2}}$, donc $\widehat{BDC}=\dfrac{\pi}{4}$.

Reconnaître une valeur remarquable.

Conditionnement et indépendance

CHAPITRE 13

1 Probabilité conditionnelle

A. Définition

Soit un univers E fini non vide muni d'une probabilité p.
Soient A et B des événements de E tels que $p(A) \neq 0$.
On appelle **probabilité conditionnelle** de B sachant A, le nombre réel défini par :

$$p_A(B) = \frac{p(A \cap B)}{p(A)}.$$

B. Propriétés

Soit A un événement tel que $p(A) \neq 0$.

- $p_A(B) \in [0\ ;\ 1]$.
- Si B et B' sont des événements incompatibles, alors $p_A(B \cup B') = p_A(B) + p_A(B')$.
- $p_A(\overline{B}) = 1 - p_A(B)$.
- $p(A \cap B) = p_A(B) \times p(A)$.

2 Cas d'une partition de l'univers

A. Définition

Soit E un univers fini non vide muni d'une probabilité p.
On dit que des événements $A_1, A_2 \ldots A_n$ de E forment une **partition de l'univers** si, et seulement si :
– les événements $A_1, A_2 \ldots A_n$ ne sont pas vides ;
– les événements $A_1, A_2 \ldots A_n$ sont deux à deux incompatibles ;
– la réunion de tous les événements $A_1, A_2 \ldots A_n$ est l'univers E.
(On dira que $A_1, A_2 \ldots A_n$ forment un système complet d'événements.)

B. Propriété

Soient des événements $A_1, A_2 \ldots A_n$ de E formant une partition de l'univers tels que $p(A_1) \neq 0, p(A_2) \neq 0, \ldots, p(A_n) \neq 0$. Soit B un événement.
Alors $p(B) = p_{A_1}(B) \times p(A_1) + p_{A_2}(B) \times p(A_2) + \ldots + p_{A_n}(B) \times p(A_n)$.

Remarques :

- Cette égalité est parfois désignée sous le nom de *formule des probabilités totales*.
- Le cas particulier d'une partition de l'univers en deux événements A et $\overline{A}$ est un cas que l'on rencontrera fréquemment dans les exercices.

3 Indépendance de deux événements

A. Définition

Soit E un univers fini muni d'une probabilité p.
On dit que des événements A et B sont indépendants si, et seulement si :

$$p(A \cap B) = p(A) \times p(B).$$

B. Propriété

Soient A et B des événements tels que $p(A) \neq 0$.
A et B sont **indépendants** si, et seulement si, $p_A(B) = p(B)$.

C. Propriété

Si des événements A et B sont indépendants, alors les événements A et $\overline{B}$ sont indépendants.

Corollaire :
Si des événements A et B sont indépendants, alors sont aussi indépendants A et $\overline{B}$; $\overline{A}$ et B ; $\overline{A}$ et $\overline{B}$.

4 Expériences indépendantes

Considérons deux expériences sans interaction l'une sur l'autre (donc indépendantes au sens usuel), conduisant à deux univers respectifs :
$E = \{e_1 ; e_2 ; \dots e_n\}$ muni d'une probabilité p pour la première épreuve ;
$F = \{f_1 ; f_2 ; \dots f_m\}$ muni d'une probabilité p' pour la seconde épreuve.
L'expérience consistant à réaliser les deux expériences précédentes permet de définir l'univers Ω dont les éventualités sont les couples $(e_i ; f_j)$, $1 \leqslant i \leqslant n$ et $1 \leqslant j \leqslant m$. On démontre que $P(e_i ; f_j) = p\{e_i\} \times p'\{f_j\}$ définit une loi de probabilité sur Ω.
Ceci se généralise à un nombre quelconque d'expériences.
L'énoncé mentionnera alors « on suppose les expériences indépendantes ».

1 Utiliser des probabilités conditionnelles

EXERCICE TYPE

Pour prévenir l'extension d'une certaine maladie, on vaccine 60 % d'une population à risques.
Le vaccin n'étant pas totalement infaillible, 10 % des personnes vaccinées attrapent la maladie.
En revanche, 30 % des individus non vaccinés ne sont pas malades.

1° ***a***) On choisit une personne au hasard. Quelle est la probabilité qu'elle soit malade et vaccinée ? malade et non vaccinée ?
b) En déduire la probabilité pour un individu de contracter la maladie.

2° Calculer la probabilité qu'un individu bien portant soit vacciné.

CORRIGÉ COMMENTÉ

1° Notons V l'événement « l'individu est vacciné » et M l'événement « l'individu attrape la maladie ».
Il convient tout d'abord de traduire en termes de probabilités les données de l'énoncé :

- « On vaccine 60 % d'une population » s'écrit $P(V) = \frac{60}{100} = 0,6$.
- « 10 % des personnes vaccinées attrapent la maladie » se traduit par :
$$P_V(M) = \frac{10}{100} = 0,1.$$

> 10 % des personnes vaccinées... Il s'agit d'une probabilité conditionnelle, « sachant V ».

- Enfin, « 30 % des individus non vaccinés ne sont pas malades » s'écrira :
$$P_{\overline{V}}(M) = \frac{30}{100} = 0,3.$$

On peut alors en déduire immédiatement :
$$P(\overline{V}) = 1 - P(V) = 1 - 0,6 = 0,4$$
$$P_{\overline{V}}(\overline{M}) = 1 - P_{\overline{V}}(M) = 1 - 0,1 = 0,9$$
$$P_{\overline{V}}(M) = 1 - P_{\overline{V}}(\overline{M}) = 1 - 0,3 = 0,7.$$

Pour plus de clarté, il est possible de représenter les données à l'aide d'un arbre :

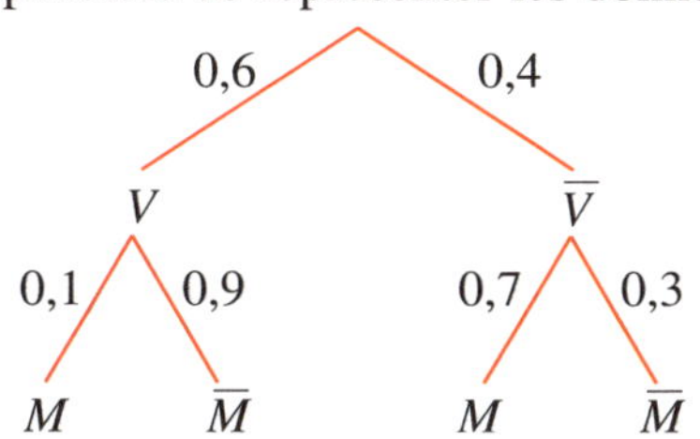

a) « La personne est malade et vaccinée » est l'événement $V \cap M$.
D'après le cours :
$P(V \cap M) = P(V) \times P_V(M) = 0{,}6 \times 0{,}1$;
$\boldsymbol{P(V \cap M) = 0{,}06}$.

> Ne surtout pas confondre : « la personne et malade et vaccinée » ($V \cap M$) et « la personne est malade, sachant qu'elle est vaccinée » (M sachant V).

« La personne est malade et non vaccinée » est l'événement $\overline{V} \cap M$.
Alors : $P(\overline{V} \cap M) = P(\overline{V}) \times P_{\overline{V}}(M) = 0{,}4 \times 0{,}7$; $\boldsymbol{P(\overline{V} \cap M) = 0{,}28}$.

b) Il s'agit ici de calculer $P(M)$.
Nous allons pour cela utiliser la formule des probabilités totales :

$$P(M) = P(V) \times P_V(M) + P(\overline{V}) \times P_{\overline{V}}(M).$$

L'application numérique reprend les résultats des questions précédentes :

$$P(M) = 0{,}6 \times 0{,}1 + 0{,}4 \times 0{,}7 = 0{,}06 + 0{,}28$$
$$\boldsymbol{P(M) = 0{,}34.}$$

2° La probabilité qu'un individu bien portant soit vacciné est $P_{\overline{M}}(V)$.

D'après le cours : $P_{\overline{M}}(V) = \dfrac{P(V \cap \overline{M})}{P(\overline{M})}$.

On a, d'une part : $P(V \cap \overline{M}) = P(V) \times P_V(\overline{M}) = 0{,}6 \times 0{,}9 = 0{,}54$
et, d'autre part : $P(\overline{M}) = 1 - P(M) = 1 - 0{,}34 = 0{,}66$;
alors : $\boldsymbol{P_{\overline{M}}(V) = \dfrac{0{,}54}{0{,}66} \approx 0{,}82}$.

À RETENIR

- La principale difficulté de ce genre d'exercice est la traduction des données de l'énoncé en termes de probabilités.
Il est donc important de repérer les phrases du type « sachant que... », « x % de... », annonçant des **probabilités conditionnelles**.
- Il est conseillé de « visualiser » les données à l'aide d'un arbre qui mettra en valeur les différents choix possibles avec leur probabilité de réalisation. De plus, un arbre de probabilités correctement construit fait office de démonstration dans un devoir.
Ce travail de préparation étant fait, le reste n'est bien souvent que l'application des formules du cours, qu'il faut connaître parfaitement.

2 Démontrer l'indépendance de deux événements

EXERCICE TYPE

On lance deux fois de suite un dé bien équilibré.
Les événements A « le 5 sort en premier » et B « la somme des deux dés est 7 » sont-ils indépendants ?
Même question avec C « le 6 sort en premier » et D « la somme des deux dés est 12 ».

CORRIGÉ COMMENTÉ

On vérifie l'indépendance à l'aide de la définition donnée dans le cours.

L'univers Ω est l'ensemble de tous les couples de deux entiers pris entre 1 et 6.
Card $\Omega = 6^2 = 36$.
De plus, il y a équiprobabilité sur Ω.
$A = \{(5\,;1)\,;(5\,;2)\,;(5\,;3)\,;(5\,;4)\,;(5;5)\,;(5\,;6)\}$, d'où $p(A) = \frac{6}{36} = \frac{1}{6}$.
$B = \{(6\,;1)\,;(1\,;6)\,;(5\,;2)\,;(2\,;5)\,;(4\,;3)\,;(3\,;4)\}$, d'où $p(B) = \frac{6}{36} = \frac{1}{6}$.
$A \cap \mathrm{B} = \{(5\,;2)\}$, alors $p(A \cap B) = \frac{1}{36}$.
On a $p(A \cap B) = \frac{1}{36}$ et $p(A) \times p(B) = \frac{1}{6} \times \frac{1}{6} = \frac{1}{36}$, soit $p(A \cap B) = p(A) \times p(B)$.
Les événements A et B sont donc indépendants.
$C = \{(6\,;1)\,;(6\,;2)\,;(6\,;3)\,;(6\,;4)\,;(6\,;5)\,;(6\,;6)\}$, alors $p(C) = \frac{6}{36} = \frac{1}{6}$.
$D = \{(6\,;6)\}$, d'où $p(D) = \frac{1}{36}$.
$C \cap D = \{(6\,;6)\}$, en conséquence $p(C \cap D) = \frac{1}{36}$.
Ici, $p(C \cap D) \neq p(C) \times p(D)$, donc **les événements C et D ne sont pas indépendants**.

À RETENIR

- **Pour savoir si deux événements sont indépendants ou ne le sont pas**, on vérifiera l'égalité : $p(A \cap B) = p(A) \times p(B)$.
- Lorsqu'on connaît une probabilité conditionnelle, on pourra également vérifier l'égalité $p_A(B) = p(B)$.

3 Suites et probabilités conditionnelles

EXERCICE TYPE

Une urne n° 1 contient deux boules noires et une boule blanche.
Soit n un entier naturel supérieur ou égal à 2.
Des urnes n° 2, n° 3, … n° n, toutes identiques, contiennent une boule noire et une boule blanche. On prélève au hasard une boule de l'urne n° 1 pour la placer dans l'urne n° 2 ; puis de l'urne n° 2 dans l'urne n° 3 et ainsi de suite jusqu'à l'urne n° n.

Pour tout entier k compris entre 1 et n, on désigne par B_k l'événement : « la boule extraite de l'urne k est blanche » et par $\overline{B_k}$: « la boule extraite de l'urne k est noire ».

1° Calculer $p(B_1)$ et $p(\overline{B_1})$; $p(B_2)$ et $p(\overline{B_2})$.

2° On note u_k la probabilité de B_k.

Montrer que, pour tout entier compris entre 1 et $n-1$, $u_{k+1} = \frac{1}{3}u_k + \frac{1}{3}$.

3° Démontrer par récurrence que, pour tout entier k compris entre 1 et n,

$$u_k = \frac{1}{2} - \frac{1}{6} \times \left(\frac{1}{3}\right)^{k-1}.$$

4° Déterminer la limite de la suite (u_n) quand n tend vers $+\infty$.

CORRIGÉ COMMENTÉ

1° Utilisons un schéma d'arbre de probabilités.

$p(B_1) = \frac{1}{3}$ puisque l'urne n° 1 contient une boule blanche parmi 3.

$p(\overline{B_1}) = \frac{2}{3}$ puisque l'urne n° 1 contient deux boules noires parmi 3.

$p_{B_1}(B_2) = \frac{2}{3}$ puisque, si B_1 est réalisé, l'urne n° 2 contient alors 2 blanches parmi 3.

D'où $P_{B_1}(\overline{B_2}) = \frac{1}{3}$.

$p_{\overline{B_1}}(B_2) = \frac{1}{3}$ puisque, si $\overline{B_1}$ est réalisé, l'urne n° 2 contient alors 1 blanche parmi 3.

D'où $P_{\overline{B_1}}(\overline{B_2}) = \frac{2}{3}$.

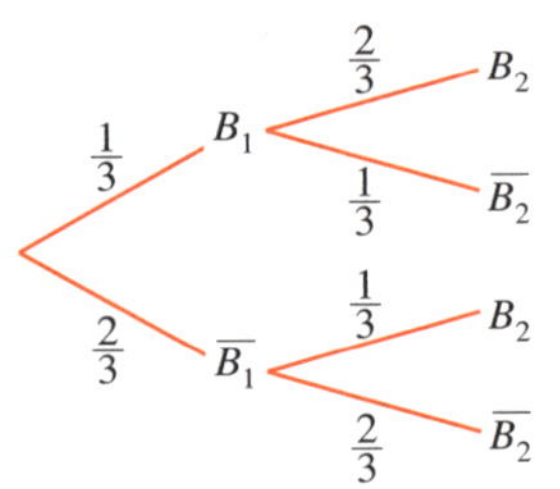

On indique sur les branches reliant B_1 et $\overline{B_1}$ à B_2 et $\overline{B_2}$ des probabilités conditionnelles.

On en déduit :

$$p(B_2) = p_{B_1}(B_2) \times p(B_1) + p_{\overline{B}_1}(B_2) \times p(\overline{B}_1)$$

$$p(B_2) = \frac{2}{3} \times \frac{1}{3} + \frac{2}{3} \times \frac{1}{3} = \frac{4}{9} \text{ et } p(\overline{B}_2) = 1 - p(B_2) = \frac{5}{9}.$$

2° On construit un arbre de probabilités pour les événements B_k et B_{k+1} (k étant un entier compris entre 1 et $n-1$).

On obtient de même :

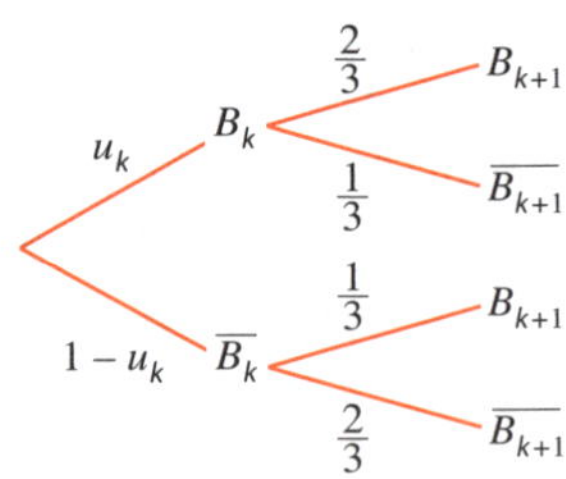

$$p(B_{k+1}) = p_{B_k}(B_{k+1}) \times p(B_k) + p_{\overline{B}_k}(B_{k+1}) \times p(\overline{B}_k)$$

$$p(B_{k+1}) = \frac{2}{3} \times u_k + \frac{1}{3} \times (1 - u_k)$$

$$u_{k+1} = \frac{2}{3} \times u_k + \frac{1}{3} - \frac{1}{3}u_k$$

$$u_{k+1} = \frac{1}{3}u_k + \frac{1}{3}$$

> B_k et $\overline{B_k}$ forment une partition de l'univers (ou système complet d'événements).

3° Vérifions la propriété au rang 1 :

$$u_1 = \frac{1}{3} \text{ et } \frac{1}{2} - \frac{1}{6} \times \left(\frac{1}{3}\right)^{1-1} = \frac{1}{2} - \frac{1}{6} = \frac{1}{3}.$$

L'égalité $u_1 = \frac{1}{2} - \frac{1}{6} \times \left(\frac{1}{3}\right)^{1-1}$ est vérifiée.

Transmissibilité : soit k un entier quelconque compris ente 1 et $n - 1$; supposons $u_k = \frac{1}{2} - \frac{1}{6} \times \left(\frac{1}{3}\right)^{k-1}$.

On applique $u_{k+1} = \frac{1}{3}u_k + \frac{1}{3}$, ce qui donne $u_{k+1} = \frac{1}{3}\left(\frac{1}{2} - \frac{1}{6} \times \left(\frac{1}{3}\right)^{k-1}\right) + \frac{1}{3}$.

Soit, en développant : $u_{k+1} = \frac{1}{3} \times \frac{1}{2} - \frac{1}{3} \times \frac{1}{6} \times \left(\frac{1}{3}\right)^{k-1} + \frac{1}{3}$

$$u_{k+1} = \frac{1}{6} + \frac{1}{3} - \frac{1}{6} \times \left(\frac{1}{3}\right)^{k}$$

$$u_{k+1} = \frac{1}{2} - \frac{1}{6} \times \left(\frac{1}{3}\right)^{k}.$$

On trouve ici exactement la formule au rang $k+1$.

Conclusion : par le principe de récurrence, pour tout entier k compris entre 1 et n, $u_k = \frac{1}{2} - \frac{1}{6} \times \left(\frac{1}{3}\right)^{k-1}$.

4° u_n représente la probabilité qu'à l'issue du dernier tirage la boule extraite soit blanche.

Pour tout entier naturel n ($n \geqslant 2$), $u_n = \frac{1}{2} - \frac{1}{6} \times \left(\frac{1}{3}\right)^{n-1}$.

Puisque $0 < \frac{1}{3} < 1$, $\lim\limits_{n \to +\infty} \left(\frac{1}{3}\right)^{n-1} = 0$; donc $\lim\limits_{n \to +\infty} u_n = \frac{1}{2}$.

À RETENIR

- Dans le cas d'expériences répétées conduisant à l'utilisation de suites, on construira le plus souvent un arbre de probabilités aux étapes k et $k + 1$.
- La lecture de l'arbre donnera une relation de récurrence entre la probabilité d'un événement au rang k et au rang $k + 1$: ce sera implicitement l'application de la formule des probabilités totales.

1 ★ 10 min

Une urne U_1 contient 3 boules noires et une boule blanche. Une urne U_2 contient 2 boules noires et 3 boules blanches.
On tire une boule dans l'une des deux urnes. De plus, on suppose que l'on a deux fois plus de chances de tirer la boule dans U_1 que dans U_2.

1° *a)* Calculer les probabilités de choisir l'urne U_1 et de tirer une blanche ; de choisir l'urne U_2 et de tirer une blanche.
b) En déduire la probabilité de tirer une boule blanche.

2° Sachant que la boule est blanche, quelle est la probabilité qu'elle provienne de U_1 ? de U_2 ?

→ *Corrigé p. 302*

2 ★ 10 min

Une usine fabrique des ampoules électriques ; 75 % sont conformes aux normes et 25 % non conformes.
Un contrôle, qui n'est pas infaillible, accepte 10 % des ampoules non conformes et rejette 4 % des ampoules conformes.

1° Calculer la probabilité qu'une ampoule soit acceptée par le contrôle.

2° Sachant qu'une ampoule est acceptée, quelle est la probabilité qu'elle soit conforme aux normes ?

→ *Corrigé p. 303*

3 ★ 5 min

Les probabilités pour que deux tireurs atteignent une cible sont respectivement $\frac{1}{4}$ et $\frac{1}{6}$.
Chacun tire une seule fois sur la cible, indépendamment de l'autre tireur.

1° Quelle est la probabilité que les deux atteignent la cible ?

2° Calculer la probabilité que l'un des deux seulement atteigne la cible.

→ *Corrigé p. 303*

4 ★★ 15 min

Un patineur participe à une compétition au cours de laquelle il doit effectuer trois sauts. Il ne réussit le premier que dans 95 % des cas, le deuxième dans 93 % des cas et le troisième dans 90 % des cas. Les réussites aux sauts sont supposées indépendantes.

1° Quelle est la probabilité pour ce patineur de réussir tous ses sauts ?

2° Quelle est la probabilité d'en manquer trois ?

3° Quelle est la probabilité d'en manquer un seul ?

→ *Corrigé p. 303*

5 ★ 5 min

30 % des individus d'une population sont touchés par une certaine maladie M. Pour une enquête, on choisit 10 personnes au hasard et de façon indépendante. Quelle est la probabilité que, parmi les 10 personnes, il y en ait au moins une qui soit malade ?

→ *Corrigé p. 304*

6 ★★ 10 min

Dans une fête foraine, Jean participe à une épreuve de tir.
Il a 4 chances sur 10 de toucher la cible. On suppose que les tirs sont des épreuves indépendantes les unes des autres.

1° Il tire 3 fois de suite. Quelle probabilité a-t-il de toucher la cible au moins une fois ?

2° *a)* On suppose qu'il tire n fois. Calculer, en fonction de n, la probabilité qu'il touche la cible au moins une fois.
b) Combien de fois doit-il tirer s'il veut toucher la cible, au moins une fois, avec une probabilité supérieure ou égale à 0,95 ?

→ *Corrigé p. 304*

7 ★★ **40 min**

Pour prévenir l'extension d'une épidémie virale, on décide de soumettre la population menacée à des tests. D'une façon générale, le résultat de chaque test est positif pour les porteurs du virus, négatif pour les personnes qui ne sont pas atteintes ; mais il y a des exceptions. Le but de l'exercice est de comparer deux procédures de dépistage, l'une n'utilisant qu'un test, l'autre consistant en la succession de deux tests identiques réalisés indépendamment l'un de l'autre.
On choisit un individu X au hasard et on considère les événements suivants :
V : « X est porteur du virus » ; $\overline{V}$: « X n'est pas porteur du virus » ;
T : « le test appliqué à X est positif » ; $\overline{T}$: « le test appliqué à X est négatif ».
En désignant par $p(E)$ la probabilité de l'événement E, on admet que :

$p(V) = 0{,}1$, d'où $p(\overline{V}) = 0{,}9$;
$p(\overline{T}$ sachant $V) = 0{,}05$, d'où $p(T$ sachant $V) = 0{,}95$;
$p(T$ sachant $\overline{V}) = 0{,}03$.

1° Dans cette question, on étudie la procédure de contrôle qui n'utilise qu'un test.
a) Calculer la probabilité des événements :
A : « X est porteur du virus *ET* le test appliqué à X est positif » ;
B : « X n'est pas porteur du virus *ET* le test appliqué à X est positif ».
En déduire la probabilité de T, puis celle de $\overline{T}$.
b) Calculer la probabilité que X soit porteur du virus et que le test soit négatif.
En déduire la probabilité que X soit porteur du virus sachant que le test appliqué à X est négatif.

2° On effectue maintenant deux tests identiques dans des conditions qui garantissent l'indépendance des résultats. On considère l'événement $\overline{T}_2$: « les résultats des deux tests appliqués à X sont négatifs ».
a) Quelle est la probabilité de $\overline{T}_2$?
Quelle est la probabilité que les deux tests soient négatifs sachant que X est porteur du virus ?
b) Déduire de la question *a)* la probabilité que X soit porteur du virus et que les deux tests soient négatifs, puis la probabilité que X soit porteur du virus sachant que les deux tests ont été négatifs.

→ *Corrigé p. 305*

8 ★★ **40 min**

Une société de maintenance effectue l'entretien d'un ordinateur qu'elle a installé. Elle intervient chaque fois que l'ordinateur présente un dysfonctionnement et répare celui-ci.

Pour n entier naturel, on appelle I_n l'événement « la société intervient au cours du n-ième mois qui suit l'installation de l'ordinateur » et on note $p_n = p(I_n)$ la probabilité de l'événement I_n.
On a pu constater les résultats suivants :
- $p_1 = p(I_1) = 0{,}75$;
- sachant qu'il y a eu une intervention durant le n-ième mois qui a suivi l'ins-tallation, la probabilité d'intervention le mois suivant est égale à 0,2 ;
- sachant qu'il n'y a pas eu d'intervention durant le n-ième mois qui a suivi l'installation, la probabilité d'intervention le mois suivant est égale à 0,8.

1° Pour $n \in \mathbb{N}^*$, préciser $p_{I_n}(I_{n+1})$ et $p_{\overline{I}_n}(I_{n+1})$, puis calculer $p(I_{n+1} \cap I_n)$ et $p(I_{n+1} \cap \overline{I_n})$ en fonction de p_n.

2° En déduire $p_{n+1} = -0{,}6\, p_n + 0{,}8$.

3° On considère la suite (q_n) définie sur $\mathbb{N}^*$ par $q_n = p_n - 0{,}5$.
a) Démontrer que la suite (q_n) est géométrique.
b) En déduire q_n, puis p_n en fonction de n.
c) Déterminer la limite de $p(I_n)$ quand n tend vers $+\infty$.

→ *Corrigé p. 306*

1 → *Énoncé p. 298* Notons :

- A_1 (respectivement A_2) l'événement « le tirage se fait dans l'urne U_1 » (respectivement U_2) ;
- B : « la boule tirée est blanche » et N : « la boule tirée est noire ».

On sait que $P(A_1) = 2\,P(A_2)$.
Comme $P(A_1) + P(A_2) = 1$, on en déduit que $P(A_1) = \frac{2}{3}$ et $P(A_2) = \frac{1}{3}$.
L'énoncé donne les probabilités suivantes :
$P_{A_1}(B) = \frac{1}{4}$; $P_{A_1}(N) = \frac{3}{4}$; $P_{A_2}(B) = \frac{3}{5}$ et $P_{A_1}(N) = \frac{2}{5}$.
On peut alors représenter l'expérience par l'arbre suivant :

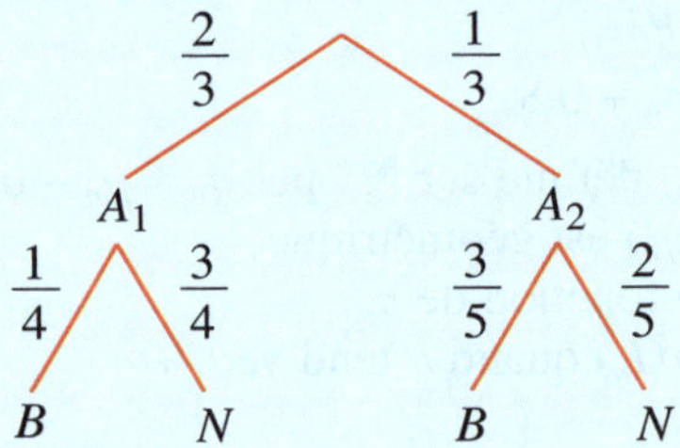

1° a) $P(A_1 \cap B) = P(A_1) \times P_{A_1}(B) = \frac{2}{3} \times \frac{1}{4}$,
soit $\boldsymbol{P(A_1 \cap B) = \frac{1}{6}}$;
$P(A_2 \cap B) = P(A_2) \times P_{A_2}(B) = \frac{1}{3} \times \frac{3}{5}$, soit $\boldsymbol{P(A_2 \cap B) = \frac{1}{5}}$.

> La question est de déterminer une probabilité d'intersection, alors que les données fournissent immédiatement des probabilités conditionnelles.

b) On a ici $A_2 = \bar{A}_1$. Pour calculer $P(B)$, on peut utiliser la formule des probabilités totales. Il en résulte :
$P(B) = P(A_1) \times P_{A_1}(B) + P(A_2) \times P_{A_2}(B)$,
d'où $P(B) = \frac{1}{6} + \frac{1}{5}$, soit $P(B) = \boldsymbol{\frac{11}{30}}$.

2° $P_B(A_1) = \dfrac{P(A_1 \cap B)}{P(B)} = \dfrac{\frac{1}{6}}{\frac{11}{30}} = \frac{1}{6} \times \frac{30}{11}$, soit $\boldsymbol{P_B(A_1) = \frac{5}{11}}$.
Comme $A_2 = \bar{A}_1$, on a $P_B(A_2) = 1 - P_B(A_1) = 1 - \frac{5}{11}$,
soit $\boldsymbol{P_B(A_2) = \frac{6}{11}}$.

> On demande de calculer $P_B(A_1)$ connaissant $P_{A_1}(B)$.

2 → Énoncé p. 298 Notons A l'événement « l'ampoule est acceptée » et C l'événement « l'ampoule est conforme ». Dressons l'arbre traduisant l'énoncé :

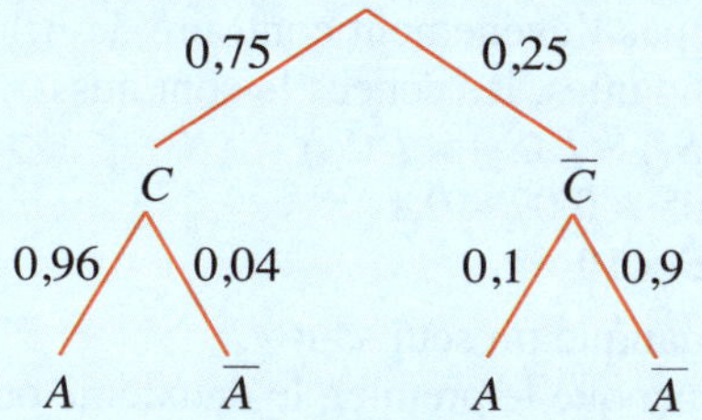

> Cet exercice propose de traiter un cas de test non totalement fiable. Il en existe de nombreuses versions dans d'autres contextes variés.

1° Pour calculer $P(A)$, utilisons la formule des probabilités totales :

$$P(A) = P(C) \times P_C(A) + P(\overline{C}) \times P_{\overline{C}}(A)$$
$$P(A) = 0{,}75 \times 0{,}96 + 0{,}25 \times 0{,}1.$$

Après calculs, on trouve $\boldsymbol{P(A) = 0{,}745}$.

2° $P_A(C) = \dfrac{P(A \cap C)}{P(A)} = \dfrac{P(C) \times P_C(A)}{P(A)}$, soit $\boldsymbol{P_A(C) \approx 0{,}97}$.

3 → Énoncé p. 298 Appelons A l'événement « le premier tireur atteint la cible » et B « le second tireur atteint la cible ».

1° Soit C_2 l'événement « les deux atteignent la cible ».
On a $C_2 = A \cap B$. L'énoncé suggère que les événements A et B sont indépendants, alors : $p(A \cap B) = p(A) \times p(B) = \dfrac{1}{6} \times \dfrac{1}{4} = \boldsymbol{\dfrac{1}{24}}$.

2° Soit C_1 l'événement « l'un des deux seulement atteint la cible ».
Il y a deux cas : le premier touche la cible et le second la manque, ou réciproquement.
On a $C_1 = (A \cap \overline{B}) \cup (\overline{A} \cap B)$.
Les événements $(A \cap \overline{B})$ et $(\overline{A} \cap B)$ sont incompatibles, d'où :

$$P(C_1) = P(A \cap \overline{B}) + P(\overline{A} \cap B) = P(A) \times P(\overline{B}) + P(\overline{A}) \times P(B)$$
$$P(C_1) = \frac{1}{4} \times \frac{5}{6} + \frac{3}{4} \times \frac{1}{6} = \frac{5}{24} + \frac{3}{24} = \frac{8}{24} = \boldsymbol{\frac{1}{3}}.$$

> Rappelons que si A et B sont des événements indépendants, A et $\overline{B}$ sont indépendants.

4 → Énoncé p. 298 Notons respectivement S_1, S_2 et S_3 les événements : « le patineur réussit le premier saut », « le patineur réussit le deuxième saut » et « le patineur réussit le troisième saut ».

1° Soit A l'événement « le patineur réussit tous ses sauts ».
On a $A = S_1 \cap S_2 \cap S_3$.
Les sauts étant supposés indépendants, par généralisation de la formule, on peut écrire :

$$P(A) = P(S_1) \times P(S_2) \times P(S_3)$$
$$P(A) = 0{,}95 \times 0{,}93 \times 0{,}90$$

$$\mathbf{P(A) = 0{,}79515.}$$

2° Soit B l'événement « le patineur manque tous ses sauts ».
On a $B = \bar{S}_1 \cap \bar{S}_2 \cap \bar{S}_3$.
(Il est important de noter que B n'est pas l'événement contraire de A.)
Si les réussites aux sauts sont indépendantes, les échecs le sont aussi.
On a alors : $P(B) = P(\bar{S}_1) \times P(\bar{S}_2) \times P(\bar{S}_3)$

$$P(B) = 0{,}05 \times 0{,}07 \times 0{,}1$$

$$\mathbf{P(B) = 3{,}5 \times 10^{-4}}.$$

3° Soit C l'événement « le patineur manque un seul saut ».
Il y a ici trois possibilités selon qu'il manque le premier, le deuxième ou le troisième.
On a $C = (\bar{S}_1 \cap S_2 \cap S_3) \cup (S_1 \cap \bar{S}_2 \cap S_3) \cup (S_1 \cap S_2 \cap \bar{S}_3)$.
Les événements $(\bar{S}_1 \cap S_2 \cap S_3)$, $(S_1 \cap \bar{S}_2 \cap S_3)$ et $(S_1 \cap S_2 \cap \bar{S}_3)$ sont deux à deux incompatibles.
On peut alors écrire : $P(C) = P(\bar{S}_1 \cap S_2 \cap S_3) + P(S_1 \cap \bar{S}_2 \cap S_3) + P(S_1 \cap S_2 \cap \bar{S}_3)$.
puis, du fait de l'indépendance des sauts :
$P(C) = P(\bar{S}_1) \times P(S_2) \times P(S_3) + P(S_1) \times P(\bar{S}_2) \times P(S_3) + P(S_1) \times P(S_2) \times P(\bar{S}_3) P(C)$
$P(C) = 0{,}05 \times 0{,}93 \times 0{,}9 + 0{,}95 \times 0{,}07 \times 0{,}90 + 0{,}95 \times 0{,}93 \times 0{,}1$
$P(C) = 0{,}04185 + 0{,}05985 + 0{,}088350$
$\mathbf{P(C) = 0{,}19005}$.

5 → *Énoncé p. 299* Soit $p(M)$ la probabilité qu'une personne prise au hasard soit malade. On a $p(M) = 0{,}3$ et donc $p(\bar{M}) = 0{,}7$.

> On retrouve la loi binomiale étudiée en Première.

Soit A l'événement « il y a au moins un malade parmi les 10 personnes » ; alors $\bar{A}$ est l'événement « les 10 personnes ne sont pas malades ».
Les personnes étant choisies de façon indépendante, on a :

$$p(\bar{A}) = (p(\bar{M}))^{10}, \text{ d'où } p(\bar{A}) = (0{,}7)^{10} ;$$

alors $p(A) = 1 - (0{,}7)^{10}$, soit $\mathbf{p(A) \approx 0{,}972}$ **à** $\mathbf{10^{-3}}$ **près.**

6 → *Énoncé p. 299* La probabilité que Jean manque la cible est $p = 0{,}6$.

> Ici encore, la loi binomiale.

1° Les épreuves étant indépendantes, la probabilité que Jean manque 3 fois la cible est $(0{,}6)^3$. « Il touche la cible au moins une fois » est le contraire de « il manque 3 fois la cible ». La probabilité que Jean touche la cible au moins une fois est donc :

$$\mathbf{1 - (0{,}6)^3 = 0{,}784.}$$

2° *a)* Par analogie avec la question 1°, la probabilité qu'il touche la cible au moins une fois au cours des n tirs est $\mathbf{1 - (0{,}6)^n}$.

b) On doit avoir : $1-(0{,}6)^n \geqslant 0{,}95,$
soit : $(0{,}6)^n \leqslant 0{,}05$
et donc $n\ \ln 0{,}6 \leqslant \ln 0{,}05$, car la fonction ln est strictement croissante sur $]0\ ;+\infty[$;
ce qui donne : $n \geqslant \dfrac{\ln 0{,}05}{\ln 0{,}6}$, car $\ln 0{,}6 < 0$.

La calculatrice donne $\mathbf{\dfrac{\ln 0{,}05}{\ln 0{,}6} \approx 5{,}86}$.

Jean doit donc tirer au moins 6 fois.

> L'utilisation du logarithme permet de résoudre l'équation. Mais, il est aussi possible de programmer les valeurs de $(0{,}6)^n$ sur une calculatrice et de lire dans le tableau la valeur de l'entier n répondant à la question.

7 → *Énoncé p. 300*

On a le schéma ci-dessous.

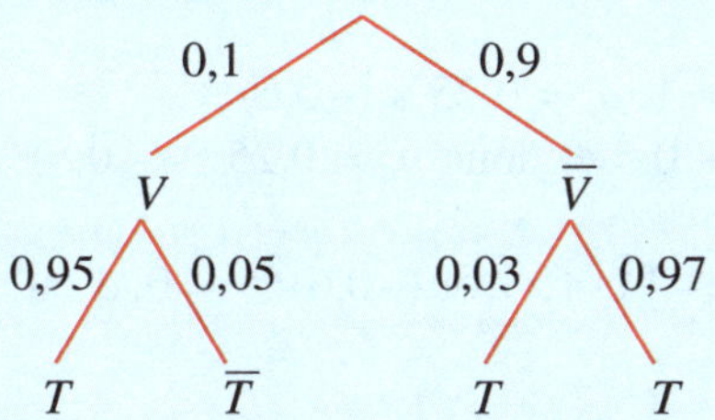

> Cet exercice propose de traiter un cas de test non totalement fiable dans un contexte médical.

1° *a*) $A = V \cap T$, donc $P(A) = P(V) \times P_{\overline{V}}(T) = 0{,}1 \times 0{,}95$,
soit $\boldsymbol{P(A) = 0{,}095}$.

De même :

$B = \overline{V} \cap T$,

donc $P(B) = P(\overline{V}) \times P_{\overline{V}}(T) = 0{,}9 \times 0{,}03$, soit $\boldsymbol{P(B) = 0{,}027}$.
Les événements A et B sont incompatibles et $A \cup B = T$, donc :

$$P(T) = P(A) + P(B) = 0{,}095 + 0{,}027 \text{ soit } \boldsymbol{P(T) = 0{,}122}.$$

On en déduit $\boldsymbol{P(\overline{T}) = 0{,}878}$.

b) $P(V \cap \overline{T}) = P(V) \times P_V(\overline{T}) = 0{,}1 \times 0{,}05$, soit $\boldsymbol{P(V \cap \overline{T}) = 0{,}005}$.

Alors $P_{\overline{T}}(V) = \dfrac{P(V \cap \overline{T})}{P(\overline{T})}$ et, d'après *a*), $P_{\overline{T}}(V) = \dfrac{0{,}005}{0{,}878}$ soit $\boldsymbol{P_{\overline{T}}(V) \approx 0{,}00569}$.

2° *a*) Les deux tests étant indépendants :

$P(\overline{T}_2) = P(\overline{T}) \times P(\overline{T}) = (0{,}878)^2$, donc $\boldsymbol{P(\overline{T}_2) \approx 0{,}771}$.

De même, $P_V(\overline{T}_2) = P_V(\overline{T}) \times P_V(\overline{T}) = (0{,}05)^2$, donc $\boldsymbol{P_V(\overline{T}_2) = 0{,}0025}$.

b) $P(\overline{T}_2 \cap V) = P(V) \times P_V(\overline{T}_2) = 0{,}1 \times 0{,}0025$, d'où $\boldsymbol{P(\overline{T}_2 \cap V) = 0{,}00025}$.

Enfin, $P_{\overline{T}_2}(V) = \dfrac{P(\overline{T}_2 \cap V)}{P(\overline{T}_2)} = \dfrac{0{,}00025}{0{,}771}$, soit $\boldsymbol{P_{\overline{T}_2}(V) = 3{,}2 \times 10^{-4}}$.

8 → Énoncé p. 300 1° L'énoncé nous donne $p_{I_n}(I_{n+1}) = 0{,}2$ et $p_{\overline{I_n}}(I_{n+1}) = 0{,}8$.

Nous avons alors $p(I_{n+1} \cap I_n) = p_{I_n}(I_{n+1}) \times p(I_n) = 0{,}2\, p_n$ et $p(I_{n+1} \cap \overline{I_n}) = p_{\overline{I_n}}(I_{n+1}) \times p(\overline{I_n}) = 0{,}8 \times (1 - p_n) = 0{,}8 - 0{,}8p_n$.

> Il s'agit d'un exercice associant suites et probabilités.
> Il est important de bien connaître le cours sur les suites géométriques.

2° Les événements $I_{n+1} \cap I_n$ et $I_{n+1} \cap \overline{I_n}$ sont incompatibles et leur réunion est égale à I_{n+1}.

Nous avons donc $p(I_{n+1}) = p(I_{n+1} \cap I) + p(I_{n+1} \cap \overline{I_n})$,
c'est-à-dire $p_{n+1} = 0{,}2\, p_n + 0{,}8 - 0{,}8p_n$, soit $p_{n+1} = -0{,}6\, p_n + 0{,}8$.

3° *a*) Pour tout entier $n \geqslant 1$,
$q_{n+1} = p_{n+1} - 0{,}5 = -0{,}6p_n + 0{,}8 - 0{,}5 = -0{,}6p_n + 0{,}3 = -0{,}6(p_n - 0{,}5) = -0{,}6q_n$.
Cette égalité prouve que la suite (q_n) est géométrique de raison $-0{,}6$.

b) $q_1 = p_1 - 0{,}5 = 0{,}75 - 0{,}5 = 0{,}25$.
Nous avons alors, pour tout entier $n \geqslant 1$, $q_n = 0{,}25 \times (-0{,}6)^{n-1}$.
Comme $q_n = p_n - 0{,}5$, alors $p_n = q_n + 0{,}5$ et donc $p_n = 0{,}25 \times (-0{,}6)^{n-1} + 0{,}5$ pour tout entier $n \geqslant 1$.

c) $-0{,}6$ étant strictement compris entre -1 et 1, $\lim\limits_{n \to +\infty} (-0{,}6)^{n-1} = 0$, d'où $\lim\limits_{n \to +\infty} p_n = 0{,}5$.

Exemples de lois à densité

CHAPITRE 14

1 Loi continue à densité

Soit E un ensemble muni d'une loi de probabilité P et soit X une variable aléatoire définie sur E.
Si l'ensemble des valeurs prises par X est un intervalle I de $\mathbb{R}$, on dit que X est **une variable aléatoire continue**.
Si de plus, il existe une fonction f continue (sauf peut-être en quelques valeurs) et positive sur I telle que, pour tout a et b de I avec $a \leqslant b$, on ait :

$$P(a \leqslant X \leqslant b) = \int_a^b f(x)\,\mathrm{d}x,$$

la loi de probabilité de X est dite **loi continue à densité**.

$\boldsymbol{P(a \leqslant X \leqslant b)}$ est l'aire comprise entre l'axe des abscisses, la courbe de f et les droites d'équations $x = a$ et $x = b$.

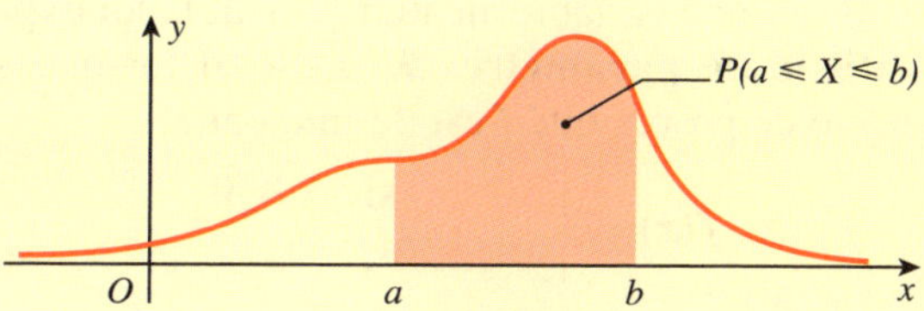

La fonction f doit être telle que l'aire totale comprise entre la courbe et l'axe des abscisses soit égale à 1.
La fonction f est appelée **densité de probabilité**.

Remarques :

- Si X est une variable aléatoire continue alors, pour tout $a \in \mathbb{R}$, on a $P(X = a) = 0$.
- $P(a \leqslant X \leqslant b)$ se note parfois $P\big(X \in [a\ ;\ b]\big)$ ou simplement $P\big([a\ ;\ b]\big)$.

2 Loi uniforme sur [a ; b]

A. Définition

On dit qu'une variable aléatoire X suit la **loi de probabilité uniforme sur [a ; b]** (a et b étant deux réels avec $a < b$) lorsque sa densité de probabilité f est définie par :

$$f(x) = \begin{cases} \dfrac{1}{b-a} & \text{si } x \in [a\ ;\ b] \\ 0 & \text{sinon.} \end{cases}$$

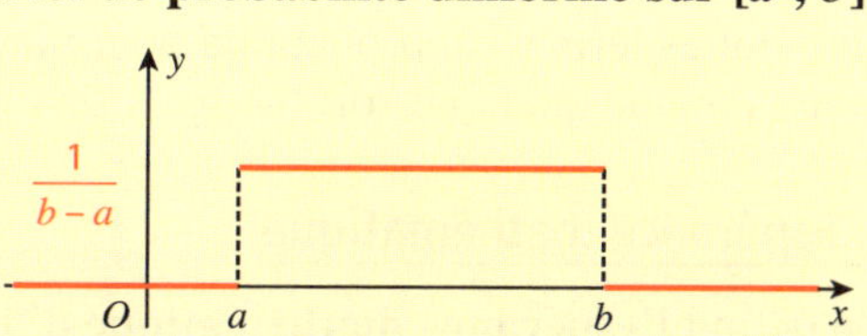

Cette loi est la loi des phénomènes continus uniformément répartis sur [a ; b].

B. Espérance mathématique

On définit **l'espérance mathématique** d'une loi continue de densité f, non nulle, uniquement sur un intervalle borné $[a\,;\,b]$, par $E(X) = \int_a^b tf(t)\,\mathrm{d}t$.
On a alors :

L'**espérance mathématique** de la loi uniforme sur $[a\,;\,b]$ est $\mathbf{E(X) = \frac{a+b}{2}}$.

3 Loi exponentielle

A. Définition

On dit qu'une variable aléatoire X suit la **loi exponentielle de paramètre λ** ($\lambda > 0$) lorsque sa densité de probabilité f est définie par :

$$f(x) = \begin{cases} \lambda e^{-\lambda x} & \text{si } x \geqslant 0 \\ 0 & \text{sinon.} \end{cases}$$

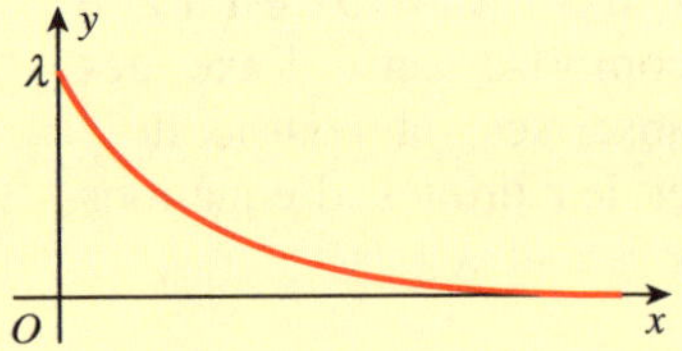

On a alors :

- pour tous réels a et b positifs, $P(a \leqslant X \leqslant b) = \int_a^b \lambda e^{-\lambda x}\mathrm{d}x = e^{-\lambda a} - e^{-\lambda b}$;
- pour tout réel a positif, $P(X \leqslant a) = \int_0^a \lambda e^{-\lambda x}\mathrm{d}x = 1 - e^{-\lambda a}$

et $P(X > a) = 1 - P(X \leqslant a) = e^{-\lambda a}$.

■ On rencontre généralement cette loi lorsqu'il s'agit de représenter un temps d'attente avant l'arrivée d'un événement spécifié.
Cette loi modélise aussi la durée de vie de certains objets ou éléments.
Elle présente la particularité d'être « **sans vieillissement** », c'est-à-dire que, pour tous réels t et h positifs, la probabilité conditionnelle de $(X \geqslant t + h)$ sachant $(X \geqslant h)$ est égale à la probabilité de $(X \geqslant t)$.
En d'autres termes, la probabilité pour un objet de durer au moins un certain temps t reste la même quel que soit l'« âge » de l'objet.

B. Espérance mathématique

On définit **l'espérance mathématique** d'une loi continue de densité f, non nulle uniquement sur un intervalle du type $[a\,;\,+\infty[$ par $E(X) = \lim\limits_{x \to +\infty} \int_a^x tf(t)\mathrm{d}t$.

On a alors :

L'**espérance mathématique** de la loi exponentielle de paramètre λ est $E(X) = \frac{1}{\lambda}$.

4 Lois normales

A. Rappel

Soient deux entiers n et p avec $n \in \mathbb{N}^*$ et $0 \leqslant p \leqslant 1$.
On dit qu'une variable aléatoire X_n suit la loi binomiale de paramètres n, notée $\mathcal{B}(n\,;p)$, lorsque, pour tout $k \in \{1, 2, \ldots, n\}$:

$$P(X_n = k) = \binom{n}{k} p^k (1-p)^{n-k}.$$

L'espérance mathématique de X_n est $E(X_n) = np$, son écart type est $\sigma(X_n) = \sqrt{np(1-p)}$.

B. Variable centrée réduite

Une variable aléatoire est dite **centrée et réduite** si son espérance mathématique est nulle et si son écart type vaut 1.
Soit X une variable aléatoire d'espérance m et d'écart type σ.
La variable $Z = \frac{X-m}{\sigma}$ a une espérance nulle et un écart type égal à 1. C'est la variable aléatoire centrée réduite associée à X.

5 Théorème de Moivre-Laplace

On suppose que, pour tout entier n, la variable aléatoire X_n suit la loi binomiale $\mathcal{B}(n\,;p)$.
On pose $Z_n = \frac{X_n - np}{\sqrt{np(1-p)}}$, variable centrée réduite associée à X_n.
Alors, pour tous réels a et b tels que $a < b$, on a :

$$\lim_{n \to +\infty} P(a \leqslant Z_n \leqslant b) = \int_a^b \frac{1}{\sqrt{2\pi}} e^{-\frac{x^2}{2}} \, dx.$$

Ce théorème affirme que la loi binomiale « converge » vers la loi continue de densité $x \mapsto \frac{1}{\sqrt{2\pi}} e^{-\frac{x^2}{2}}$, appelée **loi normale centrée réduite**, lorsque le nombre d'expériences tend vers l'infini.

6 Loi normale centrée réduite

A. Définition

On dit qu'une variable aléatoire X suit **la loi normale centrée** réduite, notée $\mathcal{N}(0\ ;\ 1)$, lorsque sa densité de probabilité f est définie sur $\mathbb{R}$ par :

$$f(x) = \frac{1}{\sqrt{2\pi}}\,\mathrm{e}^{-\frac{x^2}{2}}\,\mathrm{d}x.$$

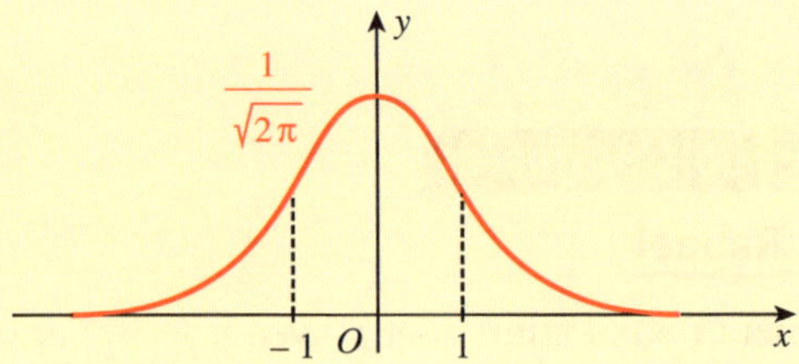

Remarques :

- La fonction f est continue sur $\mathbb{R}$.
- La courbe de f est souvent appelée « courbe en cloche » ou « courbe de Gauss ».
- La fonction f est paire ; sa courbe représentative est symétrique par rapport à l'axe des ordonnées.
- L'aire totale sous la courbe de f est égale à 1, elle représente la probabilité de l'événement $X \in\ ]-\infty\ ;\ +\infty[$ qui est l'événement certain.
- L'aire sous la courbe sur $[0\ ;\ +\infty[$ est égale à $\frac{1}{2}$.

B. Propriétés de la loi normale centrée réduite

Soit X une variable aléatoire suivant la loi normale centrée réduite $\mathcal{N}(0\ ;\ 1)$.

Pour tous réels a et b avec $a \leqslant b$, on a $P(a \leqslant X \leqslant b) = \int_a^b \frac{1}{\sqrt{2\pi}}\,\mathrm{e}^{-\frac{x^2}{2}}\,\mathrm{d}x$.

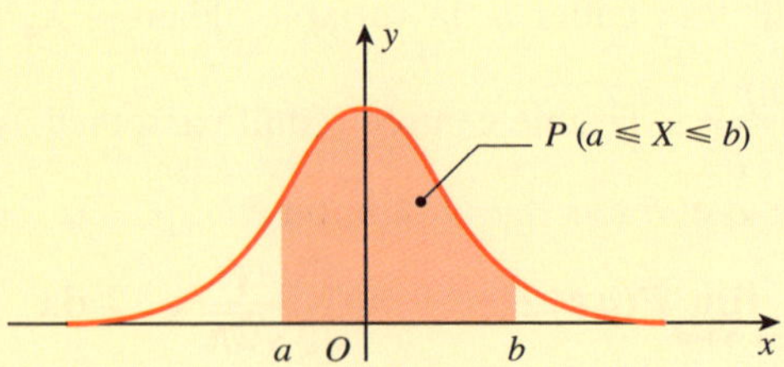

Remarque :

On ne connaît pas de primitive de $x \mapsto \mathrm{e}^{-\frac{x^2}{2}}$. Les probabilités associées à la loi normale s'obtiennent alors de façon approchée à l'aide de la calculatrice ou de logiciels.

Pour tout réel u, $P(X \leqslant -u) = P(X \geqslant u) = 1 - P(X \leqslant u)$.

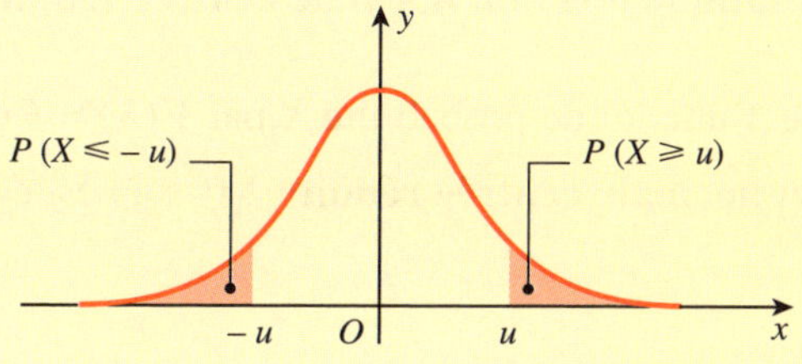

Pour tout réel $\alpha \in \,]0, 1[$, il existe un unique réel positif u_α tel que :

$$P(-u_\alpha \leqslant X \leqslant u_\alpha) = 1 - \alpha.$$

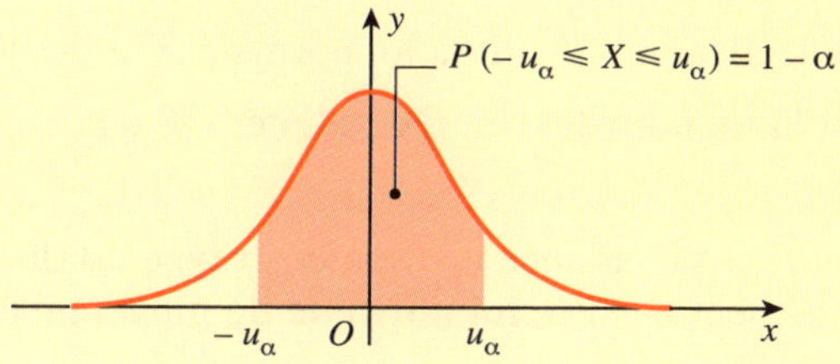

On en déduit $P(X \leqslant -u_\alpha) = P(X \geqslant -u_\alpha) = \dfrac{\alpha}{2}$.

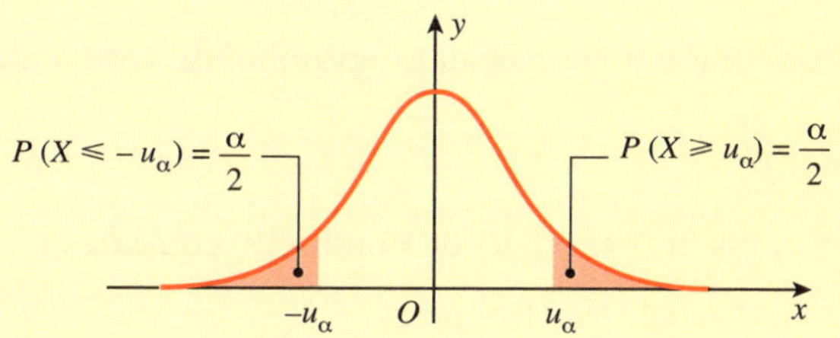

On doit connaître les valeurs approchées suivantes :

$$\boldsymbol{u_{0,05} \approx 1{,}96 \text{ et } u_{0,01} \approx 2{,}58 \text{ (à } 10^{-2} \text{ près).}}$$

On a donc $P(-1{,}96 \leqslant X \leqslant 1{,}96) \approx 0{,}95$ et $P(-2{,}58 \leqslant X \leqslant 2{,}58) \approx 0{,}99$.

C. Espérance mathématique et variance

On définit **l'espérance mathématique** d'une loi continue de densité f définie sur $\mathbb{R}$ par $E(X) = \lim\limits_{x \to -\infty} \int_x^0 tf(t)\,\mathrm{d}t + \lim\limits_{y \to +\infty} \int_0^y tf(t)\,\mathrm{d}t$.

On a alors :

L'**espérance mathématique de la loi normale centrée réduite** $\mathcal{N}(0\ ;\ 1)$ est nulle.

On définit **la variance** d'une loi de probabilité X par $V(X) = E\big((X - E(X))^2\big)$.

La **variance de la loi normale centrée réduite** $\mathcal{N}(0\ ;\ 1)$ est égale à 1.

7 Loi normale : cas général

A. Définition, espérance mathématique et variance

On dit qu'une variable aléatoire X suit la loi normale $\mathcal{N}(\mu\ ;\ \sigma^2)$ si la variable aléatoire $Z = \dfrac{X - \mu}{\sigma}$ suit la loi normale centrée réduite $\mathcal{N}(0\ ;\ 1)$.

L'espérance de X vaut μ et sa variance σ^2. Son écart type est donc égal à σ.
$\mathcal{N}(\mu\ ;\ \sigma^2)$ est communément appelée **loi normale de moyenne μ et d'écart type σ.**

Remarque :
La loi normale est une loi continue à densité, c'est-à-dire qu'il existe une fonction g définie sur $\mathbb{R}$ telle que, pour tous réels a et b avec $a \leqslant b$:

$$P(a \leqslant X \leqslant b) = \int_a^b g(x)\,\mathrm{d}x\,.$$

L'expression de la fonction g n'est pas au programme de Terminale S.

B. Plages de normalité

On a les résultats suivants, utilisés dans de nombreux contextes :

$P(\mu - \sigma \leqslant X \leqslant \mu + \sigma) \approx 0{,}68$ (à 10^{-2} près)

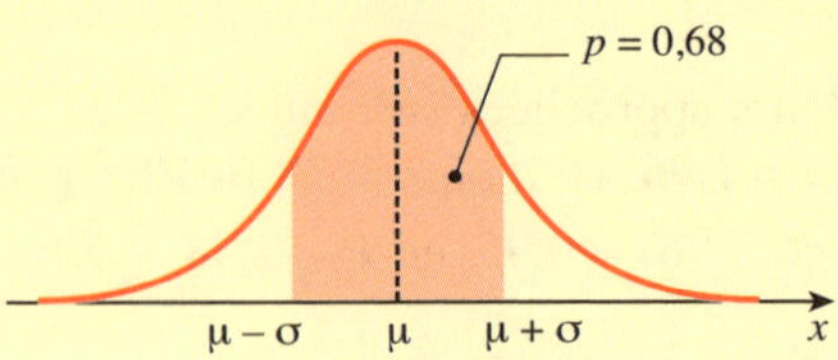

$P(\mu - 2\sigma \leqslant X \leqslant \mu + 2\sigma) \approx 0{,}95$ (à 10^{-2} près)

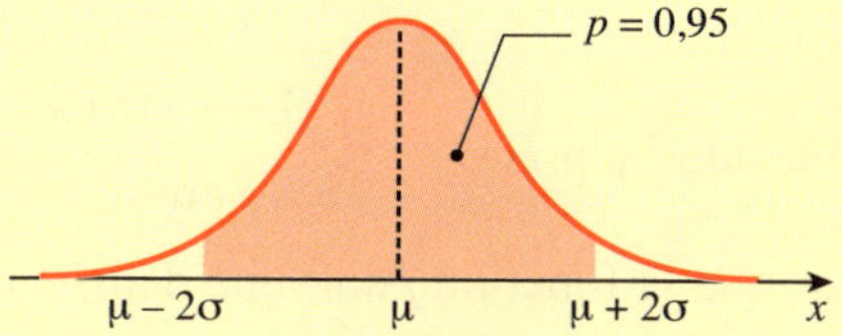

$P(\mu - 3\sigma \leqslant X \leqslant \mu + 3\sigma) \approx 0{,}99$ (à 10^{-2} près)

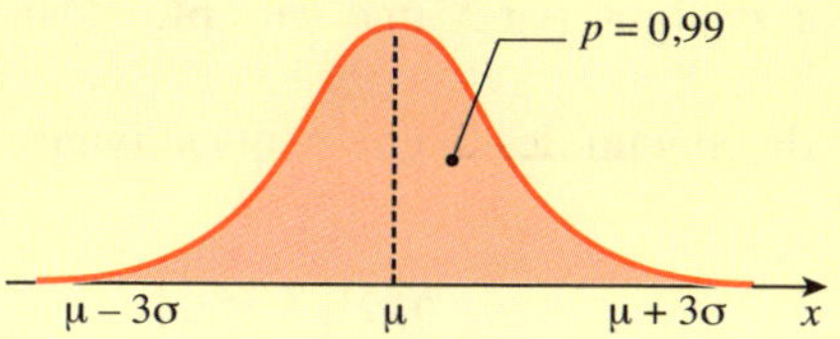

Les intervalles $[\mu - \sigma ; \mu + \sigma]$, $[\mu - 2\sigma ; \mu + 2\sigma]$ et $[\mu - 3\sigma ; \mu + 3\sigma]$, sont appelés **plages de normalité** respectivement à 68 %, 95 % et 99 %.

1 Connaître les propriétés d'une loi continue à densité

EXERCICE TYPE

Soit la fonction f définie sur $\mathbb{R}$ par $f(x) = \begin{cases} a(1-x^2) \text{ si } x \in [-1\,;1] \\ 0 \text{ sinon} \end{cases}$.

1° ***a***) Déterminer a pour que la fonction f soit une densité de probabilité.

b) Construire, pour la valeur de a précédemment trouvée, la courbe représentative de f.

2° On pose $a = \dfrac{3}{4}$ et on désigne par X une variable aléatoire dont f est la densité de probabilité.

Calculer la probabilité de chacun des événements suivants après les avoir interprétées graphiquement :

a) $P\left(-\frac{1}{2} \leqslant X \leqslant 0\right)$; ***b***) $P\left(X \geqslant \frac{1}{3}\right)$.

3° On admet que l'espérance mathématique de X est donnée par $E(X) = \displaystyle\int_{-1}^{1} x f(x)\,\mathrm{d}x$.

Calculer $E(X)$.

CORRIGÉ COMMENTÉ

> La probabilité de l'événement $(a \leqslant X \leqslant b)$ est l'intégrale de a à b de f, où f est la densité de probabilité associée à la variable aléatoire X.

1° ***a*** On remarque que f est continue sur $\mathbb{R}$.

Pour que f soit une densité de probabilité, il suffit que f soit positive, donc que $a > 0$ et que l'aire comprise entre sa courbe et l'axe des abscisses soit égale à 1, c'est-à-dire $\int_{-1}^{1} f(x)\,\mathrm{d}x = 1$.

On a $\int_{-1}^{1} f(x)\,\mathrm{d}x = \int_{-1}^{1} a(1-x^2)\,\mathrm{d}x = \left[a\left(x - \frac{x^3}{3}\right)\right]_{-1}^{1} = \frac{2}{3}a - \left(-\frac{2}{3}a\right) = \frac{4}{3}a$.

Alors $\int_{-1}^{1} f(x)\,\mathrm{d}x = 1 \Leftrightarrow \frac{4}{3}a = 1 \Leftrightarrow a = \frac{3}{4}$.

f est une densité de probabilité lorsque $\boldsymbol{a = \frac{3}{4}}$.

b) La courbe de f, sur l'intervalle $[-1\,;\,1]$, est un arc de parabole dont le sommet a pour coordonnées $\left(0\,;\,\frac{3}{4}\right)$.

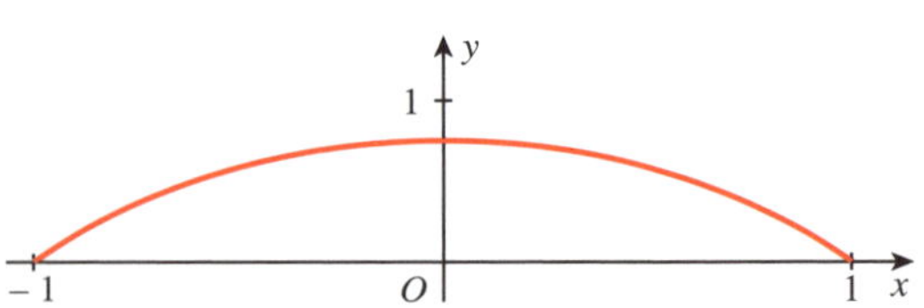

2° *a*) $P\left(-\frac{1}{2} \leqslant X \leqslant 0\right)$ est l'aire du domaine compris entre l'axe des abscisses, la courbe de f et les droites d'équations $x = -\frac{1}{2}$ et $x = 0$.

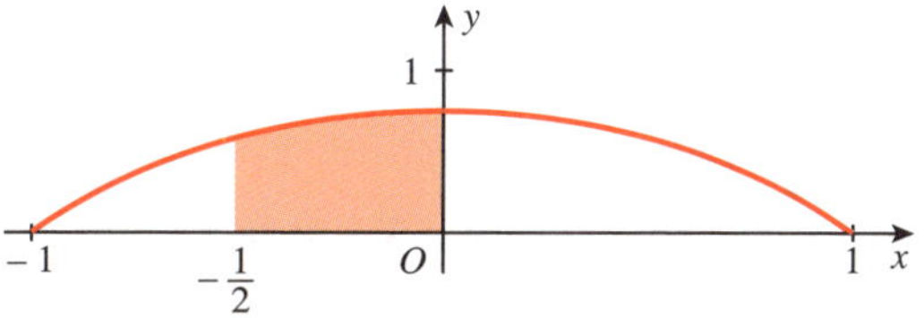

On a $P\left(-\frac{1}{2} \leqslant X \leqslant 0\right) = \int_{-\frac{1}{2}}^{0} \frac{3}{4}(1 - x^2)\,\mathrm{d}x = \left[\frac{3}{4}\left(x - \frac{x^3}{3}\right)\right]_{-\frac{1}{2}}^{0} = \frac{3}{8} - \frac{1}{32}$,

donc $\boldsymbol{P\left(-\frac{1}{2} \leqslant X \leqslant 0\right) = \frac{11}{32}}$.

b) Comme X ne prend que des valeurs comprises entre −1 et 1, on a :

$$P\left(X \geqslant \frac{1}{3}\right) = P\left(\frac{1}{3} \leqslant X \leqslant 1\right)$$

qui est l'aire du domaine compris entre l'axe des abscisses, la courbe de f et les droites d'équations $x = \frac{1}{3}$ et $x = 1$.

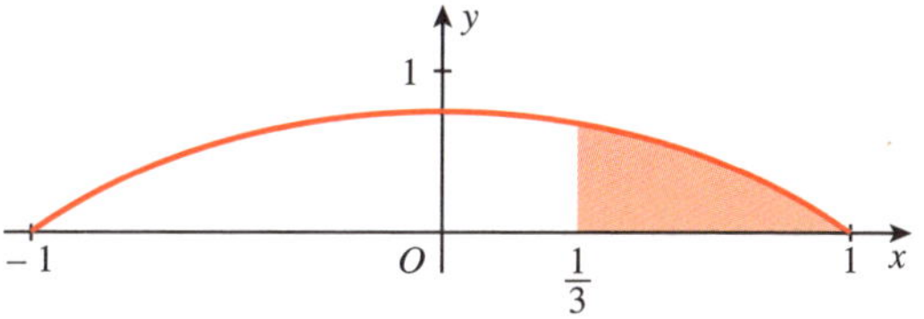

On a alors $P\left(X \geqslant \frac{1}{3}\right) = \int_{\frac{1}{3}}^{1} \frac{3}{4}(1 - x^2)\,\mathrm{d}x = \left[\frac{3}{4}\left(x - \frac{x^3}{3}\right)\right]_{\frac{1}{3}}^{1} = \frac{1}{2} - \frac{13}{54}$,

donc $\boldsymbol{P\left(X \geqslant \frac{1}{3}\right) = \frac{7}{27}}$.

3° On a :

$$E(X) = \int_{-1}^{1} x f(x)\,\mathrm{d}x = \int_{-1}^{1} \frac{3}{4}(x - x^3)\,\mathrm{d}x = \left[\frac{3}{4}\left(\frac{x^2}{2} - \frac{x^4}{4}\right)\right]_{-1}^{1} = \frac{3}{16} - \frac{3}{16} = 0.$$

L'espérance mathématique de X est nulle.

Remarque : On aurait pu prévoir ce résultat en remarquant que la courbe de f est symétrique par rapport à l'axe des ordonnées.

À RETENIR

- **La densité de probabilité** est une fonction qui dépend des caractéristiques de l'expérience et sera toujours donnée dans l'énoncé.
- Lorsqu'une variable aléatoire suit une loi continue à densité, les probabilités se calculent à l'aide d'intégrales et peuvent s'interpréter géométriquement par des aires de domaines situés entre la courbe représentative de la densité et l'axe des abscisses.
- Si X est une telle variable aléatoire, la probabilité que X soit égale à une valeur k donnée est nulle. On calcule en général la probabilité que X soit comprise entre deux réels a et b (inégalités larges ou strictes donnent le même résultat). C'est l'intégrale de a à b de la fonction de densité.

2 Connaître et utiliser la loi uniforme

EXERCICE TYPE

Une variable aléatoire X suit la loi uniforme sur l'intervalle $[-5\ ;\ 5]$.

1° Calculer les probabilités suivantes :
a) $P(-2 \leqslant X \leqslant 1)$; ***b***) $P(X \leqslant 3)$; ***c***) $P(X \geqslant 4{,}5)$.

2° Calculer les probabilités conditionnelles suivantes :
a) $P_{(X \geqslant 0)}(-1 \leqslant X \leqslant 3)$; ***b***) $P_{(X \geqslant 3)}(X \leqslant 4)$.

3° ***a***) Que vaut l'espérance mathématique de X ?
b) On admet que la variance de X est donnée par $V(X) = \int_{-5}^{5} f(t)(t - E(X))^2 \mathrm{d}t$, où f est la densité de probabilité associée à X. Calculer $V(X)$.

CORRIGÉ COMMENTÉ

1° La densité de probabilité de X est la fonction qui prend la valeur $\frac{1}{10}$ sur l'intervalle $[-5\ ;\ 5]$ et 0 partout ailleurs.
Pour tous réels α et β de l'intervalle $[-5\ ;\ 5]$, on a donc :

$$P(\alpha \leqslant X \leqslant \beta) = \int_{\alpha}^{\beta} \frac{1}{10} \mathrm{d}x = \frac{\beta - \alpha}{10}.$$

> Dans le cas d'une loi uniforme sur un intervalle, il n'est pas nécessaire de poser systématiquement le calcul sous forme d'intégrale.

On en déduit immédiatement :

a) $P(-2 \leqslant X \leqslant 1) = \frac{1-(-2)}{10} = \mathbf{\frac{3}{10}} = \mathbf{0{,}3}$;

b) $P(X \leqslant 3) = P(-5 \leqslant X \leqslant 3) = \frac{3-(-5)}{10} = \frac{8}{10} = \mathbf{\frac{4}{5}} = \mathbf{0{,}8}$;

c) $P(X \geqslant 4{,}5) = P(4{,}5 \leqslant X \leqslant 5) = \frac{5-4{,}5}{10} = \frac{0{,}5}{10} = \mathbf{\frac{1}{20}} = \mathbf{0{,}05}$.

2° On applique ici la définition d'une probabilité conditionnelle, c'est-à-dire, si $A \neq \varnothing$, $P_A(B) = \frac{P(A \cap B)}{P(A)}$.

a) $P_{(X \geqslant 0)}(-1 \leqslant X \leqslant 3) = \frac{P((-1 \leqslant X \leqslant 3) \cap (X \geqslant 0))}{P(X \geqslant 0)} = \frac{P(0 \leqslant X \leqslant 3)}{P(0 \leqslant X \leqslant 5)}$.

On a alors $P(0 \leqslant X \leqslant 3) = \frac{3}{10}$ et $P(0 \leqslant X \leqslant 5) = \frac{5}{10}$,

d'où $P_{(X \geqslant 0)}(-1 \leqslant X \leqslant 3) = \mathbf{\frac{3}{5}} = \mathbf{0{,}6}$.

b) $P_{(X \geqslant 3)}(X \leqslant 4) = \frac{P((X \geqslant 3) \cap (X \leqslant 4))}{P(X \geqslant 3)} = \frac{P(3 \leqslant X \leqslant 4)}{P(3 \leqslant X \leqslant 5)} = \frac{1/10}{2/10} = \mathbf{\frac{1}{2}}$.

3° *a*) D'après le cours, l'espérance mathématique de la loi uniforme sur un intervalle $[a,\ b]$ est $\dfrac{a+b}{2}$.

On a donc $E(X) = \dfrac{-5+5}{2} = 0$. **L'espérance mathématique de X est nulle.**

b) On a alors,

$$V(X) = \int_{-5}^{5} f(t)(t - E(X))^2\,\mathrm{d}t = \int_{-5}^{5} \frac{1}{10}t^2\,\mathrm{d}t = \left[\frac{t^3}{30}\right]_{-5}^{5} = \frac{125}{30} + \frac{125}{30} = \frac{250}{30}.$$

La variance de X est $V(X) = \dfrac{25}{3}$.

À RETENIR

La **loi de probabilité uniforme** prolonge à un intervalle de $\mathbb{R}$ la notion d'équiprobabilité sur un univers fini. Cette loi, très simple à mettre en œuvre, modélise des phénomènes dus au pur hasard, comme le tirage aléatoire d'un nombre dans un intervalle donné.

3 Connaître et utiliser la loi exponentielle

EXERCICE TYPE

Un matériel électronique a une durée moyenne de vie de 3 000 heures. Sa durée de vie, en heure, est une variable aléatoire T qui suit une loi exponentielle de paramètre λ.

1° Déterminer λ.

2° Calculer la probabilité que le matériel tombe en panne avant 2 000 heures d'utilisation.

3° Calculer la probabilité que ce matériel fonctionne encore après 4 000 heures d'utilisation.

4° Sachant que le matériel n'a connu aucune défaillance pendant les 3 000 premières heures d'utilisation, quelle est la probabilité qu'il fonctionne encore après 7 000 heures ?

CORRIGÉ COMMENTÉ

1° La durée de vie moyenne, établie statistiquement, constitue une bonne estimation de l'espérance mathématique de la variable aléatoire T.

> L'espérance mathématique d'une loi exponentielle est l'inverse de son paramètre.

On considérera donc ici que $E(T) = 3\,000$.

Sachant par ailleurs que T suit une loi exponentielle de paramètre λ, on a $E(T) = \dfrac{1}{\lambda}$.

On en déduit alors que $\boldsymbol{\lambda = \dfrac{1}{3000}}$.

2° On cherche la probabilité que la durée de vie du matériel soit inférieure à 2 000 heures, c'est-à-dire la probabilité de l'événement ($T \leqslant 2\,000$).

On a $P(T \leqslant 2000) = \displaystyle\int_0^{2000} \frac{1}{3000} \mathrm{e}^{-\frac{1}{3000}t}\,\mathrm{d}t = \left[-\mathrm{e}^{-\frac{1}{3000}t}\right]_0^{2000} = -\mathrm{e}^{-\frac{2000}{3000}} + 1.$

Alors $\boldsymbol{P(T \leqslant 2000) = 1 - \mathrm{e}^{-\frac{2}{3}}}$ ou encore $\boldsymbol{P(T \leqslant 2\,000) \approx 0{,}487}$.

3° On veut ici que la durée de vie soit supérieure à 4 000 heures.
On a alors :

$$P(T \geqslant 4000) = 1 - P(T \leqslant 4000) = 1 - \int_0^{4000} \frac{1}{3000} \mathrm{e}^{-\frac{1}{3000}t}\,\mathrm{d}t$$
$$= 1 - \left[-\mathrm{e}^{-\frac{1}{3000}t}\right]_0^{4000} = 1 - \left(1 - \mathrm{e}^{-\frac{4}{3}}\right)$$

et donc $\boldsymbol{P(T \geqslant 4000) = \mathrm{e}^{-\frac{4}{3}}}$ ou $\boldsymbol{P(T \geqslant 4\,000) \approx 0{,}264}$.

4° On doit calculer ici $P_{(T \geqslant 3000)}(T \geqslant 7\,000)$,
c'est-à-dire $P_{(T \geqslant 3000)}(T \geqslant 3000 + 4\,000)$.
La loi exponentielle étant une loi dite « sans vieillissement », on a :

$$P_{(T \geqslant 3000)}(T \geqslant 3000 + 4\,000) = P(T \geqslant 4\,000)$$

qui a été calculée à la question précédente.

Donc $\boldsymbol{P_{(T \geqslant 3000)}(T \geqslant 7000) = \mathrm{e}^{-\frac{4}{3}}}$.

À RETENIR

- Les formules permettant de calculer des probabilités associées à une loi exponentielle doivent être connues, même si elles sont parfois rappelées dans les énoncés.
- Il est également nécessaire de connaître l'expression de l'espérance mathématique.
- La propriété caractéristique de « non vieillissement » de cette loi peut être utilisée pour obtenir rapidement certaines probabilités conditionnelles.
- La loi exponentielle permet entre autres de modéliser la durée de vie d'un atome radioactif ou d'un composant électronique.

4 Connaître et utiliser la loi normale

EXERCICE TYPE 1

Une variable aléatoire X suit la loi normale centrée réduite $\mathcal{N}(0\,;\,1)$.

1° Déterminer, en utilisant la calculatrice, des valeurs approchées à 10^{-3} près de :
a) $P(-1 \leqslant X \leqslant 2)$; ***b***) $P(X \leqslant 0{,}5)$; ***c***) $P(X \geqslant 1{,}4)$.

2° Déterminer le réel a vérifiant $P(X \leqslant a) = 0{,}375$.

3° Déterminer le réel b vérifiant $P(X \geqslant b) = 0{,}835$.

4° Déterminer le réel $u_{0,3}$ vérifiant $P(-u_{0,3} \leqslant X \leqslant u_{0,3}) = 0{,}7$.

CORRIGÉ COMMENTÉ

1° Même si l'on connaît l'expression de la densité de probabilité associée à la loi normale centrée réduite, il est impossible d'en exprimer une primitive à l'aide des fonctions usuelles (logarithme, exponentielle…).

Les résultats seront donc obtenus, de façon approchée, à l'aide de la calculatrice.

> L'ordre d'entrée des paramètres diffère selon les modèles de calculatrices. Il est donc essentiel de bien connaître le fonctionnement de sa propre machine.

a) Les calculatrices récentes (Casio 35+ et TI 82 STATS.fr et supérieures) possèdent des fonctions dédiées à la loi normale.

Modèle CASIO

Il s'agit de la fonction **Ncd** (pour « Normal cumulative density) accessible par : MENU ▶ STATS ▶ DIST ▶ NORM ▶ Ncd.

On obtient alors l'écran suivant, dans lequel on renseigne les bornes de l'encadrement de X (ici -1 et 2), ainsi que les valeurs de l'écart type σ et de la moyenne μ :

```
Normal C.D
Lower    :-1
Upper    :2
σ        :1
μ        :0
Save Res:None
Execute
```

Une pression sur la touche EXE produit l'affichage du résultat :

```
Normal C.D
p     =0.81859461
z:Low=-1
z:Up =2
```

On aura donc $\boldsymbol{P(-1 \leqslant X \leqslant 2) \approx 0{,}819}$.

Modèle TI

On utilise sur ce modèle la fonction **normalFRép** (pour « Fonction de répartition de la loi normale »).

On y accède par 2nde ▶ distrib ▶ 2 : normalFRep(.

On doit alors entrer les paramètres séparés par des virgules dans la parenthèse. Une pression sur la touche Entrer produit le résultat attendu :

```
normalFRép(-1,2,
0,1)
        .8185946784
```

b) $P(X \leqslant 0{,}5)$ est la probabilité que X appartienne à l'intervalle $]-\infty ; 0{,}5]$.
La manipulation est donc la même que précédemment en entrant pour borne inférieure la valeur $-1 \cdot 10^{99}$ interprétée comme $-\infty$ par les calculatrices.
Ainsi, sur un modèle Casio :

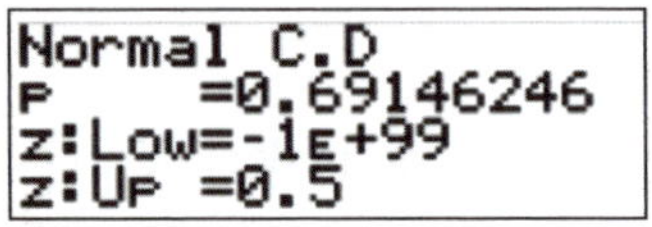

On a donc $\boldsymbol{P(X \leqslant 0{,}5) \approx 0{,}691}$.

c) $P(X \geqslant 1{,}4)$ est la probabilité que X appartienne à l'intervalle $[1{,}4 ; +\infty[$. On entre cette fois $1 \cdot 10^{99}$ comme borne supérieure.
Sur un modèle TI :

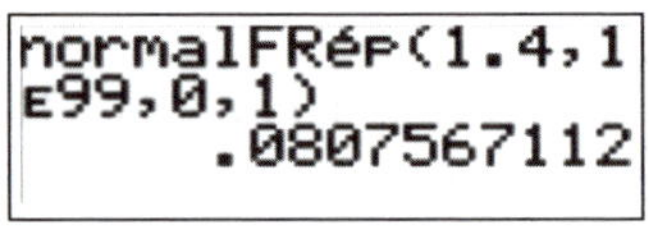

On a donc $\boldsymbol{P(X \geqslant 1{,}4) \approx 0{,}081}$.

2° On utilise pour ce calcul les fonctions **InN** chez Casio et **FracNormale** chez TI :

Casio

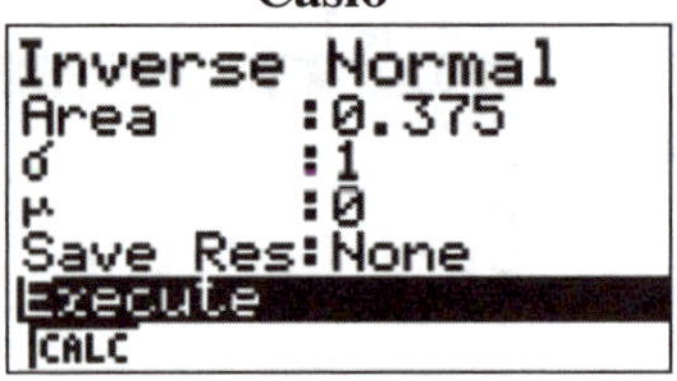

TI

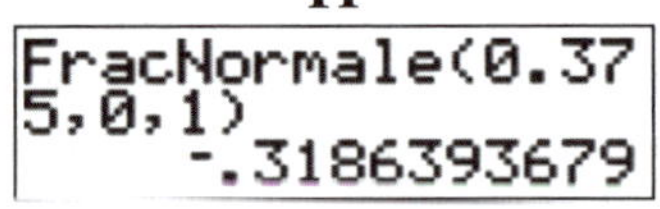

On trouve donc $\boldsymbol{a \approx -0{,}319}$.

3° $P(X \geqslant b) = 0{,}835 \Leftrightarrow P(X \leqslant b) = 1 - 0{,}835 = 0{,}165$.
La calculatrice donne $\boldsymbol{b \approx 0{,}974}$.

4° Les propriétés de symétrie de la courbe représentant la fonction densité donnent :

$$P(-u_{0,3} \leqslant X \leqslant u_{0,3}) = 0{,}7 \Leftrightarrow P(X \leqslant -u_{0,3}) = \frac{0{,}3}{2} = 0{,}15.$$

La calculatrice donne alors $\boldsymbol{u_{0,3} \approx -1{,}036}$.

EXERCICE TYPE 2

1° La variable aléatoire X suit la loi normale $\mathcal{N}(24 ; 6{,}5^2)$. Calculer :
a) $P(18 \leqslant X \leqslant 20)$; *b*) $P(X \leqslant 27)$; *c*) $P(X \geqslant 22)$.

2° La variable aléatoire X suit maintenant la loi normale $\mathcal{N}(m ; 6{,}5^2)$.
Déterminer m pour que $P(X \leqslant 22) = 0{,}95$.

CORRIGÉ COMMENTÉ

1° Pour cette question, on utilise les fonctions préprogrammées des calculatrices décrites précédemment en entrant cette fois $\mu = 24$ et $\sigma = 6{,}5$:

> Le deuxième paramètre d'une loi normale est le carré de son écart type, c'est-à-dire sa variance.

a)

```
normalFRép(18,20
,24,6.5)
          .0911667812
```

On a $\boldsymbol{P(18 \leqslant X \leqslant 20) \approx 0{,}091}$.

b) et *c*) On trouve $\boldsymbol{P(X \leqslant 27) \approx 0{,}678}$ et $\boldsymbol{P(X \geqslant 22) \approx 0{,}621}$.

2° Il n'existe pas de fonction préprogrammée répondant au problème posé ici.
On sait cependant que si X suit la loi normale $\mathcal{N}(m\ ;\ 6{,}5^2)$, alors la variable aléatoire $Z = \dfrac{X - m}{6{,}5}$ suit la loi normale centrée réduite $\mathcal{N}(0\ ;\ 1)$.

Dans ce cas, $P(X \leqslant 22) = 0{,}95 \Leftrightarrow P\left(Z \leqslant \dfrac{22 - m}{6{,}5}\right) = 0{,}95$.

La calculatrice donne :

```
FracNormale(0.95
,0,1)
          1.644853626
```

c'est-à-dire $\dfrac{22 - m}{6{,}5} \approx 1{,}65$. On en déduit alors $\boldsymbol{m \approx 11{,}275}$.

À RETENIR

- La loi normale est sans doute la loi de probabilité la plus connue et la plus utilisée. Elle permet de modéliser de très nombreux phénomènes et sert également d'approximation à d'autres lois et notamment à la loi binomiale lorsque le nombre d'expériences devient grand.
- L'expression de la densité de la loi normale centrée réduite doit être connue, mais est inutilisable dans la pratique.
- Les applications numériques se font essentiellement à la calculatrice (ou sur ordinateur). Il est donc essentiel de bien connaître le fonctionnement de sa machine. Le plus souvent, on donnera des valeurs approchées à 10^{-3} près.
- Enfin, les propriétés conséquentes à la symétrie de la courbe de Gauss peuvent être utilisées pour transformer un énoncé en un calcul exploitable par la machine.

1 ★★ **20 min**

Soit la fonction f définie sur $\mathbb{R}$ par $\begin{cases} f(x) = a(x - x^2) & \text{si } x \in [0\,;1] \\ f(x) = 0 & \text{sinon} \end{cases}$.

1° *a*) Déterminer a pour que la fonction f soit une densité de probabilité.
b) Construire, pour la valeur de a précédemment trouvée, la courbe représentative de f.

2° On pose $a = 6$ et on désigne par X une variable aléatoire dont f est la densité de probabilité. Calculer la probabilité de chacun des événements suivants :

a) $P\left(\frac{1}{4} \leqslant X \leqslant \frac{1}{2}\right)$; *b*) $P\left(X \geqslant \frac{2}{3}\right)$.

3° On admet que l'espérance mathématique de X est donnée par $E(X) = \int_0^1 tf(t)\,\mathrm{d}t$. Calculer $E(X)$.

→ Corrigé p. 327

2 ★★ **15 min**

On désigne par X la variable aléatoire dont la densité de probabilité est la fonction f définie sur $\mathbb{R}$ par $f(x) = \frac{1}{2}\,\mathrm{e}^{-|x|}$.

1° Calculer la probabilité de l'événement $(-0{,}5 \leqslant X \leqslant 1)$.

2° *a*) Justifier que f est une fonction paire et visualiser sa courbe représentative sur l'écran d'une calculatrice.
b) Interpréter graphiquement $P(X \leqslant 0)$, puis en donner sa valeur.
c) En déduire $P(X \leqslant 0{,}5)$, puis $P(X \geqslant 1)$.

→ Corrigé p. 327

3 ★ **10 min**

Une personne arrive à son bureau entre 8 heures et 9 heures 30. L'heure exacte d'arrivée est une variable aléatoire uniforme sur cette période.

1° Calculer la probabilité que la personne arrive :
a) à 8 h 30 exactement ; *b*) entre 8 h 30 et 9 h ;
c) avant 8 h 15 ; *d*) après 8 h 45.

2° Calculer la probabilité que la personne n'arrive pas entre 8 h 15 et 9 h 15.

3° La personne n'est pas encore arrivée à 9 h. Calculer la probabilité qu'elle arrive avant 9 h 15.

→ Corrigé p. 328

4 ★ **10 min**

On choisit au hasard et de façon uniforme un réel x de l'intervalle $[-5 ; 5]$ auquel on associe le point d'abscisse x de la parabole d'équation $y = x^2 - 2x - 3$.

1° Calculer la probabilité que ce point ait une ordonnée positive.

2° Calculer la probabilité que ce point ait une abscisse positive et une ordonnée négative.

→ *Corrigé p. 329*

5 ★ **15 min**

On admet que la durée d'attente, en minute, au départ d'une certaine remontée mécanique dans une station de sports d'hiver, est, en période de vacances scolaires d'hiver, une variable aléatoire qui suit la loi exponentielle de paramètre $\lambda = 0{,}05$.

1° Calculer, en minute, le temps moyen d'attente au départ de cette remontée mécanique.
Pour les questions suivantes, les résultats seront donnés arrondis à la deuxième décimale.

2° Calculer la probabilité d'attendre au départ de cette remontée mécanique :
a) moins de 10 minutes ;
b) plus de 30 minutes.

3° Calculer la probabilité que le temps d'attente au départ de cette remontée mécanique soit compris entre 10 et 30 minutes.

4° Un skieur arrive au départ de la remontée mécanique ; un panneau indique que le temps d'attente est d'au moins 10 minutes. Calculer la probabilité qu'il soit inférieur à 30 minutes.

→ *Corrigé p. 329*

6 ★★ **15 min**

On s'intéresse à la durée de vie, exprimée en semaines, d'un composant électronique. On modélise cette situation par une loi de probabilité T de durée de vie sans vieillissement (loi exponentielle) définie sur l'intervalle $[0 ; +\infty[$.
Une étude statistique, montrant qu'environ 50 % d'un lot important de ces composants sont encore en état de marche au bout de 100 semaines, permet de poser $P(T \geqslant 100) = 0{,}5$.

1° Déterminer la valeur exacte de λ.

2° Quelle est la probabilité qu'un de ces composants pris au hasard ait une durée de vie supérieure à 300 semaines ?

3° On admet que la durée de vie moyenne d_m de ces composants est la limite quand x tend vers $+\infty$ de $\int_0^x \lambda t\,\mathrm{e}^{-\lambda t}\,\mathrm{d}t$.

a) Montrer que la fonction $F : t \mapsto -t\,\mathrm{e}^{-\lambda t} - \frac{1}{\lambda}\mathrm{e}^{-\lambda t}$ est une primitive sur $[0\,;+\infty[$ de la fonction $f : t \mapsto \lambda t\,\mathrm{e}^{-\lambda t}$.

b) En déduire d_m ; on donnera la valeur exacte et une valeur approchée décimale à la semaine près.

→ *Corrigé p. 330*

7 ★ **10 min**

Une variable aléatoire X suit la loi normale centrée réduite $\mathcal{N}(0\,;1)$.

1° Déterminer, en utilisant la calculatrice, des valeurs approchées à 10^{-3} près de :
a) $P(-0{,}5 \leqslant X \leqslant 0{,}5)$; *b*) $P(X \geqslant 1{,}8)$; *c*) $P(X \leqslant -0{,}7)$.

2° Déterminer le réel a vérifiant $P(X \leqslant a) \approx 0{,}85$.

3° Déterminer le réel b vérifiant $P(X \geqslant b) \approx 0{,}675$.

4° Déterminer le réel $u_{0,2}$ vérifiant $P(-u_{0,2} \leqslant X \leqslant u_{0,2}) \approx 0{,}8$.

→ *Corrigé p. 330*

8 ★ **5 min**

Le samedi, le nombre X de clients d'un hypermarché est une variable aléatoire qui suit la loi normale de moyenne 2 000 et d'écart type 300.
Calculer les probabilités qu'un samedi il y ait :

1° plus de 2 500 clients ;

2° moins de 1 800 clients ;

3° entre 1 700 et 2 200 clients.

→ *Corrigé p. 331*

9 ★ **5 min**

Une étude statistique réalisée dans une cafétéria permet d'admettre que la variable aléatoire X qui, pendant un mois donné, associe à un client choisi au hasard sa note, en euro, suit la loi normale de moyenne $m = 11$ et d'écart type 3,5.

1° Déterminer la probabilité qu'un client choisi au hasard paye une note supérieure ou égale à 15 euros.

2° Déterminer la probabilité qu'un client choisi au hasard paye une note comprise entre 9 et 12 euros.

3° Déterminer le montant a tel que $P(X \geqslant a) \approx 0{,}10$.

→ *Corrigé p. 331*

10 ★★ 10 min

Calculer l'espérance mathématique et la variance d'une variable aléatoire normale X sachant que $P(X \leqslant 2) = 0{,}5793$ et $P(X \geqslant 5) = 0{,}2119$ à 10^{-4} près.

→ *Corrigé p. 331*

11 ★★ **25 min**

On s'intéresse aux requêtes reçues par le serveur web d'une grande entreprise provenant d'internautes dispersés sur le réseau.

Partie A

On désigne par X le nombre de requêtes reçues par le serveur pendant un intervalle de temps d'une seconde.

On admet que X suit approximativement la loi normale de moyenne $m = 500$ et d'écart type $\sigma = 50$.

1° Calculer la probabilité que, pendant une seconde, le serveur reçoive plus de 600 requêtes.

2° Déterminer une valeur approchée du nombre réel a tel que :

$$P(500 - a \leqslant X \leqslant 500 + a) = 0{,}99.$$

Partie B

Dans cette partie, on s'intéresse à la durée séparant deux requêtes successives reçues par le serveur.

On appelle T la variable aléatoire qui prend pour valeurs les durées (exprimées en seconde) séparant l'arrivée de deux requêtes successives sur le serveur. On suppose que T suit une loi exponentielle de paramètre λ.

1° *a*) Donner, en interprétant les informations fournies dans la partie *A*, la durée moyenne entre deux requêtes.

b) En déduire la valeur du paramètre λ.

2° *a*) Calculer, pour tout réel $t \geqslant 0$, la probabilité $P(T \leqslant t)$.

b) En déduire la valeur de t pour laquelle $P(T \leqslant t) = 0{,}95$. On donnera la valeur exacte, puis une valeur approchée au millième de seconde.

→ Corrigé p. 332

Cette intégrale est la probabilité de l'événement $(0 \leqslant X \leqslant 1)$ qui est l'événement certain.

1 → Énoncé p. 322 1° *a*) On remarque que f est continue sur $\mathbb{R}$. Il faut alors que $\int_0^1 f(x)\,dx = 1$.

On a $\int_0^1 f(x)\,dx = 1 \Leftrightarrow a\left[\frac{x^2}{2} - \frac{x^3}{3}\right]_0^1 = 1 \Leftrightarrow \frac{1}{6}a = 1 \Leftrightarrow a = 6$.

Dans ce cas, f est positive sur $\mathbb{R}$ et est donc bien une densité de probabilité.

***f* est une densité de probabilité si, et seulement si, *a* = 6.**

b) On trace la courbe représentative de la fonction $f : x \mapsto 6(x - x^2)$:

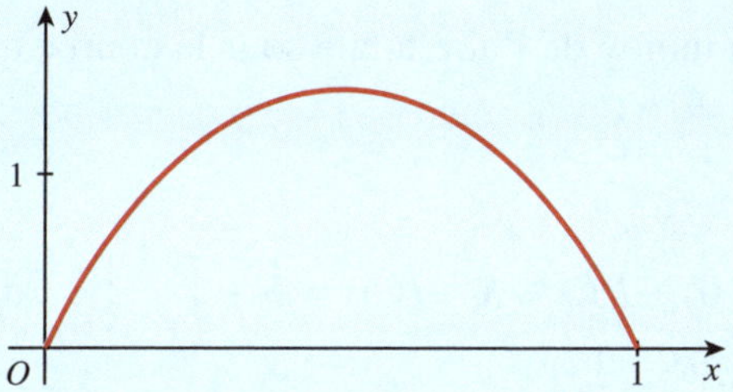

2° *a*) $P\left(\frac{1}{4} \leqslant X \leqslant \frac{1}{2}\right) = \int_{\frac{1}{4}}^{\frac{1}{2}} 6(x - x^2)\,dx = \left[3x^2 - 2x^3\right]_{\frac{1}{4}}^{\frac{1}{2}}$;

c'est-à-dire $\boldsymbol{P\left(\frac{1}{4} \leqslant X \leqslant \frac{1}{2}\right) = \frac{11}{32}}$.

b) $P\left(X \geqslant \frac{2}{3}\right) = P\left(\frac{2}{3} \leqslant X \leqslant 1\right) = \int_{\frac{2}{3}}^{1} 6(x - x^2)\,dx = \left[3x^2 - 2x^3\right]_{\frac{2}{3}}^{1}$; soit $\boldsymbol{P\left(X \geqslant \frac{2}{3}\right) = \frac{7}{27}}$.

3° On a $E(X) = \int_0^1 tf(t)\,dt = \int_0^1 6(t^2 - t^3)\,dt = \left[2t^3 - \frac{3}{2}t^4\right]_0^1 = 2 - \frac{3}{2}$; d'où $\boldsymbol{E(X) = \frac{1}{2}}$.

2 → Énoncé p. 322 1° On a, d'après la définition :

$P(-0{,}5 \leqslant X \leqslant 1) = \int_{-0,5}^{1} f(x)\,dx = \int_{-0,5}^{1} \frac{1}{2}e^{-|x|}\,dx$.

On applique alors la relation de Chasles sur les intégrales :

$$P(-0{,}5 \leqslant X \leqslant 1) = \int_{-0,5}^{0} \frac{1}{2}e^{-|x|}\,dx + \int_0^1 \frac{1}{2}e^{-|x|}\,dx = \int_{-0,5}^{0} \frac{1}{2}e^{x}\,dx + \int_0^1 \frac{1}{2}e^{-x}\,dx,$$

car $|x| = -x$ sur $[-0{,}5 ; 0]$ et $|x| = -x$ sur $[0 ; 1]$.

Alors : $P(-0{,}5 \leqslant X \leqslant 1) = \left[\frac{1}{2}e^{x}\right]_{-0,5}^{0} + \left[-\frac{1}{2}e^{-x}\right]_0^1$

$$= \frac{1}{2} - \frac{1}{2}e^{-\frac{1}{2}} - \frac{1}{2}e^{-1} + \frac{1}{2} = 1 - \frac{1}{2}\left(e^{-1} + e^{-\frac{1}{2}}\right).$$

On trouve $\boldsymbol{P(-0{,}5 \leqslant X \leqslant 1) \approx 0{,}513}$.

2° *a)* f est définie sur $\mathbb{R}$ et, pour tout réel x, $f(-x) = f(x)$, car $|-x| = |x|$. **f est paire.**
On obtient la courbe suivante :

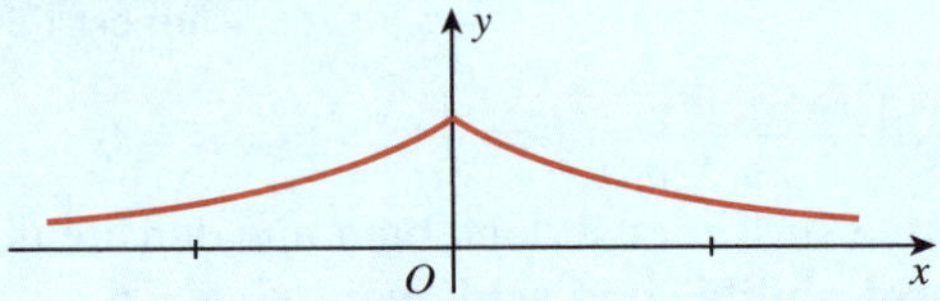

b) $P(X \leqslant 0)$ est l'aire du domaine compris entre l'axe des abscisses et la courbe sur l'intervalle $]-\infty\ ;\ 0]$.
Cette aire est égale à la moitié de l'aire totale sous la courbe qui vaut 1, car f est une densité de probabilités.
Donc $\boldsymbol{P(X \leqslant 0) = \frac{1}{2}}$.

c) On a alors :

$$P(X \leqslant 0{,}5) = P(X \leqslant 0) + P(0 \leqslant X \leqslant 0{,}5) = \frac{1}{2} + \int_0^{0{,}5} \frac{1}{2}\mathrm{e}^{-x}\,\mathrm{d}x = \frac{1}{2} + \left[-\frac{1}{2}\mathrm{e}^{-x}\right]_0^{0{,}5}$$

$$= \frac{1}{2} - \frac{1}{2}\mathrm{e}^{-0{,}5} + \frac{1}{2}\ ;$$

donc $\boldsymbol{P(X \leqslant 0{,}5) = 1 - \frac{1}{2}\,\mathrm{e}^{-0{,}5}}$ ou encore $\boldsymbol{P(X \leqslant 0{,}5) \approx 0{,}697}$.
De même,

$$P(X \geqslant 1) = 1 - P(X \leqslant 1) = 1 - \left(\frac{1}{2} + P(0 \leqslant X \leqslant 1)\right) = \frac{1}{2} - P(0 \leqslant X \leqslant 1).$$

On trouve alors $\boldsymbol{P(X \geqslant 1) = \frac{1}{2}\,\mathrm{e}^{-1}}$ ou encore $\boldsymbol{P(X \geqslant 1) \approx 0{,}184}$.

3 → *Énoncé p. 322* 1° Convertissons les heures en nombres décimaux et appelons X la variable aléatoire égale à l'heure d'arrivée de la personne au bureau.
X suit alors la loi uniforme sur l'intervalle $[8\ ;\ 9{,}5]$.
On a alors :

a) $P(X = 8{,}5) = 0$, car X est une variable aléatoire continue.
La probabilité que la personne arrive exactement à 8 h 30 est nulle.

b) $P(8{,}5 \leqslant X \leqslant 9) = \dfrac{9 - 8{,}5}{9{,}5 - 8} = \dfrac{0{,}5}{1{,}5} = \dfrac{1}{3}$.

La probabilité que la personne arrive entre 8 h 30 et 9 h est égale à $\boldsymbol{\frac{1}{3}}$.

c) $P(X \leqslant 8{,}25) = P(8 \leqslant X \leqslant 8{,}25) = \dfrac{8{,}25 - 8}{9{,}5 - 8} = \dfrac{0{,}25}{1{,}5} = \dfrac{1}{6}$.

La probabilité que la personne arrive avant 8 h 15 est égale à $\boldsymbol{\frac{1}{6}}$.

d) $P(X \geqslant 8{,}75) = P(8{,}75 \leqslant X \leqslant 9{,}5) = \dfrac{9{,}5 - 8{,}75}{9{,}5 - 8} = \dfrac{0{,}75}{1{,}5} = \dfrac{1}{2}$.

La probabilité que la personne arrive après 8 h 45 est égale à $\boldsymbol{\frac{1}{2}}$.

2° $P(X \notin [8{,}25\,;9{,}25]) = 1 - P(8{,}25 \leqslant X \leqslant 9{,}25)$

$$= 1 - \frac{9{,}25 - 8{,}25}{9{,}5 - 8} = 1 - \frac{1}{1{,}5} = \frac{1}{3}.$$

La probabilité que la personne n'arrive pas entre 8 h 15 et 9 h 15 est égale à $\frac{1}{3}$.

3° On cherche ici $P_{(X \geqslant 9)}(X \leqslant 9{,}25)$.

On a alors :

$$P_{(X \geqslant 9)}(X \leqslant 9{,}25) = \frac{P(9 \leqslant X \leqslant 9{,}25)}{P(X \geqslant 9)} = \frac{P(9 \leqslant X \leqslant 9{,}25)}{P(9 \leqslant X \leqslant 9{,}5)}$$

$$= \frac{\frac{0{,}25}{1{,}5}}{\frac{0{,}5}{1{,}5}} = \frac{1}{2}.$$

On applique ici la définition d'une probabilité conditionnelle : $p_B(A) = \frac{p(A \cap B)}{p(B)}$.

La probabilité que la personne arrive avant 9 h 15 sachant qu'elle n'est pas **encore arrivée à 9 h est égale à $\frac{1}{2}$.**

4 → *Énoncé p. 323* Soit X la variable aléatoire qui prend pour valeur l'abscisse du point choisi au hasard. X suit la loi uniforme sur l'intervalle $[-5\,;5]$.

1° On veut $x^2 - 2x - 3 \geqslant 0$, c'est-à-dire $x \leqslant -1$ ou $x \geqslant 3$, car le trinôme a pour racines -1 et 3 et est positif « à l'extérieur des racines ».

L'événement « le point a une ordonnée positive » est donc l'événement $(X \leqslant -1) \cup (X \geqslant 3)$.

Alors $P\big((X \leqslant -1) \cup (X \geqslant 3)\big) = P(-5 \leqslant X \leqslant -1) + P(3 \leqslant X \leqslant 5)$

$$= \frac{4}{10} + \frac{2}{10} = \frac{6}{10} = \frac{3}{5}.$$

La probabilité que le point ait une ordonnée positive est égale à $\mathbf{\frac{3}{5}}$.

2° L'événement « le point a une abscisse positive et une ordonnée négative » est l'événement $(0 \leqslant X \leqslant 3)$ avec $P(0 \leqslant X \leqslant 3) = \frac{3}{10}$.

La probabilité que le point ait une abscisse positive et une ordonnée négative est égale à $\mathbf{\frac{3}{10}}$.

5 → *Énoncé p. 323* 1° Soit T la variable aléatoire décrivant le temps d'attente. Le temps d'attente moyen, établi statistiquement, constitue une bonne estimation de l'espérance mathématique de la variable aléatoire T. T suivant une loi exponentielle de paramètre λ sur $[0\,;+\infty[$, son espérance est : $E(T) = \frac{1}{\lambda} = \frac{1}{0{,}05} = 20$.

Le temps d'attente moyen au départ de cette remontée mécanique est de 20 minutes.

Une espérance mathématique s'exprime dans le même unité que les valeurs prises par la variable aléatoire, ici en minutes.

2° *a)* $P(T \leqslant 10) = \int_0^{10} 0{,}05\mathrm{e}^{-0{,}05t}\,\mathrm{d}t = \left[-\mathrm{e}^{-0{,}05t}\right]_0^{10} = 1 - \mathrm{e}^{-\frac{1}{2}} \simeq 0{,}39.$

La probabilité que le temps d'attente au départ de cette remontée mécanique soit inférieur ou égal à 10 minutes est environ 0,39.

b) $P(T \geqslant 30) = 1 - P(T \leqslant 30) = 1 - \int_0^{30} 0{,}05\mathrm{e}^{-0{,}05t}\,\mathrm{d}t = 1 - 1 + \mathrm{e}^{-\frac{3}{2}} = \mathrm{e}^{-\frac{3}{2}} \simeq 0{,}22.$

La probabilité que le temps d'attente soit supérieur ou égal à 30 minutes est 0,22.

3° $P(10 \leqslant T \leqslant 30) = \int_{10}^{30} 0{,}05\,\mathrm{e}^{-0{,}05t}\,\mathrm{d}t = \left[-\mathrm{e}^{-0{,}05t}\right]_{10}^{30}$

$= \mathrm{e}^{-\frac{1}{2}} - \mathrm{e}^{-\frac{3}{2}} \simeq 0{,}38.$

La probabilité que le temps d'attente soit compris entre 10 et 30 minutes est 0,38.

4° Il s'agit de calculer la probabilité conditionnelle $P_{(T \geqslant 10)}(T \leqslant 30)$.

La loi exponentielle étant sans vieillissement, on a :

$P_{(T\geqslant 10)}(T \leqslant 10 + 20) = P(T \leqslant 20)$; or, $P(T \leqslant 20) = 1 - \mathrm{e}^{-1} = 1 - \dfrac{1}{\mathrm{e}} \simeq 0{,}63.$

Donc la probabilité que le temps d'attente soit alors inférieur à 30 minutes est 0,63.

6 → Énoncé p. 323 1° On sait que, pour tout réel $t \geqslant 0$:

$$P(T \leqslant t) = \int_0^t \lambda \mathrm{e}^{-\lambda x}\,\mathrm{d}x = 1 - \mathrm{e}^{-\lambda t} \text{ et donc } P(T \geqslant t) = \mathrm{e}^{-\lambda t}.$$

Alors $P(T \geqslant 100) = 0{,}5 \Leftrightarrow \mathrm{e}^{-100\lambda} = 0{,}5 \Leftrightarrow -100\lambda = \ln 0{,}5 \Leftrightarrow \lambda = -\dfrac{\ln 0{,}5}{100}$, soit :

$$\boldsymbol{\lambda = \frac{\ln 2}{100}}.$$

2° $P(T \geqslant 300) = \mathrm{e}^{-\frac{\ln 2}{100}\times 300} = \mathrm{e}^{-3\ln 2} = 2^{-3} = \boldsymbol{\dfrac{1}{8}}.$

3° *a)* Pour tout $t \geqslant 0$, $F'(t) = -\mathrm{e}^{-\lambda t} - t\left(-\lambda \mathrm{e}^{-\lambda t}\right) - \dfrac{1}{\lambda}\left(-\lambda \mathrm{e}^{-\lambda t}\right)$

$= -\mathrm{e}^{-\lambda t} + \lambda t\,\mathrm{e}^{-\lambda t} + \mathrm{e}^{-\lambda t} = f(t).$

La fonction F est bien une primitive de f sur $[0\ ; +\infty[$.

b) Pour tout $x \geqslant 0$, $\int_0^x \lambda t\,\mathrm{e}^{-\lambda t}\,\mathrm{d}t = F(x) - F(0) = -x\mathrm{e}^{-\lambda x} - \dfrac{1}{\lambda}\mathrm{e}^{-\lambda x} + \dfrac{1}{\lambda}$, car F est une primitive de f sur $[0\ ; x]$.

On en déduit, $d_m = \lim\limits_{x\to+\infty} \int_0^x \lambda \mathrm{e}^{-\lambda t}\,\mathrm{d}t = \lim\limits_{x\to+\infty} \left(-x\mathrm{e}^{-\lambda x} - \dfrac{1}{\lambda}\mathrm{e}^{-\lambda x} + \dfrac{1}{\lambda}\right) = \dfrac{1}{\lambda}$ d'après les limites usuelles.

On a donc **$d_m = \dfrac{100}{\ln 2}$, c'est-à-dire $d_m \approx 144$ semaines.**

7 → Énoncé p. 324 1° La calculatrice donne :

a) **$P(-0{,}5 \leqslant X \leqslant 0{,}5) \approx 0{,}383$** ;

b) **$P(X \geqslant 1{,}8) \approx 0{,}036$** ;

c) **$P(X \leqslant -0{,}7) \approx 0{,}242$.**

2° La calculatrice donne $\boldsymbol{a \approx 1{,}036}$.

3° Le réel b vérifie $P(X \leqslant b) \approx 0{,}325$. La calculatrice donne alors $\boldsymbol{b \approx -0{,}454}$.

4° Le réel $u_{0,2}$ vérifie $P(X \leqslant -u_{0,2}) \approx 0{,}1$. La calculatrice donne $\boldsymbol{u_{0,2} \approx 1{,}282}$.

> On utilise ici les propriétés de symétrie de la courbe de la fonction densité. Ne pas hésiter à s'aider d'un graphique.

8 → Énoncé p. 324 1° La calculatrice donne $\boldsymbol{P(X \geqslant 2\,500) \approx 0{,}048}$.

2° La calculatrice donne $\boldsymbol{P(X \leqslant 1\,800) \approx 0{,}252}$.

3° La calculatrice donne $\boldsymbol{P(1\,700 \leqslant X \leqslant 2\,200) \approx 0{,}589}$.

9 → Énoncé p. 324 1° La calculatrice donne $\boldsymbol{P(X \geqslant 15) \approx 0{,}127}$.

2° On trouve $\boldsymbol{P(9 \leqslant X \leqslant 12) \approx 0{,}329}$.

3° On cherche le réel a tel que $P(X \leqslant a) \approx 0{,}9$. La calculatrice donne alors $\boldsymbol{a \approx 15{,}5}$ **€**.

10 → Énoncé p. 325 On ne peut pas utiliser directement la calculatrice, car m et σ ne sont pas connus.

Si X suit la loi normale de moyenne m et d'écart type σ, alors la variable aléatoire $Z = \dfrac{X-m}{\sigma}$ suit la loi normale centrée réduite.

On en déduit $P(X \leqslant 2) = 0{,}5793 \Leftrightarrow P\left(Z \leqslant \dfrac{2-m}{\sigma}\right) = 0{,}5793$.

La calculatrice donne $\dfrac{2-m}{\sigma} = 0{,}2$.

Alors $\dfrac{2-m}{\sigma} = 0{,}2 \Leftrightarrow 2 - m = 0{,}2\sigma$
$\Leftrightarrow 5m + \sigma = 10$.

> On passe de $X \leqslant 2$ à $Z \leqslant \dfrac{2-m}{\sigma}$ par inégalités successives sachant que $\sigma > 0$.

D'autre part,
$P(X \geqslant 5) = 0{,}2119 \Leftrightarrow P(X \leqslant 5) = 0{,}7881 \Leftrightarrow P\left(Z \leqslant \dfrac{5-m}{\sigma}\right) = 0{,}7881$.

La calculatrice donne cette fois $\dfrac{5-m}{\sigma} = 0{,}8$.

Alors $\dfrac{5-m}{\sigma} = 0{,}8 \Leftrightarrow 5 - m = 0{,}8\sigma \Leftrightarrow 5m + 4\sigma = 25$.

Le système $\begin{cases} 5m + \sigma = 10 \\ 5m + 4\sigma = 25 \end{cases}$ a pour unique solution le couple $(m\,;\sigma) = (1\,;5)$.

On a donc $\boldsymbol{m = 1}$ et $\boldsymbol{\sigma = 5}$, la variance est $\sigma^2 = 25$.

11 → *Énoncé p. 326* **Partie A**

1° La calculatrice donne $\boldsymbol{P(X \geqslant 600) \approx 0{,}023}$.

2° On a $P(500 - a \leqslant X \leqslant 500 + a) = 0{,}99 \Leftrightarrow P(X \leqslant 500 - a) = \dfrac{0{,}01}{2} = 0{,}005$.
La calculatrice donne alors $500 - a \approx 371$, soit $\boldsymbol{a \approx 129}$.

Partie B

3° *a)* Pendant 1 seconde, le serveur reçoit en moyenne 500 requêtes comme indiqué dans l'énoncé de la partie A. Le temps moyen entre deux requêtes est donc de $\boldsymbol{\dfrac{1}{500}}$ **seconde**.

b) L'espérance mathématique de T s'interprète comme la durée moyenne séparant l'arrivée de deux requêtes successives, c'est-à-dire $\dfrac{1}{500}$ seconde.
Or, $E(T) = \dfrac{1}{\lambda}$, d'où $\boldsymbol{\lambda = 500}$.

2° *a)* Pour tout réel $t \geqslant 0$, $P(T \leqslant t) = \int_0^t 500\,\mathrm{e}^{-500x}\,\mathrm{d}x = \boldsymbol{1 - \mathrm{e}^{-500t}}$.

b)
$$\begin{aligned} P(T \leqslant t) = 0{,}95 &\Leftrightarrow 1 - \mathrm{e}^{-500t} = 0{,}95 \\ &\Leftrightarrow \mathrm{e}^{-500t} = 0{,}05 \\ &\Leftrightarrow -500t = \ln 0{,}05 \\ &\Leftrightarrow t = -\frac{\ln 0{,}05}{500}. \end{aligned}$$

Sachant que $-\ln 0{,}05 = \ln\left(\dfrac{1}{0{,}05}\right) = \ln 20$, on trouve $\boldsymbol{t = \dfrac{\ln 20}{500}}$, soit environ **6 millièmes de seconde**.

Échantillonnage – Estimation

CHAPITRE 15

1 Intervalle de fluctuation asymptotique

Soient X_n une variable aléatoire qui suit la loi binomiale $\mathcal{B}(n\,;p)$ de paramètres n et p, et $F_n = \dfrac{X_n}{n}$ la variable aléatoire fréquence associée.

On a $E(F_n) = p$ ce qui entraîne que les valeurs de F_n obtenues lors des réalisations de l'expérience vont « fluctuer » autour de p. On rappelle alors la définition suivante :

Définition
Soit α un réel de l'intervalle $]0\,;1[$.
On appelle intervalle de fluctuation de la variable aléatoire F_n, au seuil de $1 - \alpha$, tout intervalle I qui contient F_n avec une probabilité supérieure ou égale à $1 - \alpha$.

Remarques :

- Il existe pour un même seuil plusieurs intervalles de fluctuation.
- Sous certaines conditions ($n \geqslant 30$; $np \geqslant 5$; $n(1 - p) \geqslant 5$), l'intervalle $\left[p - \dfrac{1}{\sqrt{n}}\,;p + \dfrac{1}{\sqrt{n}}\right]$ vu en classe de Seconde est un intervalle de fluctuation de F_n au seuil de 95 %.

Pour déterminer un intervalle de fluctuation de F_n, calculable directement quel qu'en soit le seuil, on s'appuie sur le théorème suivant, corollaire du Théorème de Moivre-Laplace :

Théorème
Soit $p \in [0\,;1]$; soit n un entier naturel ($n \geqslant 2$).
Soit X_n une variable aléatoire qui suit la loi binomiale $\mathcal{B}(n\,;p)$ et $F_n = \dfrac{X_n}{n}$ la variable aléatoire fréquence associée.
Pour tout réel α de l'intervalle $]0\,;1[$, on a : $\lim\limits_{n\to+\infty} P(F_n \in \mathrm{I}_n) = 1 - \alpha$, où I_n désigne l'intervalle $\left[p - u_\alpha\dfrac{\sqrt{p(1-p)}}{\sqrt{n}}\,;p + u_\alpha\dfrac{\sqrt{p(1-p)}}{\sqrt{n}}\right]$ et u_α désigne l'unique nombre réel vérifiant $P(-u_\alpha \leqslant Z \leqslant u_\alpha) = 1 - \alpha$ lorsque Z suit la loi normale centrée réduite $\mathcal{N}(0\,;1)$.

Conséquence :
Pour n suffisamment grand, $P(F_n \in \mathrm{I}_n)$ est proche de $1 - \alpha$ et donc l'intervalle $\mathrm{I}_n = \left[p - u_\alpha\dfrac{\sqrt{p(1-p)}}{\sqrt{n}}\,;p + u_\alpha\dfrac{\sqrt{p(1-p)}}{\sqrt{n}}\right]$ est un intervalle de fluctuation « approché » de F_n au seuil de 1 – □.

Comme cette approximation est obtenue grâce à la convergence d'une suite (ici la suite de terme général $P(F_n \in \mathrm{I}_n)$), on appellera l'intervalle I_n, intervalle de fluctuation **asymptotique** de F_n au seuil de $1 - \alpha$.
Plus précisément :

Définition
Soit α un réel de l'intervalle $]0\ ;\ 1[$.
On appelle intervalle de fluctuation asymptotique de la variable aléatoire F_n au seuil de $1 - \alpha$, tout intervalle défini en fonction des paramètres p et n, qui contient F_n avec une probabilité d'autant plus proche de $1 - \alpha$ que n est grand.

Conséquence :
L'intervalle $\mathrm{I}_n = \left[p - u_\alpha \frac{\sqrt{p(1-p)}}{\sqrt{n}}\ ;\ p + u_\alpha \frac{\sqrt{p(1-p)}}{\sqrt{n}}\right]$ est un intervalle de fluctuation asymptotique de $F_n = \frac{X_n}{n}$ au seuil de $1 - \alpha$.

Remarque :
Pour obtenir cet intervalle, on approche la loi binomiale par la loi normale de même espérance de même écart type (Théorème de Moivre-Laplace).
On admet que les conditions requises pour pratiquer cette approximation sont $n \geqslant 30\ ;\ np \geqslant 5\ ;\ n(1-p) \geqslant 5$.

■ Dans la pratique :
p représente la proportion **connue** d'individus vérifiant un critère donné dans une population.
F_n représente la proportion d'individus vérifiant le critère dans un échantillon de taille n choisi aléatoirement dans la population.
Le seuil sera très souvent de 95 %. Dans ce cas, $u_{0,05} \approx 1,96$ comme vu au chapitre précédent.
On a alors :

Lorsque $n \geqslant 30\ ;\ np \geqslant 5\ ;\ n(1-p) \geqslant 5$, l'intervalle de fluctuation asymptotique au seuil de 95 % de la proportion p dans un échantillon de taille n est :

$$\left[p - 1,96\frac{\sqrt{p(1-p)}}{\sqrt{n}}\ ;\ p + 1,96\frac{\sqrt{p(1-p)}}{\sqrt{n}}\right].$$

2 Intervalle de confiance

On cherche à estimer une proportion p **inconnue** dans une population à l'aide des informations recueillies dans un échantillon de taille n sélectionné aléatoirement.

Définition
Un intervalle de confiance pour une proportion p à un niveau de confiance $1 - \alpha$ est la **réalisation**, à partir d'un échantillon, d'un intervalle aléatoire contenant la proportion p avec une probabilité supérieure ou égale à $1 - \alpha$.

Remarque :
Le cas particulier où $1 - \alpha = 0{,}95$ est le seul au programme.
Soit X_n une variable aléatoire qui suit la loi binomiale $\mathcal{B}(n\,;p)$ de paramètres n et p et soit $F_n = \frac{X_n}{n}$ la variable aléatoire fréquence associée.
On montre que l'intervalle aléatoire $\left[F_n - \frac{1}{\sqrt{n}}\,;F_n + \frac{1}{\sqrt{n}}\right]$ a une probabilité supérieure ou égale à 0,95 de contenir la proportion inconnue p.
Lorsque l'on choisit aléatoirement un échantillon de taille n, la variable F_n prend une valeur numérique f. Alors, d'après la définition :

L'intervalle $\left[f - \frac{1}{\sqrt{n}}\,;f + \frac{1}{\sqrt{n}}\right]$ est un **intervalle de confiance** de la proportion inconnue p au niveau de confiance de 0,95.

Remarque :
À chaque tirage d'un échantillon, on obtient une valeur différente de f et donc un intervalle de confiance différent.
Théoriquement, si on réalisait un très grand nombre de tirages, alors au moins 95 % des intervalles obtenus devraient contenir la proportion inconnue p.

1 Connaître et savoir utiliser un intervalle de fluctuation asymptotique

EXERCICE TYPE

Une étude statistique réalisée à grande échelle a montré qu'un médicament couramment utilisé guérissait 60 % des personnes atteintes par une certaine maladie. Un médecin qui suspecte le développement d'une résistance au médicament a sélectionné un échantillon de 150 personnes atteintes par la maladie et traitées par le médicament. Si la proportion de personnes guéries est en dehors de l'intervalle de fluctuation, le médecin décidera d'approfondir les recherches en vue de déceler une éventuelle résistance.

1° Déterminer un intervalle de fluctuation asymptotique au seuil de 95 % de la proportion de personnes traitées ayant été guéries par le médicament dans un échantillon de taille 150.

2° L'étude réalisée auprès des 150 personnes a dénombré 81 malades ayant été guéris grâce au médicament. Que peut-on en conclure ?

3° Combien faudrait-il prendre d'individus pour qu'une même proportion de 54 % soit à l'extérieur de l'intervalle de fluctuation asymptotique ?

CORRIGÉ COMMENTÉ

1° Vérifions tout d'abord si les conditions requises pour l'application de la formule donnant un intervalle de fluctuation vue dans le cours sont satisfaites.
On a ici $n = 150$ et $p = 0,6$; d'où $np = 90$ et $n(1-p) = 60$.
On a donc bien $n \geqslant 30$, $np \geqslant 5$ et $n(1-p) \geqslant 5$.
Les conditions requises sont satisfaites.

> La proportion de personnes guéries dans un échantillon de taille 150 ne sera, en général, pas égale à 60 %. Cette proportion fluctue, c'est-à-dire varie, autour de 60 % lorsque l'on change d'échantillon.

Les bornes d'un intervalle de fluctuation asymptotique sont donc :

$p - 1,96\dfrac{\sqrt{p(p-1)}}{\sqrt{n}} = 0,6 - 1,96\dfrac{\sqrt{0,6 \times 0,4}}{\sqrt{150}}$, soit environ 0,52 arrondi à 10^{-2} par défaut et $p + 1,96\dfrac{\sqrt{p(p-1)}}{\sqrt{n}} = 0,6 + 1,96\dfrac{\sqrt{0,6 \times 0,4}}{\sqrt{150}}$, soit environ 0,68 arrondi à 10^{-2} par excès.

L'intervalle [0,52 ; 0,68] est un intervalle de fluctuation asymptotique au seuil de 95 % de la proportion de personnes guéries par le médicament.

2° Dans l'échantillon, la proportion de personnes guéries est égale à $\frac{81}{150} = 0{,}54$.

Cette proportion appartient à l'intervalle de fluctuation asymptotique. Le médecin décidera donc de ne pas faire d'étude supplémentaire.

3° 0,54 sera à l'extérieur de l'intervalle de fluctuation dès que :

$$p - 1{,}96\frac{\sqrt{p(1-p)}}{\sqrt{n}} > 0{,}54.$$

En effet, 0,54 ne peut être qu'inférieur à la borne inférieure de l'intervalle.
On a $p = 0{,}6$ donc :

$$0{,}6 - 1{,}96\frac{\sqrt{0{,}24}}{\sqrt{n}} > 0{,}54 \Leftrightarrow \frac{\sqrt{0{,}24}}{\sqrt{n}} < \frac{0{,}06}{1{,}96} \Leftrightarrow \sqrt{n} > \frac{1{,}96\sqrt{0{,}24}}{0{,}06}$$

$$\Leftrightarrow n > \frac{1{,}96^2 \times 0{,}24}{0{,}06^2}, \text{ car } n > 0.$$

Or, $\frac{1{,}96^2 \times 0{,}24}{0{,}06^2} \approx 256{,}1$.

Une proportion de 0,54 sera à l'extérieur de l'intervalle de fluctuation dès que le nombre d'individus sera supérieur ou égal à 257.
S'il n'y avait que 54 % de personnes guéries dans un échantillon d'au moins 257 personnes, le médecin déciderait cette fois d'approfondir les recherches pour déceler une éventuelle résistance au médicament.

À RETENIR

- On utilise un **intervalle de fluctuation au seuil 1 – α** lorsque :
  – on extrait aléatoirement un échantillon de taille n d'une population où la proportion p d'individus vérifiant un critère donné est **connue** ;
  – on cherche à savoir si l'échantillon est **représentatif** de la population pour ce critère.
- Selon que la proportion f d'individus de l'échantillon vérifiant le critère appartient ou non à l'intervalle de fluctuation, on pourra considérer, avec un risque d'erreur proche de α, que l'échantillon est ou n'est pas conforme à la population et ainsi agir en conséquence.
- Si les conditions d'utilisation sont réunies, on utilisera l'intervalle de fluctuation asymptotique dont la formule, vue en cours, doit être parfaitement connue.
- Dans la plupart des exercices, on aura $1 - \alpha = 0{,}95$. On doit cependant être capable de déterminer l'intervalle de fluctuation pour d'autres valeurs de $1 - \alpha$ à l'aide des propriétés de la loi normale centrée réduite.
- Enfin, si on doit arrondir les valeurs des bornes de l'intervalle, on arrondira par défaut la borne inférieure et par excès la borne supérieure.

2 Estimer une proportion inconnue à l'aide d'un intervalle de confiance

EXERCICE TYPE

Lors d'une élection, un institut de sondage souhaite fournir une estimation du score d'un candidat X avant la fin du dépouillement de la totalité des bulletins.
L'institut prélève alors au hasard un échantillon supposé représentatif de 5 000 bulletins et constate que 2 585 d'entre eux sont en faveur du candidat X.

1° Déterminer un intervalle de confiance, au niveau de confiance de 95 %, du score du candidat X, c'est-à-dire du pourcentage d'électeurs ayant voté pour lui.

2° Quel doit être la taille minimale de l'échantillon qui permettrait d'obtenir une estimation du score du candidat X à 1 % près au niveau de confiance de 95% ?

CORRIGÉ COMMENTÉ

Dans cet exercice, on cherche à estimer une proportion inconnue (le score du candidat X) à l'aide d'un échantillon aléatoire.

> On veillera à bien connaître la formule donnant un intervalle de confiance au niveau de confiance de 95 % que l'on appliquera sans justification.

1° La fréquence de bulletins favorables au candidat X observée dans l'échantillon est :

$$f = \frac{2\,585}{5\,000} = 0{,}517.$$

On vérifie si les conditions d'utilisation de l'intervalle de confiance vu en cours sont réunies.
On a $n = 5\,000$, $nf = 2\,585$ et $n(1-f) = 2\,415$.
Les conditions sont réunies, car $n > 30$, $nf > 5$ et $n(1-f) > 5$.
Les bornes d'un intervalle de confiance au niveau de confiance de 95 % sont :

$f - \frac{1}{\sqrt{n}} = 0{,}517 - \frac{1}{\sqrt{5\,000}}$, soit environ 0,502 arrondi à 10^{-3} par défaut

et $f + \frac{1}{\sqrt{n}} = 0{,}517 + \frac{1}{\sqrt{5\,000}}$, soit environ 0,532 arrondi à 10^{-3} par excès.

Si on exprime les proportions en pourcentages, on peut donc dire que :
l'intervalle [50,2 ; 53,2] est un intervalle de confiance du résultat du candidat X au niveau de confiance de 95 %.

Remarque :
Il serait incorrect de conclure hâtivement qu'il y a 95 % de chance que le score du candidat X appartienne à cet intervalle. La notion d'intervalle de confiance est plus complexe. Pour la comprendre, on peut ici faire le raisonnement suivant : si on choisit un autre échantillon de 5 000 bulletins, on obtiendra une autre fréquence observée,

f', et donc un autre intervalle de confiance calculé par la même méthode ; plus généralement, si on choisit de façon indépendante un très grand nombre d'échantillons de 5 000 bulletins, on obtiendra un très grand nombre d'intervalles de confiance.
On peut alors affirmer qu'au moins 95 % de ces intervalles contiennent le résultat du candidat X.

2° Pour obtenir une estimation à 1 % près au niveau de confiance de 95 %, il faut que l'amplitude de l'intervalle de confiance soit inférieure ou égale à 0,01.
L'amplitude de l'intervalle de confiance est égale à $\frac{2}{\sqrt{n}}$.

On a donc : $\frac{2}{\sqrt{n}} \leqslant 0{,}01 \Leftrightarrow \sqrt{n} \geqslant \frac{2}{0{,}01} \Leftrightarrow n \geqslant \left(\frac{2}{0{,}01}\right)^2 \Leftrightarrow n \geqslant 40000$.

L'échantillon doit contenir au moins 40 000 bulletins.

À RETENIR

- On utilise un **intervalle de confiance** lorsque l'on cherche à **estimer** la proportion **inconnue** p d'individus vérifiant un critère donné dans une population.
- Pour cela, on choisit au hasard un échantillon de taille n (avec $n > 30$) dans la population pour lequel on mesure la fréquence f d'individus vérifiant le critère.
- L'intervalle $\left[f - \frac{1}{\sqrt{n}}\,;\, f + \frac{1}{\sqrt{n}}\right]$ est un intervalle de confiance au niveau de confiance de 0,95 de la proportion p.

1 ★ 5 min

Déterminer les intervalles de fluctuation asymptotiques de la proportion $p = 0{,}3$ aux seuils de 99 %, 95 % et 90 % pour un échantillon de taille $n = 200$.
On donnera des valeurs approchées des bornes des intervalles à 10^{-2} près.

→ *Corrigé p. 343*

2 ★ 5 min

Une élection a eu lieu et un candidat a obtenu 40 % des voix. Soupçonnant une irrégularité dans un bureau de vote, on prélève aléatoirement un échantillon de 100 bulletins dans ce bureau et on constate que, dans l'échantillon, le candidat a obtenu 48,5 % des voix.
L'échantillon permet-il, au seuil de 95 %, de soupçonner une fraude dans le bureau ?

→ *Corrigé p. 343*

3 ★★★ 20 min

Le vol AF6120 reliant Paris à Toulouse est assuré par un Airbus A320 d'une capacité de 170 places. Pour ce vol, des estimations ont montré que la probabilité pour qu'une personne ayant acheté son billet se présente à l'embarquement est $p = 0{,}75$.
La compagnie, qui souhaite optimiser le remplissage de l'avion, vend n billets, avec $n > 170$.
On appelle X_n la variable aléatoire égale au nombre d'acheteurs d'un billet se présentant à l'embarquement.

1° Quelle est la loi de probabilité exacte de X_n ?

2° Donner l'intervalle de fluctuation asymptotique de la variable aléatoire $\frac{X_n}{n}$ au seuil de 95 %.

3° *a*) Justifier que $P\left(X_n > 0{,}75n + 1{,}96\sqrt{0{,}75 \times 0{,}25n}\right) \approx 0{,}05$.
b) En déduire le nombre maximum de billets que doit vendre la compagnie pour que la probabilité qu'il y ait à l'embarquement plus de voyageurs que de places disponibles soit proche de 0,05.

→ *Corrigé p. 343*

4 ★ 5 min

À quelques jours d'une élection, un candidat fait un sondage. Sur les 100 personnes choisies aléatoirement, 40 se disent prêtes à voter pour lui.
Estimer par intervalle de confiance au seuil de 95 % la proportion d'individus dans la population prête à voter pour lui.

→ *Corrigé p. 344*

5 ★ **10 min**

Une marque de produit pour la vaisselle a adopté une nouvelle présentation qu'elle a testée avant l'adoption définitive.
Dans un supermarché qui a présenté la nouvelle et l'ancienne présentations, on a constaté que 265 clients ont acheté la nouvelle et 235 ont acheté l'ancienne.

1° Déterminer un intervalle de confiance du pourcentage de clients qui préfèrent la nouvelle présentation au niveau de confiance de 95 %.

2° Quelle doit être la taille d'un échantillon qui permettrait de connaître ce pourcentage au niveau de confiance de 95 % à ± 1 % près ?

→ *Corrigé p. 344*

6 ★★ **15 min**

Un maraîcher possède une grande quantité de graines d'aubergines. Il veut estimer le taux de germination de ces graines. Pour ce faire, il prélève 500 graines qu'il met en terre ; il constate après quelques jours que 460 graines ont germé.

1° Déterminer un intervalle de confiance, au niveau de confiance de 95 % du taux de germination de la semence.

2° Le maraîcher souhaite vendre des plants dans des barquettes de terre contenant 100 plants. Quel est le nombre minimum de graines qu'il devra semer pour que les barquettes contiennent au moins 100 plants, avec une probabilité d'avoir moins de 100 plants inférieure ou égale à 0,05 (on choisira comme probabilité de germination la borne inférieure de l'intervalle de confiance) ?

→ *Corrigé p. 345*

1 → Énoncé p. 340 Les conditions d'utilisation de l'intervalle asymptotique de fluctuation sont réunies, car $n > 30$; $np > 5$ et $n(1-p) > 5$.
On rappelle que u_α est l'unique réel positif tel que $P(-u_\alpha \leqslant X \leqslant u_\alpha) = 1 - \alpha$ ou encore tel que $P(X \leqslant -u_\alpha) = \alpha$.
On doit savoir que $u_{0,01} \approx 2{,}58$ et que $u_{0,05} \approx 1{,}96$.
On trouve $u_{0,1} \approx 1{,}74$ à l'aide de la calculatrice.
Ainsi :
– pour 99 %, $\mathrm{I}_n = \left[0{,}3 - 2{,}58\dfrac{\sqrt{0{,}3\times 0{,}7}}{\sqrt{200}} ; 0{,}3 + 2{,}58\dfrac{\sqrt{0{,}3\times 0{,}7}}{\sqrt{200}}\right]$;
soit, en arrondissant les bornes, $\mathbf{I_n = [0{,}21 ; 0{,}39]}$;
– pour 95 %, $\mathrm{I}_n = \left[0{,}3 - 1{,}96\dfrac{\sqrt{0{,}3\times 0{,}7}}{\sqrt{200}} ; 0{,}3 + 1{,}96\dfrac{\sqrt{0{,}3\times 0{,}7}}{200}\right]$;
soit $\mathbf{I_n = [0{,}23 ; 0{,}37]}$;
– pour 90 %, $\mathrm{I}_n = \left[0{,}3 - 1{,}74\dfrac{\sqrt{0{,}3\times 0{,}7}}{\sqrt{200}} ; 0{,}3 + 1{,}74\dfrac{\sqrt{0{,}3\times 0{,}7}}{\sqrt{200}}\right]$;
soit $\mathbf{I_n = [0{,}24 ; 0{,}36]}$.

> On constate que l'amplitude de l'intervalle augmente quand le seuil augmente.

2 → Énoncé p. 340 L'intervalle de fluctuation asymptotique au seuil de 95 % de la proportion de votants pour le candidat dans un échantillon de taille 100 est :

$$\left[0{,}4 - 1{,}96\frac{\sqrt{0{,}4\times 0{,}6}}{\sqrt{100}} ; 0{,}4 + 1{,}96\frac{\sqrt{0{,}4\times 0{,}6}}{\sqrt{100}}\right]\text{, soit environ } [0{,}3 ; 0{,}5].$$

La proportion de bulletins en faveur du candidat dans l'échantillon appartient à l'intervalle de fluctuation. Cet échantillon ne permet donc pas de soupçonner une fraude dans le bureau de vote.

3 → Énoncé p. 340 **1°** X_n suit la loi binomiale de paramètres n et 0,75.
2° $n > 170$, donc $n \geqslant 30$; $np > 170 \times 0{,}75$, donc $np \geqslant 5$; $n(1-p) > 170 \times 0{,}25$, donc $n(1-p) \geqslant 5$.
Ces conditions permettent d'utiliser l'intervalle de fluctuation asymptotique au seuil de 95 % : $\mathrm{I}_n = \left[0{,}75 - 1{,}96 \times \dfrac{\sqrt{0{,}75\times 0{,}25}}{\sqrt{n}} ; 0{,}75 + 1{,}96 \times \dfrac{\sqrt{0{,}75\times 0{,}25}}{\sqrt{n}}\right]$.
3° ***a)*** Par définition de l'intervalle asymptotique au seuil de 95 % :
$p\left(\dfrac{X_n}{n} \notin \mathrm{I}_n\right) \approx 0{,}05$; en particulier,
$p\left(\dfrac{X_n}{n} \geqslant 0{,}75 + 1{,}96 \times \dfrac{\sqrt{0{,}75\times 0{,}25}}{\sqrt{n}}\right) \approx 0{,}05.$

> La suite de terme général $p\left(\dfrac{X_n}{n} \in \mathrm{I}_n\right)$ converge vers 0,95. Donc, à partir d'un certain rang, $p\left(\dfrac{X_n}{n} \in \mathrm{I}_n\right) \approx 0{,}95$, d'où $p\left(\dfrac{X_n}{n} \notin \mathrm{I}_n\right) \approx 0{,}05$.

Or,
$\frac{X_n}{n} \geqslant 0,75 + 1,96 \times \frac{\sqrt{0,75 \times 0,25}}{\sqrt{n}} \Leftrightarrow X_n \geqslant 0,75n + 1,96\sqrt{0,75 \times 0,25} \times \sqrt{n}$.
Donc $p\left(X_n \geqslant 0,75n + 1,96\sqrt{0,75 \times 0,25} \times \sqrt{n}\right) \approx 0,05$.

b) On résout dans $\mathbb{N}$ l'inéquation $0,75n + 1,96\sqrt{0,75 \times 0,25} \times \sqrt{n} \leqslant 170$.
Pour cela, résolvons tout d'abord l'inéquation dans $\mathbb{R}^+$ en effectuant le changement d'inconnue $x = \sqrt{n}$, ce qui donne $0,75x^2 + 1,96\sqrt{0,75 \times 0,25}x \leqslant 170$, soit encore $0,75x^2 + 1,96\sqrt{0,75 \times 0,25}x - 170 \leqslant 0$.
Résolvons l'équation $0,75x^2 + 1,96\sqrt{0,75 \times 0,25}x - 170 = 0$.
Le discriminant est $\Delta = (1,96\sqrt{0,75 \times 0,25})^2 - 4 \times 0,75 \times (-170) = 510,7203$.
Le discriminant étant positif, l'équation admet deux solutions réelles :
$x_1 = \frac{-1,96\sqrt{0,75 \times 0,25} - \sqrt{510,7203}}{2 \times 0,75}$; $x_2 = \frac{-1,96\sqrt{0,75 \times 0,25} + \sqrt{510,7203}}{2 \times 0,75}$
$0,75x^2 + 1,96\sqrt{0,75 \times 0,25}x - 170 \leqslant 0$ pour tout $x \in [x_1 ; x_2]$; $x_1 < 0$ et $x_2 \approx 14,500$.
Pour tout entier naturel n tel que $0 \leqslant \sqrt{n} \leqslant x_2$, l'inégalité :
$0,75n + 1,96\sqrt{0,75 \times 0,25} \times \sqrt{n} \leqslant 170$ est vérifiée.
$0 \leqslant \sqrt{n} \leqslant x_2 \Leftrightarrow n \leqslant x_2^2$, avec $x_2^2 \approx 210,3$.
Le nombre maximum de billets que doit vendre la compagnie pour que la probabilité qu'il y ait à l'embarquement plus de voyageurs que de places disponibles soit proche de 0,05 est donc 210.

> Cette pratique, utilisée par la majorité des compagnies, est appelée « overbooking ».

4 → Énoncé p. 340 La fréquence des personnes prêtes à voter pour le candidat est 0,4.
L'intervalle de confiance au seuil de 95 % est donc $I = \left[0,4 - \frac{1}{\sqrt{100}} ; 0,4 + \frac{1}{\sqrt{100}}\right]$, c'est-à-dire $I = [0,3 ; 0,5]$.
Le candidat peut estimer que la proportion de personnes susceptibles de voter pour lui est comprise entre 30 % et 50 %, au seuil de 95 %.

5 → Énoncé p. 341 **1°** La fréquence des personnes qui ont préféré la nouvelle présentation est $f = \frac{265}{500} = 0,53$.
L'intervalle de confiance au seuil de 95 % est $I = \left[0,53 - \frac{1}{\sqrt{500}} ; 0,53 + \frac{1}{\sqrt{500}}\right]$.
$0,53 - \frac{1}{\sqrt{500}} \approx 0,485$; $0,53 + \frac{1}{\sqrt{500}} \approx 0,574$; on peut donc donner comme intervalle $I = [0,48 ; 0,58]$.

> On arrondira toujours la borne inférieurs par défaut et la borne supérieure par excès.

2° Soit n la taille de l'échantillon ; l'amplitude de l'intervalle de confiance au seuil de 95 % est $\frac{2}{\sqrt{n}}$.

À ± 1 % près, signifie que l'amplitude admise est 0,02.

$\frac{2}{\sqrt{n}} \leqslant 0{,}02 \Leftrightarrow 100 \leqslant \sqrt{n} \Leftrightarrow 10\,000 \leqslant n.$

À partir d'une taille égale à 10 000, l'intervalle de confiance a une amplitude inférieure ou égale à 0,02.

6 → Énoncé p. 342 1° La fréquence de germination est $f = \frac{460}{500} = 0{,}92$.

L'intervalle de confiance, au niveau de confiance de 95 % est :

$$\mathrm{I} = \left[0{,}92 - \frac{1}{\sqrt{500}} ; 0{,}92 + \frac{1}{\sqrt{500}}\right].$$

On trouve $0{,}92 - \frac{1}{\sqrt{500}} \approx 0{,}875$; $0{,}92 - \frac{1}{\sqrt{500}} \approx 0{,}965$.

On peut donc choisir I = [0,87 ; 0,97], en arrondissant par défaut la borne inférieure et par excès la borne supérieure.

2° Pour $p = 0{,}87$, l'intervalle de fluctuation asymptotique au seuil de 95 % pour n graines semées est :

$$J = \left[0{,}87 - 1{,}96\,\frac{\sqrt{0{,}87 \times (1 - 0{,}87)}}{\sqrt{n}} ; 0{,}87 + 1{,}96\,\frac{\sqrt{0{,}87 \times (1 - 0{,}87)}}{\sqrt{n}}\right].$$

La borne inférieure de l'intervalle doit être alors supérieure ou égale à $\frac{100}{n}$.

> On souhaite en effet qu'au moins 100 graines, parmi les n semées, germent. Le taux de germination minimal est donc égal à $\frac{100}{n}$.

$$0{,}87 - 1{,}96\,\frac{\sqrt{0{,}87 \times (1 - 0{,}87)}}{\sqrt{n}} \geqslant \frac{100}{n} \Leftrightarrow 0{,}87n - 1{,}96\,\sqrt{0{,}87 \times 0{,}13}\,\sqrt{n} \geqslant 100$$

$$\Leftrightarrow 0{,}87n - 1{,}96\,\sqrt{0{,}87 \times 0{,}13}\,\sqrt{n} - 100 \geqslant 0.$$

Posons $X = \sqrt{n}$; résolvons d'abord $0{,}87X^2 - 1{,}96\sqrt{0{,}87 \times 0{,}13}\,X - 100 = 0$.

Le discriminant est $\Delta = \left[1{,}96\sqrt{0{,}87 \times 0{,}13}\right]^2 - 4 \times 0{,}87 \times (-100)$ et est positif.

Dans l'ensemble des nombres réels, l'équation admet deux solutions :

$X_1 = \frac{1{,}96\sqrt{0{,}87 \times 0{,}13} - \sqrt{\Delta}}{2 \times 0{,}87}$; $X_1 \approx -10{,}34$;

$X_2 = \frac{1{,}96\sqrt{0{,}87 \times 0{,}13} + \sqrt{\Delta}}{2 \times 0{,}87}$; $X_2 \approx 11{,}10$.

Pour $\sqrt{n} \geqslant X_2$, c'est-à-dire $n \geqslant X_2^2$,

l'inéquation $0,87n - 1,96\sqrt{0,87 \times 0,13}\sqrt{n} - 100 \geqslant 0$ est vérifiée.

Or, $X_2^2 \approx 123,21$; donc à partir de $n = 124$ graines, le maraîcher peut espérer avoir une barquette d'au moins 100 plants au risque de 5 %.

Arithmétique (Enseignement de Spécialité)

CHAPITRE 16

1 Le principe de récurrence

Propriété

Soit $P(n)$ une propriété indexée par l'entier naturel n. Soit n_0 un entier. Si $\boldsymbol{P(n_0)}$ **est vraie** (initialisation) et si, pour tout entier naturel n ($n \geqslant n_0$), $\boldsymbol{P(n)}$ **implique** $\boldsymbol{P(n+1)}$ (*transmissibilité*) ;
alors $P(n)$ est vraie pour tout entier naturel n supérieur ou égal à n_0.

2 Divisibilité dans $\mathbb{N}$ et dans $\mathbb{Z}$

A. Définition

Soient a et b des entiers naturels.
On dit que a est un **multiple** de b (dans $\mathbb{N}$), s'il existe un entier naturel k tel que $a = kb$.
Si a est un multiple de b, on dit alors que b est un **diviseur** de a (dans $\mathbb{N}$).

B. Définition

Soient a et b des entiers relatifs.
On dit que a est un **multiple** de b (dans $\mathbb{Z}$), s'il existe un entier relatif k tel que $a = kb$.
Si a est un multiple de b, on dit alors que b est un **diviseur** de a (dans $\mathbb{Z}$).

Remarques :

- 0 est un multiple de tout entier (donc tout entier est un diviseur de 0).
- Tout entier est un multiple de 1 (donc 1 divise tout entier).
- Tout entier est un multiple de lui-même (tout entier divise lui-même).
- Les multiples de 2 sont appelés les entiers pairs (ceux qui ne le sont pas sont les entiers impairs).

C. Propriétés : dans $\mathbb{N}$ ou $\mathbb{Z}$

Si c divise b et b divise a, alors c divise a.
Si d divise a et b, alors d divise $ka + k'b$, où k et k' sont des entiers quelconques.

Cas particulier :
Tout entier d qui divise a et b divise leur somme $a + b$ et leur différence $a - b$.

Si b divise a, alors les multiples de a sont aussi des multiples de b ; les diviseurs de b sont aussi des diviseurs de a.

3 Congruences

A. Définition

Soient a et b des entiers relatifs. Soit n un entier naturel non nul. On dit que a est **congru** à b **modulo n** (on note $a \equiv b\ [n]$ ou $a \equiv b$ [mod. n]), s'il existe un entier relatif k tel que $b - a = kn$.

Remarque :
$a \equiv 0\ [n]$ signifie que a est un multiple de n.

B. Propriétés

a, b, c, d désignent des entiers relatifs ; n est un entier naturel non nul.
$a \equiv b\ [n] \Leftrightarrow b \equiv a\ [n]$

- Si $a \equiv b\ [n]$ et $b \equiv c\ [n]$, alors : $a \equiv c\ [n]$.
- Si $a \equiv b\ [n]$, alors : $a + c \equiv b + c\ [n]$
  $ac \equiv bc\ [n]$.
- Si $a \equiv b\ [n]$ et $c \equiv d\ [n]$, alors : $a + c \equiv b + d\ [n]$
  $a - c \equiv b - d\ [n]$
  $ac \equiv bd\ [n]$.
- Si $a \equiv b\ [n]$, alors : $a^p \equiv b^p\ [n]$ (p désigne un entier naturel).

Attention :
On ne peut pas diviser une congruence ($ac \equiv bc\ [n]$ n'implique pas $a \equiv b\ [n]$).

4 Division euclidienne dans $\mathbb{N}$ ou $\mathbb{Z}$

A. Propriété et définition

Soit a un entier **relatif**. Soit b un entier naturel non nul.
Il existe un unique couple $(q\ ;\ r)$ d'entiers ($q \in \mathbb{Z}$; $r \in \mathbb{N}$) tels que $a = bq + r$ et $0 \leqslant r < b$.
Déterminer le couple $(q\ ;\ r)$, c'est effectuer la division euclidienne de a par b.
q est le **quotient** ; r est le **reste**.

B. Propriété

Soit a un entier **relatif**. Soit b un entier naturel non nul. Soit r un entier naturel.

$a \equiv r\ [b]$ et $0 \leqslant r < b$

$\Leftrightarrow$ r est le reste dans la division euclidienne de a par b.

C. Corollaire

Soit a et a' des entiers relatif ; soit b un entier naturel non nul.
$a \equiv a'\ [b]$ $\Leftrightarrow$ a et a' ont le même reste dans la division euclidienne par b.

5 Plus grand commun diviseur (PGCD)

A. Définition

Soit a et b des entiers naturels non nuls.
L'ensemble des diviseurs communs à a et b dans $\mathbb{N}$ est un sous-ensemble non vide (il contient 1) et fini de $\mathbb{N}$. Son plus grand élément d est le **PGCD** des entiers a et b $(d = \text{PGCD}\ (a\ ;b))$.

B. Propriété

Tout diviseur commun à a et à b est un diviseur de PGCD $(a\ ;b)$.

C. Propriété

Soit k un entier naturel non nul : $\text{PGCD}(ka\ ;kb) = k\ \text{PGCD}\ (a\ ;b)$.

6 Plus petit commun multiple (PPCM)

A. Définition

Soit a et b des entiers naturels non nuls.
L'ensemble des multiples non nuls communs à a et b dans $\mathbb{N}$ est un sous-ensemble non vide (il contient ab). Son plus petit élément non nul m est le **PPCM** des entiers a et b $(m = \text{PPCM}\ (a\ ;b))$.

B. Propriété

Tout multiple commun à a et à b est un multiple de PPCM $(a\ ;\ b)$.

C. Propriété

Soit k un entier naturel non nul : PPCM $(ka\ ;\ kb) = k$ PPCM $(a\ ;\ b)$.

7 Algorithme d'Euclide

Propriété

Soit a et b des entiers naturels non nuls.
Soit r le reste dans la division euclidienne de a par b.
Alors PGCD$(a\ ;\ b)$ = PGCD$(b\ ;\ r)$.

De la propriété précédente, découle **l'algorithme d'Euclide**.
Écrivons les divisions euclidiennes successives :
$a = bq_1 + r_1 \quad 0 \leqslant r_1 < b$; si $r_1 = 0$, alors PGCD$(a\ ;\ b) = b$;
$b = r_1q_2 + r_2 \quad 0 \leqslant r_2 < r_1$; si $r_2 = 0$, alors PGCD$(a\ ;\ b) = r_1$;
$r_1 = r_2q_3 + r_3 \quad 0 \leqslant r_3 < r_2$.
Si $r_1 \neq 0$, la suite des restes ainsi obtenus est une suite d'entiers naturels strictement décroissante ; soit n le premier rang pour lequel $r_n = 0$; alors $r_{n-1} \neq 0$ et r_{n-1} = PGCD$(a\ ;\ b)$.

8 Nombres premiers entre eux

A. Définition

Des entiers naturels a et b sont **premiers entre eux** (on dit aussi étrangers) si PGCD$(a\ ;\ b) = 1$.

B. Propriété

Soient a et b des entiers naturels non nuls ; soit d = PGCD $(a\ ;\ b)$. Soient a' et b' les entiers tels que $a = da'$ et $b = db'$.
Alors PGCD $(a'\ ;\ b') = 1$.

C. Théorèmes

Théorème de Bézout :
Soient a et b des entiers naturels.
a et b sont premiers entre eux si, et seulement si, il existe un couple $(u\,;\,v)$ d'entiers **relatifs** tel que $au + bv = 1$.

Remarque :
Le couple $(u\,;\,v)$ n'est pas unique.

Théorème de Gauss :
Soient a et b des entiers naturels **premiers entre eux**. Soit c un entier relatif. Si a divise le produit bc, alors a divise c.

9 Nombres premiers

A. Définition

Un entier naturel p est un entier **premier**, si p admet dans $\mathbb{N}$ exactement deux diviseurs.

Remarques :
0 n'est pas premier (tout entier divise 0) ;
1 n'est pas premier (il admet un seul diviseur : lui-même) ;
2 est le plus petit nombre premier (c'est le seul entier pair qui soit premier). Deux nombres premiers distincts sont premiers entre eux.

B. Théorème

Il existe une **infinité de nombres premiers**.

C. Propriété

Tout entier naturel n ($n \geqslant 2$), non premier, admet au moins un diviseur premier p tel que $p^2 \leqslant n$ (c'est-à-dire tel que $p \leqslant \sqrt{n}$).

Conséquence :
Pour qu'un entier n ($n \geqslant 2$) soit premier, il suffit qu'il n'admette aucun diviseur premier p tel que $p^2 \leqslant n$.

Liste des nombres premiers inférieurs à 100 :
2 ; 3 ; 5 ; 7 ; 11 ; 13 ; 17 ; 19 ; 23 ; 29 ; 31 ; 37 ; 41 ; 43 ; 47 ; 53 ; 59 ; 61 ; 67 ; 71 ; 73 ; 79 ; 83 ; 89 ; 97.

10 Décomposition en produit de facteurs premiers

A. Théorème

Soit n un entier naturel ($n \geqslant 2$).
Il existe une **unique** liste de nombres premiers p_1, p_2, ... , p_k avec $p_1 < p_2 < ... < p_k$ et une unique liste d'entiers **non nuls** α_1, α_2, ... , α_k tels que $n = p_1^{\alpha_1} p_2^{\alpha_2} \dots p_k^{\alpha_k}$.
L'écriture de l'entier n comme produit de nombres premiers porte le nom de **décomposition de *n* en produit de facteurs premiers**.

B. Propriété

Applications de la décomposition en facteurs premiers à la recherche du PGCD et du PPCM de deux entiers :

Soient $a = p_1^{\alpha_1} \dots p_k^{\alpha}$ et $b = q_1^{\beta_1} \dots q_j^{\beta_j}$ les décompositions en facteurs premiers de deux entiers naturels a et b. S'il n'existe aucun facteur premier commun aux deux décompositions, alors $\text{PGCD}(a\,;\,b) = 1$.
La **décomposition en facteurs premiers de PGCD(*a* ; *b*)** contient tous les nombres premiers communs aux deux décompositions, avec le plus petit des deux exposants.
La **décomposition en facteurs premiers de PPCM(*a* ; *b*)** contient tous les nombres premiers figurant dans au moins l'une des deux décompositions, avec le plus grand des deux exposants.

Conséquence :
$\text{PGCD}(a\,;\,b) \times \text{PPCM}(a\,;\,b) = ab$.

1 Utiliser un raisonnement par récurrence

EXERCICE TYPE

On définit la suite $(U_n)_{n \in \mathbb{N}}$ par $U_0 = 5$ et, pour tout entier naturel n, $U_{n+1} = 2U_n + 5$. Montrer que, pour tout entier naturel n, U_n est un entier naturel dont le chiffre des unités, dans son écriture en base 10, est 5.

CORRIGÉ COMMENTÉ

Pour tout $n \in \mathbb{N}$, désignons par $P(n)$ la propriété :
« $U_n \in \mathbb{N}$ et le chiffre des unités de U_n est 5 ».

Initialisation

Au rang 0 : $U_0 = 5$ est un entier dont le chiffre des unités est 5.
Donc $P(0)$ est vraie.

Transmissibilité (ou hérédité)

Soit n un entier naturel quelconque.
Faisons l'hypothèse que $P(n)$ est vraie.
Démontrons qu'alors $P(n + 1)$ est vraie :

> C'est cette hypothèse que l'on nomme hypothèse de récurrence.

• 2 et 5 sont des entiers naturels
U_n est un entier naturel
(par hypothèse de récurrence)
} donc $2U_n + 5$ est un entier naturel.

U_{n+1} est un entier naturel.

• Dire que le chiffre des unités est 5 signifie que U_n est la somme de 5 et d'un multiple de 10, c'est-à-dire : $U_n = 10k + 5$ où $k \in \mathbb{N}$.

Par suite : $U_{n+1} = 2(10k + 5) + 5$;
$U_{n+1} = 20k + 10 + 5$;
$U_{n+1} = 10(2k + 1) + 5$.

$k \in \mathbb{N}$, donc $(2k + 1) \in \mathbb{N}$; soit $k' = 2k + 1$.
$U_{n+1} = 10k' + 5$, donc le chiffre des unités est 5.
Ainsi, $P(n + 1)$ est vraie.

Conclusion : par le principe de récurrence, nous pouvons affirmer que la propriété $P(n)$: « $U_n \in \mathbb{N}$ et le chiffre des unités de U_n est 5 » est vraie pour tout entier naturel n.

À RETENIR

• **Pour procéder à une démonstration par récurrence**, il faut bien cerner la propriété demandée ; il est préférable de la nommer en l'indiciant par l'entier n [par exemple, $P(n)$]. On montre que la propriété est vraie à un premier rang n_0 (qui n'est pas nécessairement 0). C'est **l'initialisation**.

• On cherche ensuite à montrer le caractère **transmissible** (ou héréditaire) de la propriété : on suppose $P(n)$ vraie pour un entier n quelconque supérieur ou égal à n_0, et avec cette hypothèse, on démontre que $P(n+1)$ est vraie. Si ces deux conditions sont vérifiées, le principe de récurrence permet d'affirmer que $P(n)$ est vraie pour tout entier naturel n supérieur ou égal à n_0.

2 Déterminer si un entier est premier

EXERCICE TYPE

1° Déterminer les entiers premiers compris entre 100 et 110.

2° Déterminer les couples $(x\,;\,y)$ d'entiers naturels tels que $xy = y + 101$.

CORRIGÉ COMMENTÉ

1° On exclut tout d'abord les entiers pairs, car aucun entier pair, sauf 2, n'est premier. Il reste 101, 103, 105, 107 et 109.
$105 = 5 \times 21$ est exclu, car 5 divise 105.
101 ; 103 ; 107 ; 109 ne sont divisibles ni par 2, ni par 3, ni par 5.
$\sqrt{109} \approx 10{,}4$ à 0,1 près par défaut : les nombres premiers inférieurs à $\sqrt{109}$ sont 2, 3, 5, 7. Il reste à voir si 101 ; 103 ; 107 et 109 sont divisibles par 7.

> On arrête la vérification au plus grand entier dont le carré est inférieur ou égal à 109.

à la calculatrice	Division euclidienne par 7 :
101 [÷] 7 ≈ 14,42… ;	$101 = 14 \times 7 + 3$ et $0 \leqslant 3 < 7$.
103 [÷] 7 ≈ 14,71… ;	$103 = 14 \times 7 + 5$ et $0 \leqslant 5 < 7$.
107 [÷] 7 ≈ 15,28… ;	$107 = 15 \times 7 + 2$ et $0 \leqslant 2 < 7$.
109 [÷] 7 ≈ 15,57… ;	$109 = 15 \times 7 + 4$ et $0 \leqslant 4 < 7$.

Aucun de ces entiers n'est divisible par 7 (car aucun reste n'est nul). Cette vérification suffit pour affirmer que **101 ; 103 ; 107 ; 109 sont des entiers premiers**.

2° Soient x et y des entiers naturels :
$xy = y + 101$ équivaut à $y(x-1) = 101$.
• x ne peut être nul, car sinon $y(0-1)$ serait négatif (et $101 > 0$).

• Donc $x \geqslant 1$; par suite, y et $(x-1)$ sont deux entiers naturels dont le produit est 101.
Or, 101 est un entier premier.
La seule façon de le factoriser en produit de deux entiers naturels est $101 = 1 \times 101$.

> Si p est premier, la seule façon d'écrire p comme un produit de deux facteurs est $p = 1 \times p$.

On en déduit que :

$101 = y(x-1)$ avec y et $(x-1)$ entiers naturels équivaut à $\begin{cases} y = 1 \text{ et } x - 1 = 101 \\ \text{ou} \\ y = 101 \text{ et } x - 1 = 1 \, ; \end{cases}$

soit $\begin{cases} x = 102 \text{ et } y = 1 \\ \text{ou} \\ x = 2 \text{ et } y = 101. \end{cases}$

Conclusion : l'équation $xy = y + 101$ admet comme solutions dans $\mathbb{N}^2$ les deux couples (102 ; 1) et (2 ; 101).

À RETENIR

Pour déterminer si un entier n est premier, il suffit de disposer de la liste des nombres premiers $p_1, \dots p_k$ inférieurs ou égaux à $\sqrt{n}$. Si aucun des entiers $p_1, \dots p_k$ ne divise n, alors n est premier.

3 Traiter un problème de divisibilité

EXERCICE TYPE

1° Montrer que, pour tout entier naturel n, 3 divise $4^n - 1$.

2° En déduire que 3 ne divise pas $4^n + 1$.

CORRIGÉ COMMENTÉ

1° Procédons à une démonstration par récurrence.
Pour tout entier naturel n, notons $P(n)$ la propriété « 3 divise $4^n - 1$ ».
• Soit $n = 0$; $4^0 - 1 = 1 - 1 = 0$ est divisible par 3.
Donc $P(0)$ est vraie.
• Soit n un entier quelconque ; supposons $P(n)$ vraie.
L'hypothèse se traduit ainsi : il existe un entier naturel k tel que $4^n - 1 = 3k$.
Au rang $n+1$: $4^{n+1} - 1 = 4 \times 4^n - 1$.
Or, $4^n = 1 + 3k$.

> On n'écrit pas de division, car la division, à proprement parler, n'est pas une opération définie dans $\mathbb{N}$.

Donc, $4^{n+1} - 1 = 4(1 + 3k) - 1$
$4^{n+1} - 1 = 12k + 3$
$4^{n+1} - 1 = 3(4k + 1)$.
k est un entier naturel, donc $4k + 1$ est un entier naturel.
Ainsi, $4^{n+1} - 1$ est un multiple de 3.
Donc la propriété $P(n + 1)$: « 3 divise $4^{n+1} - 1$ » est vraie.
• **Conclusion : par le principe de récurrence, la propriété $P(n)$: « 3 divise $4^n - 1$ » est vraie.**

2° Utilisons le résultat précédent et procédons à une démonstration directe. Pour tout entier naturel n, $4^n + 1 = 4^n - 1 + 2$.
Or, $4^n - 1$ est divisible par 3, ce qui signifie qu'il existe un entier naturel k tel que $4^n - 1 = 3k$.
Donc $4^n + 1 = 3k + 2$.
Ainsi, 2 est le reste (non nul !) dans la division euclidienne de $4^n + 1$ par 3.
Donc **$4^n + 1$ n'est pas divisible par 3**.

À RETENIR

• **Pour les problèmes de divisibilité dans $\mathbb{N}$ ou dans $\mathbb{Z}$**, on se ramène à la définition de la divisibilité :
b divise a signifie qu'il existe un entier k ($k \in \mathbb{N}$ ou $k \in \mathbb{Z}$ selon le problème) tel que $a = kb$.
• On n'omet pas de bien s'assurer que k est un entier.
• On évite de « se plonger » dans $\mathbb{R}$ en écrivant un quotient : l'écriture $a = kb$ apporte généralement à elle seule la réponse au problème.
• On peut aussi noter que les problèmes de divisibilité se résolvent souvent avec l'outil des congruences (*cf.* Congruences).

4 Utiliser la division euclidienne et les congruences

EXERCICE TYPE

1° Un entier naturel N, supérieur à 150, admet pour reste 12 et pour quotient q dans la division euclidienne par 13 ; il admet pour reste r et pour quotient q dans la division euclidienne par 14. Déterminer les valeurs possibles de N.

2° Déterminer le reste dans la division euclidienne de 17 par 8.
En déduire, pour tout entier naturel n, le reste dans la division euclidienne de 17^n par 8.

CORRIGÉ COMMENTÉ

1° Les hypothèses de l'énoncé se traduisent comme suit :
soit $N \in \mathbb{N}$; $N > 150$;
$N = 13q + 12$ (division euclidienne par 13) ;
$N = 14q + r$ avec $0 \leqslant r < 14$ (division euclidienne par 14) ;
on en déduit : $13q + 12 = 14q + r$
$12 - r = q$;
en substituant dans la seconde égalité :
$N = 14(12 - r) + r$ avec $0 \leqslant r < 14$
$N = 168 - 13r$ avec $0 \leqslant r < 14$;
or, $N > 150$; donc : $168 - 13r > 150$
$18 > 13r$.

N'oubliez que dans une division euclidienne par un entier non nul b, le reste r vérifie $0 \leqslant r < b$.

Les seuls entiers r vérifiant $18 > 13r$ sont $r = 0$ ou $r = 1$.
Si $r = 0$, alors $q = 12$ et $N = 168$.
Si $r = 1$, alors $q = 11$ et $N = 155$.
Vérifions maintenant si les deux seules valeurs possibles de l'entier N, 168 et 155, vérifient les hypothèses.

• $N = 168$
Division euclidienne par 13 : $168 = 13 \times 12 + 12$ $(q = 12 ; r = 12)$
$168 = 14 \times 12 + 0$ $(q = 12 ; r = 0)$;
$N = 168$ vérifie les hypothèses.

• $N = 155$
Division euclidienne par 13 : $155 = 13 \times 11 + 12$ $(q = 11 ; r = 12)$.
Division euclidienne par 14 : $155 = 14 \times 11 + 1$ $(q = 11 ; r = 1)$.
$N = 155$ vérifie les hypothèses.

Conclusion : les valeurs de N sont 168 ou 155.

2° $17 = 2 \times 8 + 1$ et $0 \leqslant 1 < 8$: 1 est donc le reste dans la division euclidienne de 17 par 8.
On en déduit que $17 \equiv 1$ [8] ;
et par propriété des congruences (si $a \equiv b$ [n], alors $a^k \equiv b^k$ [n], $k \in \mathbb{N}^*$) : pour tout $n \in \mathbb{N}$, $17^n \equiv 1^n$ [8],
donc $17^n \equiv 1$ [8].
Ce qui signifie qu'il existe un entier k (*a priori* relatif, en fait, entier naturel, car $17^n - 1 \geqslant 0$) tel que $17^n = 8k + 1$.
Or, $0 \leqslant 1 < 8$;
1 est donc le reste dans la division euclidienne de 17^n par 8.

Les congruences, et leurs propriétés, constituent un outil souvent efficace pour obtenir un reste dans une division euclidienne.

À RETENIR

- Si l'on doit utiliser la division euclidienne de a par b, on reviendra à la définition : $a = bq + r$ où q et r sont des entiers tels que $0 \leqslant r < b$. On n'oubliera pas de s'assurer de l'encadrement du reste : une égalité comme $37 = 3 \times 9 + 10$ ne traduit pas la division euclidienne de 37 par 9 (car $10 > 9$) ; il faut écrire $37 = 4 \times 9 + 1$ $(0 \leqslant 1 < 9)$.
- Pour les congruences, on se souviendra que, si r est le reste dans la division euclidienne de a par b, alors $a \equiv r\ [b]$.
- Attention ! Les congruences ne sont pas des égalités : si l'on peut multiplier ou additionner entre elles des congruences (modulo le <u>même</u> nombre n), on ne peut pas les « diviser » par un même entier (encore moins, entre elles) comme le montre ce contre-exemple :

$$6 \equiv 10\ [4]\ ;\ \text{or } 6 = 3 \times 2 \text{ et } 10 = 5 \times 2\ ;$$
$$3 \times 2 \equiv 5 \times 2\ [4] \text{ mais } 3 \equiv 5\ [4].$$

5 Déterminer le PGCD par l'algorithme d'Euclide

EXERCICE TYPE

1° En utilisant l'algorithme d'Euclide, déterminer le PGCD de 9 065 et 1 332.

2° Écrire un algorithme décrivant l'algorithme d'Euclide.

CORRIGÉ COMMENTÉ

1° ① $\begin{array}{r|l} 9\,065 & 1\,332 \\ \cline{2-2} 1\,073 & 6 \end{array}$ ② $\begin{array}{r|l} 1\,332 & 1\,073 \\ \cline{2-2} 259 & 1 \end{array}$ ③ $\begin{array}{r|l} 1\,073 & 259 \\ \cline{2-2} 37 & 4 \end{array}$ ④ $\begin{array}{r|l} 259 & 37 \\ \cline{2-2} 0 & 7 \end{array}$

On en déduit **PGCD (9 065 ; 1 332) = 37**.

2° A et B sont des entiers naturels ; $A > B$. R est un entier naturel.

Début :
Demander la valeur de A
Demander la valeur de B
A – $B \times$ ent(A/B) devient R
  Tant que $R > 0$
  B devient A
  R devient B
  $A - B \times$ ent(A/B) devient R
Fin de **Tant que**
Afficher B
Fin

N. B. : la fonction « ent » (partie entière) permet d'obtenir le quotient entier dans la division euclidienne de A par B.

À RETENIR

• Lorsque les valeurs numériques de deux entiers sont connues, on peut obtenir leur PGCD par l'algorithme d'Euclide : on effectue les divisions successives du diviseur par le reste, jusqu'au dernier reste non nul, qui est le PGCD.
• Le principe de l'algorithme :

« si $a = bq + r$, $0 \leqslant r < b$, alors : $\text{PGCD}(a\ ;\ b) = \text{PGCD}(b\ ;\ r)$ »

peut être utilisé dans des exercices où a et b ne sont pas donnés sous forme de valeurs numériques.
• Enfin, le PGCD peut être obtenu par d'autres procédés (*cf.* décomposition en facteurs premiers ; théorème de Bézout).

6 Utiliser la décomposition en produit de facteurs premiers

EXERCICE TYPE

1° Établir la décomposition en produit de facteurs premiers de 624 et 396.

2° Déterminer : PGCD (624 ; 396) ; PPCM (624 ; 396) ;
PGCD (624^2 ; 396^3) ; PPCM (624^2 ; 396^3).

3° Écrire sous forme d'une fraction irréductible :

$$a = \frac{65}{396} + \frac{77}{624}.$$

CORRIGÉ COMMENTÉ

1° Pour établir la décomposition en facteurs premiers d'un entier N, il suffit de connaître la liste des entiers premiers inférieurs ou égaux à $\sqrt{N}$.
Il se peut que la décomposition contienne un facteur premier supérieur à $\sqrt{n}$, mais sa détermination ne demande que des facteurs inférieurs ou égaux à $\sqrt{n}$.
$\sqrt{624} \simeq 24{,}9$; $\sqrt{396} \simeq 19{,}8$.
Les nombres premiers inférieurs à $\sqrt{624}$ sont : 2; 3; 5; 7; 11; 13; 17; 19; 23.
La méthode systématique consiste à effectuer les divisions par nombres premiers croissants que l'on dispose comme ci-après.

$$\begin{array}{r|l} 624 & 2 \\ 312 & 2 \\ 156 & 2 \\ 78 & 2 \\ 39 & 3 \\ 13 & 13 \\ 1 & \end{array}$$

On en déduit : **$624 = 2^4 \times 3 \times 13$.**

$$\begin{array}{r|l} 396 & 2 \\ 198 & 2 \\ 99 & 3 \\ 33 & 3 \\ 11 & 11 \\ 1 & \end{array}$$

On en déduit : **$396 = 2^2 \times 3^2 \times 11$.**

2° • La décomposition en facteurs premiers du PGCD s'obtient avec les facteurs premiers communs aux décompositions, l'exposant choisi étant le plus petit des deux :

$$\left.\begin{array}{l} 624 = 2^4 \times 3 \times 13 \\ 396 = 2^2 \times 3^2 \times 11 \end{array}\right\} \text{ donc PGCD}(624 ; 396) = 2^2 \times 3.$$ **PGCD (624 ; 396) = 12.**

• La décomposition en facteurs premiers du PPCM s'obtient avec tous les facteurs premiers figurant dans au moins l'une des décompositions, l'exposant choisi étant le plus grand des deux :

$$\left.\begin{array}{l} 624 = 2^4 \times 3 \times 13 \\ 396 = 2^2 \times 3^2 \times 11 \end{array}\right\} \text{ donc PPCM}(624 ; 396) = 2^4 \times 3^2 \times 11 \times 13.$$

PPCM (624 ; 396) = 20 592.

• $624^2 = (2^4 \times 3 \times 13)^2 = 2^8 \times 3^2 \times 13^2$

$396^3 = (2^2 \times 3^2 \times 11)^3 = 2^6 \times 3^6 \times 11^3$.

On en déduit : **PGCD $(624^2 ; 396^3) = 2^6 \times 3^2 = 576$**

PPCM $(624^2 ; 396^3) = 2^8 \times 3^6 \times 11^3 \times 13^2$.

3° PPCM (396 ; 624) $= 2^4 \times 3^2 \times 11 \times 13$

PPCM (396 ; 624) $= (2^4 \times 3 \times 13) \times (3 \times 11) = 624 \times 33$

PPCM (396 ; 624) $= (2^2 \times 3^2 \times 11) \times (2^2 \times 13) = 396 \times 52$.

$$a = \frac{65}{396} + \frac{77}{624} = \frac{65 \times 52}{396 \times 52} + \frac{77 \times 33}{624 \times 33} = \frac{3\,380 + 2\,541}{20\,592} = \frac{5\,921}{20\,592}.$$

Si cette fraction peut être simplifiée, cela ne peut l'être que par 2, 3, 11 ou 13 (les facteurs premiers du dénominateur). Or, 5 921 n'est divisible par aucun de ces nombres.

Donc $a = \dfrac{5\,921}{20\,592}$ est irréductible.

La décomposition en facteurs premiers constitue un outil efficace pour déterminer le PGCD des petits nombres.

À RETENIR

• **Pour déterminer la décomposition en produit de facteurs premiers** d'un entier N, on doit disposer de la liste des nombres premiers inférieurs ou égaux à $\sqrt{N}$; on effectue des divisions successives par ces nombres premiers, de préférence par ordre croissant de nombres.

• La décomposition en facteurs premiers permet d'obtenir le PGCD, le PPCM, tous les diviseurs d'un entier ; et dans $\mathbb{Q}$, elle permet la simplification de fractions et une réduction à un même dénominateur pour l'addition.

7 Résoudre dans $\mathbb{Z}^2$ une équation du type $ax + by = c$

EXERCICE TYPE

1° Montrer que 325 et 198 sont premiers entre eux ; écrire une relation de Bézout.

2° Résoudre dans $\mathbb{Z}^2$ les équations :

a) $325x + 198y = 1$; ***b***) $325x + 198y = 3$.

3° Résoudre dans $\mathbb{Z}^2$ les équations :

a) $336x + 195y = 3$; ***b***) $336x + 195y = 5$.

CORRIGÉ COMMENTÉ

1° Écrivons l'algorithme d'Euclide.

	Dividende	Diviseur	Reste	Quotient
①	325	198	127	1
②	198	127	71	1
③	127	71	56	1
④	71	56	15	1
⑤	56	15	11	3
⑥	15	11	4	1
⑦	11	4	3	2
⑧	4	3	1	1

PGCD (325 , 198) = 1 ; **325 et 198 sont premiers entre eux.**

Utilisons l'algorithme d'Euclide pour obtenir une relation de Bézout.

⑧ $1 = 4 - 3 \times 1$

⑦ $3 = 11 - 4 \times 2$; d'où $1 = 4 - (11 - 4 \times 2)$
$1 = 4 \times 3 - 11$;

⑥ $4 = 15 - 11$; d'où $1 = (15 - 11) \times 3 - 11$
$1 = 3 \times 15 - 4 \times 11$;

⑤ $11 = 56 - 3 \times 15$; d'où $1 = 3 \times 15 - 4 \times (56 - 3 \times 15)$
$1 = 15 \times 15 - 4 \times 56$;

④ $15 = 71 - 56$; d'où $1 = (71 - 56) \times 15 - 4 \times 56$
$1 = 71 \times 15 - 19 \times 56$;

③ $56 = 127 - 71$; d'où $1 = 71 \times 15 - 19 \times (127 - 71)$
$1 = 71 \times 34 - 19 \times 127$;

② $71 = 198 - 127$; d'où $1 = (198 - 127) \times 34 - 19 \times 127$
$1 = 34 \times 198 - 53 \times 127$;

① $127 = 325 - 198$; d'où $1 = 34 \times 198 - 53(325 - 198)$
$1 = 87 \times 198 - 53 \times 325$.

On obtient une **relation de Bézout : $1 = 87 \times 198 - 53 \times 325$**.

2° *a*) • Supposons que le couple d'entiers relatifs $(x ; y)$ soit solution de $325x + 198y = 1$.
Comme $325 \times (-53) + 198 \times 87 = 1$ alors, par différence,

$$325(x + 53) + 198(y - 87) = 0$$

d'où : $325(x + 53) = 198(87 - y)$.

325 divise $325(x + 53)$, donc $198(87 - y)$.
Or, 325 et 198 sont premiers entre eux, donc, d'après le théorème de Gauss :
325 divise $87 - y$.
Il existe donc un entier relatif k tel que $87 - y = 325k$.
Remplaçons dans l'égalité : $325(x + 53) = 198(87 - y)$
alors : $325(x + 53) = 198 \times 325k$
donc : $x + 53 = 198k$.
On en déduit que $x = -53 + 198k$ et $y = 87 - 325k$ ($k \in \mathbb{Z}$).
• Vérifions maintenant que tous les couples sont solutions.

> La vérification n'est que la réciproque de la condition nécessaire obtenue précédemment. Elle doit être faite.

Pour tout $k \in \mathbb{Z}$,
$325(-53 + 198k) + 198(87 - 325k) = -325 \times 53 + 325 \times 198k + 198 \times 87 - 198 \times 325k$
$325(-53 + 198k) + 198(87 - 325k) = 1$.
Conclusion : les solutions dans $\mathbb{Z}^2$ de l'équation $325x + 198y = 1$ sont les couples $(-53 + 198k ; 87 - 325k)$, $k \in \mathbb{Z}$.

b) • Soit $(x ; y)$ une solution de l'équation : $325x + 198y = 3$.
On a : $325 \times (-53) + 198 \times 87 = 1$;
donc $325 \times (-3 \times 53) + 198 \times (3 \times 87) = 3$ (en multipliant par 3)
$325 \times (-159) + 198 \times 261 = 3$.
Par différence, $325(x + 159) + 198(y - 261) = 0$
$325(x + 159) = 198(261 - y)$.
Comme dans l'exemple précédent, utilisons le théorème de Gauss :
325 divise $198(261 - y)$
325 et 198 sont premiers entre eux } donc 325 divise $261 - y$.
Donc, il existe $k \in \mathbb{Z}$, tel que : $261 - y = 325k$.
Par suite, $325(x + 159) = 198 \times 325k$
$x + 159 = 198k$.
• Vérifions maintenant que tous les couples $(-159 + 198k ; 261 - 325k)$ sont solutions.
Pour tout $k \in \mathbb{Z}$,
$325(-159 + 198k) + 198(261 - 325k)$
$= -325 \times 159 + 325 \times 198k + 198 \times 261 - 198 \times 325k$
$325(-159 + 198k) + 198(261 - 325k) = 3$.
Conclusion : les solutions dans $\mathbb{Z}^2$ de l'équation $325x + 198y = 3$ sont les couples d'entiers relatifs $(-159 + 198k ; 261 - 325k)$, $k \in \mathbb{Z}$.

3° *a)* On remarque que 3 divise 336 et 195.
L'équation donnée est équivalente à : $112x + 65y = 1$.
Cette équation admet des solutions dans $\mathbb{Z}^2$ si, et seulement si, 112 et 65 sont premiers entre eux ; appliquons l'algorithme d'Euclide.

① $\begin{array}{r|l} 112 & 65 \\ \hline 47 & 1 \end{array}$ ② $\begin{array}{r|l} 65 & 47 \\ \hline 18 & 1 \end{array}$ ③ $\begin{array}{r|l} 47 & 18 \\ \hline 11 & 2 \end{array}$ ④ $\begin{array}{r|l} 18 & 11 \\ \hline 7 & 1 \end{array}$

⑤ $\begin{array}{r|l} 11 & 7 \\ \hline 4 & 1 \end{array}$ ⑥ $\begin{array}{r|l} 7 & 4 \\ \hline 3 & 1 \end{array}$ ⑦ $\begin{array}{r|l} 4 & 3 \\ \hline 1 & 1 \end{array}$

PGCD (65 ; 112) = 1, donc **65 et 112 sont premiers entre eux**.

⑦ $1 = 4 - 3$
⑥ $3 = 7 - 4$; d'où $1 = 4 - (7 - 4)$
$1 = 2 \times 4 - 7$;
⑤ $4 = 11 - 7$; d'où $1 = 2 \times (11 - 7) - 7$
$1 = 2 \times 11 - 3 \times 7$;
④ $7 = 18 - 11$; d'où $1 = 2 \times 11 - 3 \times (18 - 11)$
$1 = 5 \times 11 - 3 \times 18$;
③ $11 = 47 - 18 \times 2$; d'où $1 = 5 \times (47 - 2 \times 18) - 3 \times 18$
$1 = 5 \times 47 - 13 \times 18$;
② $18 = 65 - 47$; d'où $1 = 5 \times 47 - 13 \times (65 - 47)$
$1 = 18 \times 47 - 13 \times 65$;
① $47 = 112 - 65$; d'où $1 = 18 \times (112 - 65) - 13 \times 65$
$1 = 18 \times 112 - 31 \times 65$.

D'où une **relation de Bézout : $18 \times 112 + (-31) \times 65 = 1$.**

• Soit $(x ; y)$ une solution dans $\mathbb{Z}^2$ de l'équation : $112x + 65y = 1$.
Par différence, on obtient : $112(x - 18) + 65(y + 31) = 0$
$112(x - 18) = 65(-y - 31)$.

112 divise $65(-y - 31)$
112 et 65 sont premiers entre eux } donc 112 divise $-y - 31$.

Donc il existe un entier relatif k tel que $-y - 31 = 112\,k$.
En remplaçant : $112(x - 18) = 65 \times 112k$, donc $x - 18 = 65k$.

• Vérifions si les couples de la forme $(18 + 65k ; -31 - 112k)$ $k \in \mathbb{Z}$ sont solutions :
pour tout $k \in \mathbb{Z}$, $112(18 + 65k) + 65(-31 - 112k)$
$= 112 \times 18 + 112 \times 65k - 65 \times 31 - 65 - 112k$
$112(18 + 65k) + 65(-31 - 112k) = 1$.

Conclusion : les solutions dans $\mathbb{Z}^2$ de l'équation $336x + 195y = 3$ (équivalente à $112x + 65y = 1$) **sont les couples d'entiers $(18 + 65k ; -31 - 112k)$**, $k \in \mathbb{Z}$.

b) 3 divise 336 et 3 divise 195.
Donc, pour tout couple $(x\,;\,y)$ d'entiers relatifs : 3 divise $336x + 195y$.
Or, 3 ne divise pas 5.
Donc **l'équation n'a pas de solution**.

À RETENIR

• Si a et b sont premiers entre eux, on obtient à partir de l'algorithme d'Euclide une relation de Bézout, $ax_0 + by_0 = 1$ et, en multipliant par c :

$$a(cx_0) + b(cy_0) = c.$$

• Pour résoudre dans $\mathbb{Z}^2$ l'équation $ax + by = c$, on montre par différence que $a(x - cx_0) = b(cy_0 - y)$; puis, à l'aide du théorème de Gauss, on prouve que $x = cx_0 + bk$ et $y = cy_0 - ak$, $k \in \mathbb{Z}$. On vérifie qu'un tel couple est bien une solution.

• Si a et b ne sont pas premiers entre eux, l'équation $ax + by = c$ n'admet de solution que si le nombre $d = \text{PGCD}(a\,;\,b)$ divise c.

En divisant par d, on se ramène au cas précédent. Aucun des résultats de cette méthode n'est dans le cours : sur chaque exemple, il faut savoir refaire les démonstrations.

1 ★ 10 min

Soit la suite définie par $U_0 = 2$ et, pour tout entier naturel n, $U_{n+1} = 5\,U_n + 2$. Montrer que, pour tout entier naturel n, U_n est un entier naturel dont le chiffre des unités est 2.

→ Corrigé p. 370

2 ★ 5 min (recherche) + 10 min (rédaction complète)

Déterminer si les entiers suivants sont premiers : 409 ; 2 047 ; 1 681 ; 1 009.

→ Corrigé p. 370

3 ★★ 15 min

1° Déterminer si 401 est un nombre premier.

2° En déduire les couples $(x\,;\,y)$ d'entiers naturels tels que $x^2 - y^2 = 401$.

→ Corrigé p. 371

4 ★★ 15 min

Montrer que, pour tout entier naturel n, 9 divise $10^n - 1$.
En déduire que, pour tout entier naturel n, 9 ne divise pas $10^n + 1$.

→ Corrigé p. 371

5 ★★ 15 min

Montrer que, pour tout entier naturel n, 5 divise $n^5 - n$ (indication : on écrira au préalable le développement de $(n + 1)^5$).

→ Corrigé p. 372

6 ★★ 15 min

Montrer que, pour tout entier naturel n, 6 divise $n^3 - n$.

→ Corrigé p. 372

7 ★★ 10 min

Montrer que, pour tout entier relatif n, 10 divise $5n^2 + 15n$.

→ Corrigé p. 373

8 ★★ 15 min

1° Vérifier que, pour tout entier naturel n, $n^2 + 1 = n(n + 1) - (n - 1)$.

2° Déterminer l'ensemble des entiers naturels n tels que $n + 1$ divise $n^2 + 1$.

→ Corrigé p. 373

9 ★★ 15 min

N est un entier supérieur à 200.
Dans la division euclidienne de N par 11, le reste est 9 et le quotient est q.
Dans la division euclidienne de N par 12, le reste est r et le quotient est $q - 1$.
Déterminer les valeurs de N possibles.

→ Corrigé p. 373

10 ★ 10 min

Un entier naturel N a pour quotient 10 dans la division euclidienne par 7 et pour reste 3 dans la division euclidienne par 5.
Déterminer N.

→ Corrigé p. 374

11 ★★★ 20 min

Pour tout entier naturel n, soit $A_n = 5^n + 3^n + n$.
On désigne par R_n le reste dans la division euclidienne de A_n par 4.

1° Calculer directement A_0, A_1, A_2, A_3, A_4 et R_0, R_1, R_2, R_3, R_4.

2° Vérifier que $5 \equiv 1$ [4] et $3 \equiv -1$ [4].
En déduire R_n en fonction de n.

→ Corrigé p. 374

12 ★ 10 min

Montrer que, pour tout entier naturel n, $1 + 1\,999^{2n+3}$ est divisible par 2 000.

→ Corrigé p. 375

13 ★★★ 25 min

1° En utilisant les congruences, montrer qu'un entier N, qui s'écrit en base 10 :
$N = \overline{a_3 a_2 a_1 a_0}$, est divisible par 11 si, et seulement si :

$$-a_3 + a_2 - a_1 + a_0 \equiv 0\ [11].$$

($N = \overline{a_3 a_2 a_1 a_0}$ signifie que a_0 est le chiffre des unités, a_1 celui des dizaines, a_2 celui des centaines, a_3 celui des milliers ;
donc $N = a_3 \times 10^3 + a_2 \times 10^2 + a_1 \times 10 + a_0$).
Étudier la divisibilité par 11 de : 1 320 ; 781 ; 1 727 ; 8 041 ; 7 676.

2° Généraliser à un entier N contenant p chiffres : $N = \overline{a_{p-1} a_{p-2} \ldots a_0}$.
Que peut-on dire de la divisibilité par 11 d'un entier N à p chiffres identiques (non nuls) ?

→ Corrigé p. 375

14 ★ 10 min

À l'aide de l'algorithme d'Euclide, déterminer :

PGCD(5 940 ; 3 185) ; PGCD(9 630 ; 1 848) ; PGCD(2 754 ; 294).

→ Corrigé p. 376

15 ★★ 10 min

Selon les valeurs de l'entier naturel n, déterminer :

$$\text{PGCD}\,(n + 1\ ;\ 2n + 5).$$

→ Corrigé p. 376

16 ★ 10 min

1° Établir la décomposition en facteurs premiers des entiers 1 400 et 980.

2° En déduire le PGCD et le PPCM de $1\,400^2$ et 980^3.

→ Corrigé p. 377

17 ★ 10 min

1° Décomposer 160 en produit de facteurs premiers.

2° En déduire la liste des diviseurs de 160.

→ Corrigé p. 377

18 ★ 20 min

Résoudre dans $\mathbb{Z}^2$ les équations ci-dessous.

1° $77x + 75y = 1$.

2° $270x + 325y = 25$.

3° $126x + 98y = 21$.

→ Corrigé p. 378

19 ★★ 15 min

1° Résoudre dans $\mathbb{Z}^2$ l'équation $11x + 15y = 1$.

2° En déduire les solutions dans $\mathbb{N}^2$ de l'équation $11a - 15b = 1$.

→ Corrigé p. 379

20 ★★ 10 min

Écrire un algorithme permettant de savoir si un entier n ($n \geqslant 2$) est premier, en testant sa divisibilité par les entiers d tels que $d^2 \leqslant n$.

→ Corrigé p. 380

21 ★★★ 30 min

Chiffrage affine : on numérote les lettres de l'alphabet, dans l'ordre alphabétique, de 0 à 25. À toute lettre de l'alphabet, on associe le nombre n ainsi défini.
À tout entier n compris entre 0 et 25, on associe le reste dans la division euclidienne de $5n + 7$ par 26, et enfin la lettre correspondant à ce nombre.

1° Vérifier, à l'aide d'un tableur, que l'on obtient un codage, c'est-à-dire que l'on obtient la liste de toutes les lettres de l'alphabet. Coder le mot *ARITHMETIQUE*.

2° Recherche d'une fonction affine de décodage
a) Déterminer un entier relatif a' tel que $5a' \equiv 1$ [26].
b) Démontrer que pour tout couple $(m\ ;\ n)$ d'entiers relatifs,
$5n + 7 \equiv m$ [26] $\Leftrightarrow n \equiv a'(m - 7)$ [26].
c) En déduire une fonction affine de décodage.

→ Corrigé p. 380

22 ★★ **50 min**

Pour tout entier naturel n non nul, soient les nombres entiers :
$a_n = 4 \times 10^n - 1$;
$b_n = 2 \times 10^n - 1$;
$c_n = 2 \times 10^n + 1$.

1° Montrer que, pour tout entier naturel non nul n, a_n et c_n sont divisibles par 3 et b_n n'est pas divisible par 3.

2° En utilisant la liste des nombres premiers inférieurs à 100, étudier si b_3 est premier.

3° Montrer que, pour tout entier naturel n non nul, $a_{2n} = b_n c_n$.
En déduire la décomposition de a_6 en produit de facteurs premiers.

4° *a*) Montrer que, pour tout entier naturel n non nul :

$$\mathrm{PGCD}(b_n\ ;\ c_n) = \mathrm{PGCD}(c_n\ ;\ 2).$$

b) En déduire que b_n et c_n sont premiers entre eux.

5° Soit l'équation E : $b_3 x + c_3 y = 1$, d'inconnues les entiers relatifs x et y.
a) Justifier que l'équation E admet au moins une solution.
b) Résoudre l'équation E.

→ Corrigé p. 381

23 ★★★ **40 min**

1° Soient a et b des entiers naturels non nuls tels que $\mathrm{PGCD}(a + b\ ;\ ab) = p$, où p est un nombre premier.
a) Démontrer que p divise a^2. (On pourra utiliser l'égalité $a^2 = (a + b)a - ab$).
b) En déduire que p divise a. On constate donc, de même, que p divise b.
c) Démontrer que $\mathrm{PGCD}(a\ ;\ b) = p$.

2° On désigne par a et b des entiers naturels tels que $a \leqslant b$.
a) Résoudre le système :

$$\begin{cases} \mathrm{PGCD}(a\ ;\ b) = 5 \\ \mathrm{PPCM}(a\ ;\ b) = 180 \end{cases} \quad (1).$$

b) En déduire les solutions du système :

$$\begin{cases} \mathrm{PGCD}(a + b\ ;\ ab) = 5 \\ \mathrm{PPCM}(a\ ;\ b) = 180 \end{cases} \quad (2).$$

→ Corrigé p. 383

1 → Énoncé p. 365 Pour tout $n \in \mathbb{N}$, désignons par $P(n)$ la propriété :

« U_n est un entier naturel, dont le chiffre des unités est 2 ».

Suivre en tout point le modèle de l'exercice type 1.

• **Initialisation**

$U_0 = 2$, donc $P(0)$ est vraie.

• **Transmissibilité**

Soit n un entier naturel quelconque. Supposons que $P(n)$ est vraie.

$U_n \in \mathbb{N}$ et il existe un entier k tel que $U_n = 10k + 2$.

Or, $U_{n+1} = 5U_n + 2$; donc $U_{n+1} \in \mathbb{N}$.

$U_{n+1} = 5(10k + 2) + 2$

$U_{n+1} = 50k + 10 + 2$

$U_{n+1} = 10(5k + 1) + 2$;

$k \in \mathbb{N}$ donc $(5k + 1) \in \mathbb{N}$, soit $k' = 5k + 1$.

$U_{n+1} = 10k' + 2$;

$k' \in \mathbb{N}$ et le chiffre des unités de U_{n+1} est 2.

Donc $P(n + 1)$ est vraie.

Conclusion : pour tout entier naturel, U_n est un entier dont le chiffre des unités est 2.

2 → Énoncé p. 365 • $\sqrt{409} \approx 20{,}0$ à 0,1 près par défaut.

Il est possible d'utiliser un algorithme programmé de recherche des diviseurs d'un entier.

Étudions la divisibilité de 409 par 2, 3, 5, 7, 11, 13, 17, 19.

Les critères de divisibilité par 2, 3, 5 prouvent que 409 n'est pas divisible par 2 ; 3 ; 5.

$409 = 7 \times 58 + 3$: 409 n'est pas divisible par 7.

$409 = 11 \times 37 + 2$: 409 n'est pas divisible par 11.

$409 = 13 \times 31 + 6$: 409 n'est pas divisible par 13.

$409 = 17 \times 24 + 1$: 409 n'est pas divisible par 17.

$409 = 19 \times 21 + 10$: 409 n'est pas divisible par 19.

409 n'étant divisible par aucun nombre premier p tel que $p^2 \leqslant 409$, on peut conclure que **409 est un nombre premier**.

• $2\,047 = 23 \times 89$: **2 047 n'est pas premier**.

• $1\,681 = 41^2$: **1 681 n'est pas premier**.

• $\sqrt{1\,009} \approx 31{,}7$ à 0,1 près par défaut.

Étudions la divisibilité de 1 009 par 2 ; 3 ; 5 ; 7 ; 9 ; 11 ; 13 ; 17 ; 19 ; 23 ; 29 ; 31.

Les critères de divisibilité par 2, 3, 5 prouvent que 1 009 n'est pas divisible par 2 ; 3 ; 5.

Écrivons les divisions euclidiennes de 1 009 par les autres nombres premiers :

$1\,009 = 7 \times 144 + 1$; $1\,009 = 11 \times 91 + 8$; $1\,009 = 13 \times 77 + 8$;

$1\,009 = 17 \times 59 + 6$; $1\,009 = 19 \times 53 + 2$; $1\,009 = 23 \times 43 + 20$;

$1\,009 = 29 \times 34 + 23$; $1\,009 = 31 \times 32 + 17$.

Aucun reste n'est nul : 1 009 n'est divisible par aucun de ces nombres premiers, donc **1 009 est un nombre premier.**

3 → *Énoncé p. 365* **1°** $\sqrt{401} \approx 20{,}0$ à 0,1 près par défaut.

Étudions si 401 est divisible par 2 ; 3 ; 5 ; 7 ; 11 ; 13 ; 17 ; 19.

401 n'est pas divisible par 2 ; 3 ; 5.

Écrivons les divisions euclidiennes : $401 = 7 \times 57 + 2$; $401 = 11 \times 36 + 5$; $401 = 13 \times 30 + 11$; $401 = 17 \times 23 + 10$; $401 = 19 \times 21 + 2$.

Aucun reste n'est nul, donc 401 n'est divisible par aucun de ces entiers.

401 est donc un nombre premier.

2° Pour tout couple $(x\,;\,y)$ d'entiers naturels :

$$x^2 - y^2 = 401 \Leftrightarrow (x+y)(x-y) = 401.$$

$x - y$ est nécessairement positif, car $x + y$ et 401 le sont.

$x - y$ est donc un entier naturel, tout comme $x + y$.

Puisque 401 est un nombre premier :

$$(x+y)(x-y) = 401 \Leftrightarrow \begin{cases} x+y=1 \\ x-y=401 \end{cases} \text{ ou } \begin{cases} x+y=401 \\ x-y=1. \end{cases}$$

• Si $\begin{cases} x+y=1 \\ x-y=401 \end{cases}$, alors $\begin{cases} 2x=402 \\ 2y=-400 \end{cases}$, donc $\begin{cases} x=201 \\ y=-200 \end{cases}$

ce qui ne convient pas car $(-200) \notin \mathbb{N}$.

• Si $\begin{cases} x+y=401 \\ x-y=1 \end{cases}$, alors $\begin{cases} 2x=402 \\ 2y=400 \end{cases}$, donc $\begin{cases} x=201 \\ y=200. \end{cases}$

Vérifions dans l'équation initiale :

$x^2 - y^2 = 201^2 - 200^2 = 40\,401 - 40\,000 = 401.$

Conclusion : l'équation $x^2 - y^2 = 401$ admet dans $\mathbb{N}^2$ une unique solution (201 ; 200).

4 → *Énoncé p. 365* Pour tout entier naturel n, désignons par $P(n)$ la propriété : « 9 divise $10^n - 1$ ».

> Suivre le modèle de l'exercice type 3.

• Initialisation

$10^0 - 1 = 1 - 1 = 0$; $0 = 0 \times 9$, donc 9 divise 0.

$P(0)$ est donc vraie.

• Transmissibilité

Soit n un entier naturel quelconque. Supposons $P(n)$ vraie.

$10^n - 1$ est divisible par 9 signifie : il existe un entier naturel k tel que $10^n - 1 = 9k$.

Donc, $10^n = 1 + 9k$.

Or, $10^{n+1} - 1 = 10 \times 10^n - 1$

$10^{n+1} - 1 = 10\,(1 + 9k) - 1$

$10^{n+1} - 1 = 90k + 9$

$10^{n+1} - 1 = 9\,(10k + 1)$;
$k \in \mathbb{N}$, donc $(10k + 1) \in \mathbb{N}$. Soit $k' = 10k + 1$: $10^{n+1} - 1 = 9k'$, avec $k' \in \mathbb{N}$, donc $10^{n+1} - 1$ est divisible par 9. Par conséquent, $P(n + 1)$ est vraie.
Conclusion : par le principe de récurrence, on peut affirmer que, **pour tout entier naturel n, $10^n - 1$ est divisible par 9.**
• Pour tout $n \in \mathbb{N}$, $10^n + 1 = 10^n - 1 + 2$.
Or, il existe un entier naturel k tel que $10^n - 1 = 9k$; donc $10^n + 1 = 9k + 2$.
Puisque $0 \leqslant 2 < 9$, alors 2 est le reste dans la division euclidienne de $10^k + 1$ par 9 ; ce reste étant non nul, cela prouve que **$10^n + 1$ n'est pas divisible par 9.**

> Cet exercice admet une résolution simple à l'aide des congruences.

5 → *Énoncé p. 365* En utilisant la formule du binôme, ou en effectuant un développement « classique », on obtient :

$$(n + 1)^5 = n^5 + 5n^4 + 10n^3 + 10n^2 + 5n + 1.$$

Pour tout $n \in \mathbb{N}$, désignons par $P(n)$ la propriété :
« $n^5 - n$ est divisible par 5 ».
• Initialisation
$0^5 - 0 = 0$ est divisible par 5. Donc $P(0)$ est vraie.
• Transmissibilité
Soit n un entier naturel quelconque ; supposons $P(n)$ vraie.
$(n + 1)^5 - (n + 1) = n^5 + 5n^4 + 10n^3 + 10n^2 + 5n + 1 - n - 1$
$(n + 1)^5 - (n + 1) = n^5 - n + 5(n^4 + 2n^3 + 2n^2 + n)$.
• $n \in \mathbb{N}$, donc $(n^4 + 2n^3 + 2n^2 + n) \in \mathbb{N}$; donc $5(n^4 + 2n^3 + 2n^2 + n)$ est divisible par 5.
• $n^5 - n$ est divisible par 5, par hypothèse de récurrence.
Donc $n^5 - n + 5(n^4 + 2n^3 + 2n^2 + n)$ est divisible par 5. $P(n + 1)$ est vraie.
Conclusion : par le principe de récurrence, on peut conclure que **$n^5 - n$ est divisible par 5, pour tout entier naturel n.**

6 → *Énoncé p. 365* Pour tout entier naturel n, désignons par $P(n)$ la propriété « 6 divise $n^3 - n$ ».
• Initialisation
$0^3 - 0 = 0$ est divisible par 6 ; donc $P(0)$ est vraie.
• Transmissibilité
Soit n un entier naturel quelconque ; supposons $P(n)$ vraie.
$(n + 1)^3 - (n + 1) = n^3 + 3n^2 + 3n + 1 - n - 1$
$(n + 1)^3 - (n + 1) = n^3 - n + 3(n^2 + n)$.
• $n^2 + n = n(n + 1)$ est le produit de deux entiers consécutifs.
L'un des deux (n ou $n + 1$) est pair, donc $n(n + 1)$ est pair.

Il existe un entier k tel que $n(n + 1) = 2k$.
Donc $3n(n + 1) = 6k$ est un multiple de 6.
• $n^3 - n$ est un multiple de 6 par hypothèse de récurrence.
On en déduit que $n^3 - n + 3(n^2 + n)$ est divisible par 6.
$(n + 1)^3 - (n + 1)$ est divisible par 6 ; c'est-à-dire dire que $P(n + 1)$ est vraie.
Conclusion : par le principe de récurrence, on peut conclure que **6 divise $n^3 - n$ pour tout entier naturel n.**

7 → Énoncé p. 365 Pour tout $n \in \mathbb{N}$,
$5n^2 + 15n = 5n(n + 3)$.
• Si n est pair, alors $n(n + 3)$ est pair.
• Si n est impair, alors $n + 3$ est pair ;
donc $n(n + 3)$ est pair.
Dans tous les cas, il existe un entier naturel k tel que $n(n + 3) = 2k$.
Par suite : $5n^2 + 15n = 10k$ (avec $k \in \mathbb{N}$).
C'est dire que **10 divise $5n^2 + 15n$.**

> Il s'agit d'une démonstration par « disjonction de cas » (ici, deux cas : n pair ; n impair).

8 → Énoncé p. 365 **1°** Pour tout entier naturel n, développons :

$$n(n + 1) - (n - 1) = n^2 + n - n + 1$$
$$\mathbf{n(n + 1) - (n - 1) = n^2 + 1.}$$

2° Mettons à part le cas de 0 et de 1 :
$0 + 1 = 1$; $0^2 + 1 = 1$: 1 divise 1, donc $0 + 1$ divise $0^2 + 1$.
$1 + 1 = 2$; $1^2 + 1 = 2$: 2 divise 2, donc $1 + 1$ divise $1^2 + 2$.
Si $n \geqslant 2$, alors $n - 1$ est un entier strictement positif et $n - 1 = n(n + 1) - (n^2 + 1)$ (d'après 1°).
Observons que $n + 1$ divise $n(n + 1)$. Donc, pour tout entier naturel n ($n \geqslant 2$) : si $n + 1$ divise $n^2 + 1$, alors $n + 1$ divise $n(n + 1) - (n^2 + 1)$; donc, $n + 1$ divise $n - 1$.
$n + 1$ et $n - 1$ étant des entiers strictement positifs « $n + 1$ divise $n - 1$ » implique $n + 1 \leqslant n - 1$, ce qui est faux.
Donc, aucun entier n supérieur ou égal à 2 ne vérifie : « $n + 1$ divise $n^2 + 1$ ».
En conclusion, **l'ensemble des entiers n tels que $n + 1$ divise $n^2 + 1$ est $\{0 ; 1\}$.**

9 → Énoncé p. 366 Les hypothèses se traduisent ainsi :

$$\begin{cases} N > 200 \\ N = 11q + 9 \\ N = 12(q - 1) + r, \text{ avec } 0 \leqslant r < 12. \end{cases}$$

On en déduit : $11q + 9 = 12(q - 1) + r$
puis : $21 - r = q$.
En remplaçant dans $N = 11q + 9$, on obtient :

$N = 11(21 - r) + 9$
$N = 240 - 11r.$
$N > 200 \Leftrightarrow 240 - 11r > 200 \Leftrightarrow 40 > 11r.$
Les seules valeurs possibles de r sont : 0 ; 1 ; 2 ou 3.
Pour $r = 0 : q = 21$ et $N = 240$; $240 = 11 \times 21 + 9.$
Pour $r = 1 : q = 20$ et $N = 229$; $229 = 11 \times 20 + 9.$
Pour $r = 2 : q = 19$ et $N = 218$; $218 = 11 \times 19 + 9.$
Pour $r = 3 : q = 18$ et $N = 207$; $207 = 11 \times 18 + 9.$
Vérifions si la condition $N = 12(q - 1) + r$ est vérifiée :
$\boldsymbol{N = 240}$, $240 = 12 \times (21 - 1) + 0$; vrai ;
$\boldsymbol{N = 229}$, $229 = 12 \times (20 - 1) + 1$; vrai ;
$\boldsymbol{N = 218}$, $218 = 12 \times (19 - 1) + 2$; vrai ;
$\boldsymbol{N = 207}$, $207 = 12 \times (18 - 1) + 3$; vrai.

10 → *Énoncé p. 366* Traduisons les hypothèses.
Division euclidienne par 7 : $N = 7 \times 10 + r$, avec $0 \leqslant r < 7$.
Division euclidienne par 5 : $N = 5q + 3$ ($q \in \mathbb{N}$).
D'après la première condition, les valeurs possibles de N sont 70 ; 71 ; 72 ; 73 ; 74 ; 75 et 76.
Effectuons les divisions euclidiennes par 5 :

$70 = 5 \times 14 + 0$ | $74 = 5 \times 14 + 4$
$71 = 5 \times 14 + 1$ | $75 = 5 \times 15 + 0$
$72 = 5 \times 14 + 2$ | $76 = 5 \times 15 + 1$
$73 = 5 \times 14 + 3$: convient.

Conclusion : $N = 73$.

11 → *Énoncé p. 366* 1°

$A_0 = 5^0 + 3^0 + 0 = \mathbf{2}$	$A_0 = 0 \times 4 + 2$	$R_0 = 2$
$A_1 = 5^1 + 3^1 + 1 = \mathbf{9}$	$A_1 = 2 \times 4 + 1$	$R_1 = 1$
$A_2 = 5^2 + 3^2 + 2 = \mathbf{36}$	$A_2 = 9 \times 4 + 0$	$R_2 = 0$
$A_3 = 5^3 + 3^3 + 3 = \mathbf{155}$	$A_3 = 38 \times 4 + 3$	$R_3 = 3$
$A_4 = 5^4 + 3^4 + 4 = \mathbf{710}$	$A_4 = 177 \times 4 + 2$	$R_4 = 2.$

2° $5 - 1 = 4 \times 1$, donc $5 \equiv 1\ [4]$.
$3 - (-1) = 4 \times 1$, donc $3 \equiv -1\ [4]$.
Pour tout entier naturel n, $5^n \equiv 1^n\ [4]$ et $3^n \equiv (-1)^n\ [4]$,
donc $5^n + 3^n + n \equiv 1 + (-1)^n + n\ [4]$.
Examinons les valeurs de R_n selon le reste de la division euclidienne de n par 4 (qui peut être 0 ; 1 ; 2 ou 3).
• Si $n \equiv 0\ [4]$, alors $A_n \equiv 1 + 1\ [4]$ (n est pair, donc $(-1)^n = 1$)
$A_n \equiv 2\ [4]$
et, comme $0 \leqslant 2 < 4$, alors $R_n = 2$.

Il s'agit ici d'une démonstration par disjonction de cas.

• Si $n \equiv 1$ [4], alors $A_n \equiv 1 - 1 + 1$ [4] (n est impair, donc $(-1)^n = -1$)
$A_n \equiv 1$ [4]
$0 \leqslant 1 < 4$, alors $R_n = 1$.
• Si $n \equiv 2$ [4], alors $A_n \equiv 1 + 1 + 2$ [4] (n est pair, donc $(-1)^n = 1$)
$A_n \equiv 4$ [4]
$A_n \equiv 0$ [4]
$0 \leqslant 0 < 4$, alors $R_n = 0$.
• Si $n \equiv 3$ [4], alors $A_n \equiv 1 - 1 + 3$ [4] (n est impair, donc$(-1)^n = -1$)
$A_n \equiv 3$ [4]
$0 \leqslant 3 < 4$, donc $R_n = 3$.
Conclusion : si $n \equiv 0$ [4], alors $R_n = 2$;
si $n \equiv 1$ [4], alors $R_n = 1$;
si $n \equiv 2$ [4], alors $R_n = 0$;
si $n \equiv 3$ [4], alors $R_n = 3$.

12 → *Énoncé p. 366* $1\,999 \equiv -1$ [2 000], donc pour tout entier naturel n, $1\,999^{2n+3} \equiv (-1)^{2n+3}$ [2 000].
$2n + 3$ est un entier impair, donc $(-1)^{2n+3} = -1$.
On en déduit : $1\,999^{2n+3} \equiv -1$ [2 000]
ou encore : $1 + 1\,999^{2n+3} \equiv 0$ [2 000],
ce qui signifie que **$1 + 1\,999^{2n+3}$ est divisible par 2 000.**

> L'outil des congruences et de leurs propriétés donnent une résolution simple et rapide à l'exercice.

13 → *Énoncé p. 366* **1°** $N = \overline{a_3 a_2 a_1 a_0}$ signifie :
$N = a_3 \times 10^3 + a_2 \times 10^2 + a_1 \times 10 + a_0$, où a_0, a_1, a_2, a_3 sont des entiers compris entre 0 et 9.
$10 = 11 - 1$, donc $10 \equiv -1$ [11].
D'où l'on déduit : $10^2 \equiv (-1)^2$ [11], c'est-à-dire $10^2 \equiv 1$ [11] ;
$10^3 \equiv (-1)^3$ [11], c'est-à-dire $10^3 \equiv -1$ [11].

> Plusieurs critères de divisibilité (par 3 ; 9 ; 5 ;4 ; 25) se démontrent facilement à l'aide de congruences.

Par suite, $N \equiv -a_3 + a_2 - a_1 + a_0$ [11].
N est divisible par 11 $\Leftrightarrow N \equiv 0$ [11] $\Leftrightarrow -a_3 + a_2 - a_1 + a_0 \equiv 0$ [11].
• 1 320 : on calcule $-1 + 3 - 2 + 0 = 0$; **1 320 est un multiple de 11.**
• 781 = 0781 : on calcule $-0 + 7 - 8 + 1 = 0$; **781 est un multiple de 11.**
• 1 727 : on calcule $-1 + 7 - 2 + 7 = 11$; **1 727 est un multiple de 11.**
• 8 041 : on calcule $-8 + 0 - 4 + 1 = -11$; **8 041 est un multiple de 11.**
• 7 676 : on calcule $-7 + 6 - 7 + 6 = -2$; **7 676 n'est pas un multiple de 11.**

2° Pour tout entier k, $10^k \equiv (-1)^k$ [11].
$N = a_{p-1}\, a_{p-2} \ldots a_0$ équivaut à :
$N = a_{p-1} \times 10^{p-1} + a_{p-2} \times 10^{p-2} + \ldots + a_1 \times 10 + a_0$
$N \equiv a_{p-1} \times (-1)^{p-1} + a_{p-2} \times (-1)^{p-2} + \ldots + a_0$ [11].

N est divisible par 11 $\Leftrightarrow \displaystyle\sum_{k=0}^{p-1}(-1)^k a_k \equiv 0\ [11]$.

• Supposons $a_0 = a_1 = \ldots = a_{p-1} = a$.

Si p est pair, $\displaystyle\sum_{k=0}^{p-1}(-1)^k a_k = \underbrace{-a+a}_{0}\underbrace{-a+a}_{0}+\ldots\underbrace{-a+a}_{0} = 0$.

Si p est impair, $\displaystyle\sum_{k=0}^{p-1}(-1)^k a_k = a\underbrace{-a+a}_{0}+\ldots\underbrace{-a+a}_{0} = a$.

Conclusion : si p est pair, tout entier à p chiffres identiques est divisible par 11. Si p est impair, aucun entier à p chiffres identiques (non nuls) n'est divisible par 11.

14 → Énoncé p. 367 • PGCD (5 940 ; 3 185) :

5 940 = 1 × 3 185	+ 2 755	reste :	2 755
3 185 = 1 × 2 755	+ 430	reste :	430
2 755 = 6 × 430	+ 175	reste :	175
430 = 2 × 175	+ 80	reste :	80
175 = 2 × 80	+ 15	reste :	15
80 = 5 × 15	+ 5	reste :	5
15 = 3 × 5	+ 0	reste :	0.

Donc **PGCD (5 940 ; 3 185) = 5**.

• PGCD (9 360 ; 1 848) :

9 360 = 5 × 1 848	+ 120	reste :	120
1 848 = 15 × 120	+ 48	reste :	48
120 = 2 × 48	+ 24	reste :	24
48 = 2 × 24	+ 0	reste :	0.

Donc **PGCD (9 360 ; 1 848) = 24**.

• PGCD (2 754 ; 294) :

2 754 = 9 × 294	+ 108	reste :	108
294 = 2 × 108	+ 78	reste :	78
108 = 1 × 78	+ 30	reste :	30
78 = 2 × 30	+ 18	reste :	18
30 = 1 × 18	+ 12	reste :	12
18 = 1 × 12	+ 6	reste :	6
12 = 2 × 6	+ 0	reste :	0.

Donc **PGCD (2 754 ; 294) = 6**.

15 → Énoncé p. 367 $2n + 5 = 2(n + 1) + 3$.

Pour $n + 1 > 3$ (c'est-à-dire $n \geqslant 3$) : 3 représente le reste dans la division euclidienne de $2n + 5$ par $n + 1$.

3 n'admet pour diviseur que 1 et 3.
Si $n+1$ est divisible par 3, alors PGCD$(2n+5\,;\,n+1)$ = PGCD$(n+1\,;\,3) = 3$.
Si $n+1$ n'est pas divisible par 3, alors 1 est le seul diviseur commun à $n+1$ et 3, donc PGCD$(2n+5\,;\,n+1)$ = PGCD$(n+1\,;\,3) = 1$.
Examinons les trois cas : $n = 0$; $n = 1$; $n = 2$.

- $n = 0 : n+1 = 1\,;\, 2n+5 = 5$ PGCD $(1\,;\,5) = 1$
- $n = 1 : n+1 = 2\,;\, 2n+5 = 7$ PGCD $(2\,;\,7) = 1$
- $n = 2 : n+1 = 3\,;\, 2n+5 = 9$ PGCD $(3\,;\,9) = 3$.

Conclusion : si $n+1$ est divisible par 3 (condition qui s'écrit aussi $n \equiv 2\ [3]$), alors PGCD$(2n+5\,;\,n+1) = 3$.
Si $n+1$ n'est pas divisible par 3, alors PGCD$(2n+5\,;\,n+1) = 1$.

16 → *Énoncé p. 367* **1°**

1 400	2
700	2
350	2
175	5
35	5
7	7
1	

$\mathbf{1\,400 = 2^3 \times 5^2 \times 7}$;

980	2
490	2
245	5
49	7
7	7
1	

$\mathbf{980 = 2^2 \times 5 \times 7^2}$.

2° $1\,400^2 = 2^6 \times 5^4 \times 7^2$; $980^3 = 2^6 \times 5^3 \times 7^6$.
On en déduit : **PGCD$(1\,400^2\,;\,980^3) = 2^6 \times 5^3 \times 7^2 = 392\,000$;**
PPCM$(1\,400^2\,;\,980^3) = 2^6 \times 5^4 \times 7^6 = 470\,596 \times 10^4$.

17 → *Énoncé p. 367* **1°**

160	2
80	2
40	2
20	2
10	2
5	
– 1	

$\mathbf{160 = 2^5 \times 5}$.

2° Les diviseurs de 160 sont tous les entiers s'écrivant sous la forme $2^m \times 5^n$, où $m \in \{0\,;\,1\,;\,2\,;\,3\,;\,4\,;\,5\}$ et $n \in \{0\,;\,1\}$.
Ce sont les 12 diviseurs suivants :
$2^0 \times 5^0 = \mathbf{1}$; $2^1 \times 5^0 = \mathbf{2}$; $2^2 \times 5^0 = \mathbf{4}$; $2^3 \times 5^0 = \mathbf{8}$; $2^4 \times 5^0 = \mathbf{16}$; $2^5 \times 5^0 = \mathbf{32}$;
$2^0 \times 5^1 = \mathbf{5}$; $2^1 \times 5^1 = \mathbf{10}$; $2^2 \times 5^1 = \mathbf{20}$;
$2^3 \times 5^1 = \mathbf{40}$; $2^4 \times 5^1 = \mathbf{80}$;
$2^5 \times 5^1 = \mathbf{160}$.

Un arbre de choix montre que le nombre de diviseurs est alors $(m+1)(n+1) = 6 \times 2 = 12$.

18 → Énoncé p. 367 1° Écrivons l'algorithme d'Euclide :

> On emploie la méthode classique de résolution des équations diophantiennes de la forme $ax + by = c$ (*cf.* exercice type 7).

$77 = 1 \times 75 + 2$

$75 = 37 \times 2 + 1$; donc PGCD(75 ; 77) = 1.

D'où $1 = 75 - 2 \times 37$

et $2 = 77 - 75$, donc $1 = 75 - (77 - 75) \times 37$

$1 = 38 \times 75 - 37 \times 77.$

Soit $(x ; y)$ une solution dans $\mathbb{Z}^2$ de l'équation $77x + 75y = 1$.

Puisque $77 \times (-37) + 75 \times 38 = 1$,

par différence : $77(x + 37) + 75(y - 38) = 0$.

D'où $77(x + 37) = 75(-y + 38)$.

77 divise $75(-y + 38)$ et 77 et 75 sont premiers entre eux, donc :

77 divise $-y + 38$; il existe $k \in \mathbb{Z}$ tel que $-y + 38 = 77k$.

En remplaçant : $77(x + 37) = 75 \times 77k$,

donc $x + 37 = 75k$.

Nécessairement : $x = -37 + 75k$, et $y = 38 - 77k$ avec $k \in \mathbb{Z}$.

Vérifions : pour tout $k \in \mathbb{Z}$,

$77(-37 + 75k) + 75(38 - 77k) = -77 \times 37 + 77 \times 75k + 75 \times 38 - 75 \times 77k$

$77(-37 + 75k) + 75(38 - 77k) = 1$.

Les solutions de l'équation sont donc les couples d'entiers relatifs $(-37 + 75k ; 38 - 77k)$, $k \in \mathbb{Z}$.

2° L'équation $270x + 325y = 25$ est équivalente à $54x + 65y = 5$.

Écrivons l'algorithme d'Euclide :

$65 = 1 \times 54 + 11$

$54 = 4 \times 11 + 10$

$11 = 1 \times 10 + 1$.

PGCD(54 ; 65) = 1.

On en déduit : $1 = 11 - 10$

$1 = 11 - [54 - 4 \times 11]$, donc $1 = 5 \times 11 - 54$

$1 = 5 \times (65 - 54) - 54$, donc $1 = -6 \times 54 + 5 \times 65$.

On en déduit, en multipliant par 5, une solution particulière de l'équation :

$5 = -30 \times 54 + 25 \times 65$, soit $(-30 ; 25)$.

Si $(x ; y)$ est une solution de l'équation $54x + 65y = 5$,

alors $54(x + 30) + 65(y - 25) = 0$, donc $54(x + 30) = 65(-y + 25)$.

54 et 65 sont premiers entre eux et 54 divise $65(-y + 25)$, donc 54 divise $-y + 25$; il existe $k \in \mathbb{Z}$ tel que $-y + 25 = 54k$; donc $y = 25 - 54k$.

En remplaçant : $54(x + 30) = 65 \times 54k$, donc $x + 30 = 65k$

$x = -30 + 65k$.

On vérifie que tout couple $(-30 + 65k ; 25 - 54k)$, $k \in \mathbb{Z}$, est une solution

$54(-30 + 65k) + 65(25 - 54k) = -1\,620 + 54 \times 65k + 1\,625 - 65 \times 54k = 5$.

Conclusion : les solutions dans $\mathbb{Z}^2$ sont tous les couples d'entiers $(-30 + 65k\ ;\ 25 - 54k)$, $k \in \mathbb{Z}$.

3° On observe que 2 divise 126 et 98, donc pour tout couple d'entiers relatifs $(x\ ;\ y)$, 2 divise $126x + 98y$; or, 2 ne divise pas 21.

Conclusion : l'équation $126x + 98y = 21$ n'admet aucune solution dans $\mathbb{Z}^2$.

19 → Énoncé p. 367 1° Écrivons l'algorithme d'Euclide :

$15 = 1 \times 11 + 4$

$11 = 2 \times 4 + 3$

$4 = 1 \times 3 + 1.$

D'où $1 = 4 - 3.$

Or, $3 = 11 - 2 \times 4$, donc $1 = 4 - (11 - 2 \times 4)$

$1 = 3 \times 4 - 11.$

Or, $4 = 15 - 11$, donc $1 = 3 \times (15 - 11) - 11$

$1 = 3 \times 15 - 4 \times 11.$

Soit $(x\ ;\ y)$ une solution dans $\mathbb{Z}^2$ de $11x + 15y = 1$.

Par différence avec $-11 \times 4 + 3 \times 15 = 1$, on obtient :

$11(x + 4) + 15(y - 3) = 0$

$11(x + 4) = 15\,(3 - y)$

$\left.\begin{array}{l} 11 \text{ divise } 15(3 - y) \\ 11 \text{ et } 15 \text{ sont premiers entre eux.} \end{array}\right\}$ donc 11 divise $3 - y$.

Il existe un entier relatif k tel que $3 - y = 11k$.

D'où : $11\,(x + 4) = 15 \times 11k$

$x + 4 = 15k.$

Nécessairement, $x = -4 + 15k$ et $y = 3 - 11k$.

Vérifions : pour tout $k \in \mathbb{Z}$,

$11(-4 + 15k) + 15(3 - 11k) = -11 \times 4 + 11 \times 15k + 15 \times 3 - 15 \times 11k$

$11(-4 + 15k) + 15(3 - 11k) = 1.$

Conclusion : les solutions de l'équation $11x + 15y = 1$ sont les couples d'entiers $(-4 + 15k\ ;\ 3 - 11k)$, $k \in \mathbb{Z}$.

2° $(x_0\ ;\ y_0)$ est une solution dans $\mathbb{N}^2$ de l'équation $11a - 15b = 1$ si, et seulement si, $x_0 \in \mathbb{N}$, $y_0 \in \mathbb{N}$, $(x_0\ ;\ -y_0)$ est une solution de l'équation $11x + 15y = 1$ dans $\mathbb{Z}^2$, ce qui équivaut encore à :

$\begin{cases} x_0 \in \mathbb{N},\ y_0 \in \mathbb{N} \text{ et il existe } k \in \mathbb{Z} \text{ tel que} \\ x_0 = -4 + 15k \text{ et } -y_0 = 3 - 11k. \end{cases}$

> On revient au cas précédent et l'on traduit la condition : les solutions sont des entiers naturels.

$x_0 \in \mathbb{N}$ et $x_0 = -4 + 15k \Leftrightarrow -4 + 15k \geqslant 0 \Leftrightarrow 15k \geqslant 4 \Leftrightarrow k \geqslant 1$

$y_0 \in \mathbb{N}$ et $-y_0 = 3 - 11k \Leftrightarrow -3 + 11k \geqslant 0 \Leftrightarrow 11k \geqslant 3 \Leftrightarrow k \geqslant 1.$

Conclusion : les solutions dans $\mathbb{N}^2$ de l'équation $11a - 15b = 1$ sont les couples d'entiers naturels $(-4 + 15k\ ;\ -3 + 11k)$, avec $\begin{cases} k \in \mathbb{N} \\ k \geqslant 1. \end{cases}$

20 → *Énoncé p. 367* N est un entier naturel ; $N \geqslant 2$.
D est un entier naturel ; $D \geqslant 1$.
R est un entier naturel.
Début.
$2 \leftarrow D$
Tant que $D^2 \leqslant N$, faire :
Déterminer le reste R dans la division euclidienne de N par D.
Si $R = 0$, **alors** afficher « N n'est pas premier ».
Sinon,
$D \leftarrow D + 1$
Fin tant que
Afficher « N est premier »
Fin.

Remarque : cet algorithme teste la divisibilité par plus d'entiers que les seuls entiers premiers ; mais sa conclusion est identique.

21 → *Énoncé p. 368*

L1	A	B	C	D	E	F	G	H	I	J	K	L	M	N	O	P	Q	R	S	T	U	V	W	X	Y	Z
L2	0	1	2	3	4	5	6	7	8	9	10	11	12	13	14	15	16	17	18	19	20	21	22	23	24	25
L3	7	12	17	22	27	32	37	42	47	52	57	62	67	72	77	82	87	92	97	102	107	112	117	122	127	132
L4	7	12	17	22	1	6	11	16	21	0	5	10	15	20	25	4	9	14	19	24	3	8	13	18	23	2
L5	H	M	R	W	B	G	L	Q	V	A	F	K	P	U	Z	E	J	O	T	Y	D	I	N	S	X	C

L1 : alphabet initial ;
L2 : numérotation de l'alphabet ;
L3 : calcul de $5n + 7$ à partir de la ligne précédente ;
L4 : reste dans la division euclidienne de $5n + 7$ par 26 ;
L5 : nouvel alphabet codé.
On constate que l'on obtient bien un codage, puisque toutes les lettres apparaissent une seule fois.
ARITHMETIQUE est codé par HOVYQPBYVJDB.

2° *a)* 5 et 26 sont des entiers premiers entre eux ; donc, d'après le théorème de Bézout, il existe un couple $(a'\ ;\ b')$ d'entiers relatifs tel que $5a' + 26b' = 1$.
Écrivons l'algorithme d'Euclide :
$26 = 5 \times 5 + 1$

donc, $5 \times (-5) = 1 - 26$
$5 \times (-5) \equiv 1$ [26].

b) Soient m et n des entiers relatifs.
Si $5n + 7 \equiv m$ [26], alors $5n \equiv m - 7$ [26] (on ajoute -7 à chaque terme), d'où $-5 \times 5n \equiv -5 \times (m - 7)$ [26] (on multiplie chaque terme par -5).
Puisque $(-5) \times 5 \equiv 1$ [26], alors $(-5) \times 5n \equiv n$ [26] ; donc $n \equiv -5 \times (m - 7)$ [26].
Étudions maintenant la réciproque :
soient m et n des entiers relatifs ;
si $n \equiv -5 \times (m - 7)$ [26], alors $5n \equiv 5 \times (-5) \times (m - 7)$ [26] (on multiplie par 5 chaque terme) ;
or, $5 \times (-5) \equiv 1$ [26], donc $5 \times (-5) \times (m - 7) \equiv m - 7$ [26] ;
d'où $5n \equiv m - 7$ [26]
$5n + 7 \equiv m$ [26].
On a prouvé l'équivalence :
pour tout couple $(m ; n)$ d'entiers relatifs,
$5n + 7 \equiv m$ [26] $\Leftrightarrow$ $n \equiv -5(m - 7)$ [26].

La multiplication sur les congruences ne donnant pas lieu, de façon générale, à une équivalence, on doit raisonner par implication et réciproque.

c) La fonction affine $x \mapsto -5(x - 7)$ peut être choisie comme fonction de décodage.

22 → Énoncé p. 369 **1°** $10 = 3 \times 3 + 1$, donc $10 \equiv 1$ [3].
Quel que soit l'entier n non nul, $10^n \equiv 1^n$ [3], c'est-à-dire $10^n \equiv 1$ [3].
• Par suite, $4 \times 10^n \equiv 4 \times 1$ [3] ; $4 \times 10^n - 1 \equiv 3$ [3]
donc $4 \times 10^n - 1 \equiv 0$ [3].
Ce qui signifie que a_n est un multiple de 3 : **a_n est donc divisible par 3.**
• De même : $2 \times 10^n \equiv 2 \times 1$ [3] ; $2^n \times 10^n + 1 \equiv 3$ [3],
donc $2^n \times 10^n + 1 \equiv 0$ [3].
Ce qui signifie que c_n est un multiple de 3 : **c_n est donc divisible par 3.**
• $2 \times 10^n - 1 \equiv 1$ [3] et $1 \not\equiv 0$ [3].
On en déduit que $2 \times 10^n - 1 \not\equiv 0$ [3], donc **b_n n'est pas divisible par 3.**

2° $b_3 = 1\,999$ et $\sqrt{1\,999} \approx 44{,}7$ à 0,1 près par défaut.
Les nombres premiers inférieurs à $\sqrt{1\,999}$ sont : 2 ; 3 ; 5 ; 7 ; 11 ; 13 ; 17 ; 19 ; 23 ; 29 ; 31 ; 37 ; 41 ; 43.
1 999 n'est divisible ni par 2, ni par 3, ni par 5 (critères de divisibilité).
Pour les autres nombres, écrivons les divisions euclidiennes :
$1\,999 = 7 \times 285 + 4$ (reste non nul)
$1\,999 = 11 \times 181 + 8$ (reste non nul)
$1\,999 = 13 \times 153 + 10$ (reste non nul)
$1\,999 = 17 \times 117 + 10$ (reste non nul)
$1\,999 = 19 \times 105 + 4$ (reste non nul)
$1\,999 = 23 \times 86 + 21$ (reste non nul)

$1\,999 = 29 \times 68 + 27$ (reste non nul)
$1\,999 = 31 \times 64 + 15$ (reste non nul)
$1\,999 = 37 \times 54 + 1$ (reste non nul)
$1\,999 = 41 \times 48 + 31$ (reste non nul)
$1\,999 = 43 \times 46 + 21$ (reste non nul).
Aucun reste n'est nul, donc **1 999 est un nombre premier**.

3° Soit $n \in \mathbb{N}, n \neq 0$,
$b_n c_n = (2 \times 10^n - 1)(2 \times 10^n + 1)$
$b_n c_n = (2 \times 10^n)^2 - 1$ (identité remarquable)
$b_n c_n = 4 \times 10^{2n} - 1 = a_{2n}$
$a_6 = b_3 c_3$ et $b_3 = 1\,999$ est un nombre premier.
Décomposons $c_3 = 2\,001$:

$$\begin{array}{r|l} 2\,001 & 3 \\ 667 & 23 \\ 29 & 29 \\ 1 & \end{array}$$

donc $c_3 = 3 \times 23 \times 29$
et $\boldsymbol{a_6 = 3 \times 23 \times 29 \times 1\,999}$.

4° *a*) Pour tout entier n non nul, $c_n = b_n + 2$.
• Soit $\alpha = \text{PGCD}(b_n ; c_n)$; α / b_n et α / c_n,
donc $\alpha / c_n - b_n$, c'est-à-dire $\alpha / 2$.
$\alpha / 2$ et α / c_n, donc $\alpha / \text{PGCD}(c_n ; 2)$.
• Soit $\alpha' = \text{PGCD}(c_n ; 2)$.
α' / c_n et $\alpha' / 2$, donc $\alpha' / c_n - 2$; c'est-à-dire α' / b_n ;
α' / c_n et α' / b_n, donc $\alpha' / \text{PGCD}(b_n ; c_n)$.
• α' / α' et α' / α dans $\mathbb{N}$, donc $\boldsymbol{\alpha = \alpha'}$.

On utilise le même raisonnement que pour l'algorithme d'Euclide.

b) $\alpha' = \text{PGCD}(c_n ; 2)$ divise 2, donc : $\alpha' = 1$ ou $\alpha' = 2$.
Or, c_n est un entier impair (car 2×10^n est pair) ; donc 2 ne divise pas c_n.
Donc $\text{PGCD}(c_n ; 2) = 1$.
Par suite, $\text{PGCD}(b_n ; c_n) = 1$, ce qui signifie que **$b_n$ et c_n sont premiers entre eux**.

5° *a*) b_3 et c_3 sont premiers entre eux, donc d'après le théorème de Bézout, il existe un couple $(u ; v)$ d'entiers relatifs tels que $b_3 u + c_3 v = 1$.
***E* admet donc au moins une solution.**
b) Déterminons une solution à l'aide de l'algorithme d'Euclide :
$2\,001 = 1 \times 1\,999 + 2$
$1\,999 = 2 \times 999 + 1$.
D'où : $1 = 1\,999 - 2 \times 999$.
Or, $2 = 2\,001 - 1\,999$.
Donc $1 = 1\,999 - (2\,001 - 1\,999) \times 999$
$1 = 1\,000 \times 1\,999 - 999 \times 2\,001$.
Une solution particulière de E est : $(1\,000 ; -999)$.

• Soit $(x ; y)$ une solution de E dans $\mathbb{Z}^2$:
$1 = 1\,999x + 2\,001y$.
Par différence, $1\,999(x - 1\,000) + 2\,001(y + 999) = 0$

$$1\,999(x - 1\,000) = 2\,001(-y - 999) ;$$

1 999 divise $2\,001(-y - 999)$ dans $\mathbb{Z}$ et 1 999 et 2 001 sont premiers entre eux, donc, par le théorème de Gauss, 1 999 divise $-y - 999$.
Il existe un entier relatif k tel que $-y - 999 = 1\,999k$,
c'est-à-dire $y = -999 - 1\,999k$.
En revenant à l'égalité : $1\,999(x - 1\,000) = 2\,001 \times 1\,999k$,
donc $x - 1\,000 = 2\,001k$

$$x = 1\,000 + 2\,001k.$$

• Assurons-nous que tout couple $(1\,000 + 2\,001k ; -999 - 1\,999k)$, $k \in \mathbb{Z}$, est solution de E ; remplaçons :

$$1\,999\,(1\,000 + 2\,001k) + 2\,001\,(-999 - 1\,999k)$$
$$= 1\,999 \times 1\,000 - 2\,001 \times 999 + 1\,999 \times 2\,001k - 1\,999 \times 2\,001k$$
$$1\,999\,(1\,000 + 2\,001k) + 2\,001\,(-999 - 1\,999k) = 1.$$

Conclusion : les solutions dans $\mathbb{Z}^2$ de l'équation E sont tous les couples $(1\,000 + 2\,001k ; -999 - 1\,999k)$, avec $k \in \mathbb{Z}$.

23 → Énoncé p. 369 **1° *a)*** L'entier p divise $a + b$ et ab, donc p divise $(a + b)a - ab$ qui est égal à a^2. **p divise a^2.**

b) Si p ne divisait pas a, il serait premier avec a, car p est premier. Alors, comme il divise $a \times a$, p diviserait a d'après le théorème de Gauss, ce qui est contradictoire. Donc **p divise a.**

c) Posons $d = \text{PGCD}(a ; b)$.
p divise a et b, donc p divise d. Or, d divise a et b, donc d divise $a + b$ et ab. Alors d divise $\text{PGCD}(a + b ; ab) = p$.
On vient de montrer que p divise d **et** que d divise p, on en déduit alors que $d = p$, c'est-à-dire $\text{PGCD}(a ; b) = p$.

2° *a)* On pose a' et b' les entiers tels que $a = 5a'$ et $b = 5b'$.
Comme $\text{PGCD}(a ; b) = 5$, a' et b' sont premiers entre eux.
Le système (1) équivaut donc à $\begin{cases} \text{PGCD}(a' ; b') = 1 \\ \text{PPCM}(a' ; b') = 36 ; \end{cases}$

c'est-à-dire $\begin{cases} \text{PGCD}(a' ; b') = 1 \\ a'b' = 36. \end{cases}$

a' et b' sont donc des diviseurs de 36.
Les diviseurs de 36 sont 1, 2, 3, 4, 6, 9, 12, 18 et 36 :

$$36 = 1 \times 36 = 2 \times 18 = 3 \times 12 = 4 \times 9 = 6 \times 6.$$

Mais a' et b' sont premiers entre eux et $a' \leqslant b'$; donc les seuls couples (a', b') possibles sont (1 ; 36) et (4 ; 9). **Les solutions du système (1) sont donc** (5 ; 180) et (20 ; 45).

b) PGCD $(a + b\ ;\ ab) = 5$ et 5 est premier, donc, d'après la première question, PGCD $(a\ ;\ b) = 5$.

On en déduit que tout couple $(a\ ;\ b)$ solution du système (2) est aussi solution du système (1).

Les couples (5 ; 180) et (20 ; 45) sont donc les seules solutions possibles de (2). Pour déterminer s'ils sont effectivement solutions de (2), il suffit de procéder à une vérification :

si $(a\ ;\ b) = (5\ ;\ 180)$, alors
PGCD$(a + b\ ;\ ab)$ = PGCD(185 ; 900) = 5
et PPCM(5 ; 180) = 180 ; le couple (5 ; 180) est solution de (2) ;

si $(a\ ;\ b) = (20\ ;\ 45)$, alors
PGCD$(a + b\ ;\ ab)$ = PGCD(65 ; 900) = 5
et PPCM(20 ; 45) = 180 ; le couple (20 ; 45) est aussi solution de (2).

A priori les deux systèmes ne sont pas nécessairement équivalents ; une réciproque (sous forme de vérification) est donc nécessaire pour prouver qu'ils sont effectivement équivalents et obtenir ainsi les solutions de (2).

Les solutions du système (2) sont donc (5 ; 180) et (20 ; 45).

Les matrices (Enseignement de Spécialité)

CHAPITRE 17

1 Définitions

Définition d'une matrice

Deux entiers naturels m et n étant donnés non nuls, on appelle matrice de **taille** (ou de **dimension**) $m \times n$ tout tableau rectangulaire de $m \times n$ éléments, disposés sur m lignes et n colonnes :

$$A = \begin{pmatrix} a_{11} & a_{12} & \dots & a_{1n} \\ \dots & \dots & \dots & \dots \\ a_{m-1,1} & a_{m-1,2} & \dots & a_{m-1,n} \\ a_{m1} & a_{m2} & \dots & a_{mn} \end{pmatrix}$$

Les éléments a_{ij} $(1 \leqslant i \leqslant m\ ;\ 1 \leqslant j \leqslant n)$ sont des nombres réels appelés **coefficients** de la matrice A ; le premier indice i représente le numéro de la ligne, le second indice j représente le numéro de la colonne.
La matrice A pourra être désignée ainsi : $A = \left(a_{ij}\right)_{\substack{1 \leqslant i \leqslant m \\ 1 \leqslant j \leqslant n}}$.

Matrices particulières

- Si $m = n$, une matrice de dimension $n \times n$ est dite **matrice carrée d'ordre n**.

Ex :
Matrice carrée d'ordre 1 : $A = \begin{pmatrix} a_{11} \end{pmatrix}$;

Matrice carrée d'ordre 2 : $A = \begin{pmatrix} a_{11} & a_{12} \\ a_{21} & a_{22} \end{pmatrix}$;

Matrice carrée d'ordre 3 : $A = \begin{pmatrix} a_{11} & a_{12} & a_{13} \\ a_{21} & a_{22} & a_{23} \\ a_{31} & a_{32} & a_{33} \end{pmatrix}$.

Les coefficients a_{11} , a_{22} , a_{33} sont appelés les **coefficients diagonaux** de la matrice.

- Si $n = 1$, une matrice de dimension $m \times 1$ est dite **matrice-colonne**.

Ex : matrice-colonne à deux lignes : $A = \begin{pmatrix} a_{11} \\ a_{21} \end{pmatrix}$.

Ex : matrice-colonne à trois lignes : $A = \begin{pmatrix} a_{11} \\ a_{21} \\ a_{31} \end{pmatrix}$.

- Si $m = 1$, une matrice de dimension $1 \times n$ est dite **matrice-ligne**.

Ex : matrice-ligne à deux colonnes : $A = \begin{pmatrix} a_{11} & a_{12} \end{pmatrix}$.
Ex : matrice-ligne à trois colonnes : $A = \begin{pmatrix} a_{11} & a_{12} & a_{13} \end{pmatrix}$.

2 Opérations sur les matrices

A. Somme de matrices de même taille

Définition
Soient deux matrices de même taille $m \times n$, $A = (a_{ij})_{\substack{1 \leqslant i \leqslant m \\ 1 \leqslant j \leqslant n}}$ et $B = (b_{ij})_{\substack{1 \leqslant i \leqslant m \\ 1 \leqslant j \leqslant n}}$.
La matrice somme de A et B (notée $A + B$) est la matrice de même taille $C = (c_{ij})_{\substack{1 \leqslant i \leqslant m \\ 1 \leqslant j \leqslant n}}$ telle que $c_{ij} = a_{ij} + b_{ij}$, pour tout entier i, tout entier j tels que $1 \leqslant i \leqslant m$ et $1 \leqslant j \leqslant n$.

B. Produit d'un nombre réel par une matrice

Définition
Soit une matrice de taille $m \times n$, $A = (a_{ij})_{\substack{1 \leqslant i \leqslant m \\ 1 \leqslant j \leqslant n}}$; soit k un nombre réel.
La matrice produit du réel k par A (notée kA) est la matrice de même taille $C = (c_{ij})_{\substack{1 \leqslant i \leqslant m \\ 1 \leqslant j \leqslant n}}$ telle que $c_{ij} = k\, a_{ij}$, pour tout entier i, tout entier j tels que $1 \leqslant i \leqslant m$ et $1 \leqslant j \leqslant n$.

C. Produit d'une matrice de taille $m \times n$ par une matrice de taille $n \times p$

Définition
Soient une matrice A de taille $m \times n$, $A = (a_{ij})_{\substack{1 \leqslant i \leqslant m \\ 1 \leqslant j \leqslant n}}$ et une matrice B de taille $n \times p$, $B = (b_{jk})_{\substack{1 \leqslant j \leqslant n \\ 1 \leqslant k \leqslant p}}$.

$$A = \begin{pmatrix} \cdot & \cdot & \cdot & \cdot & \cdot & \cdot & \cdot \\ \cdot & \cdot & \cdot & \cdot & \cdot & \cdot & \cdot \\ \boxed{a_{i1}} & a_{i2} & .. & .. & .. & .. & a_{in} \\ \cdot & \cdot & \cdot & \cdot & \cdot & \cdot & \cdot \\ \cdot & \cdot & \cdot & \cdot & \cdot & \cdot & \cdot \\ \cdot & \cdot & \cdot & \cdot & \cdot & \cdot & \cdot \end{pmatrix} \qquad B = \begin{pmatrix} \cdot & b_{1k} & \cdot & \cdot \\ \cdot & b_{2k} & \cdot & \cdot \\ \cdot & \vdots & \cdot & \cdot \\ \cdot & \vdots & \cdot & \cdot \\ \cdot & \vdots & \cdot & \cdot \\ \cdot & \vdots & \cdot & \cdot \\ \cdot & b_{nk} & \cdot & \cdot \end{pmatrix}$$

La matrice produit $A \times B$ est la matrice $C = (c_{ik})_{\substack{1 \leqslant i \leqslant m \\ 1 \leqslant k \leqslant p}}$ de dimension $m \times p$ telle que : $c_{ik} = a_{i1}b_{1k} + a_{i2}b_{2k} + \ldots + a_{in}b_{nk} = \sum_{j=1}^{n} a_{ij}b_{jk}$ somme des produits des coefficients de la i-ième ligne de A par les coefficients de la k-ième colonne de B.

3 Calcul dans l'ensemble des matrices carrées d'ordre 2 ; d'ordre 3

On désignera par n indifféremment soit l'entier 2, soit l'entier 3.

Définition

On appelle **matrice nulle** d'ordre n, notée O_n, la matrice carrée d'ordre n dont tous les coefficients sont nuls.

$$O_2 = \begin{pmatrix} 0 & 0 \\ 0 & 0 \end{pmatrix} \; ; \quad O_3 = \begin{pmatrix} 0 & 0 & 0 \\ 0 & 0 & 0 \\ 0 & 0 & 0 \end{pmatrix}.$$

Définition

On appelle **matrice identité** d'ordre n, notée I_n, la matrice carrée d'ordre n dont tous les coefficients sont nuls sauf les coefficients diagonaux, tous égaux à 1.

$$I_2 = \begin{pmatrix} 1 & 0 \\ 0 & 1 \end{pmatrix} \; ; \quad I_3 = \begin{pmatrix} 1 & 0 & 0 \\ 0 & 1 & 0 \\ 0 & 0 & 1 \end{pmatrix}.$$

Propriété

Soient A et B des matrices carrées de même ordre n ; soit k un nombre réel.
$A + B$ est une matrice carrée d'ordre n.
kA est une matrice carrée d'ordre n.
$A \times B$ est une matrice carrée d'ordre n.

Propriété : Les calculs dans l'ensemble des matrices carrées d'ordre n sont formellement analogues à ceux que l'on effectue sur les nombres réels, à l'exception de la commutativité de la multiplication.

Soient A, B, C des matrices carrées de même ordre n ; soit k un nombre réel.

- $A + B = B + A$;
- $(A + B) + C = A + (B + C)$;
- $A + O_n = O_n + A = A$.

- $k(A + B) = kA + kB$;
- $k(A \times B) = (kA) \times B = A \times (kB)$.

- $(A \times B) \times C = A \times (B \times C)$ (on dit que la multiplication matricielle est associative ; on pourra écrire $A \times B \times C$) ;
- $(A + B) \times C = A \times C + B \times C$ et $C \times (A + B) = C \times A + C \times B$;
- $A \times I_n = I_n \times A = A$.

Remarque importante : En général , $A \times B \neq B \times A$; on dit que la multiplication des matrices carrées d'ordre n, n'est pas commutative.
En particulier $(A + B)^2 = A^2 + A \times B + B \times A + B^2$.

A. Opposé d'une matrice

Définition
Soit $A = (a_{ij})_{\substack{1 \leq i \leq n \\ 1 \leq j \leq n}}$ une matrice carrée d'ordre n ; la matrice notée $-A$ telle que $-A = (-a_{ij})_{\substack{1 \leq i \leq n \\ 1 \leq j \leq n}}$ est appelée matrice opposée de A.

$$A + (-A) = (-A) + A = O_n.$$

Différence de matrices : On définit $A - B = A + (-B)$.

Propriétés
- $-(A + B) = -A - B$;
- $-(A - B) = -A + B$;
- $-A = (-1)A$;
- $k(A - B) = kA - kB$.

B. Matrice inversible

Définition
Soit A une matrice carrée d'ordre n.
On dit que la matrice A est **inversible** si, et seulement si, il existe une matrice carrée A' de même ordre n telle que $A \times A' = A' \times A = I_n$.
Si une telle matrice A' existe, alors elle est unique et est appelée **matrice inverse** de A ; on la notera $A' = A^{-1}$.

Remarque : Il existe des matrices carrées d'ordre n qui ne sont pas inversibles.

Propriété
Soient A et B des matrices carrées de même ordre n, inversibles.
Alors, la matrice produit $A \times B$ est inversible et $(A \times B)^{-1} = B^{-1} \times A^{-1}$.

Propriété
Soit la matrice carrée d'ordre 2, $A = \begin{pmatrix} a_{11} & a_{12} \\ a_{21} & a_{22} \end{pmatrix}$.
On appelle déterminant de la matrice A le nombre réel $D = a_{11} \times a_{22} - a_{21} \times a_{12}$.
A est inversible si, et seulement si, $D \neq 0$.
Si $D \neq 0$, alors $\mathbf{A^{-1} = \frac{1}{D} \times \begin{pmatrix} a_{22} & -a_{12} \\ -a_{21} & a_{11} \end{pmatrix}}$.

C. Puissance d'une matrice

Soit A une matrice carrée et n un entier naturel non nul.
On définit $A^1 = A$ et pour tout entier naturel non nul n, $A^{n+1} = A^n \times A = A \times A^n$ (en raison de l'associativité de la multiplication matricielle, les deux produits sont égaux).

Propriété
Soit A une matrice diagonale.

- Si $A = \begin{pmatrix} a & 0 \\ 0 & b \end{pmatrix}$, alors pour tout entier naturel n, $A^n = \begin{pmatrix} a^n & 0 \\ 0 & b^n \end{pmatrix}$.
- Si $A = \begin{pmatrix} a & 0 & 0 \\ 0 & b & 0 \\ 0 & 0 & c \end{pmatrix}$, alors pour tout entier naturel n, $A^n = \begin{pmatrix} a^n & 0 & 0 \\ 0 & b^n & 0 \\ 0 & 0 & c^n \end{pmatrix}$.

Propriété
Soit A une matrice carrée d'ordre n ; P une matrice carrée d'ordre n inversible.
Soit $B = P^{-1} \times A \times P$. Pour tout entier naturel n non nul, $B^n = P^{-1} \times A^n \times P$.

4 Écriture matricielle d'un système linéaire

A. Système de deux équations à deux inconnues

Soient a, b, c, a', b' et c' des nombres réels. Soient x et y des inconnues réelles.
Le système $\begin{cases} ax + by = c \\ a'x + b'y = c' \end{cases}$ s'écrit matriciellement $\begin{pmatrix} a & b \\ a' & b' \end{pmatrix} \times \begin{pmatrix} x \\ y \end{pmatrix} = \begin{pmatrix} c \\ c' \end{pmatrix}$.

Propriété

Le système $\begin{cases} ax + by = c \\ a'x + b'y = c' \end{cases}$ admet un unique couple $(x\ ;\ y)$ pour solution si, et seulement si, la matrice $A = \begin{pmatrix} a & b \\ a' & b' \end{pmatrix}$ est inversible ; la solution est définie par $\begin{pmatrix} x \\ y \end{pmatrix} = A^{-1} \times \begin{pmatrix} c \\ c' \end{pmatrix}$.

B. Système de trois équations à trois inconnues

Soient *a, b, c, d, a', b', c', d', a'', b'', c'' et d''* des nombres réels. Soient *x, y* et *z* des inconnues réelles.

Le système $\begin{cases} ax + by + cz = d \\ a'x + b'y + c'z = d' \\ a''x + b''y + c''z = d'' \end{cases}$ s'écrit matriciellement :

$$\begin{pmatrix} a & b & c \\ a' & b' & c' \\ a'' & b'' & c'' \end{pmatrix} \times \begin{pmatrix} x \\ y \\ z \end{pmatrix} = \begin{pmatrix} d \\ d' \\ d'' \end{pmatrix}.$$

Propriété

Le système $\begin{cases} ax + by + cz = d \\ a'x + b'y + c'z = d' \\ a''x + b''y + c''z = d'' \end{cases}$ admet un unique triplet $(x\ ;\ y\ ;\ z)$ pour solution si, et seulement si, la matrice $A = \begin{pmatrix} a & b & c \\ a' & b' & c' \\ a'' & b'' & c'' \end{pmatrix}$ est inversible ; la solution est définie par $\begin{pmatrix} x \\ y \\ z \end{pmatrix} = A^{-1} \times \begin{pmatrix} d \\ d' \\ d'' \end{pmatrix}$.

5 Suites définies par une relation de récurrence

A. $U_{n+1} = A \times U_n$

Une relation de récurrence de la forme « pour tout entier naturel n, $\begin{cases} u_{n+1} = au_n + bv_n \\ v_{n+1} = cu_n + dv_n \end{cases}$ » s'écrit matriciellement sous la forme :

$\begin{pmatrix} u_{n+1} \\ v_{n+1} \end{pmatrix} = \begin{pmatrix} a & b \\ c & d \end{pmatrix} \times \begin{pmatrix} u_n \\ v_n \end{pmatrix}$, a ,b, c et d désignant des nombres réels.

Si U_n représente la matrice-colonne $\begin{pmatrix} u_n \\ v_n \end{pmatrix}$ et A la matrice carrée $\begin{pmatrix} a & b \\ c & d \end{pmatrix}$, on écrira alors la relation de récurrence sous la forme « pour tout entier naturel n,

$$U_{n+1} = A \times U_n \text{ ».}$$

Propriété
Soit (U_n) une suite de matrice-colonnes vérifiant la relation de récurrence « pour tout entier naturel n, $U_{n+1} = A \times U_n$ ».
Alors, pour tout entier naturel n, $U_n = A^n \times U_0$, U_0 désignant le terme initial (avec la convention $A^0 = I_2$).

Remarque : Cette propriété s'applique à des matrices-colonnes à 3 lignes et à une matrice A carrée d'ordre 3.

B. $U_{n+1} = A \times U_n + B$

Une relation de récurrence de la forme « pour tout entier naturel n, $\begin{cases} u_{n+1} = au_n + bv_n + e \\ v_{n+1} = cu_n + dv_n + f \end{cases}$ » s'écrit matriciellement sous la forme :

$\begin{pmatrix} u_{n+1} \\ v_{n+1} \end{pmatrix} = \begin{pmatrix} a & b \\ c & d \end{pmatrix} \times \begin{pmatrix} u_n \\ v_n \end{pmatrix} + \begin{pmatrix} e \\ f \end{pmatrix}$, a, b, c, d , e et f désignant des nombres réels.

Si U_n représente la matrice-colonne $\begin{pmatrix} u_n \\ v_n \end{pmatrix}$ et A la matrice carrée $\begin{pmatrix} a & b \\ c & d \end{pmatrix}$, B la matrice-colonne $\begin{pmatrix} e \\ f \end{pmatrix}$, on écrira alors la relation de récurrence sous la forme « pour tout entier naturel n, $U_{n+1} = A \times U_n + B$ ».

Propriété
Soit (U_n) une suite de matrice-colonnes vérifiant la relation de récurrence « pour tout entier naturel n, $U_{n+1} = A \times U_n + B$ ».

- Si la matrice $I_2 - A$ est inversible, alors il existe une unique matrice-colonne K constante vérifiant la relation de récurrence (K est solution de l'équation matricielle $K = A \times K + B$).

- Alors , pour tout entier naturel n, la matrice-colonne $W_n = U_n - K$ vérifie « pour tout entier naturel n, $W_{n+1} = A \times W_n$ ».

Alors, pour tout entier naturel n, $W_n = A^n \times W_0$, W_0 désignant le terme initial.

$$U_n = A^n \times (U_0 - K) + K.$$

6 Marche aléatoire

Soient les points $A_1, A_2, \ldots, A_k$.
Supposons qu'un point P se déplace aléatoirement sur les points $A_1, A_2, \ldots, A_k$.
On définit ainsi la matrice M, dite matrice de transition : $A_1 \ldots A_j \ldots A_k$.

$$M = \begin{array}{c} \\ A_1 \\ \cdot \\ A_i \\ \cdot \\ \cdot \\ A_k \end{array} \begin{array}{c} \begin{array}{ccccccc} A_1 & \ldots & & A_j & & \ldots & A_k \end{array} \\ \left(\begin{array}{ccccccc} & & & \cdot & & & \\ & & & \cdot & & & \\ \cdot & \cdot & \cdot & a_{ij} & \cdot & \cdot & \\ & & & \cdot & & & \\ & & & \cdot & & & \\ & & & \cdot & & & \end{array} \right) \end{array}$$

Le coefficient a_{ij} représente la probabilité que le point P atteigne le point A_j sachant qu'il est en A_i.

Propriété
Soit M la matrice de transition associée au déplacement aléatoire d'un point.
Soit n un entier naturel non nul.
Le coefficient de M^n, se trouvant à l'intersection de la ligne i et de la colonne j, représente la probabilité que le point P se trouve en A_j, après n mouvements, sachant qu'il était initialement en A_i.

1 Lire les coefficients d'une matrice

EXERCICE TYPE

Soient les matrices :

$$A = \begin{pmatrix} -1 & 0 & 1 & 2 & -3 \\ -2 & -5 & 4 & 0 & 1 \\ 0 & -1 & -6 & 2 & 3 \\ 4 & -2 & -5 & 5 & 0 \end{pmatrix} \text{ et } B = \begin{pmatrix} 1 & 5 & -7 \\ 0,5 & -2 & -1,5 \\ 2 & 0 & 1 \\ -3 & 2 & 5 \\ -0,5 & 1,5 & 1 \end{pmatrix}$$

1° Donner la taille des matrices A et B.

2° On note (a_{ij}) les coefficients de la matrice A. Donner la valeur de a_{13}, a_{33}, a_{52} et a_{25}.

3° On note (b_{ij}) les coefficients de la matrice B. Donner la valeur de b_{23}, b_{43}, b_{22} et b_{53}.

4° Écrire la matrice $C = (c_{ij})$ de taille 3×4 telle que pour tout entier i compris entre 1 et 3, tout entier j compris entre 1 et 4, $c_{ij} = i - j$.

CORRIGÉ COMMENTÉ

1° Rappelons que le premier nombre désigne le nombre de lignes et le second nombre désigne le nombre de colonnes.
La matrice A possède 4 lignes et 5 colonnes ; sa taille est donc 4×5.
La matrice B possède 5 lignes et 3 colonnes ; sa taille est donc 5×3.

2° Numérotons les lignes ($l1$, $l2$, $l3$, $l4$) et les colonnes ($c1$, $c2$, $c3$, $c4$, $c5$) :

$$\begin{matrix} l1 \\ l2 \\ l3 \\ l4 \end{matrix} \begin{pmatrix} -1 & 0 & 1 & 2 & -3 \\ -2 & -5 & 4 & 0 & 1 \\ 0 & -1 & -6 & 2 & 3 \\ 4 & -2 & -5 & 5 & 0 \end{pmatrix}$$
$$\quad c1 \quad c2 \quad c3 \quad c4 \quad c5$$

a_{13} est le nombre figurant à l'intersection de la ligne $l1$ et de la colonne $c3$: $a_{13} = 1$.
De même $a_{33} = -6$; a_{52} n'existe pas, car il n'y a aucune 5ᵉ ligne ; $a_{25} = 1$.

> a_{ij} est le coefficient à l'intersection de la ligne i et de la colonne j.

3° $$\begin{matrix} l1 \\ l2 \\ l3 \\ l4 \\ l5 \end{matrix} \begin{pmatrix} 1 & 5 & -7 \\ 0,5 & -2 & -1,5 \\ 2 & 0 & 1 \\ -3 & 2 & 5 \\ -0,5 & 1,5 & 1 \end{pmatrix}$$
$$\quad c1 \quad c2 \quad c3$$

. On lit : $b_{23} = -1,5$; $b_{43} = 5$; $b_{22} = -2$; $b_{53} = 1$.

4° $C = \begin{pmatrix} 1-1 & 1-2 & 1-3 & 1-4 \\ 2-1 & 2-2 & 2-3 & 2-4 \\ 3-1 & 3-2 & 3-3 & 3-4 \end{pmatrix} = \begin{pmatrix} 0 & -1 & -2 & -3 \\ 1 & 0 & -1 & -2 \\ 2 & 1 & 0 & -1 \end{pmatrix}.$

À RETENIR

- Ces exercices de lecture ou de calcul de coefficients ne présentent aucune difficulté ; ils utilisent seulement la définition des coefficients.
- On doit se rappeler que, dans a_{ij}, i désigne le numéro de la ligne et j celui de la colonne.

2 Calculer « à la main » les coefficients d'une matrice-produit

EXERCICE TYPE

Dans chaque cas, indiquer si l'on peut calculer les produits $A \times B$ et $B \times A$. Lorsque cela est possible, calculer « à la main » la matrice-produit en écrivant exhaustivement la ligne de calcul ; vérifier le résultat à l'aide d'une calculatrice.

1° $A = \begin{pmatrix} 1 & 0 \\ -1 & 1 \\ 0 & 1 \end{pmatrix}$; $B = \begin{pmatrix} 1 & 0 & 0 & -1 \\ 0 & 1 & 1 & -1 \end{pmatrix}$.

2° $A = \begin{pmatrix} 1 & 1 & -1 \\ 1 & -2 & 2 \\ -2 & 1 & 0 \end{pmatrix}$; $B = \begin{pmatrix} 2 \\ 3 \\ -1 \end{pmatrix}$. **3°** $A = \begin{pmatrix} 2 & 1 \\ 0 & -1 \end{pmatrix}$; $B = \begin{pmatrix} -1 & 3 \\ 1 & -2 \end{pmatrix}$.

CORRIGÉ COMMENTÉ

À l'heure où les calculatrices peuvent donner immédiatement le produit de matrices, épargnant ainsi de longs et fastidieux calculs, on peut douter de l'intérêt du calcul « à la main » ; cependant, ceux qui ont conçu ces programmes de calcul doivent connaître la formule de calcul et il n'est pas inutile de savoir ce qui se passe « à l'intérieur » de la calculatrice ; par ailleurs, dans certains exercices, où les coefficients seront littéraux, il faudra savoir l'appliquer et l'écrire. De ces remarques découle l'intérêt de cet exercice.

1° On doit se rappeler que, pour que le produit $A \times B$ soit défini, il faut que A soit de dimension $m \times n$ et B de dimension $n \times p$, c'est-à-dire que le nombre de colonnes de

A soit égal au nombre de lignes de B. La matrice-produit est alors de dimension $m \times p$. La dimension de A est **3** × **2** ; la dimension de B est **2** × **4**. Donc, le produit $A \times B$ existe et est une matrice de dimension **3** × **4**.

$$A \times B = \begin{pmatrix} 1 & 0 \\ -1 & 1 \\ 0 & 1 \end{pmatrix} \times \begin{pmatrix} 1 & 0 & 0 & -1 \\ 0 & 1 & 1 & -1 \end{pmatrix} =$$

$$\begin{pmatrix} 1\times1+0\times0 & 0\times1+1\times0 & 0\times1+1\times0 & (-1)\times1+(-1)\times0 \\ 1\times(-1)+0\times1 & 0\times(-1)+1\times1 & 0\times(-1)+1\times1 & (-1)\times(-1)+(-1)\times1 \\ 1\times0+0\times1 & 0\times0+1\times1 & 0\times0+1\times1 & (-1)\times0+(-1)\times1 \end{pmatrix}$$

$$A \times B = \begin{pmatrix} 1 & 0 & 0 & -1 \\ -1 & 1 & 1 & 0 \\ 0 & 1 & 1 & -1 \end{pmatrix}.$$

On ne peut pas calculer le produit $B \times A$, car B est de dimension 2 × **4** et A est de dimension **3** × 2 ; et **4** ≠ **3**.

2° La dimension de A est **3** × **3** ; la dimension de B est **3** × **1** (matrice-colonne). Donc, le produit $A \times B$ existe et est une matrice de dimension **3** × **1** (matrice-colonne).

$$A \times B = \begin{pmatrix} 1 & 1 & -1 \\ 1 & -2 & 2 \\ -2 & 1 & 0 \end{pmatrix} \times \begin{pmatrix} 2 \\ 3 \\ -1 \end{pmatrix} = \begin{pmatrix} 1\times2+1\times3+(-1)\times(-1) \\ 1\times2+(-2)\times3+2\times(-1) \\ (-2)\times2+1\times3+0\times(-1) \end{pmatrix} = \begin{pmatrix} 6 \\ -6 \\ -1 \end{pmatrix}$$

On ne peut pas calculer le produit $B \times A$, car B est de dimension 3 × **1** et A est de dimension **3** × 3 ; et **1** ≠ **3**.

3° La dimension de A est **2** × **2** (matrice carrée d'ordre 2) ; la dimension de B est **2** × **2** (matrice carrée d'ordre 2). Donc, le produit $A \times B$ existe et est une matrice de dimension **2** × **2**.

$$A \times B = \begin{pmatrix} 2 & 1 \\ 0 & -1 \end{pmatrix} \times \begin{pmatrix} -1 & 3 \\ 1 & -2 \end{pmatrix}$$

$$= \begin{pmatrix} 2\times(-1)+1\times1 & 2\times3+1\times(-2) \\ 0\times(-1)+(-1)\times1 & 0\times3+(-1)\times(-2) \end{pmatrix} = \begin{pmatrix} -1 & 4 \\ -1 & 2 \end{pmatrix}.$$

La dimension de B est **2** × **2** ; la dimension de A est **2** × **2**. Donc, le produit $B \times A$ existe et est une matrice de dimension **2** × **2**.

$$B \times A = \begin{pmatrix} -1 & 3 \\ 1 & -2 \end{pmatrix} \times \begin{pmatrix} 2 & 1 \\ 0 & -1 \end{pmatrix} = \begin{pmatrix} (-1)\times2+3\times0 & (-1)\times1+3\times(-1) \\ 1\times2+(-2)\times0 & 1\times1+(-2)\times(-1) \end{pmatrix}$$

$$= \begin{pmatrix} -2 & -4 \\ 2 & 3 \end{pmatrix}.$$

Remarque : on constate sur cet exemple que $A \times B \neq B \times A$.

4° Vérifions certains résultats de cet exercice à l'aide d'une calculatrice.
Les dernières calculatrices Casio possèdent un mode de calcul matriciel accessible depuis le menu principal (icône), ou par une combinaison de touches.

> Comme pour les opérations usuelles, le calcul des coefficients d'un produit de matrices est une opération longue ; on n'hésitera pas à utiliser une calculatrice.

L'écran d'accueil donne la possibilité de définir les dimensions, puis d'entrer les coefficients des matrices.
Pour la question 2° de cet exercice, l'écran devrait se présenter ainsi :

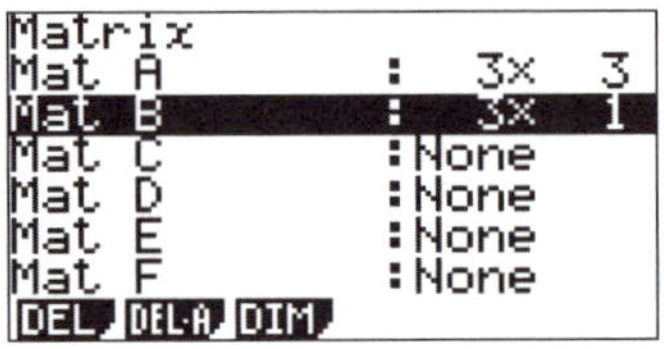

Après sélection, chaque matrice apparaît sous forme d'un tableau à compléter :

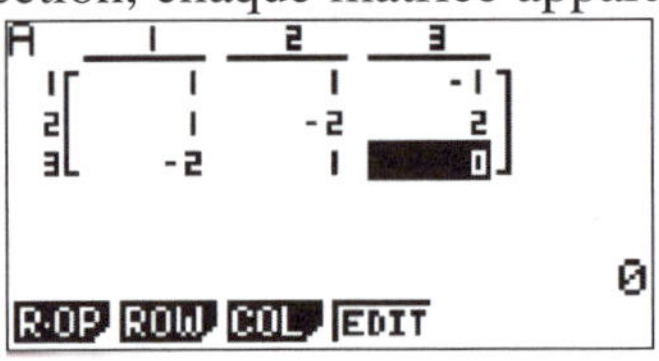

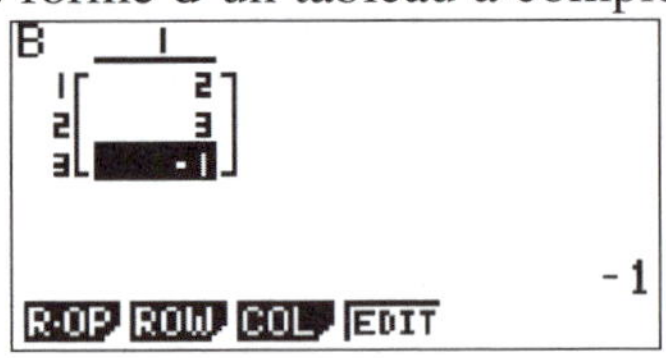

Après retour dans le mode (Menu RUN), on peut effectuer les opérations algébriques souhaitées.
On appelle la matrice à l'aide de la touche Mat (F1 ou directement sur le clavier) :

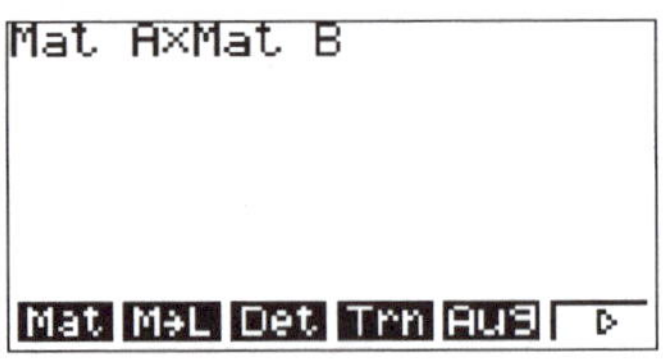

L'exécution du calcul donne le résultat attendu :

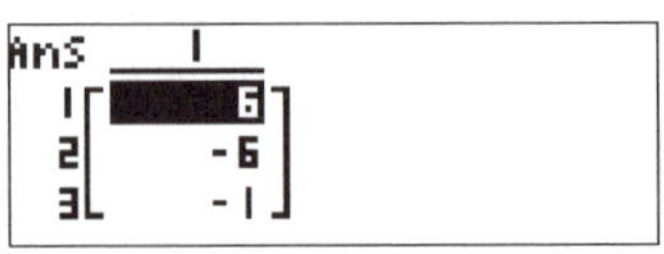

Remarque :
Il est possible d'entrer une matrice sans passer par le menu MAT, mais l'opération peut s'avérer fastidieuse si le nombre de coefficients est important :

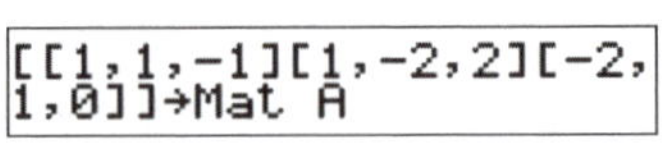

Les modèles TI possèdent sur le clavier une touche [Matrice] (ou [Matrix]) permettant d'accéder aux fonctions d'édition (EDIT) afin de définir les dimensions et les coefficients d'une matrice.
Ainsi, pour vérifier les résultats de la question 3°, on obtient successivement :

```
NOMS MATH EDIT
1:[A] 2×2
2:[B] 2×2
3:[C]
4:[D]
5:[E]
6:[F]
7↓[G]
```

```
MATRICE[A] 2 ×2
[ 2      1      ]
[ 0     -1      ]
```

```
MATRICE[B] 2 ×2
[ -1     3      ]
[ 1     -2      ]
```

Après retour dans le mode de calcul, on effectue les opérations souhaitées en appelant chaque matrice à l'aide de la touche [Matrice] et de son nom sélectionné dans la liste.
On obtient alors les matrices produits souhaitées :

```
[A]*[B]
            [[-1  4]
             [-1  2]]
[B]*[A]
            [[-2  -4]
             [2   3 ]]
```

À RETENIR

- **Pour calculer le produit de deux matrices A et B**, on s'assurera que les dimensions respectives des matrices permettent le calcul, c'est-à-dire que le nombre de colonnes de la matrice A est égal au nombre de lignes de la matrice B.
- On se souviendra également que, pour des matrices carrées, la multiplication n'est pas commutative : ainsi la matrice $A \times B$ est le plus souvent distincte de la matrice $B \times A$. On apprendra aussi à effectuer les calculs sur calculatrice pour vérifier le résultat ou effectuer les calculs pour des matrices de grandes tailles.

3 Calculer l'inverse d'une matrice inversible

EXERCICE TYPE

1° Déterminer l'inversibilité des matrices suivantes et calculer éventuellement la matrice inverse à l'aide de la formule d'inversibilité des matrices d'ordre 2 :

a) $A = \begin{pmatrix} 4 & 2 \\ 5 & 3 \end{pmatrix}$; *b*) $B = \begin{pmatrix} 3 & 2 \\ 6 & 4 \end{pmatrix}$.

2° *a*) Soient a, b et c des nombres réels. Résoudre le système suivant en exprimant x, y, z en fonction de a, b, c :

$$\begin{cases} 2x - y - 8z = a \\ y + 4z = b \\ 2z = c \end{cases}$$

***b*)** En déduire que la matrice $A = \begin{pmatrix} 2 & -1 & -8 \\ 0 & 1 & 4 \\ 0 & 0 & 2 \end{pmatrix}$ est inversible ; déterminer A^{-1}.

3° Soit la matrice $A = \begin{pmatrix} 1 & 2 & -2 \\ 0 & -1 & 2 \\ 0 & 2 & -1 \end{pmatrix}$.

***a*)** Vérifier que $A^2 + 2A - 3I_3 = O_3$.

***b*)** En déduire l'inversibilité de la matrice A ; calculer A^{-1}.

CORRIGÉ COMMENTÉ

1° *a*) Pour savoir si une matrice carrée d'ordre 2 est inversible, on calcule le déterminant de cette matrice, que l'on peut noter ainsi :

$$D = \text{dét}(A) = \begin{vmatrix} 4 & 2 \\ 5 & 3 \end{vmatrix} = 4 \times 3 - 5 \times 2 = 2 .$$

$D \neq 0$, donc la matrice A est inversible ; $A^{-1} = \frac{1}{D}\begin{pmatrix} 3 & -2 \\ -5 & 4 \end{pmatrix} = \begin{pmatrix} \frac{3}{2} & -1 \\ -\frac{5}{2} & 2 \end{pmatrix}$.

***b*)** $D = \text{dét}(B) = \begin{vmatrix} 3 & 2 \\ 6 & 4 \end{vmatrix} = 3 \times 4 - 6 \times 2 = 0.$

$D = 0$, donc B n'est pas inversible.

> Dans le cadre du programme de Terminale S, le cas des matrices carrées d'ordre 2 est le seul pour lequel on dispose d'un critère d'inversibilité et d'une formule.

2° *a*) Pour tout triplet $(x\ ;\ y\ ;\ z)$ de nombres réels,

$$\begin{cases} 2x - y - 8z = a \\ y + 4z = b \\ 2z = c \end{cases} \Leftrightarrow \begin{cases} 2x = a + y + 8z \\ y = b - 4z \\ z = \dfrac{c}{2} \end{cases} \Leftrightarrow \begin{cases} 2x = a + y + 8z \\ y = b - 2c \\ z = \dfrac{c}{2} \end{cases}$$

$$\begin{cases} 2x - y - 8z = a \\ y + 4z = b \\ 2z = c \end{cases} \Leftrightarrow \begin{cases} 2x = a + b - 2c + 4c \\ y = b - 2c \\ z = \dfrac{c}{2} \end{cases} \Leftrightarrow \begin{cases} x = \dfrac{a}{2} + \dfrac{b}{2} + c \\ y = b - 2c \\ z = \dfrac{c}{2} \end{cases}$$

Le système admet un unique triplet solution : $\left(\frac{a}{2}+\frac{b}{2}+c\,;\,b-2c\,;\,\frac{c}{2}\right)$.

b) Donnons une écriture matricielle du système :

$$\begin{cases} 2x-y-8z=a \\ y+4z=b \\ 2z=c \end{cases} \Leftrightarrow \begin{pmatrix} 2 & -1 & -8 \\ 0 & 1 & 4 \\ 0 & 0 & 2 \end{pmatrix} \times \begin{pmatrix} x \\ y \\ z \end{pmatrix} = \begin{pmatrix} a \\ b \\ c \end{pmatrix}.$$

L'existence d'une unique solution, garantit l'inversibilité de la matrice :

$$\begin{pmatrix} 2 & -1 & -8 \\ 0 & 1 & 4 \\ 0 & 0 & 2 \end{pmatrix}.$$

La matrice inverse s'obtient en donnant l'écriture matricielle de la solution :

$$\begin{cases} x=\frac{a}{2}+\frac{b}{2}+c \\ y=b-2c \\ z=\frac{c}{2} \end{cases} \Leftrightarrow \begin{pmatrix} x \\ y \\ z \end{pmatrix} = \begin{pmatrix} 0{,}5 & 0{,}5 & 1 \\ 0 & 1 & -2 \\ 0 & 0 & 0{,}5 \end{pmatrix} \times \begin{pmatrix} a \\ b \\ c \end{pmatrix}\ ;$$

la matrice inverse de A est $A^{-1} = \begin{pmatrix} 0{,}5 & 0{,}5 & 1 \\ 0 & 1 & -2 \\ 0 & 0 & 0{,}5 \end{pmatrix}$.

Remarque :

Il est bien entendu possible de vérifier les résultats à l'aide de la calculatrice.
Le mode de calcul matriciel contient une fonction pré-programmée donnant immédiatement l'inverse d'une matrice carrée inversible à l'aide de la touche x^{-1} :

```
[A]
        [[2  -1  -8]
         [0  1   4 ]
         [0  0   2 ]]
```

```
[A]-1
     [[.5  .5  1 ]
      [0   1   -2]
      [0   0   .5]]
```

3° *a*) On calcule $A^2 = \begin{pmatrix} 1 & 2 & -2 \\ 0 & -1 & 2 \\ 0 & 2 & -1 \end{pmatrix} \times \begin{pmatrix} 1 & 2 & -2 \\ 0 & -1 & 2 \\ 0 & 2 & -1 \end{pmatrix} = \begin{pmatrix} 1 & -4 & 4 \\ 0 & 5 & -4 \\ 0 & -4 & 5 \end{pmatrix}$.

On calcule

$$A^2+2A-3I_3 = \begin{pmatrix} 1 & -4 & 4 \\ 0 & 5 & -4 \\ 0 & -4 & 5 \end{pmatrix} + 2\times\begin{pmatrix} 1 & 2 & -2 \\ 0 & -1 & 2 \\ 0 & 2 & -1 \end{pmatrix} - 3\begin{pmatrix} 1 & 0 & 0 \\ 0 & 1 & 0 \\ 0 & 0 & 1 \end{pmatrix} = \begin{pmatrix} 0 & 0 & 0 \\ 0 & 0 & 0 \\ 0 & 0 & 0 \end{pmatrix}.$$

Ainsi $A^2 + 2A - 3I_3 = O_3$.

b) $A^2 + 2A - 3I_3 = O_3 \Leftrightarrow A^2 + 2A = 3I_3 \Leftrightarrow A \times (A + 2I_3) = 3I_3$

$\Leftrightarrow (A + 2I_3) \times A = 3I_3$, car $A \times I_3 = I_3 \times A = A$.

On en déduit $A \times \frac{1}{3}(A + 2I_3) = I_3 \Leftrightarrow \frac{1}{3}(A + 2I_3) \times A = I_3$; il existe une matrice $A' = \frac{1}{3}(A + 2I_3)$ telle que $A \times A' = A' \times A = I_3$. On reconnaît la définition de la matrice inverse.

Donc A est inversible et $A^{-1} = \frac{1}{3}(A + 2I_3)$.

Calcul de A^{-1} :

$$A^{-1} = \frac{1}{3}(A + 2I_3) = \frac{1}{3}\left(\begin{pmatrix} 1 & 2 & -2 \\ 0 & -1 & 2 \\ 0 & 2 & -1 \end{pmatrix} + 2\begin{pmatrix} 1 & 0 & 0 \\ 0 & 1 & 0 \\ 0 & 0 & 1 \end{pmatrix}\right) = \begin{pmatrix} 1 & 2/3 & -2/3 \\ 0 & 1/3 & 2/3 \\ 0 & 2/3 & 1/3 \end{pmatrix}$$

Remarque :

Une calculatrice donnera ici une réponse approchée :

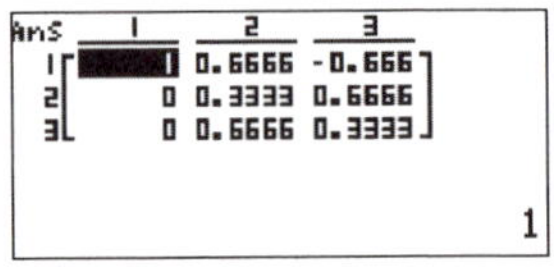

À RETENIR

- L'énoncé propose trois méthodes pour obtenir l'inverse d'une matrice carrée.
- Pour une matrice carrée d'ordre 2, le calcul du déterminant permet de savoir si la matrice est inversible : une matrice est inversible si, et seulement si, son déterminant est non nul. Il suffit de retenir la formule donnant la matrice inverse.
- La résolution d'un système de 3 équations à 3 inconnues et son écriture matricielle sous la forme $A \times \begin{pmatrix} x \\ y \\ z \end{pmatrix} = \begin{pmatrix} a \\ b \\ c \end{pmatrix}$, permet en cas de solution unique d'affirmer l'inversibilité de la matrice A. L'écriture sous forme matricielle $\begin{pmatrix} x \\ y \\ z \end{pmatrix} = A^{-1} \times \begin{pmatrix} a \\ b \\ c \end{pmatrix}$ fournit la matrice inverse de A.
- Une relation conduisant à une égalité de la forme $A \times A' = A' \times A = I_3$ prouve que la matrice A est inversible et $A' = A^{-1}$.

Dans tous les cas, une calculatrice permet de vérifier le résultat.

4 Calculer explicitement les coefficients de A^n ($n \in \mathbb{N}^*$), A étant une matrice carrée

EXERCICE TYPE

1° Soit la matrice $A = \begin{pmatrix} 1 & 0 & 1 \\ 0 & 0 & 0 \\ 1 & 0 & 1 \end{pmatrix}$.

a) Calculer à l'aide d'une calculatrice A^2, A^3, A^4.

b) Émettre une conjecture quant à l'expression de A^n en fonction de l'entier naturel non nul n, puis démontrer cette conjecture.

2° Soient les matrices $A = \begin{pmatrix} 2 & 0 \\ 0 & 3 \end{pmatrix}$ et $P = \begin{pmatrix} 1 & 0 \\ -1 & 1 \end{pmatrix}$.

a) Montrer que la matrice P est inversible ; puis calculer P^{-1}.

b) On définit la matrice $B = P^{-1} \times A \times P$; calculer B^n en fonction de l'entier n.

CORRIGÉ COMMENTÉ

1° ***a)*** En utilisant une calculatrice, on obtient :

$$A^2 = \begin{pmatrix} 2 & 0 & 2 \\ 0 & 0 & 0 \\ 2 & 0 & 2 \end{pmatrix} ; \; A^3 = \begin{pmatrix} 4 & 0 & 4 \\ 0 & 0 & 0 \\ 4 & 0 & 4 \end{pmatrix} ; \; A^3 = \begin{pmatrix} 8 & 0 & 8 \\ 0 & 0 & 0 \\ 8 & 0 & 8 \end{pmatrix}.$$

b) Le calcul des premières valeurs laissent penser à la formule :

$$A^n = \begin{pmatrix} 2^{n-1} & 0 & 2^{n-1} \\ 0 & 0 & 0 \\ 2^{n-1} & 0 & 2^{n-1} \end{pmatrix}.$$

Démontrons cette égalité par récurrence.

Initialisation : pour $n = 1$

$$\begin{pmatrix} 2^{1-1} & 0 & 2^{1-1} \\ 0 & 0 & 0 \\ 2^{1-1} & 0 & 2^{1-1} \end{pmatrix} = \begin{pmatrix} 1 & 0 & 1 \\ 0 & 0 & 0 \\ 1 & 0 & 1 \end{pmatrix} = A^1$$; l'égalité est vérifiée pour $n = 1$.

Transmissibilité : soit n un entier naturel non nul quelconque.

Supposons $A^n = \begin{pmatrix} 2^{n-1} & 0 & 2^{n-1} \\ 0 & 0 & 0 \\ 2^{n-1} & 0 & 2^{n-1} \end{pmatrix}$.

Alors $A^{n+1} = A^n \times A = \begin{pmatrix} 2^{n-1} & 0 & 2^{n-1} \\ 0 & 0 & 0 \\ 2^{n-1} & 0 & 2^{n-1} \end{pmatrix} \times \begin{pmatrix} 1 & 0 & 1 \\ 0 & 0 & 0 \\ 1 & 0 & 1 \end{pmatrix}$

$A^{n+1} =$

$$\begin{pmatrix} 2^{n-1}\times1+0\times0+2^{n-1}\times1 & 2^{n-1}\times0+0\times0+2^{n-1}\times0 & 2^{n-1}\times1+0\times0+2^{n-1}\times1 \\ 0\times1+0\times0+0\times1 & 0\times0+0\times0+0\times0 & 0\times1+0\times0+0\times1 \\ 2^{n-1}\times1+0\times0+2^{n-1}\times1 & 2^{n-1}\times0+0\times0+2^{n-1}\times0 & 2^{n-1}\times1+0\times0+2^{n-1}\times1 \end{pmatrix}$$

Or, $2^{n-1}\times1+0\times0+2^{n-1}\times1 = 2^{n-1}+2^{n-1} = 2\times2^{n-1} = 2^n$.

donc, $A^{n+1} = \begin{pmatrix} 2^n & 0 & 2^n \\ 0 & 0 & 0 \\ 2^n & 0 & 2^n \end{pmatrix}$, ce qui est la formule au rang $n+1$.

On aurait pu tout aussi bien calculer $A \times A^n$.

Conclusion : par le principe de récurrence, on a prouvé que pour tout entier naturel n non nul, $A^n = \begin{pmatrix} 2^{n-1} & 0 & 2^{n-1} \\ 0 & 0 & 0 \\ 2^{n-1} & 0 & 2^{n-1} \end{pmatrix}$.

2° *a*) Le déterminant de P est $\begin{vmatrix} 1 & 0 \\ -1 & 1 \end{vmatrix} = 1\times1-(-1)\times0 = 1$ et il est non nul ; donc P est inversible.

$P^{-1} = \frac{1}{1}\begin{pmatrix} 1 & 0 \\ 1 & 1 \end{pmatrix} = \begin{pmatrix} 1 & 0 \\ 1 & 1 \end{pmatrix}$

b) $B = P^{-1}\times A\times P = \begin{pmatrix} 1 & 0 \\ 1 & 1 \end{pmatrix}\times\begin{pmatrix} 2 & 0 \\ 0 & 3 \end{pmatrix}\times\begin{pmatrix} 1 & 0 \\ -1 & 1 \end{pmatrix}$

$$B = \begin{pmatrix} 1 & 0 \\ 1 & 1 \end{pmatrix}\times\begin{pmatrix} 2 & 0 \\ -3 & 3 \end{pmatrix} = \begin{pmatrix} 2 & 0 \\ -1 & 3 \end{pmatrix}.$$

Pour tout entier naturel n non nul, $B^n = P^{-1}\times A^n\times P$.

A étant une matrice diagonale, $A^n = \begin{pmatrix} 2^n & 0 \\ 0 & 3^n \end{pmatrix}$.

Donc $B^n = \begin{pmatrix} 1 & 0 \\ 1 & 1 \end{pmatrix}\times\begin{pmatrix} 2^n & 0 \\ 0 & 3^n \end{pmatrix}\times\begin{pmatrix} 1 & 0 \\ -1 & 1 \end{pmatrix}$

$$B^n = \begin{pmatrix} 1 & 0 \\ 1 & 1 \end{pmatrix}\times\begin{pmatrix} 2^n\times1+0\times(-1) & 2^n\times0+0\times1 \\ 0\times1+3^n\times(-1) & 0\times0+3^n\times1 \end{pmatrix} = \begin{pmatrix} 1 & 0 \\ 1 & 1 \end{pmatrix}\times\begin{pmatrix} 2^n & 0 \\ -3^n & 3^n \end{pmatrix}$$

$$B^n = \begin{pmatrix} 1\times2^n+0\times(-3^n) & 1\times0+0\times3^n \\ 1\times2^n+1\times(-3^n) & 1\times0+1\times3^n \end{pmatrix} = \begin{pmatrix} 2^n & 0 \\ 2^n-3^n & 3^n \end{pmatrix}.$$

Conclusion : pour tout entier naturel n non nul, $B^n = \begin{pmatrix} 2^n & 0 \\ 2^n-3^n & 3^n \end{pmatrix}$.

Le calcul des premières puissances aurait aussi permis d'émettre une conjecture sur la forme de B^n et une démonstration par récurrence aurait conduit à la réponse.

À RETENIR

- Les puissances d'une matrice n'ont en général pas d'écriture simple ou facile à déterminer.
- Retenons le cas des matrices diagonales, dont les puissances s'obtiennent simplement en écrivant les coefficients diagonaux avec le même exposant.
- Certaines matrices, dites nilpotentes, admettent une puissance qui les rend égales à la matrice nulle à partir d'un certain exposant.
- Dans certains cas, le calcul des premiers termes peut suggérer une relation de récurrence que l'on s'appliquera à démontrer.

5 Obtenir une expression d'une suite de matrices-colonnes définies par une récurrence de la forme $U_{n+1} = A \times U_n$ à l'aide de puissances d'une matrice

EXERCICE TYPE

On considère les suites (u_n) et (v_n) définies par $u_0 = 1$ et $v_0 = 2$, et pour tout entier naturel n,

$$\begin{cases} u_{n+1} = 1{,}5u_n - 0{,}5v_n \\ v_{n+1} = -0{,}5u_n + 1{,}5v_n . \end{cases}$$

1° Calculer u_n et v_n pour $0 \leqslant n \leqslant 10$, à l'aide d'une calculatrice ou d'un tableur.

2° Donner une écriture matricielle de ce système de suites.

3° Exprimer $\begin{pmatrix} u_n \\ v_n \end{pmatrix}$ en fonction d'une puissance d'une matrice A et de $\begin{pmatrix} u_0 \\ v_0 \end{pmatrix}$.

4° Calculer A_2, A_3, A_4 ; conjecturer une formule pour A_n et la démontrer.

5° En déduire une expression explicite de u_n et v_n en fonction de n.

CORRIGÉ COMMENTÉ

1° On obtient le tableau ci-contre :

n	u_n	v_n
0	1	2
1	0,5	2,5
2	−0,5	3,5
3	−2,5	5,5
4	−6,5	9,5
5	−14,5	17,5
6	−30,5	33,5
7	−62,5	65,5
8	−126,5	129,5
9	−254,5	257,5
10	−510,5	513,5

2° Pour tout entier naturel n, $\begin{pmatrix} u_{n+1} \\ v_{n+1} \end{pmatrix} = \begin{pmatrix} 1{,}5 & -0{,}5 \\ -0{,}5 & 1{,}5 \end{pmatrix} \times \begin{pmatrix} u_n \\ v_n \end{pmatrix}$.

3° Pour tout entier naturel n, $\begin{pmatrix} u_n \\ v_n \end{pmatrix} = \begin{pmatrix} 1{,}5 & -0{,}5 \\ -0{,}5 & 1{,}5 \end{pmatrix}^n \times \begin{pmatrix} u_0 \\ v_0 \end{pmatrix}$.

4° Soit $A = \begin{pmatrix} 1{,}5 & -0{,}5 \\ -0{,}5 & 1{,}5 \end{pmatrix}$; $A^2 = \begin{pmatrix} 2{,}5 & 1{,}5 \\ -1{,}5 & 2{,}5 \end{pmatrix}$; $A^3 = \begin{pmatrix} 4{,}5 & -3{,}5 \\ -3{,}5 & 4{,}5 \end{pmatrix}$;

$A^4 = \begin{pmatrix} 8{,}5 & -7{,}5 \\ -7{,}5 & 8{,}5 \end{pmatrix}$.

On remarque que : $2{,}5 = 2^1 + 0{,}5$; $4{,}5 = 2^2 + 0{,}5$; $8{,}5 = 2^3 + 0{,}5$
et $-1{,}5 = -2^1 + 0{,}5$; $-3{,}5 = -2^2 + 0{,}5$; $-7{,}5 = -2^3 + 0{,}5$.

On est conduit à conjecturer la formule $A^n = \begin{pmatrix} 2^{n-1} + 0{,}5 & -2^{n-1} + 0{,}5 \\ -2^{n-1} + 0{,}5 & 2^{n-1} + 0{,}5 \end{pmatrix}$.

Démontrons cette conjecture par récurrence.

> La conjecture n'est pas évidente à trouver ; dans un exercice de bac, une suggestion pourra être donnée.

Initialisation : $n = 1$.

$\begin{pmatrix} 2^{1-1} + 0{,}5 & -2^{1-1} + 0{,}5 \\ -2^{1-1} + 0{,}5 & 2^{1-1} + 0{,}5 \end{pmatrix} = \begin{pmatrix} 1{,}5 & -0{,}5 \\ -0{,}5 & 1{,}5 \end{pmatrix} = A^1$; l'égalité est vraie au rang 1.

Transmissibilité : soit n un entier quelconque ;

supposons $A^n = \begin{pmatrix} 2^{n-1} + 0{,}5 & -2^{n-1} + 0{,}5 \\ -2^{n-1} + 0{,}5 & 2^{n-1} + 0{,}5 \end{pmatrix}$

$$A^{n+1} = A^n \times A = \begin{pmatrix} 2^{n-1}+0,5 & -2^{n-1}+0,5 \\ -2^{n-1}+0,5 & 2^{n-1}+0,5 \end{pmatrix} \times \begin{pmatrix} 1,5 & -0,5 \\ -0,5 & 1,5 \end{pmatrix}.$$

$$A^{n+1} =$$
$$\begin{pmatrix} (2^{n-1}+0,5)\times 1,5+(-2^{n-1}+0,5)\times(-0,5) & (2^{n-1}+0,5)\times(-0,5)+(-2^{n-1}+0,5)\times 1,5 \\ (-2^{n-1}+0,5)\times 1,5+(2^{n-1}+0,5)\times(-0,5) & (-2^{n-1}+0,5)\times(-0,5)+(2^{n-1}+0,5)\times 1,5 \end{pmatrix}$$

$$A^{n+1} =$$
$$\begin{pmatrix} 2^{n-1}\times 1,5+0,5\times 1,5+2^{n-1}\times 0,5-0,5\times 0,5 & 2^{n-1}\times(-0,5)+0,5\times(-0,5)+(-2^{n-1})\times 1,5+0,5\times 1,5 \\ (-2^{n-1})\times 1,5+0,5\times 1,5+2^{n-1}\times(-0,5)+0,5\times(-0,5) & 2^{n-1}\times 0,5+0,5\times(-0,5)+2^{n-1}\times 1,5+0,5\times 1,5 \end{pmatrix}$$

$$A^{n+1} = \begin{pmatrix} 2^{n-1}\times 2+0,5 & -2^{n-1}\times 2+0,5 \\ -2^{n-1}\times 2+0,5 & 2^{n-1}\times 2+0,5 \end{pmatrix} = \begin{pmatrix} 2^{n}+0,5 & -2^{n}+0,5 \\ -2^{n}+0,5 & 2^{n}+0,5 \end{pmatrix},$$

ce qui prouve l'égalité au rang $n + 1$.

Conclusion :

pour tout entier naturel n non nul, $A^n = \begin{pmatrix} 2^{n-1}+0,5 & -2^{n-1}+0,5 \\ -2^{n-1}+0,5 & 2^{n-1}+0,5 \end{pmatrix}$.

5° Pour tout entier naturel n non nul,

$$\begin{pmatrix} u_n \\ v_n \end{pmatrix} = A^n \times \begin{pmatrix} u_0 \\ v_0 \end{pmatrix} = \begin{pmatrix} 2^{n-1}+0,5 & -2^{n-1}+0,5 \\ -2^{n-1}+0,5 & 2^{n-1}+0,5 \end{pmatrix} \times \begin{pmatrix} 1 \\ 2 \end{pmatrix}.$$

$$\begin{pmatrix} u_n \\ v_n \end{pmatrix} = \begin{pmatrix} (2^{n-1}+0,5)\times 1+(-2^{n-1}+0,5)\times 2 \\ (-2^{n-1}+0,5)\times 1+(2^{n-1}+0,5)\times 2 \end{pmatrix}.$$

On obtient donc $\begin{cases} u_n = -2^{n-1}+1,5 \\ v_n = 2^{n-1}+1,5 \end{cases}$ pour tout entier naturel n (on vérifiera que la formule est vraie au rang 0).

À RETENIR

• Une relation de récurrence de la forme $\begin{cases} u_{n+1} = au_n + bv_n \\ v_{n+1} = cu_n + dv_n \end{cases}$ s'écrit matriciellement sous la forme $U_{n+1} = A \times U_n$, U_n représentant la matrice-colonne $\begin{pmatrix} u_n \\ v_n \end{pmatrix}$ et A la matrice carrée $\begin{pmatrix} a & b \\ c & d \end{pmatrix}$. Si l'on sait obtenir une expression explicite des coefficients de la matrice A^n en fonction de l'entier n, on obtiendra une expression des suites (u_n) et (v_n) en fonction de l'entier n, par application de l'égalité $U_n = A^n \times U_0$.

• La méthode de cet exercice s'applique également à des matrices-colonnes écrites avec trois suites, ou plus généralement à un nombre quelconque de suites.

6 Obtenir une expression d'une suite de matrices-colonnes définies par une récurrence de la forme $U_{n+1} = A \times U_n + B$

EXERCICE TYPE

On considère les suites (u_n) et (v_n) définies par $u_0 = 1$, $v_0 = -1$ et pour tout entier naturel n :

$$\begin{cases} u_{n+1} = 0{,}75u_n + 1{,}25v_n + 2 \\ v_{n+1} = 1{,}25u_n + 0{,}75v_n + 2 . \end{cases}$$

1° À l'aide d'une calculatrice ou d'un tableur, donner les termes des suites du rang 0 au rang 10.

2° Donner une écriture matricielle de ce système de suites.

3° Déterminer s'il existe une matrice-colonne K de suites constantes vérifiant la relation de récurrence.

4° Montrer que la matrice-colonne $W_n = U_n - K$ vérifie la relation de récurrence $W_{n+1} = A \times W_n$.

5° Soit la matrice $P = \begin{pmatrix} 1 & 1 \\ -1 & 1 \end{pmatrix}$; montrer que P est inversible ; calculer P^{-1}, puis $P \times A \times P^{-1}$.

6° Établir une expression de u_n et v_n en fonction de l'entier n.

CORRIGÉ COMMENTÉ

1° On obtient le tableau ci-contre.

n	u_n	v_n
0	1	−1
1	1,5	2,5
2	6,25	5,75
3	13,875	14,125
4	30,0625	29,9375
5	61,96875	62,03125
6	126,015625	125,984375
7	253,992188	254,007813
8	510,003906	509,996094
9	1 021,99805	1 022,00195
10	2 046,00098	2 045,99902

2° Pour tout entier naturel n,

$$\begin{cases} u_{n+1} = 0,75u_n + 1,25v_n + 2 \\ v_{n+1} = 1,25u_n + 0,75v_n + 2 \end{cases} \Leftrightarrow \begin{pmatrix} u_{n+1} \\ v_{n+1} \end{pmatrix} = \begin{pmatrix} 0,75 & 1,25 \\ 1,25 & 0,75 \end{pmatrix} \times \begin{pmatrix} u_n \\ v_n \end{pmatrix} + \begin{pmatrix} 2 \\ 2 \end{pmatrix}$$

En définissant $U_n = \begin{pmatrix} u_n \\ v_n \end{pmatrix}$; $A = \begin{pmatrix} 0,75 & 1,25 \\ 1,25 & 0,75 \end{pmatrix}$; $B = \begin{pmatrix} 2 \\ 2 \end{pmatrix}$;

la relation de récurrence *s*'écrit : pour tout entier naturel n, $U_{n+1} = A \times U_n + B$.

3° Recherchez une matrice-colonne de suites constantes revient à rechercher l'existence d'une matrice-colonne X telle que $X = AX + B$.

Soit $X = \begin{pmatrix} x \\ y \end{pmatrix}$, $X = AX + B \Leftrightarrow (I_2 - A)X = B$

$$\Leftrightarrow \begin{pmatrix} 1-0,75 & -1,25 \\ -1,25 & 1-0,75 \end{pmatrix} \times \begin{pmatrix} x \\ y \end{pmatrix} = \begin{pmatrix} 2 \\ 2 \end{pmatrix}$$

$$\Leftrightarrow \begin{pmatrix} 0,25 & -1,25 \\ -1,25 & 0,25 \end{pmatrix} \times \begin{pmatrix} x \\ y \end{pmatrix} = \begin{pmatrix} 2 \\ 2 \end{pmatrix}$$

> Si $X = AX + B$ admet une solution K, il est clair que la formule de récurrence appliquée à K renverra à chaque étape sur K ; ce qui donnera une matrice-colonne de suites constantes.

Déterminons si la matrice $C = I_2 - A = \begin{pmatrix} 0,25 & -1,25 \\ -1,25 & 0,25 \end{pmatrix}$ est inversible.

Le déterminant est $D = \begin{vmatrix} 0,25 & -1,25 \\ -1,25 & 0,25 \end{vmatrix} = 0,25^2 - (-1,25)^2 = -1,5$.

D est non nul, donc la matrice C est inversible :

$$C^{-1} = \frac{1}{-1,5}\begin{pmatrix} 0,25 & 1,25 \\ 1,25 & 0,25 \end{pmatrix} = -\frac{1}{6}\begin{pmatrix} 1 & 5 \\ 5 & 1 \end{pmatrix}.$$

On en déduit l'existence d'une unique solution :

$$\begin{pmatrix} x \\ y \end{pmatrix} = -\frac{1}{6}\begin{pmatrix} 1 & 5 \\ 5 & 1 \end{pmatrix} \times \begin{pmatrix} 2 \\ 2 \end{pmatrix} = \begin{pmatrix} -2 \\ -2 \end{pmatrix}.$$

Par conséquent, les deux suites constantes définies par « $u_n = v_n = -2$, pour tout entier naturel n » vérifient la relation de récurrence.

4° Définissons $K = \begin{pmatrix} -2 \\ -2 \end{pmatrix}$; pour tout entier naturel n, $U_{n+1} = A \times U_n + B$ et $K = A \times K + B$.

Par différence, $U_{n+1} - K = A \times (U_n - K)$; en définissant $W_n = U_n - K$, la suite de matrices-colonnes (W_n) vérifie pour tout entier naturel n, $W_{n+1} = A \times W_n$.

5° Soit $P = \begin{pmatrix} 1 & 1 \\ -1 & 1 \end{pmatrix}$; le déterminant de P est $D = 1 \times 1 - (-1) \times 1 = 2$;

$D \neq 0$, donc P est inversible.

$$P^{-1} = \frac{1}{2}\begin{pmatrix} 1 & -1 \\ 1 & 1 \end{pmatrix}.$$

On calcule $P \times A \times P^{-1} = \begin{pmatrix} 1 & 1 \\ -1 & 1 \end{pmatrix} \times \begin{pmatrix} 0{,}75 & 1{,}25 \\ 1{,}25 & 0{,}75 \end{pmatrix} \times \frac{1}{2}\begin{pmatrix} 1 & 1 \\ 1 & -1 \end{pmatrix}$

$= \begin{pmatrix} 2 & 0 \\ 0 & -0{,}5 \end{pmatrix}$.

6° On sait alors que, pour tout entier naturel n, $W_n = A^n \times W_0$.
Étudions les puissances de la matrice A :
$P \times A \times P^{-1} = E \Leftrightarrow A = P^{-1} \times E \times P$ avec $E = \begin{pmatrix} 2 & 0 \\ 0 & -0{,}5 \end{pmatrix}$.

On sait que, pour tout entier naturel n, $A^n = P^{-1} \times E^n \times P$

et $E^n = \begin{pmatrix} 2^n & 0 \\ 0 & (-0{,}5)^n \end{pmatrix}$ puisque E est une matrice diagonale.

$$A^n = \frac{1}{2}\begin{pmatrix} 1 & -1 \\ 1 & 1 \end{pmatrix} \times \begin{pmatrix} 2^n & 0 \\ 0 & (-0{,}5)^n \end{pmatrix} \times \begin{pmatrix} 1 & 1 \\ -1 & 1 \end{pmatrix}$$

$$= \frac{1}{2}\begin{pmatrix} 1 & -1 \\ 1 & 1 \end{pmatrix} \times \begin{pmatrix} 2^n & 2^n \\ -(-0{,}5)^n & (-0{,}5)^n \end{pmatrix}$$

$$= \frac{1}{2}\begin{pmatrix} 2^n + (-0{,}5)^n & 2^n - (-0{,}5)^n \\ 2^n - (-0{,}5)^n & 2^n + (-0{,}5)^n \end{pmatrix}$$

On en déduit que, pour tout entier naturel n,

$$W_n = \frac{1}{2}\begin{pmatrix} 2^n + (-0{,}5)^n & 2^n - (-0{,}5)^n \\ 2^n - (-0{,}5)^n & 2^n + (-0{,}5)^n \end{pmatrix} \times W_0 ,$$

avec $W_0 = U_0 - K = \begin{pmatrix} 1 \\ -1 \end{pmatrix} - \begin{pmatrix} -2 \\ -2 \end{pmatrix} = \begin{pmatrix} 3 \\ 1 \end{pmatrix}$.

$$W_n = \frac{1}{2}\begin{pmatrix} 2^n + (-0{,}5)^n & 2^n - (-0{,}5)^n \\ 2^n - (-0{,}5)^n & 2^n + (-0{,}5)^n \end{pmatrix} \times \begin{pmatrix} 3 \\ 1 \end{pmatrix}$$

$$= \frac{1}{2}\begin{pmatrix} 3 \times (2^n + (-0{,}5)^n) + 1 \times (2^n - (-0{,}5)^n) \\ 3 \times (2^n - (-0{,}5)^n) + 1 \times (2^n + (-0{,}5)^n) \end{pmatrix}$$

$$= \frac{1}{2}\begin{pmatrix} 4 \times 2^n + 2 \times (-0{,}5)^n \\ 4 \times 2^n - 2 \times (-0{,}5)^n \end{pmatrix}.$$

On en déduit $U_n = \begin{pmatrix} 2 \times 2^n + (-0{,}5)^n \\ 2 \times 2^n - (-0{,}5)^n \end{pmatrix} + \begin{pmatrix} -2 \\ -2 \end{pmatrix}$.

On obtient l'expression suivante pour u_n et v_n :

Pour tout entier naturel n, $\begin{cases} u_n = 2^{n+1} + (-0{,}5)^n - 2 \\ v_n = 2^{n+1} - (-0{,}5)^n - 2. \end{cases}$

À RETENIR

• Une relation de récurrence de la forme $\begin{cases} u_{n+1} = au_n + bv_n + e \\ v_{n+1} = cu_n + dv_n + f \end{cases}$ s'écrit matriciellement sous la forme $U_{n+1} = A \times U_n + B$, U_n représentant la matrice-colonne $\begin{pmatrix} u_n \\ v_n \end{pmatrix}$, A la matrice carrée $\begin{pmatrix} a & b \\ c & d \end{pmatrix}$ et B la matrice-colonne $\begin{pmatrix} e \\ f \end{pmatrix}$.

On cherche s'il existe une suite constante (u_n) et une suite constante (v_n) vérifiant la relation de récurrence : pour cela on résout l'équation $X = A \times X + B$, où X est une matrice-colonne inconnue $\begin{pmatrix} x \\ y \end{pmatrix}$.

L'existence d'une solution unique K est assurée si la matrice $I_2 - A$ est inversible.

La suite de matrices-colonnes $W_n = U_n - K$ vérifie alors $W_{n+1} = A \times W_n$ et l'on est reconduit au principe vu dans la méthode précédente.

• La méthode de cet exercice s'applique également à des matrices-colonnes écrites avec trois suites, ou plus généralement à un nombre quelconque de suites.

7 Étudier une marche aléatoire

EXERCICE TYPE

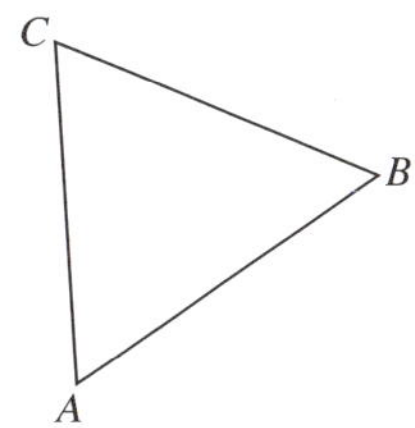

Un point, initialement en A, se déplace aléatoirement pour arriver en B ou en C avec une égale probabilité.

À chaque étape, lorsque le point est sur l'un des sommets, il peut arriver sur l'un des deux autres sommets avec une égale probabilité.

1° Écrire la matrice de transition M.

2° Déterminer la probabilité pour que le point se trouve en A, en B, en C à la deuxième étape.

3° Pour tout entier naturel n non nul, montrer que $M^n = \begin{pmatrix} u_n & u_{n+1} & u_{n+1} \\ u_{n+1} & u_n & u_{n+1} \\ u_{n+1} & u_{n+1} & u_n \end{pmatrix}$ avec $u_n = \frac{1}{3}\left(1 - (-0,5)^{n-1}\right)$.

4° Pour tout entier naturel n non nul, on désigne par A_n l'événement « à l'étape n, le point est en A », par B_n l'événement « à l'étape n, le point est en B », par C_n l'événement « à l'étape n, le point est en C ».

Exprimer en fonction de l'entier n la probabilité des événements A_n, B_n, C_n et la limite de ces probabilités.

CORRIGÉ COMMENTÉ

1° Pour établir la matrice de transition, on part d'une position A, B ou C (lignes) et on indique sur la colonne correspondante, la probabilité que le point arrive en A, B ou C.

Pour un point en A, la probabilité que le point arrive en A est 0 ;
arrive en B est 0,5 ;
arrive en C est 0,5.

D'où la première ligne : 0 0,5 0,5

De même :

pour un point en B, la probabilité que le point arrive en A est 0,5 ;
arrive en B est 0 ;
arrive en C est 0,5.

D'où la deuxième ligne : 0,5 0 0,5

Pour un point en C, la probabilité que le point arrive en A est 0,5 ;
arrive en B est 0,5 ;
arrive en C est 0.

D'où la troisième ligne : 0,5 0,5 0

$$\begin{array}{c} \\ A \\ B \\ C \end{array}\begin{array}{c} \begin{array}{ccc} A & B & C \end{array} \\ \begin{pmatrix} 0 & 0,5 & 0,5 \\ 0,5 & 0 & 0,5 \\ 0,5 & 0,5 & 0 \end{pmatrix} \end{array}, \text{ donc } M = \begin{pmatrix} 0 & 0,5 & 0,5 \\ 0,5 & 0 & 0,5 \\ 0,5 & 0,5 & 0 \end{pmatrix}.$$

2° On calcule le carré de la matrice M :

$$M^2 = \begin{pmatrix} 0,5 & 0,25 & 0,25 \\ 0,25 & 0,5 & 0,25 \\ 0,25 & 0,25 & 0,5 \end{pmatrix}.$$

On obtient la probabilité que le point soit en A, en B, en C en considérant les coefficients de la première ligne :

la probabilité pour qu'à l'issue du deuxième mouvement,
le point soit en A est 0,5 ;
le point soit en B est 0,25 ;
le point soit en C est 0,25.

3° Démontrons la propriété par récurrence.

Initialisation : pour $n = 1$

$$u_1 = \frac{1}{3}\left(1 - (-0,5)^{1-1}\right) = 0 \ ; \ u_2 = \frac{1}{3}\left(1 - (-0,5)^{2-1}\right) = 0,5.$$

On trouve bien la matrice M.

Transmissibilité : soit n un entier naturel quelconque non nul ; supposons que :

$$M^n = \begin{pmatrix} u_n & u_{n+1} & u_{n+1} \\ u_{n+1} & u_n & u_{n+1} \\ u_{n+1} & u_{n+1} & u_n \end{pmatrix} \text{ avec } u_n = \frac{1}{3}\left(1-(-0{,}5)^{n-1}\right) ;$$

$$M^{n+1} = \begin{pmatrix} u_n & u_{n+1} & u_{n+1} \\ u_{n+1} & u_n & u_{n+1} \\ u_{n+1} & u_{n+1} & u_n \end{pmatrix} \times \begin{pmatrix} 0 & 0{,}5 & 0{,}5 \\ 0{,}5 & 0 & 0{,}5 \\ 0{,}5 & 0{,}5 & 0 \end{pmatrix}$$

$$= \begin{pmatrix} u_{n+1} & 0{,}5u_n + 0{,}5u_{n+1} & 0{,}5u_n + 0{,}5u_{n+1} \\ 0{,}5u_n + 0{,}5u_{n+1} & u_{n+1} & 0{,}5u_n + 0{,}5u_{n+1} \\ 0{,}5u_n + 0{,}5u_{n+1} & 0{,}5u_n + 0{,}5u_{n+1} & u_{n+1} \end{pmatrix}$$

Or, $0{,}5u_n + 0{,}5u_{n+1} = 0{,}5 \times \frac{1}{3}\left(1-(-0{,}5)^{n-1}\right) + 0{,}5 \times \frac{1}{3}\left(1-(-0{,}5)^{n}\right)$

$$0{,}5u_n + 0{,}5u_{n+1} = 0{,}5 \times \frac{1}{3}\left(2-(-0{,}5)^{n-1}-(-0{,}5)^{n}\right)$$

$$0{,}5u_n + 0{,}5u_{n+1} = 0{,}5 \times \frac{1}{3}\left(2-(-0{,}5)^{n-1}\times(1+(-0{,}5))\right)$$

$$0{,}5u_n + 0{,}5u_{n+1} = 0{,}5 \times \frac{1}{3}\left(2-0{,}5\times(-0{,}5)^{n-1}\right)$$

$0{,}5u_n + 0{,}5u_{n+1} = \frac{1}{3}\left(1-0{,}5^2\times(-0{,}5)^{n-1}\right)$; or, $0{,}5^2 = (-0{,}5)^2$.

Donc, $0{,}5u_n + 0{,}5u_{n+1} = \frac{1}{3}\left(1-(-0{,}5)^{n+1}\right)$

$0{,}5u_n + 0{,}5u_{n+1} = u_{n+2}$.

Par conséquent, $M^{n+1} = \begin{pmatrix} u_{n+1} & u_{n+2} & u_{n+2} \\ u_{n+2} & u_{n+1} & u_{n+2} \\ u_{n+2} & u_{n+2} & u_{n+1} \end{pmatrix}$.

Conclusion : par le principe de récurrence, $M^n = \begin{pmatrix} u_n & u_{n+1} & u_{n+1} \\ u_{n+1} & u_n & u_{n+1} \\ u_{n+1} & u_{n+1} & u_n \end{pmatrix}$ pour tout entier naturel n non nul.

4° Pour tout entier n non nul, $M^n = \begin{matrix} A \\ B \\ C \end{matrix} \overset{\begin{matrix} A & B & C \end{matrix}}{\begin{pmatrix} u_n & u_{n+1} & u_{n+1} \\ u_{n+1} & u_n & u_{n+1} \\ u_{n+1} & u_{n+1} & u_n \end{pmatrix}}$.

En lisant la première ligne (sachant que la position initiale est A) :
u_n représente la probabilité que le point soit en A après n étapes ;

u_{n+1} représente la probabilité que le point soit en B après n étapes ;
u_{n+1} représente la probabilité que le point soit en C après n étapes.

Ainsi, $p(A_n) = \frac{1}{3}\left(1-(-0{,}5)^{n-1}\right)$; $p(B_n) = p(C_n) = \frac{1}{3}\left(1-(-0{,}5)^{n}\right)$.

Puisque $-1 < -0{,}5 < 1$, alors $\lim\limits_{n \to +\infty} (-0{,}5)^n = 0$.

On en déduit $\lim\limits_{n \to +\infty} p(A_n) = \lim\limits_{n \to +\infty} p(B_n) = \lim\limits_{n \to +\infty} p(C_n) = \frac{1}{3}$.

Remarque : On pourrait observer que, quelle que soit la position initiale, les probabilités $p(A_n)$, $p(B_n)$, $p(C_n)$ convergent vers la même limite $\frac{1}{3}$.

Il est naturel de trouver que les suites convergent vers la même limite, car les points A, B, C jouent des rôles identiques.

À RETENIR

- Lors d'une marche aléatoire, on écrit la matrice de transition M qui indique, en fonction des positions initiales (écrites sur les lignes), la probabilité d'arriver aux positions finales (colonnes).
- L'étude asymptotique consiste en l'étude des limites éventuelles des coefficients de la matrice M^n.

1 ★ 2 min

Soit la matrice $A = \begin{pmatrix} 1 & 3 & 0 & 2 & 5 & 9 \\ 2 & -1 & -1 & 1 & 2 & -8 \\ -2 & 4 & -6 & 0 & -4 & 7 \end{pmatrix}$

1° Donner la taille de la matrice A.

2° On désigne par a_{ij} les coefficients de la matrice A. Donner la valeur de a_{14}, a_{25}, a_{32}, a_{36} et a_{24}.

3° Quels sont les coefficients a_{ij} égaux à 0 ?

→ Corrigé p. 417

2 ★ 5 min

Calculer, sans calculatrice lorsque cela est possible : $A + B$; $A \times B$; $B \times A$.

1° $A = \begin{pmatrix} 1 & 2 & 0 \\ -1 & 3 & 4 \end{pmatrix}$; $B = \begin{pmatrix} 2 & 1{,}5 & -2{,}5 \\ 0 & 5 & -3 \end{pmatrix}$.

2° $A = \begin{pmatrix} 1 & 0 \\ -1 & 1 \end{pmatrix}$; $B = \begin{pmatrix} -1 & 3 & -1 \\ 0 & 5 & 0 \end{pmatrix}$.

3° $A = \begin{pmatrix} 1 & -1 \\ 1 & 1 \end{pmatrix}$; $B = \begin{pmatrix} -1 & 1 \\ 1 & 1 \end{pmatrix}$.

→ Corrigé p. 417

3 ★ 5 min

Déterminer si les matrices suivantes sont inversibles et calculer, le cas échéant, leur matrice inverse en appliquant la formule d'inversion des matrices carrées d'ordre 2 :

$$A = \begin{pmatrix} 1 & -1 \\ 2 & 3 \end{pmatrix} \; ; \; B = \begin{pmatrix} -1 & 1 \\ 1 & 0 \end{pmatrix} \; ; \; C = \begin{pmatrix} 1 & -0{,}5 \\ 2 & -1 \end{pmatrix}.$$

→ Corrigé p. 417

4 ★ 5 min

Prouver l'inversibilité de la matrice $A = \begin{pmatrix} 1 & 2 & 2 \\ 0 & 1 & -1 \\ 0 & 0 & 1 \end{pmatrix}$ et calculer la matrice inverse en résolvant le système :

$A \times \begin{pmatrix} x \\ y \\ z \end{pmatrix} = \begin{pmatrix} a \\ b \\ c \end{pmatrix}$, a, b et c étant des nombres réels arbitraires donnés.

→ Corrigé p. 417

5 ★ 10 min

Soit la matrice $A = \begin{pmatrix} 2 & 3 & 3 \\ 0 & -1 & -3 \\ 0 & -3 & -1 \end{pmatrix}$.

1° Vérifier que $A^2 + 2A - 8I_3 = O_3$.

2° En déduire l'inversibilité de A et calculer A^{-1}.

→ Corrigé p. 418

6 ★★ 30 min

Établir une expression de A^n en fonction de l'entier naturel n, après avoir calculé A^2, A^3, A^4.

1° $A = \begin{pmatrix} 1 & 1 \\ 0 & 1 \end{pmatrix}$.　2° $A = \begin{pmatrix} 1 & 1 \\ 1 & 1 \end{pmatrix}$.　3° $A = \begin{pmatrix} 0 & 1 \\ 1 & 0 \end{pmatrix}$.

4° $A = \begin{pmatrix} 0 & 1 & -2 \\ 0 & 0 & 1 \\ 0 & 0 & 0 \end{pmatrix}$.　5° $A = \begin{pmatrix} 1 & 0 & 0 \\ 0 & 2 & 0 \\ 0 & 0 & -3 \end{pmatrix}$.　6° $A = \begin{pmatrix} 1 & 0 & 1 \\ 0 & 1 & 0 \\ 0 & 0 & 1 \end{pmatrix}$.

→ Corrigé p. 418

7 ★★ 15 min

Soient les matrices $A = \begin{pmatrix} 2,5 & -0,5 \\ -0,5 & 2,5 \end{pmatrix}$ et $P = \begin{pmatrix} 1 & 1 \\ -1 & 1 \end{pmatrix}$.

1° Montrer que P est inversible et calculer P^{-1}.

2° Calculer la matrice $P \times A \times P^{-1}$.

3° En déduire une expression explicite des coefficients de A^n en fonction de l'entier naturel n.

→ Corrigé p. 420

8 ★ 10 min

Donner une écriture matricielle des systèmes ci-dessous, puis déterminer si le système admet une solution unique en vérifiant sur une calculatrice l'inversibilité de la matrice A ; enfin, dans le cas d'une solution unique, la calculer à l'aide de A^{-1}.

1° $\begin{cases} 2x + y - z = 0 \\ -x + 3y = 5 \\ 3y - 2z = -2. \end{cases}$　2° $\begin{cases} x + y + z = -2 \\ -x + y + 2z = -6 \\ x + 3y - z = 0. \end{cases}$　3° $\begin{cases} x + y - 2z = 0 \\ -x + y = 2 \\ x + 3y - 4z = -5. \end{cases}$

→ Corrigé p. 421

9 ★★ **30 min**

On considère les suites (u_n) et (v_n) définies par $u_0 = 1$ et $v_0 = 1$, et pour tout entier naturel n, $\begin{cases} u_{n+1} = 3u_n + v_n \\ v_{n+1} = -2u_n. \end{cases}$

1° À l'aide d'une calculatrice ou d'un logiciel, calculer les termes de 0 à 10 des suites (u_n) et (v_n).

2° Donner une écriture matricielle de la relation de récurrence sous la forme $U_{n+1} = A \times U_n$.

3° Calculer A^2, A^3, A^4.
Démontrer que, pour tout entier naturel n non nul, $A^n = \begin{pmatrix} 2^{n+1}-1 & 2^n-1 \\ -2^{n+1}+2 & -2^n+2 \end{pmatrix}$

4° Établir une expression de u_n et v_n en fonction de l'entier n.

→ Corrigé p. 423

10 ★★ **15 min**

Un point P se déplace sur deux points A et B.
Si le point P est en A, il va en B avec une probabilité 0,5 et reste en A avec une probabilité 0,5.
Si le point P est en B, il y demeure.

1° Écrire la matrice de transition M.

2° Montrer que pour tout entier naturel n, non nul, $M^n = \begin{pmatrix} 0{,}5^n & 1-0{,}5^n \\ 0 & 1 \end{pmatrix}$.

3° Sachant que le point P est initialement en A, déterminer la probabilité a_n que le point P soit en A et la probabilité b_n que le point P soit en B après n mouvements. Étudier la convergence des suites (a_n) et (b_n) .

→ Corrigé p. 424

11 ★★★ **60 min**

On considère les suites (u_n) et (v_n) définies par $u_0 = 1, v_0 = 2$ et pour tout entier naturel n :

$$\begin{cases} u_{n+1} = 0,45u_n - 0,1v_n + 15 \\ v_{n+1} = -0,1u_n + 0,3v_n + 15. \end{cases}$$

1° À l'aide d'une calculatrice ou d'un logiciel, calculer les termes de 0 à 10 des suites (u_n) et (v_n).

2° Donner une écriture matricielle de la relation de récurrence sous la forme :

$$u_{n+1} = A \times U_n + B.$$

3° Déterminer l'existence d'une matrice colonne K constante, vérifiant la relation de récurrence.

4° ***a)*** Soit la matrice $P = \begin{pmatrix} 2 & -1 \\ 1 & 2 \end{pmatrix}$; montrer que P inversible et calculer P^{-1}.

b) Calculer la matrice $C = P \times A \times P^{-1}$.

c) En déduire, pour tout entier naturel n non nul, A^n.

5° Établir une expression de u_n et v_n en fonction de l'entier n.

6° Étudier la convergence des suites (u_n) et (v_n) ; préciser les limites.

→ Corrigé p. 425

1 → Énoncé p. 413 **1°** La taille de la matrice A est 3×6.

2° $a_{14} = 2$; $a_{25} = 2$; $a_{32} = 4$; $a_{36} = 7$; $a_{24} = 1$.

3° $a_{13} = a_{34} = 0$.

2 → Énoncé p. 413 **1°** On peut calculer $A + B$, car A et B ont la même taille, 2×3.

$$A+B=\begin{pmatrix} 3 & 3{,}5 & -2{,}5 \\ -1 & 8 & 1 \end{pmatrix}.$$

On ne peut calculer ni $A \times B$, ni $B \times A$.

2° On ne peut pas calculer $A + B$, car A et B n'ont pas la même taille.

$$A\times B=\begin{pmatrix} -1 & 3 & -1 \\ 1 & 2 & 1 \end{pmatrix}.$$

On ne peut pas calculer le produit $B \times A$.

3° $A+B=\begin{pmatrix} 0 & 0 \\ 2 & 2 \end{pmatrix}$

$A\times B=\begin{pmatrix} -2 & 0 \\ 0 & 2 \end{pmatrix}$

$B\times A=\begin{pmatrix} 0 & 2 \\ 2 & 0 \end{pmatrix}.$

On ne peut calculer à la fois $A + B$, $A \times B$ et $B \times A$ que pour des matrices carrées de même ordre.

3 → Énoncé p. 413 Dét $(A) = 1 \times 3 - 2 \times (-1) = 5$ est non nul, donc A est inversible ;

$$A^{-1}=\frac{1}{5}\begin{pmatrix} 3 & 1 \\ -2 & 1 \end{pmatrix}=\begin{pmatrix} 0{,}6 & 0{,}2 \\ -0{,}4 & 0{,}2 \end{pmatrix}.$$

Dét $(B) = (-1) \times 0 - 1 \times 1 = -1$ est non nul, donc B est inversible ;

$$B^{-1}=\frac{1}{-1}\begin{pmatrix} 0 & -1 \\ -1 & -1 \end{pmatrix}=\begin{pmatrix} 0 & 1 \\ 1 & 1 \end{pmatrix}.$$

Dét $(C) = 1 \times (-1) - 2 \times (-0{,}5) = 0$, donc C n'est pas inversible.

4 → Énoncé p. 413 $A\times\begin{pmatrix} x \\ y \\ z \end{pmatrix}=\begin{pmatrix} a \\ b \\ c \end{pmatrix} \Leftrightarrow \begin{cases} x+2y+2z=a \\ y-z=b \\ z=c \end{cases}$

$$\Leftrightarrow \begin{cases} x=a-2(b+c)-2c \\ y=b+c \\ z=c \end{cases} \Leftrightarrow \begin{cases} x=a-2b-4c \\ y=b+c \\ z=c \end{cases} \Leftrightarrow \begin{pmatrix} x \\ y \\ z \end{pmatrix}=\begin{pmatrix} 1 & -2 & -4 \\ 0 & 1 & 1 \\ 0 & 0 & 1 \end{pmatrix}\times\begin{pmatrix} a \\ b \\ c \end{pmatrix}$$

L'existence d'une unique solution pouvant être exprimée à l'aide de a, b, c prouve que A est inversible et $A^{-1}=\begin{pmatrix} 1 & -2 & -4 \\ 0 & 1 & 1 \\ 0 & 0 & 1 \end{pmatrix}$.

5 → Énoncé p. 414 **1°** $A^2 = \begin{pmatrix} 2 & 3 & 3 \\ 0 & -1 & -3 \\ 0 & -3 & -1 \end{pmatrix} \times \begin{pmatrix} 2 & 3 & 3 \\ 0 & -1 & -3 \\ 0 & -3 & -1 \end{pmatrix} = \begin{pmatrix} 4 & -6 & -6 \\ 0 & 10 & 6 \\ 0 & 6 & 10 \end{pmatrix}$

$$A^2 + 2A - 8I_3 = \begin{pmatrix} 4 & -6 & -6 \\ 0 & 10 & 6 \\ 0 & 6 & 10 \end{pmatrix} + 2\begin{pmatrix} 2 & 3 & 3 \\ 0 & -1 & -3 \\ 0 & -3 & -1 \end{pmatrix} - 8\begin{pmatrix} 1 & 0 & 0 \\ 0 & 1 & 0 \\ 0 & 0 & 1 \end{pmatrix}$$

$$= \begin{pmatrix} 0 & 0 & 0 \\ 0 & 0 & 0 \\ 0 & 0 & 0 \end{pmatrix} = O_3.$$

On pourra effectuer le calcul sur calculatrice.

2° $A^2 + 2A - 8I_3 = O_3 \Leftrightarrow A^2 + 2A = 8I_3 \Leftrightarrow A \times (A + 2I_3) = 8I_3$

$\Leftrightarrow (A + 2I_3) \times A = 8I_3.$

On en déduit $A \times \frac{1}{8}(A + 2I_3) = I_3 = \frac{1}{8}(A + 2I_3) \times A$.

On prouve ainsi l'inversibilité de A ; la matrice $\frac{1}{8}(A + 2I_3)$ étant la matrice inverse de A.

$$A^{-1} = \frac{1}{8}(A + 2I_3) = \frac{1}{8}\left(\begin{pmatrix} 2 & 3 & 3 \\ 0 & -1 & -3 \\ 0 & -3 & -1 \end{pmatrix} + 2\begin{pmatrix} 1 & 0 & 0 \\ 0 & 1 & 0 \\ 0 & 0 & 1 \end{pmatrix}\right) = \frac{1}{8}\begin{pmatrix} 4 & 3 & 3 \\ 0 & 1 & -3 \\ 0 & -3 & 1 \end{pmatrix}$$

$$A^{-1} = \begin{pmatrix} 0{,}5 & 0{,}375 & 0{,}375 \\ 0 & 0{,}125 & -0{,}375 \\ 0 & -0{,}375 & 0{,}125 \end{pmatrix}.$$

6 → Énoncé p. 414 **1°** $A^2 = \begin{pmatrix} 1 & 1 \\ 0 & 1 \end{pmatrix} \times \begin{pmatrix} 1 & 1 \\ 0 & 1 \end{pmatrix} = \begin{pmatrix} 1 & 2 \\ 0 & 1 \end{pmatrix}$;

$A^3 = A^2 \times A = \begin{pmatrix} 1 & 2 \\ 0 & 1 \end{pmatrix} \times \begin{pmatrix} 1 & 1 \\ 0 & 1 \end{pmatrix} = \begin{pmatrix} 1 & 3 \\ 0 & 1 \end{pmatrix}$;

$A^4 = A^3 \times A = \begin{pmatrix} 1 & 3 \\ 0 & 1 \end{pmatrix} \times \begin{pmatrix} 1 & 1 \\ 0 & 1 \end{pmatrix} = \begin{pmatrix} 1 & 4 \\ 0 & 1 \end{pmatrix}$.

Les premiers calculs laissent penser à la formule $A^n = \begin{pmatrix} 1 & n \\ 0 & 1 \end{pmatrix}$.

Par récurrence : la propriété est vérifiée au rang 1.

Soit k un entier naturel non nul ; supposons $A^k = \begin{pmatrix} 1 & k \\ 0 & 1 \end{pmatrix}$.

Alors, $A^{k+1} = A^k \times A = \begin{pmatrix} 1 & k \\ 0 & 1 \end{pmatrix} \times \begin{pmatrix} 1 & 1 \\ 0 & 1 \end{pmatrix} = \begin{pmatrix} 1 & k+1 \\ 0 & 1 \end{pmatrix}$; la propriété est vraie au rang $k + 1$.

Conclusion : pour tout entier naturel n non nul, $A^n = \begin{pmatrix} 1 & n \\ 0 & 1 \end{pmatrix}$.

2° $A^2 = \begin{pmatrix} 1 & 1 \\ 1 & 1 \end{pmatrix} \times \begin{pmatrix} 1 & 1 \\ 1 & 1 \end{pmatrix} = \begin{pmatrix} 2 & 2 \\ 2 & 2 \end{pmatrix}$;

$A^3 = A^2 \times A = \begin{pmatrix} 2 & 2 \\ 2 & 2 \end{pmatrix} \times \begin{pmatrix} 1 & 1 \\ 1 & 1 \end{pmatrix} = \begin{pmatrix} 4 & 4 \\ 4 & 4 \end{pmatrix}$;

$A^4 = A^3 \times A = \begin{pmatrix} 4 & 4 \\ 4 & 4 \end{pmatrix} \times \begin{pmatrix} 1 & 1 \\ 1 & 1 \end{pmatrix} = \begin{pmatrix} 8 & 8 \\ 8 & 8 \end{pmatrix}$.

Les premiers calculs laissent penser à la formule $A^n = \begin{pmatrix} 2^{n-1} & 2^{n-1} \\ 2^{n-1} & 2^{n-1} \end{pmatrix}$.

Par récurrence : la propriété est vérifiée au rang 1, puisque $2^{1-1} = 1$.

Soit k un entier naturel non nul ; supposons $A^k = \begin{pmatrix} 2^{k-1} & 2^{k-1} \\ 2^{k-1} & 2^{k-1} \end{pmatrix}$.

Alors, $A^{k+1} = A^k \times A = \begin{pmatrix} 2^{k-1} & 2^{k-1} \\ 2^{k-1} & 2^{k-1} \end{pmatrix} \times \begin{pmatrix} 1 & 1 \\ 1 & 1 \end{pmatrix} = \begin{pmatrix} 2^{k-1} + 2^{k-1} & 2^{k-1} + 2^{k-1} \\ 2^{k-1} + 2^{k-1} & 2^{k-1} + 2^{k-1} \end{pmatrix}$;

or, $2^{k-1} + 2^{k-1} = 2 \times 2^{k-1} = 2^k$, donc $A^{k+1} = \begin{pmatrix} 2^{k+1-1} & 2^{k+1-1} \\ 2^{k+1-1} & 2^{k+1-1} \end{pmatrix}$

et la propriété est vraie au rang $k + 1$.

Conclusion : pour tout entier naturel n non nul, $A^n = \begin{pmatrix} 2^{n-1} & 2^{n-1} \\ 2^{n-1} & 2^{n-1} \end{pmatrix}$.

3° $A^2 = \begin{pmatrix} 0 & 1 \\ 1 & 0 \end{pmatrix} \times \begin{pmatrix} 0 & 1 \\ 1 & 0 \end{pmatrix} = \begin{pmatrix} 1 & 0 \\ 0 & 1 \end{pmatrix}$;

$A^3 = A^2 \times A = \begin{pmatrix} 1 & 0 \\ 0 & 1 \end{pmatrix} \times \begin{pmatrix} 0 & 1 \\ 1 & 0 \end{pmatrix} = \begin{pmatrix} 0 & 1 \\ 1 & 0 \end{pmatrix}$;

$A^4 = A^3 \times A = \begin{pmatrix} 0 & 1 \\ 1 & 0 \end{pmatrix} \times \begin{pmatrix} 0 & 1 \\ 1 & 0 \end{pmatrix} = \begin{pmatrix} 1 & 0 \\ 0 & 1 \end{pmatrix}$.

Les premiers calculs laissent penser à la formule $A^n = \begin{pmatrix} 1 & 0 \\ 0 & 1 \end{pmatrix} = I_2$ si n est pair ;

$A^n = \begin{pmatrix} 0 & 1 \\ 1 & 0 \end{pmatrix} = A$ si n est impair.

Soit n un entier pair non nul, alors, il existe un entier naturel k tel que $n = 2k$.

$A^n = A^{2k} = (A^2)^k$; or, $A^2 = I_2$, donc $(A^2)^k = I_2^k = I_2$.

Soit n un entier impair, alors, il existe un entier naturel k tel que $n = 2k + 1$.

$A^n = A^{2k+1} = (A^2)^k \times A$; or, $(A^2)^k = I_2$, donc $A^n = (A^2)^k \times A = I_2 \times A = A$.

4° $A^2 = \begin{pmatrix} 0 & 1 & -2 \\ 0 & 0 & 1 \\ 0 & 0 & 0 \end{pmatrix} \times \begin{pmatrix} 0 & 1 & -2 \\ 0 & 0 & 1 \\ 0 & 0 & 0 \end{pmatrix} = \begin{pmatrix} 0 & 0 & 1 \\ 0 & 0 & 0 \\ 0 & 0 & 0 \end{pmatrix}$;

$$A^3 = A^2 \times A = \begin{pmatrix} 0 & 0 & 1 \\ 0 & 0 & 0 \\ 0 & 0 & 0 \end{pmatrix} \times \begin{pmatrix} 0 & 1 & -2 \\ 0 & 0 & 1 \\ 0 & 0 & 0 \end{pmatrix} = \begin{pmatrix} 0 & 0 & 0 \\ 0 & 0 & 0 \\ 0 & 0 & 0 \end{pmatrix} = O_3 \;;$$

$A^4 = A^4 \times A = O_3 \times A = O_3$.

Pour tout entier naturel n tel que $n \geqslant 3$, $A^n = O_3$.

5° $A = \begin{pmatrix} 1 & 0 & 0 \\ 0 & 2 & 0 \\ 0 & 0 & -3 \end{pmatrix}$ est une matrice diagonale, donc, pour tout entier naturel n,

$$A^n = \begin{pmatrix} 1^n & 0 & 0 \\ 0 & 2^n & 0 \\ 0 & 0 & (-3)^n \end{pmatrix} = \begin{pmatrix} 1 & 0 & 0 \\ 0 & 2^n & 0 \\ 0 & 0 & (-3)^n \end{pmatrix}.$$

6° $A^2 = \begin{pmatrix} 1 & 0 & 1 \\ 0 & 1 & 0 \\ 0 & 0 & 1 \end{pmatrix} \times \begin{pmatrix} 1 & 0 & 1 \\ 0 & 1 & 0 \\ 0 & 0 & 1 \end{pmatrix} = \begin{pmatrix} 1 & 0 & 2 \\ 0 & 1 & 0 \\ 0 & 0 & 1 \end{pmatrix}$;

$$A^3 = A^2 \times A = \begin{pmatrix} 1 & 0 & 2 \\ 0 & 1 & 0 \\ 0 & 0 & 1 \end{pmatrix} \times \begin{pmatrix} 1 & 0 & 1 \\ 0 & 1 & 0 \\ 0 & 0 & 1 \end{pmatrix} = \begin{pmatrix} 1 & 0 & 3 \\ 0 & 1 & 0 \\ 0 & 0 & 1 \end{pmatrix} \;;$$

$$A^4 = A^3 \times A = \begin{pmatrix} 1 & 0 & 3 \\ 0 & 1 & 0 \\ 0 & 0 & 1 \end{pmatrix} \times \begin{pmatrix} 1 & 0 & 1 \\ 0 & 1 & 0 \\ 0 & 0 & 1 \end{pmatrix} = \begin{pmatrix} 1 & 0 & 4 \\ 0 & 1 & 0 \\ 0 & 0 & 1 \end{pmatrix}.$$

Les premiers calculs laissent penser à la formule $A^n = \begin{pmatrix} 1 & 0 & n \\ 0 & 1 & 0 \\ 0 & 0 & 1 \end{pmatrix}$.
Démontrons cette formule par récurrence.
Propriété vraie au rang 1.
Transmissibilité : soit n un entier naturel non nul ; supposons $A^n = \begin{pmatrix} 1 & 0 & n \\ 0 & 1 & 0 \\ 0 & 0 & 1 \end{pmatrix}$.

Alors, $A^{n+1} = A^n \times A = \begin{pmatrix} 1 & 0 & n \\ 0 & 1 & 0 \\ 0 & 0 & 1 \end{pmatrix} \times \begin{pmatrix} 1 & 0 & 1 \\ 0 & 1 & 0 \\ 0 & 0 & 1 \end{pmatrix} = \begin{pmatrix} 1 & 0 & n+1 \\ 0 & 1 & 0 \\ 0 & 0 & 1 \end{pmatrix}$;

la formule est vraie au rang $n + 1$.

Conclusion : pour tout entier naturel n non nul, $A^n = \begin{pmatrix} 1 & 0 & n \\ 0 & 1 & 0 \\ 0 & 0 & 1 \end{pmatrix}$.

7 → Énoncé p. 414 **1°** Dét $P = 1 \times 1 - (-1) \times 1 = 2$ est non nul ; donc P est inversible.

$P^{-1} = \frac{1}{2}\begin{pmatrix} 1 & -1 \\ 1 & 1 \end{pmatrix}$.

2° $P \times A \times P^{-1} = \begin{pmatrix} 1 & 1 \\ -1 & 1 \end{pmatrix} \times \begin{pmatrix} 2{,}5 & -0{,}5 \\ -0{,}5 & 2{,}5 \end{pmatrix} \times \frac{1}{2}\begin{pmatrix} 1 & -1 \\ 1 & 1 \end{pmatrix}$

$P \times A \times P^{-1} = \begin{pmatrix} 1 & 1 \\ -1 & 1 \end{pmatrix} \times \frac{1}{2}\begin{pmatrix} 2{,}5 \times 1 - 0{,}5 \times 1 & 2{,}5 \times (-1) + (-0{,}5) \times 1 \\ -0{,}5 \times 1 + 2{,}5 \times 1 & (-0{,}5) \times (-1) + 2{,}5 \times 1 \end{pmatrix}$

$= \begin{pmatrix} 1 & 1 \\ -1 & 1 \end{pmatrix} \times \begin{pmatrix} 1 & -1{,}5 \\ 1 & 1{,}5 \end{pmatrix}$.

On pourra effectuer les calculs sur une calculatrice.

$P \times A \times P^{-1} = \begin{pmatrix} 1 \times 1 + 1 \times 1 & 1 \times (-1{,}5) + 1 \times 1{,}5 \\ (-1) \times 1 + 1 \times 1 & (-1) \times (-1{,}5) + 1 \times 1{,}5 \end{pmatrix} = \begin{pmatrix} 2 & 0 \\ 0 & 3 \end{pmatrix}$.

3° Désignons par B la matrice diagonale $B = P \times A \times P^{-1} = \begin{pmatrix} 2 & 0 \\ 0 & 3 \end{pmatrix}$.

Alors, $A = P^{-1} \times B \times P$.

Pour tout entier naturel n, $A^n = P^{-1} \times B^n \times P$; comme B est diagonale,

$B^n = \begin{pmatrix} 2^n & 0 \\ 0 & 3^n \end{pmatrix}$.

D'où, $A^n = \frac{1}{2}\begin{pmatrix} 1 & -1 \\ 1 & 1 \end{pmatrix} \times \begin{pmatrix} 2^n & 0 \\ 0 & 3^n \end{pmatrix} \times \begin{pmatrix} 1 & 1 \\ -1 & 1 \end{pmatrix}$

$A^n = \frac{1}{2}\begin{pmatrix} 1 & -1 \\ 1 & 1 \end{pmatrix} \times \begin{pmatrix} 2^n & 2^n \\ -3^n & 3^n \end{pmatrix}$

$A^n = \frac{1}{2}\begin{pmatrix} 2^n + 3^n & 2^n - 3^n \\ 2^n - 3^n & 2^n + 3^n \end{pmatrix}$

$A^n = \begin{pmatrix} \frac{2^n + 3^n}{2} & \frac{2^n - 3^n}{2} \\ \frac{2^n - 3^n}{2} & \frac{2^n + 3^n}{2} \end{pmatrix}$.

8 → Énoncé p. 414 **1°** Pour tout triplet $(x\ ;\ y\ ;\ z)$ de nombres réels :

$$\begin{cases} 2x + y - z = 0 \\ -x + 3y = 5 \\ 3y - 2z = -2 \end{cases} \Leftrightarrow \begin{pmatrix} 2 & 1 & -1 \\ -1 & 3 & 0 \\ 0 & 3 & -2 \end{pmatrix} \times \begin{pmatrix} x \\ y \\ z \end{pmatrix} = \begin{pmatrix} 0 \\ 5 \\ -2 \end{pmatrix}.$$

Soit la matrice $A = \begin{pmatrix} 2 & 1 & -1 \\ -1 & 3 & 0 \\ 0 & 3 & -2 \end{pmatrix}$.

Une calculatrice donne (en mode fractionnaire) la matrice :

$$A^{-1} = \frac{1}{11}\begin{pmatrix} 6 & 1 & -3 \\ 2 & 4 & -1 \\ 3 & 6 & -7 \end{pmatrix}.$$

Le système admet une unique solution, que l'on obtient matriciellement ainsi :

$$\begin{pmatrix} x \\ y \\ z \end{pmatrix} = \frac{1}{11}\begin{pmatrix} 6 & 1 & -3 \\ 2 & 4 & -1 \\ 3 & 6 & -7 \end{pmatrix} \times \begin{pmatrix} 0 \\ 5 \\ -2 \end{pmatrix} = \frac{1}{11}\begin{pmatrix} 11 \\ 22 \\ 44 \end{pmatrix} = \begin{pmatrix} 1 \\ 2 \\ 4 \end{pmatrix}.$$

On utilise la méthode de résolution d'un système avec la matrice inverse.

2° Pour tout triplet $(x\,;y\,;z)$ de nombres réels,

$$\begin{cases} x+y+z=-2 \\ -x+y+2z=-6 \\ x+3y-z=0 \end{cases} \Leftrightarrow \begin{pmatrix} 1 & 1 & 1 \\ -1 & 1 & 2 \\ 1 & 3 & -1 \end{pmatrix} \times \begin{pmatrix} x \\ y \\ z \end{pmatrix} = \begin{pmatrix} -2 \\ -6 \\ 0 \end{pmatrix}.$$

Soit la matrice $A = \begin{pmatrix} 1 & 1 & 1 \\ -1 & 1 & 2 \\ 1 & 3 & -1 \end{pmatrix}$.

Une calculatrice donne pour inverse de la matrice A, la matrice $\text{Dét}(A) = 10$, donc A est inversible.

$$A^{-1} = \frac{1}{10}\begin{pmatrix} 7 & -4 & -1 \\ -1 & 2 & 3 \\ 4 & 2 & -2 \end{pmatrix}.$$

Le système admet une unique solution, que l'on obtient matriciellement ainsi :

$$\begin{pmatrix} x \\ y \\ z \end{pmatrix} = \frac{1}{10}\begin{pmatrix} 7 & -4 & -1 \\ -1 & 2 & 3 \\ 4 & 2 & -2 \end{pmatrix} \times \begin{pmatrix} -2 \\ -6 \\ 0 \end{pmatrix} = \frac{1}{10}\begin{pmatrix} 10 \\ -10 \\ -20 \end{pmatrix} = \begin{pmatrix} 1 \\ -1 \\ -2 \end{pmatrix}.$$

3° Pour tout triplet $(x\,;y\,;z)$ de nombres réels,

$$\begin{cases} x+y-2z=0 \\ -x+y\;\;=2 \\ x+3y-4z=-5 \end{cases} \Leftrightarrow \begin{pmatrix} 1 & 1 & -2 \\ -1 & 1 & 0 \\ 1 & 3 & -4 \end{pmatrix} \times \begin{pmatrix} x \\ y \\ z \end{pmatrix} = \begin{pmatrix} 0 \\ 2 \\ -5 \end{pmatrix}$$

Soit la matrice $A = \begin{pmatrix} 1 & 1 & -2 \\ -1 & 1 & 0 \\ 1 & 3 & -4 \end{pmatrix}$.

La matrice A n'est pas inversible ; le système n'admet pas une unique solution.

9 → Énoncé p. 415 **1°**

n	u_n	v_n
0	1	1
1	4	−2
2	10	−8
3	22	−20
4	46	−44
5	94	−92
6	190	−188
7	382	−380
8	766	−764
9	1 534	−1 532
10	3 070	−3 068

2° Pour tout entier naturel n, $\begin{cases} u_{n+1} = 3u_n + v_n \\ v_{n+1} = -2u_n \end{cases} \Leftrightarrow \begin{pmatrix} u_{n+1} \\ v_{n+1} \end{pmatrix} = \begin{pmatrix} 3 & 1 \\ -2 & 0 \end{pmatrix} \times \begin{pmatrix} u_n \\ v_n \end{pmatrix}$.

En posant $U_n = \begin{pmatrix} u_n \\ v_n \end{pmatrix}$ et $A = \begin{pmatrix} 3 & 1 \\ -2 & 0 \end{pmatrix}$, la relation de récurrence s'écrit :

$$U_{n+1} = A \times U_n \text{ (pour tout } n \in \mathbb{N}\text{)}.$$

3° $A^2 = \begin{pmatrix} 7 & 3 \\ -6 & -2 \end{pmatrix}$; $A^3 = \begin{pmatrix} 15 & 7 \\ -14 & -6 \end{pmatrix}$; $A^4 = \begin{pmatrix} 31 & 15 \\ -30 & -14 \end{pmatrix}$.

Démontrons la propriété $A^n = \begin{pmatrix} 2^{n+1}-1 & 2^n-1 \\ -2^{n+1}+2 & -2^n+2 \end{pmatrix}$ par récurrence à partir du rang 1.
On vérifie immédiatement que la propriété est vraie au rang 1.
Transmissibilité : soit n un entier naturel quelconque ;

supposons $A^n = \begin{pmatrix} 2^{n+1}-1 & 2^n-1 \\ -2^{n+1}+2 & -2^n+2 \end{pmatrix}$.

Alors, $A^{n+1} = A^n \times A = \begin{pmatrix} 2^{n+1}-1 & 2^n-1 \\ -2^{n+1}+2 & -2^n+2 \end{pmatrix} \times \begin{pmatrix} 3 & 1 \\ -2 & 0 \end{pmatrix}$

$$= \begin{pmatrix} 3\times(2^{n+1}-1) - 2\times(2^n-1) & 2^{n+1}-1 \\ 3\times(-2^{n+1}+2) - 2\times(-2^n+2) & -2^{n+1}+2 \end{pmatrix};$$

> On veillera à bien écrire toutes les étapes de calculs.

ce qui donne après calculs, $A^{n+1} = \begin{pmatrix} 2^{n+2}-1 & 2^{n+1}-1 \\ -2^{n+2}+2 & -2^{n+1}+2 \end{pmatrix}$; on constate immédiatement qu'il s'agit de la propriété au rang $n + 1$.

Conclusion : par le principe de récurrence, l'égalité $A^n = \begin{pmatrix} 2^{n+1}-1 & 2^n-1 \\ -2^{n+1}+2 & -2^n+2 \end{pmatrix}$ est vraie pour tout entier naturel n non nul.

4° Pour tout entier naturel n non nul,

$$U_n = A^n \times U_0 \Leftrightarrow \begin{pmatrix} u_n \\ v_n \end{pmatrix} = \begin{pmatrix} 2^{n+1}-1 & 2^n-1 \\ -2^{n+1}+2 & -2^n+2 \end{pmatrix} \times \begin{pmatrix} 1 \\ 1 \end{pmatrix} \Leftrightarrow \begin{pmatrix} u_n \\ v_n \end{pmatrix}$$

$$= \begin{pmatrix} 1\times(2^{n+1}-1)+1\times(2^n-1) \\ 1\times(-2^{n+1}+2)+1\times(-2^n+2) \end{pmatrix}$$

$$\begin{pmatrix} u_n \\ v_n \end{pmatrix} = \begin{pmatrix} 2^{n+1}-1 & + & 2^n-1 \\ -2^{n+1}+2 & - & 2^n+2 \end{pmatrix} = \begin{pmatrix} 3\times 2^n-2 \\ -3\times 2^n+4 \end{pmatrix}$$

On vérifie que la formule est encore vraie au rang 0.

Conclusion : pour tout entier naturel n, $\begin{cases} u_n = 3\times 2^n - 2 \\ v_n = -3\times 2^n + 4. \end{cases}$

10 → Énoncé p. 415 1° $M = \begin{pmatrix} 0{,}5 & 0{,}5 \\ 0 & 1 \end{pmatrix}$

2° Montrons la propriété par récurrence.
Au rang 1, on vérifie immédiatement $M^1 = \begin{pmatrix} 0{,}5^1 & 1-0{,}5^1 \\ 0 & 1 \end{pmatrix}$.

Soit n un entier naturel non nul. Supposons $M^n = \begin{pmatrix} 0{,}5^n & 1-0{,}5^n \\ 0 & 1 \end{pmatrix}$.

$$M^{n+1} = \begin{pmatrix} 0{,}5^n & 1-0{,}5^n \\ 0 & 1 \end{pmatrix} \times \begin{pmatrix} 0{,}5 & 0{,}5 \\ 0 & 1 \end{pmatrix}$$

$$= \begin{pmatrix} 0{,}5^{n+1} & 0{,}5\times 0{,}5^n + 1\times(1-0{,}5^n) \\ 0 & 1 \end{pmatrix}$$

Or, $0{,}5\times 0{,}5^n + 1\times(1-0{,}5^n) = 1 - 0{,}5^n + 0{,}5\times 0{,}5^n = 1 + 0{,}5^n \times (-1+0{,}5)$
$= 1 - 0{,}5^{n+1}$.

Donc $M^{n+1} = \begin{pmatrix} 0{,}5^{n+1} & 1-0{,}5^{n+1} \\ 0 & 1 \end{pmatrix}$, ce qui est la propriété au rang $n + 1$.

Pour tout entier naturel n, non nul, $M^n = \begin{bmatrix} 0{,}5^n & 1-0{,}5^n \\ 0 & 1 \end{bmatrix}$.

3° Sachant que le point P est initialement en A, on obtient $a_n = 0{,}5^n$; $b_n = 1 - 0{,}5^n$.
Puisque $0 < 0{,}5 < 1$, $\lim\limits_{n\to+\infty} a_n = 0$; $\lim\limits_{n\to+\infty} b_n = 1$.

Il faut connaître $\lim\limits_{n\to+\infty} q^n = 0$ lorsque $0 < q < 1$.

11 → *Énoncé p. 416* **1°**

n	u_n	v_n
0	1	2
1	15,25	15,5
2	20,3125	18,125
3	22,328125	18,40625
4	23,2070313	18,2890625
5	23,6142578	18,1660156
6	23,8098145	18,0883789
7	23,9055786	18,0455322
8	23,9529572	18,0231018
9	23,9765205	18,0116348
10	23,9882708	18,0058384

2° Pour tout entier naturel n,

$$\begin{cases} u_{n+1} = 0,45u_n - 0,1v_n + 15 \\ v_{n+1} = -0,1u_n + 0,3v_n + 15 \end{cases} \Leftrightarrow \begin{pmatrix} u_{n+1} \\ v_{n+1} \end{pmatrix} = \begin{pmatrix} 0,45 & -0,1 \\ -0,1 & 0,3 \end{pmatrix} \times \begin{pmatrix} u_n \\ v_n \end{pmatrix} + \begin{pmatrix} 15 \\ 15 \end{pmatrix}.$$

Avec $A = \begin{bmatrix} 0,45 & -0,1 \\ -0,1 & 0,3 \end{bmatrix}$; $B = \begin{bmatrix} 15 \\ 15 \end{bmatrix}$; $U_n = \begin{pmatrix} u_n \\ v_n \end{pmatrix}$, la relation de récurrence s'écrit $U_{n+1} = A \times U_n + B$ (pour tout entier naturel n).

3° Soit $K = \begin{pmatrix} x \\ y \end{pmatrix}$; $K = A \times K + B \Leftrightarrow (I_2 - A) \times K = B$.

$$I_2 - A = \begin{pmatrix} 1 & 0 \\ 0 & 1 \end{pmatrix} - \begin{pmatrix} 0,45 & -0,1 \\ -0,1 & 0,3 \end{pmatrix} = \begin{pmatrix} 0,55 & 0,1 \\ 0,1 & 0,7 \end{pmatrix}.$$

Dét $(I_2 - A) = 0,55 \times 0,7 - 0,1 \times 0,1 = 0,375$ est non nul ; donc $I_2 - A$ est inversible.

$$(I_2 - A)^{-1} = \frac{1}{0,375}\begin{pmatrix} 0,7 & -0,1 \\ -0,1 & 0,55 \end{pmatrix} = \begin{pmatrix} \frac{28}{15} & \frac{-4}{15} \\ \frac{-4}{15} & \frac{22}{15} \end{pmatrix}.$$

$$\text{D'où } K = \begin{pmatrix} \frac{28}{15} & \frac{-4}{15} \\ \frac{-4}{15} & \frac{22}{15} \end{pmatrix} \times \begin{pmatrix} 15 \\ 15 \end{pmatrix} = \begin{pmatrix} 24 \\ 18 \end{pmatrix}.$$

4° *a)* Soit $P = \begin{pmatrix} 2 & -1 \\ 1 & 2 \end{pmatrix}$; dét$(P) = 2 \times 2 - 1 \times (-1) = 5$ est non nul ; P est inversible et $P^{-1} = \begin{pmatrix} 0,4 & 0,2 \\ -0,2 & 0,4 \end{pmatrix}$.

b) $C = P \times A \times P^{-1} = \begin{pmatrix} \frac{1}{2} & 0 \\ 0 & \frac{1}{4} \end{pmatrix}$.

c) $C = P \times A \times P^{-1} \Leftrightarrow A = P^{-1} \times C \times P$.

Pour tout entier naturel n non nul, $A^n = P^{-1} \times C^n \times P$; C étant une matrice diagonale,

$$C^n = \begin{pmatrix} \frac{1}{2^n} & 0 \\ 0 & \frac{1}{4^n} \end{pmatrix}.$$

> Pour effectuer un produit de trois matrices $M \times N \times P$, on peut regrouper indifféremment $M \times (N \times P)$ ou $(M \times N) \times P$ (on dit que le produit est associatif). Mais on ne doit pas changer l'ordre.

D'où $$A^n = \begin{pmatrix} 0{,}4 & 0{,}2 \\ -0{,}2 & 0{,}4 \end{pmatrix} \times \begin{pmatrix} \frac{1}{2^n} & 0 \\ 0 & \frac{1}{4^n} \end{pmatrix} \times \begin{pmatrix} 2 & -1 \\ 1 & 2 \end{pmatrix}$$

$$A^n = \begin{pmatrix} 0{,}4 & 0{,}2 \\ -0{,}2 & 0{,}4 \end{pmatrix} \times \begin{pmatrix} 2 \times \frac{1}{2^n} & (-1) \times \frac{1}{2^n} \\ 1 \times \frac{1}{4^n} & 2 \times \frac{1}{4^n} \end{pmatrix}.$$

$$A^n = \begin{pmatrix} 0{,}8 \times \frac{1}{2^n} + 0{,}2 \times \frac{1}{4^n} & -0{,}4 \times \frac{1}{2^n} + 0{,}4 \times \frac{1}{4^n} \\ -0{,}4 \times \frac{1}{2^n} + 0{,}4 \times \frac{1}{4^n} & 0{,}2 \times \frac{1}{2^n} + 0{,}8 \times \frac{1}{4^n} \end{pmatrix}$$

5° Pour tout entier naturel n, $U_{n+1} = A \times U_n + B$.
Par ailleurs, la matrice-colonne K vérifie $K = A \times K + B$.
Donc, par différence, $U_{n+1} - K = A \times (U_n - K)$.
On définit $W_n = U_n - K$; alors, pour tout entier naturel n, $W_{n+1} = A \times W_n$.
On en déduit : pour tout entier naturel n non nul, $W_n = A^n \times W_0$.

$W_0 = U_0 - K = \begin{pmatrix} 1 \\ 2 \end{pmatrix} - \begin{pmatrix} 24 \\ 18 \end{pmatrix} = \begin{pmatrix} -23 \\ -16 \end{pmatrix}$.

Pour tout entier naturel n non nul,

$$W_n = \begin{pmatrix} 0{,}8 \times \frac{1}{2^n} + 0{,}2 \times \frac{1}{4^n} & -0{,}4 \times \frac{1}{2^n} + 0{,}4 \times \frac{1}{4^n} \\ -0{,}4 \times \frac{1}{2^n} + 0{,}4 \times \frac{1}{4^n} & 0{,}2 \times \frac{1}{2^n} + 0{,}8 \times \frac{1}{4^n} \end{pmatrix} \times \begin{pmatrix} -23 \\ -16 \end{pmatrix}$$

$$W_n = \begin{pmatrix} -18{,}4 \times \frac{1}{2^n} - 4{,}6 \times \frac{1}{4^n} + 6{,}4 \times \frac{1}{2^n} - 6{,}4 \times \frac{1}{4^n} \\ 9{,}2 \times \frac{1}{2^n} - 9{,}2 \times \frac{1}{4^n} - 3{,}2 \times \frac{1}{2^n} - 12{,}8 \times \frac{1}{4^n} \end{pmatrix}$$

$$W_n = \begin{pmatrix} -12 \times \dfrac{1}{2^n} - 11 \times \dfrac{1}{4^n} \\ 6 \times \dfrac{1}{2^n} - 22 \times \dfrac{1}{4^n} \end{pmatrix}.$$

On en déduit :

$$U_n = W_n + K = \begin{pmatrix} -12 \times \dfrac{1}{2^n} - 11 \times \dfrac{1}{4^n} \\ 6 \times \dfrac{1}{2^n} - 22 \times \dfrac{1}{4^n} \end{pmatrix} + \begin{pmatrix} 24 \\ 18 \end{pmatrix}.$$

Ainsi, pour tout entier naturel n non nul,

$$\begin{cases} u_n = -12 \times \dfrac{1}{2^n} - 11 \times \dfrac{1}{4^n} + 24 \\ v_n = 6 \times \dfrac{1}{2^n} - 22 \times \dfrac{1}{4^n} + 18 \end{cases}.$$

6° 4 étant strictement supérieur à 1, $\lim\limits_{n \to +\infty} 4^n = +\infty$; donc $\lim\limits_{n \to +\infty} \dfrac{1}{4^n} = 0$.

2 étant strictement supérieur à 1, $\lim\limits_{n \to +\infty} 2^n = +\infty$; donc $\lim\limits_{n \to +\infty} \dfrac{1}{2^n} = 0$.

Par somme et produit par un réel, on en déduit la convergence des suites (u_n) et (v_n) et $\lim\limits_{n \to +\infty} u_n = 24$ et $\lim\limits_{n \to +\infty} v_n = 18$.

Achevé d'imprimer en Slovaquie par Polygraf
Dépôt légal: septembre 2016
Collection n° 66 - Édition n° 03 - 17/0116/8